改訂新版

最新オールカラー

クルマのメカニズム
Mechanism of CAR

「走る」「曲がる」「止まる」の
機能と原理を写真、図版で徹底解説

青山元男・著

ナツメ社

CONTENTS
目次

第1部 パワートレイン

第1章 エンジン駆動

エンジン … 10
エンジン特性とトランスミッション … 14
エンジンの効率と損失 … 16
空燃比と燃料噴射 … 18
排気量と気筒数 … 22
圧縮比と膨張比 … 24
バルブタイミングとバルブリフト … 26
アトキンソンサイクルとミラーサイクル … 28
エンジンの燃料 … 30
動力伝達装置とレイアウト … 32
歯車装置と巻き掛け伝動装置 … 34
摩擦クラッチとトルクコンバーター … 38

第2章 モーター駆動

電気と磁気 … 40
同期モーター … 46
誘導モーター … 50
直流整流子モーター … 52
ブラシレスモーター … 54
モーターの特性と動力伝達装置 … 56
モーターの効率と損失 … 58
駆動用モーター … 60
二次電池 … 62
燃料電池 … 68
パワーエレクトロニクス … 70

第2部 エンジン

第1章 エンジン本体

シリンダー … 76
ピストンとコンロッド … 82
クランクシャフト … 84

第2章 動弁装置

吸排気バルブ … 88
カム … 90
バルブシステム … 94
可変バルブシステム … 98

第3章 吸排気装置

吸気システム … 104
スロットルシステム … 106
排気システム … 108
マフラー … 110
排気ガス浄化装置 … 112
排気ガス再循環 … 116

第4章 過給機

過給 … 118
ターボチャージャー … 120
スーパーチャージャー … 126

第5章 燃料装置

燃料噴射装置 … 128
インジェクター … 130
ポート噴射式フューエルシステム … 132
直噴式フューエルシステム … 134
コモンレール式フューエルシステム … 136
ECU … 138

第6章 点火装置

イグニッションシステム … 140
点火プラグ … 142

第7章 潤滑装置

潤滑装置 … 144
オイルポンプ … 148

第8章 冷却装置

冷却装置 … 150
ラジエターと冷却ファン … 152
加圧式冷却とサーモスタット … 154

第9章 充電始動装置

充電始動装置と電装品 … 156
バッテリー … 158
オルタネーター … 160
スターターモーター … 162
グロープラグ … 164

第3部 動力伝達装置

第1章 変速機

トランスミッション … 166
変速比 … 168
MT（摩擦クラッチ＋平行軸歯車式変速機）… 170
トルクコンバーター … 178
AT（トルクコンバーター＋プラネタリーギア式変速機）… 182
CVT（トルクコンバーター＋巻き掛け伝動式変速機）… 188
AMT（摩擦クラッチ＋平行軸歯車式変速機）… 194
DCT（摩擦クラッチ＋平行軸歯車式変速機）… 196

第2章　駆動装置

ファイナルドライブユニット … 202
ディファレンシャルギア … 204
デフロック & LSD … 206
電子制御ディファレンシャル … 210
プロペラシャフト & ドライブシャフト … 212

第3章　4輪駆動

4WD … 218
パッシブ4WD … 222
センターデフ式フルタイム4WD … 224
アクティブトルクスプリット式4WD … 226

第4部　電気自動車とハイブリッド自動車

第1章　電気自動車

xEV … 230
BEV … 232
eアクスル … 234
二次電池 … 236
パワーエレクトロニクス … 238
熱マネジメント … 240
充電 … 242

第2章　燃料電池自動車

FCEV … 244

第3章 ハイブリッド自動車

- HEV … 248
- シリーズ式ハイブリッド … 250
- パラレル式ハイブリッド … 252
- シリーズパラレル式ハイブリッド … 256
- ハイブリッド4WD … 260
- PHEV … 262
- マイルドハイブリッド … 264

第5部 シャシーメカニズム

第1章 操舵装置

- ステアリングシステム … 268
- パワーステアリングシステム … 272
- ステアリングギアレシオ … 276
- 4輪操舵システム … 278

第2章 制動装置

- ブレーキシステム … 280
- ディスクブレーキ … 282
- ドラムブレーキ … 286
- ブレーキブースター … 288
- ABS … 292
- ESC等ブレーキ制御 … 294
- 回生協調ブレーキ … 298
- パーキングブレーキ … 300

第3章  懸架装置

 サスペンションシステム … 304
 サスペンションアーム&スプリング … 306
 ショックアブソーバー … 308
 車軸懸架式サスペンション … 312
 独立懸架式サスペンション … 314
 電子制御サスペンション … 318

第4章  車輪

 タイヤ … 320
 ホイール … 330

第5章  安全装置と自動運転

 安全対策 … 334
 先進運転支援システム … 336
 自動運転のレベル … 344
 自動運転のプロセス … 346
 自動運転の認識技術 … 348
 自動運転の位置特定技術 … 350
 自動運転の展望 … 354

 ■索引 … 356

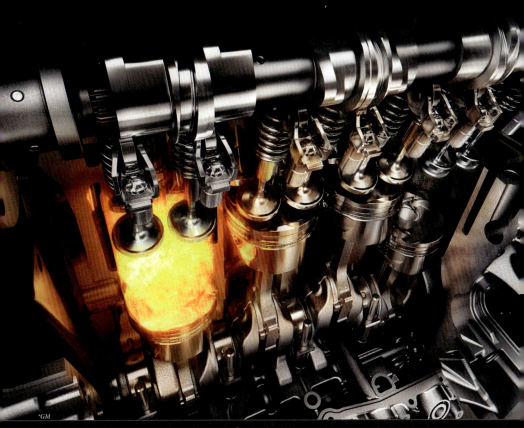

第1部 パワートレイン

第1章 エンジン駆動 … 10
第2章 モーター駆動 … 40

エンジン駆動	Internal combustion engine

01 エンジン

　100年以上にわたってクルマの動力源として使われているのが**エンジン**だ。エンジンにはさまざまな種類があるが、クルマでは**ガソリン**を**燃料**とする**ガソリンエンジン**と、**軽油**を燃料とする**ディーゼルエンジン**がおもに使われている。どちらのエンジンも、内部で燃料を燃やして熱を発生させ、その熱で燃焼によって発生した気体などを膨張させて力を生み出している。こうしたエンジンを**内燃機関**という。このほか、**LPG**（**液化石油ガス**）や**CNG**（**圧縮天然ガス**）を燃料に使われることもあり、**水素**の利用も研究されている。

　これらのエンジンは、力を生み出す際にピストンを往復運動させているため、英語の往復を意味するReciprocatingを略して**レシプロエンジン**という。また、力を生み出す一連の作業が**4行程**で行われ、その間に**ピストン**が2往復（4回の移動）するため、**4サイクルエンジン**や**4ストロークエンジン**という。2つの行程で力を発生する**2サイクルエンジン**（**2ストロークエンジン**）もあるが、現状クルマには使われていない。

　4行程で力を生み出すエンジンには、当初から回転運動によって力を発生する**ロータリーエンジン**もある。しばらくはクルマに使われていなかったが、ハイブリッド自動車の発電用エンジンとして復活している。

　なお、ガソリンエンジンをはじめとする内燃機関のエンジンだけを動力源にするクルマを本書では**エンジン自動車**と表現する。

シリンダーとピストン

　レシプロエンジンが力を生み出す基本単位が**気筒**で、**シリンダー**と**ピストン**で構成される。上下に動くピストンのもっとも高い位置を**上死点**、もっとも低い位置を**下死点**といい、この間のピストンの移動または移動距離を**ストローク**という。ピストンが上死点にある時のシリンダー内の空間を**燃焼室**という。燃焼室には、燃焼に必要な空気の通路である**吸気ポート**と、燃焼後の排気の通路である**排気ポート**があり、それぞれ**吸気バルブ**と**排気バルブ**で通路を開閉することができる。

　ピストンは**コンロッド**という棒で**クランクシャフト**につながれていて、上下運動が回転運動に変換される。**4サイクルエンジン**は1ストロークで1行程を行うので、一連の作業（4ストローク）で、クランクシャフトは2回転する。

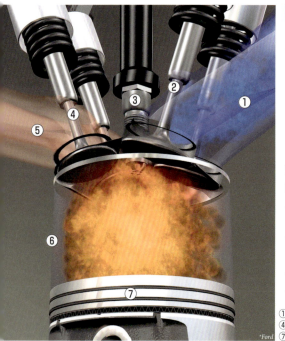

①吸気ポート、②吸気バルブ、③点火プラグ、
④排気バルブ、⑤排気ポート、⑥シリンダー、
⑦ピストン

ガソリンエンジンの4行程

4サイクルエンジンの4行程は、①**吸気行程**、②**圧縮行程**、③**燃焼・膨張行程**、④**排気行程**で構成される。**ガソリンエンジン**の場合、**燃焼室**には**吸排気バルブ**のほか、**火花着火**を行う**点火プラグ**が備えられる。また、**吸気ポート**に**燃料**の噴射を行う**インジェクター**が備えられる。この燃料供給方式を**ポート噴射式**といい、空気に燃料が混合された状態でシリンダーに導入される。ほかに燃焼室にインジェクターを備える**直噴式**（P19参照）という燃料供給方式もある。

空気に燃料が混合されたものを**混合気**といい、燃焼で発生した気体と燃焼に使われなかった気体を合わせて**燃焼ガス**という。燃焼ガスは排気行程に入ると、**排気ガス**といわれるようになる。

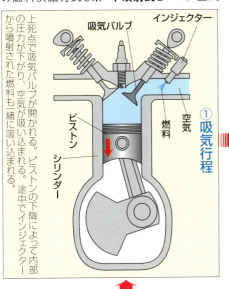

① 吸気行程

上死点で吸気バルブが開かれる。ピストンの下降によって内部の圧力が下がり、空気が吸い込まれる。途中でインジェクターから噴射された燃料も一緒に吸い込まれる。

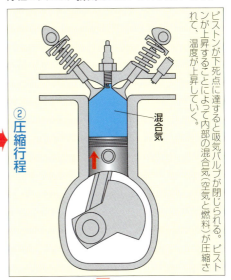

② 圧縮行程

ピストンが下死点に達すると吸気バルブが閉じられる。ピストンが上昇することによって内部の混合気（空気と燃料）が圧縮されて、温度が上昇していく。

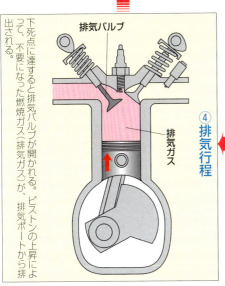

④ 排気行程

下死点に達すると排気バルブが開かれる。ピストンの上昇によって、不要になった燃焼ガス（排気ガス）が、排気ポートから排出される。

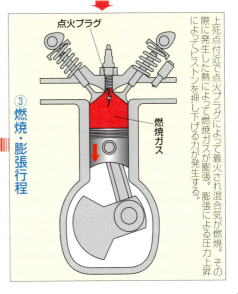

③ 燃焼・膨張行程

上死点付近で点火プラグによって着火され混合気が燃焼。その際に発生した熱によって燃焼ガスが膨張。膨張によってピストンを押し下げる力が発生する。

ディーゼルエンジンの4行程

ディーゼルエンジンも**4サイクルエンジン**であり、4行程は**①吸気行程**、**②圧縮行程**、**③燃焼・膨張行程**、**④排気行程**で構成される。ディーゼルエンジンでは**燃焼室**に**吸排気バルブ**のほか、**燃料**の噴射を行う**インジェクター**が備えられる。

このように**シリンダー**内に直接燃料を噴射する燃料供給方式を**直接噴射式**（**直噴式**）や**筒内噴射式**という。ディーゼルエンジンには点火プラグはなく圧縮行程で高温になった空気中に噴射された燃料がその熱で**自然発火**（**自然着火**）する。

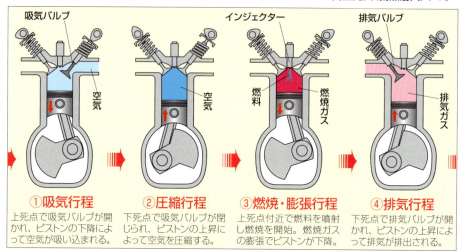

①吸気行程　上死点で吸気バルブが開かれ、ピストンの下降によって空気が吸い込まれる。

②圧縮行程　下死点で吸気バルブが閉じられ、ピストンの上昇によって空気を圧縮する。

③燃焼・膨張行程　上死点付近で燃料を噴射し燃焼を開始。燃焼ガスの膨張でピストンが下降。

④排気行程　下死点で排気バルブが開かれ、ピストンの上昇によって排気が排出される。

多気筒エンジン

4サイクルの**レシプロエンジン**が力を発生するのは**燃焼・膨張行程**のみだ。その他の行程では、吸気や圧縮、排気を行うために**ピストン**を動かす必要がある。たとえば、図のように4個の気筒がそれぞれ異なる行程になるようにし、1本の**クランクシャフト**に接続すれば、ある気筒で発生した力で他の気筒のピストンを動かして、吸気や圧縮、排気を行うことができ、エンジンを連続して動かすことができる。このように複数の気筒を備えたエンジンを**多気筒エンジン**という。

4気筒未満でも、**慣性モーメント**によって回転し続けようとする力を利用することで、エンジンの動作を連続させられる。クルマには採用されていないが、気筒が1つしかない**単気筒エンジン**もある。乗用車では気筒数が3～12が一般的だったが、2気筒のエンジンも登場してきている。

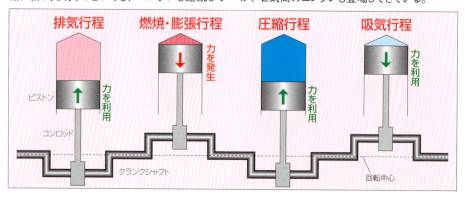

ロータリーエンジンの4行程

　ロータリーエンジンの基本的な構造は、中央部が少し狭くなった長円（マユ型と呼ばれる）の**ローターハウジング**内に、各辺に膨らみのある三角形の**ローター**が収められている。ローターの回転軸は中心になく、偏心しているため、回転によってハウジングとローターの隙間の空間が大きくなったり小さくなったりする。この隙間の空間の増減を利用して、①**吸気行程**、②**圧縮行程**、③**燃焼・膨張行程**、④**排気行程**の4行程が行われる。ハウジングとローターの隙間は3カ所あり、それぞれで異なる行程が行われる（図は特定の1辺の隙間についてのみ説明）。そのため、ローターの1回転に対して3回の燃焼、つまり力の発生がある。ローターの回転は歯車によって噛み合わされた中央のシャフト（**エキセントリックシャフト**）から1/3に減速されて出力される。

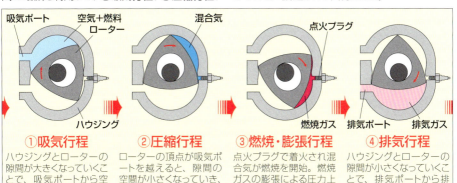

①吸気行程
ハウジングとローターの隙間が大きくなっていくことで、吸気ポートから空気と燃料が吸い込まれる。

②圧縮行程
ローターの頂点が吸気ポートを越えると、隙間の空間が小さくなっていき、混合気が圧縮される。

③燃焼・膨張行程
点火プラグで着火され混合気が燃焼を開始。燃焼ガスの膨張による圧力上昇でローターが回転する。

④排気行程
ハウジングとローターの隙間が小さくなっていくことで、排気ポートから排気ガスが押し出される。

エンジンと補機

　エンジンにはさまざまな装置や部品が使われているが、**エンジン本体**と、エンジンの動作をアシストする**エンジン補機**にわけることができる。

　エンジン本体は、**シリンダーブロックとシリンダーヘッド**、さらに**主運動系**と**動弁系**のパーツで構成される。シリンダーブロックとシリンダーヘッドはエンジンの基本的外観である金属のかたまりで、内部に**シリンダー**がある。主運動系とは、エンジンが力を生み出す際に動く部分で、**ピストン**、**コンロッド**、**クランクシャフト**などで構成される。動弁系とは、**吸排気バルブ**の開閉を行う機構で、**バルブシステム（動弁装置）**という。

　エンジン補機は、単に**補機**ということが多く、まとめて表現する際には**補機類**という。補機には、**吸気装置**、**排気装置**、**燃料噴射装置**、**点火装置**、**冷却装置**、**潤滑装置**、**充電装置**、**始動装置**があり、エンジンによっては**過給機**が加えられる。補機の多くは、エンジン本体に装着して使用するものだが、潤滑装置のようにほとんどの部分が内部に組み込まれている装置や、冷却装置のようにシリンダーブロックなどの内部に作られた通路が重要な役割を果たす装置もある。

エンジンは多数の部品や装置で構成される。

*BMW

エンジン
駆動

Engine characteristics & transmission

02 エンジン特性とトランスミッション

クルマは発進や加速の際には慣性に逆らって車速をかえる必要があるため、大きな出力が必要だ。同じ加速であっても、発進からの加速と高速走行での加速では、車輪の回転速度が違う。また、平坦な道路を一定速度で走行している時には大きな出力は必要ない。タイヤに発生する転がり抵抗や空気によって発生する空気抵抗などの走行抵抗に対抗できるだけの出力があれば十分だ。

いっぽう、エンジンの出力やトルクは回転数によって変化する。エンジン回転数が低い時はトルクが小さく、回転数上昇につれてトルクが大きくなっていき、一定の回転数で最大トルクになり、それ以上の回転数ではトルクが小さくなっていく。回転数を横軸、トルクを縦軸にすると、トルク曲線は山を描く。出力曲線も同じように最高出力を頂点とした山を描き、燃料消費率は最低燃料消費率を頂点にした谷を描くグラフになる。

たとえば、発進からの加速の際には、低回転で大きなトルクが求められるが、エンジンが低回転では十分なトルクが得られない。そのため、必要な出力が得られるようにエンジンの回転数を高め、それを変速機構で減速してトルクを高める必要がある。これで発進

が可能だが、変速比が一定では、車速が高まるにつれてエンジン回転数が上昇しすぎる。そのため、変速機構の変速比には、ある程度の幅が必要になる。変速比をかえながら、最大トルク付近の回転数を使い続ければ、加速を強めることができる。燃料消費率の低い回転数を使い続けるようにすれば、燃費がよくなるわけだ。

また、エンジンは停止状態(回転数0)から、いきなりトルクを発揮しつつ回転を始めることができない。連続して安定した回転を続けられる回転数には下限がある。そのため、始動時や停車中は、エンジンと車輪を切り離しておかなければならない。下限のエンジン回転数の状態をアイドリング、その時の回転数をアイドリング回転数という。さらに、変速機構の種類によっては、トルクが伝わって回転した状態では変速比を切り替えることができないため、一時的にエンジンと変速機構を切り離す必要がある。こうしたエンジンと変速機構の断続を行う装置をスターティングデバイスという。

トランスミッション(変速機)とは変速機構のことだが、クルマではスターティングデバイスを含めてトランスミッションということが多い。

第一部／パワートレイン

トルク	回転数	出力	燃料消費率
トルクとは軸を回転させようとする力のこと。一般的に力といった場合、作用する方向が明示されていないが、トルクの場合は回転という方向が明示されていることになる。単位はN·m(ニュートン・メートル)で、以前はkg·m(キログラム・メートル)が使われていた。	エンジンや車輪などの機械の回転速度はその単位である回転数で表現されるのが一般的だ。エンジンの場合、1分間の回転数が通常使われ、単位はr.p.m.(アールピーエム)になる。最大トルクや最高出力は、その時点の回転数を併記するのが一般的だ。	エンジンの出力とは、一定時間にどれだけの仕事ができるかを意味するもので仕事率ともいう。トルクと回転数をかけ合わせたものになる。正式な単位はW(ワット)だが、クルマでは長い間、馬力が使われてきた。馬力の単位はpsまたはHPで、1psは735.4Wになる。	燃料消費率とは、一定の出力を発揮するのに必要な燃料の量のことだ。グラフは回転数ごとの燃料消費の量を示しているわけではない。単位はg/W·h(グラム・パー・ワット・アワー)が一般的に使われ、1W当たり1時間で何グラムの燃料を消費するかを意味する。

14

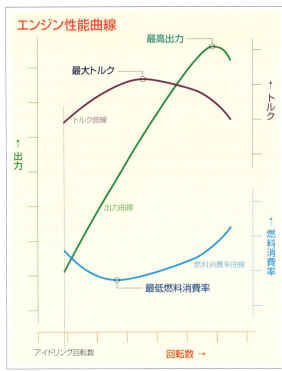

エンジン性能曲線

出力曲線
トルクと回転数の積である出力が描く曲線も、トルク曲線と同じように山形になるが、最大トルクを超えてトルクの低下が始まっても、回転数の上昇によって出力の増大が続くため、出力曲線の頂点である最高出力は、最大トルクより高い回転数になるのが一般的だ。

トルク曲線
一定の回転数で最大トルクになる山形のカーブがトルク曲線の基本だが、最大トルクの範囲を広げることが目指されているため、台形に近い形状になることも多い。最大トルク付近の範囲が狭く頂点が鋭角を描く場合をピーキー、範囲が広く平坦に近い場合をフラットという。

燃料消費率曲線
一定の回転数で最低燃料消費率になる谷形のカーブが燃料消費率曲線の基本だが、トルクの場合と同じように燃費のよいエンジンになるように、最低燃料消費率の範囲を広げることが目指されている。最低燃料消費率は最大トルクより低い回転数になるのが普通。

アイドリング回転数
エンジンが連続して動作できるのはアイドリング回転数以上なので、性能曲線は回転数0からは描かれない。

*Toyota

内燃機関のエンジンをクルマの動力源にするには、スターティングデバイスと変速機が不可欠。写真のスターティングデバイスはトルクコンバーターで、変速機はCVT。

第1章／エンジン駆動　エンジン特性とトランスミッション

エンジン駆動

Engine efficiency & energy loss

03 エンジンの効率と損失

クルマのエンジンは、燃料の**化学エネルギー**を燃焼によって**熱エネルギー**に変換し、その熱エネルギーを**運動エネルギー**に変換して走行に利用している。エネルギーには運動、熱、化学などさまざまな形態があるが、**エネルギー保存の法則**というものがあり、変換によって形態がかわっても総量は変化しない。しかし、変換の際には必ずしも全量を目的のエネルギーに変換できるとは限らない。目的の形態のエネルギーに変換できた割合を**効率**といい、目的の形態以外のエネルギーに変換された分を**損失**という。エンジンの損失には、**排気損失、冷却損失、ポンプ損失、機械的損失、未燃損失、補機駆動損失、放射損失**がある。

従来、エンジンの効率は30％台だったが、40％台のエンジンも実用化され、50％に達するものも開発されている。ただし、こうした数値は**最大効率**や**最大熱効率**といわれるもので、限られた運転状況でしか達成されない。効率は負荷などによって変化する。実用域では20％に満たないことも多い。

こうしたさまざまな回転数やトルクにおけるエンジンの効率を示したグラフが**燃料消費率等高線**だといえる。この等高線では**燃料消費率**がもっとも低い部分、つまり効率がもっとも高い部分が目のような形になるので、この部分を**燃費の目玉**や**効率の目玉**という。変速機によって燃費の目玉の範囲内にある回転数とトルクを使って走行することができれば、燃費がもっともよくなる。そのため、燃費の目玉は面積が大きいことが望ましい。

排気損失

エンジンの**排気ガス**は吸気より温度が高く、流れる勢いがある。これは、熱エネルギーと運動エネルギーを捨てていることを意味する。また、**排気行程**で排気ガスをシリンダーから押し出す際には、発生させた運動エネルギーの一部を使用していることになる。これらの捨てられたエネルギーや使われたエネルギーが**排気損失**になる。

冷却損失

燃焼によって発生させた熱はエンジンの各部にも伝わる。この熱でエンジンが過度の高温になると、**潤滑装置**の**エンジンオイル**の能力が低下し部品が正常に動作できなくなる。部品の変形や溶解が起こることもある。そのため、**冷却装置**で冷却して適温を維持している。その際に外部に放出した熱エネルギーが**冷却損失**になる。

ポンプ損失

吸気行程で空気（または混合気）を吸入する際に使われる運動エネルギーが**ポンプ損失**（**ポンピングロス**）だ。ディーゼルエンジンでも発生するが、スロットルバルブで吸気の量を調整する**ガソリンエンジン**では、その開き具合（**スロットルバルブ開度**）でポンプ損失が変化する。**スロットル開度**が小さいほど、吸気の経路が細くなって**吸入負圧**が大きくなり、ポンプ損失が増大する。

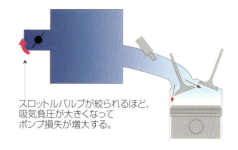

スロットルバルブが絞られるほど、吸気負圧が大きくなってポンプ損失が増大する。

機械的損失

機械的損失は、**機械抵抗損失**や**摩擦損失**ともいい、エンジン内部の動く部品の摩擦によって発生する。摩擦によって運動エネルギーが摩擦熱といわれる熱エネルギーに変換される。

補機駆動損失

エンジンの動作には不可欠な**補機**の駆動に使われる運動エネルギーが**補機駆動損失**だ。補機ではないが、エアコンのコンプレッサーの駆動も補機駆動損失に含めることが多い。

放射損失

放射損失は**輻射損失**ともいい、冷却装置による**放熱**ではなく、エンジン本体から**放射**（**輻射**）によって周囲に熱エネルギーが放出されることによって発生する損失だ。

未燃損失

シリンダー内の燃焼効率が悪いと、**不完全燃焼**によって、燃焼されずに**燃料**が排出される。燃料の化学エネルギーを捨てていることになるため損失になる。これが**未燃損失**だ。

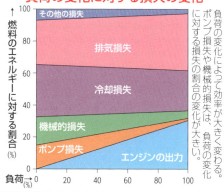

負荷の変化に対する損失の変化

負荷の変化によって効率が大きく変わる。ポンプ損失や機械的損失は、負荷の変化に対する損失の割合の変化が大きい。

エンジンの効率と燃費の目玉

エンジン性能曲線は、エンジンが全負荷の状態、ガソリンエンジンであればスロットルバルブ全開の状態を示したものだ。たとえば、**トルク曲線**が示しているのは、それぞれの回転数におけるトルクの上限だといえる。実際には、それぞれの回転数においてトルク曲線より低い位置のどこかが使われている。トルク曲線より低い位置のそれぞれの点について同じ**燃料消費率**の点をつないだものが**燃料消費率等高線**だ。燃料消費率は燃料の量と出力の関係を示しているので、大まかにいえば効率を表しているといえる。つまり、燃料消費率等高線は**効率等高線**だともいえる。燃料消費率がもっとも低い領域、つまり効率がもっとも高い領域、つまり**燃費の目玉**は小さな範囲でしかない。なお燃料消費率の単位は[g/W・h]だが下のグラフでは効率として[％]で示している。

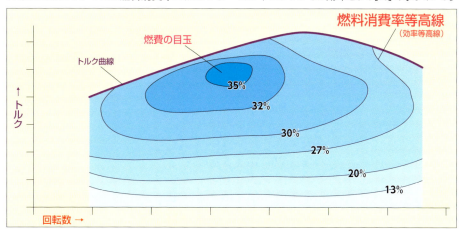

エンジン駆動 04

Air fuel ratio & fuel injection

空燃比と燃料噴射

ポート噴射式の**ガソリンエンジン**では、**燃料**と空気が**混合気**の状態で**シリンダー**内に導かれ、**吸気行程**と**圧縮行程**で燃料が気化しつつ空気と混合される。**燃焼・膨張行程**で**点火プラグ**によって着火されると、すべての燃料がまとまって燃焼する（実際には火炎が全体に広がる**火炎伝播**の時間が必要）。

燃料が燃焼する際の空気との重量比を**空燃比**という。英語の**エアフューエルレシオ**を略して**A/F**ともいう。日本で市販されているガソリンを完全燃焼させるための空燃比は14.7:1程度だ。この空燃比を**理論空燃比**（**ストイキオメトリー A/F**）といい、理論空燃比での燃焼を**ストイキオメトリー燃焼**、略して**ストイキ燃焼**という。

理論空燃比以外の比率でも8:1〜20:1の範囲であればガソリンは燃焼できるとされている。理論空燃比より燃料が濃い状態を**リッチ**、薄い状態を**リーン**という。出力の面で有利になる**出力空燃比**は理論空燃比より少しリッチ傾向であり、燃費の面で有利になる**経済空燃比**は少しリーン傾向である。

しかし、ガソリンエンジンでは**排気ガス**の浄化に**三元触媒**（P112参照）が使われている。この**触媒**で完全に浄化するためには理論空燃比で燃焼した排気ガスである必要があるため、現在のガソリンエンジンではストイキ燃焼が基本とされている。

さまざまな運転状況で常にストイキ燃焼にするためには吸気量を**スロットルバルブ**で調整する必要があり、**ポンプ損失**が生じてしまう。こうした損失を低減するために、**希薄燃焼**を実現しているエンジンもある。また、排気ガスの一部を吸気に導入する**EGR**（P116参照）もよく行われている。

ガソリンエンジンの燃料供給にはポート噴射のほかシリンダー内に直接燃料を噴射する**直噴式**があり、それぞれにメリットとデメリットがある。また、燃焼の際には燃料が均質に分布していないと燃焼状態が悪化する。**均質燃焼**させるためには、燃料が空気とよく混合され気化が促進される必要がある。

ディーゼルエンジンの場合、過去には**予燃焼室式**（**副燃焼室式**ともいう）や**渦流室式**といった**間接噴射式**の燃料供給方式の採用もあったが、現在は直噴式が一般的だ。燃焼・膨張行程で噴射された燃料は、気化して周囲の空気との空燃比が、完全燃焼する理論空燃比付近になった部分から順次燃焼していく。こうした連続的な燃焼を行うため、ディーゼルエンジンではスロットルバルブで吸気量を調整する必要がない。燃料噴射量のみでエンジンを制御できる。なお、**軽油**の場合も理論空燃比はガソリンとほぼ同じ値になる。

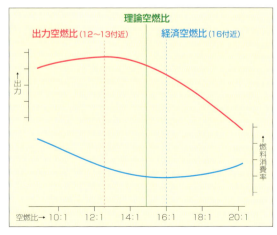

ポート噴射式と直噴式

ポート噴射式は、英語の**ポートフューエルインジェクション**を略して**PFI**ともいう。**吸気ポート**に噴射するため、**吸気バルブ**の裏側やポートの壁面にも**燃料**が付着し、それが遅れてシリンダー内に入ることがある。そのため**空燃比**を変化させた際の応答性が悪い。

直噴式は、英語の**ダイレクトインジェクション**を略して**DI**ともいい、燃焼室側面から噴射する**サイド噴射**と、中央から噴射する**センター噴射**(**トップ噴射**)がある。シリンダー内に噴射するため、空燃比を厳密に制御でき応答性が高い。噴射は吸気行程でも圧縮行程でも行える。吸気行程の後半で噴射すれば気化熱によってシリンダー内の温度を下げられる。しかし、ポート噴射より燃料と空気を混合する時間が短くなるため、**均質燃焼**を行う際には不利なこともある。また、高圧になったシリンダー内に燃料を噴射することもあるため、ポート噴射式より燃料の圧力を高めなければならず専用の**燃料ポンプ**が必要になるなど、直噴式はコスト高になる。

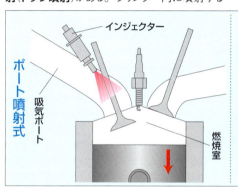
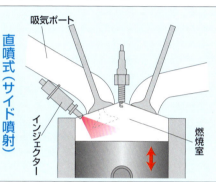

ディーゼルエンジンと多段噴射

ディーゼルエンジンでは燃料を微粒子化するほど燃焼がスムーズに進行する。**インジェクター**の**噴射孔**を小さくすると燃料を微粒子化できるが、通過できる燃料が少なるなるため、ガソリンエンジンの**直噴式**より高い圧力で燃料を噴射して噴射量を確保している。

また、現在のディーゼルエンジンでは1回の燃焼に対して何度もわけて噴射を行うのが一般的だ。これを**多段噴射**や**複数回噴射**という。最初に行われる**パイロット噴射**は少量の混合気を作って着火性を高めるためのもの。続く**プレ噴射**は少量の噴射で火種を作り、急激な燃焼になることを防ぐ。**メイン噴射**は本来の出力を得るための噴射で、**アフター噴射**は少量の燃料を燃焼ガスに噴射することで、燃え残りの燃料を完全に燃焼させる。最後に行われる**ポスト噴射**は排気温度を上昇させて排気ガス浄化を促進する。以上が基本の噴射マップだが、燃焼をさらにきめ細かく制御するために5回以上の多段噴射が行われることもある。なお、現在ではガソリンの直噴式でも燃焼状態を改善するために多段噴射が行われることがある。

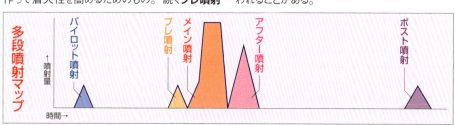

希薄燃焼と成層燃焼

ガソリンエンジンにおいて本来ならば正常に燃焼できない**空燃比**20：1より燃料が薄い状態での燃焼を**希薄燃焼**（**リーンバーン**）という。希薄燃焼では大量の空気が必要になるため、**ポンプ損失**が軽減される。燃焼温度も低くなるため**冷却損失**の低減も可能だ。

現在もっとも一般的に行われている希薄燃焼では、点火のタイミングに合わせて点火プラグ付近に気化した燃料のかたまりを作ることで燃焼可能としている。かたまりだけで考えれば**理論空燃比**だが、燃焼室全体で考えれば希薄な空燃比になる。こうした燃焼を**均質燃焼**に対して**成層燃焼**という。図のように**ピストン**の冠面などを利用して燃料を導く方法やシリンダーの壁面を利用して導く方法を**ウォールガイデッド**というが、インジェクターからの噴射そのもので成層部分を作り出す**スプレーガイデッド**もある。

また、**多段噴射**を利用した希薄燃焼もある。圧縮前のピストンが下死点付近にある時に燃料を噴射してリーンな混合気を作っておき、点火のタイミングにあわせて少量の燃料を点火プラグに向けて噴射する。この2回目の噴射によってプラグ付近のみを理論空燃比に近い状態にして火炎を成長させ燃焼室全体に伝播させている。

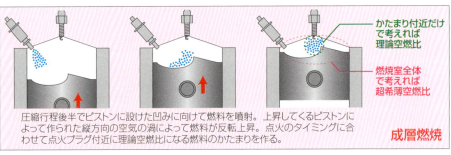

圧縮行程後半でピストンに設けた凹みに向けて燃料を噴射。上昇してくるピストンによって作られた縦方向の空気の渦によって燃料が反転上昇。点火のタイミングに合わせて点火プラグ付近に理論空燃比になる燃料のかたまりを作る。

成層燃焼

均一予混合圧縮着火

事前に混合気を作っておくガソリンエンジンの燃焼方法と、**自然着火**を利用するディーゼルエンジンの燃焼方法を混ぜた燃焼方法が**均質予混合圧縮着火**だ。単に**予混合圧縮着火**といわれたり、英語の頭文字から**HCCI**と略されることも多い。こうした**圧縮着火**には高い**圧縮比**が必要になる。理想的な燃焼であることは実証されているが、低負荷域では燃焼が安定せず、高負荷域ではノッキングが生じてしまうため、現状では安定して使用できるのは非常に狭い範囲に限られていてHCCIエンジンは実用化には至っていないが、世界各国で研究開発が進められている。

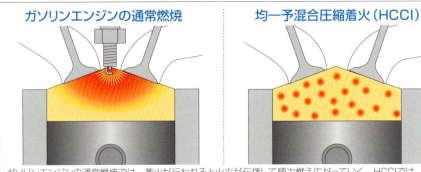

ガソリンエンジンの通常燃焼では、着火が行われると火炎が伝播して順次燃え広がっていく。HCCIでは、混合気のあらゆる場所で自然着火による燃焼が起こるが、温度が低いと失火し、温度が高いとノッキングになる。

SPCCI

マツダではガソリンエンジンの**圧縮着火**の**希薄燃焼**の実用化に成功している。純粋なHCCIではなく、点火プラグによる**火花着火**を加えている。これでは従来の燃焼方法とかわらないようだが、実際の燃焼は火花着火から圧縮着火へと発展させている。火花で着火を行うと球状の火炎ができ膨張を開始する。その膨張が周囲の混合気を圧縮して圧縮着火が始まる。この燃焼方式を**火花点火制御圧縮着火**といい、英語の頭文字から**SPCCI**と略される。こうしたエンジンでも、希薄燃焼が求められない高負荷域や高回転域では通常の燃焼が行われている。

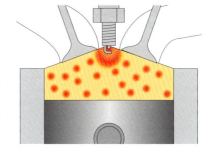

火花点火制御圧縮着火（SPCCI）

火花着火を行うと点火プラグの周囲に火球が生じる。この火球が大きく成長していくことで、残された領域の混合気を圧縮する。この圧縮によって各所で自己着火が起こる。

プレチャンバーイグニッション

プレチャンバーイグニッションはガソリンエンジンの急速燃焼のための技術で、F1などのレースカテゴリーで実用化が進んでいる。微細な孔で燃焼室とつながった**副燃焼室**を備えるのが特徴で、その内部に**点火プラグ**が備えられる。この副燃焼室を**プレチャンバー**といい、点火によって微細な孔から噴出した**ジェット噴流**によって**主燃焼室**の混合気を燃焼させる。一般的な火花着火の場合は、プラグの電極を中心にして火炎が伝播していくが、プレチャンバーではジェット噴流なので**火炎伝播**より急速燃焼が可能になり、エンジンの効率が向上する。英語の頭文字から**PCI**と略されたり、**副室ジェット燃焼**や**ジェットイグニッション**とも呼ばれる。

プレチャンバーイグニッションにはパッシブ式とアクティブ式がある。**パッシブプレチャンバーイグニッション**では、主燃焼室で作られた混合気が微細な孔から副燃焼室に送り込まれるので、**ストイキ燃焼**が基本になる。**アクティブプレチャンバーイグニッション**の場合は、副燃焼室にも**インジェクター**が備えられるので**希薄燃焼**が可能になる。マセラティではパッシブ式のプレチャンバーイグニッションエンジンを実用化し市販車に搭載している。

パッシブプレチャンバーイグニッション

パッシブプレチャンバーでは、主燃焼室で形成された混合気が副燃焼室に送り込まれる。その混合気が点火プラグで着火されるとストイキ燃焼によるジェット噴射が主燃焼室に吹き出し全体をストイキ燃焼させる。

アクティブプレチャンバーイグニッション

アクティブプレチャンバーでは、副燃焼室にも少量の燃料が噴射される。そこに点火プラグで着火されるとストイキ燃焼によるジェット噴射が主燃焼室に吹き出し全体を希薄燃焼させる。

エンジン駆動 05
Engine displacement & Number of cylinders
排気量と気筒数

ピストンが下死点にある時のシリンダー内の容積を**シリンダー容積**、上死点にある時の容積を**燃焼室容積**といい、シリンダー容積から燃焼室容積を引いたものが、**気筒当たり排気量**だ。これに**気筒数**をかけたものがエンジンの**総排気量**になる。一般的には単に**排気量**ということが多い。排気量が大きいほど、多くの**燃料**を燃やすことができるため、エンジンを高出力にすることができる。

排気量はエンジン本体の構造によって決まるものだが、実質的な排気量を変化させる機構もある。たとえば、**吸気**を圧縮する装置である**過給機**を併用すれば、実質的な排気量を大きくすることができる。逆に**気筒休止エンジン**であれば、状況に応じて排気量を小さくすることができる。気筒の休止には**可変バルブシステム**が利用されている。

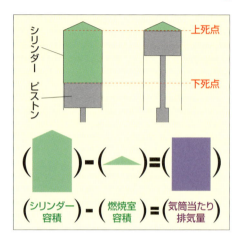

21世紀になってからは、**ダウンサイジング**と**レスシリンダー**というエンジンの設計コンセプトが主流になっている。ダウンサイジングとは排気量を小さくすることであり、レスシリンダーとは気筒数を少なくすることだ。

レスシリンダー

気筒当たり排気量は400〜500ccの場合にエンジンの効率をもっとも高めやすいことが判明しているが、実際にはこの範囲より気筒当たり排気量が小さいエンジンはさまざまにある。気筒当たり排気量を適正化して**気筒数**を減らせば、効率を高めることが可能だ。こうした設計コンセプトを**レスシリンダー**という。部品点数が減るので製造コストが抑えられ、エンジンの小型軽量化も可能になる。そのため、過去には総排気量1000〜2000ccのエンジンでは**4気筒**が一般的だったが、1000〜1500ccでは**3気筒**の採用も増えている。さらに、1000cc未満のエンジンでは**2気筒**の採用も一部で始まっている。

*Peugeot

←3気筒エンジンには排気干渉（P108参照）が起こりにくいというメリットもある。振動の面で不利とされていたが、改善が進んでいる。

ダウンサイジング

ダウンサイジングは総排気量を小さくするかわりに過給で補うという設計コンセプトだ。そのため過給ダウンサイジングということも多い。ガソリンエンジンは実用域のポンプ損失が大きい。総排気量を小さくすれば、同じ負荷の時のスロットルバルブ開度が大きくなりポンプ損失が低減される。ほかにも、機械的損失を低減できるし、エンジン自体も小型軽量化が可能になる。ポンプ損失低減以外のメリットはディーゼルエンジンにも当てはまる。

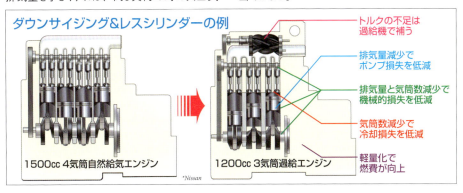

ダウンサイジング&レスシリンダーの例

1500cc 4気筒自然給気エンジン → 1200cc 3気筒過給エンジン
*Nissan

- トルクの不足は過給機で補う
- 排気量減少でポンプ損失を低減
- 排気量と気筒数減少で機械的損失を低減
- 気筒数減少で冷却損失を低減
- 軽量化で燃費が向上

過給機

過給機には、排気ガスの圧力を利用するターボチャージャーや、クランクシャフトの回転を利用するメカニカルスーパーチャージャーなどがある。空気を圧縮してシリンダー内に送り込むため、それだけ多くの燃料を燃やすことができ、実質的な排気量が大きくなる。ただし、空気を圧縮すると温度が上昇し、膨張によって空気の密度が低下するため、インタークーラーという装置によって冷却してからシリンダーに送ることが多い。過給を行う過給エンジンに対して、備えていないエンジンを自然給気エンジンや、英語のノーマルアスピレーションを略してNAエンジンという。

しかし、吸気量が増えると実質的な圧縮比(P24参照)が高くなり、ガソリンエンジンではノッキング(P25参照)などの異常燃焼の問題が起こる。そのため、以前はエンジン自体の圧縮比を抑えていたが、現在ではシリンダー内の温度を下げることができる直噴式の採用などで対処することが可能になっている。

ディーゼルエンジンの場合は、圧縮比が上昇しても基本的には問題がない。大量の空気のなかで燃料を燃焼させると、スス(黒煙)の発生が減少し、燃焼温度が低下することで大気汚染物質である窒素酸化物が減少するというメリットもある。そのため、ディーゼルエンジンは過給機との相性が非常によいといえる。

メカニカルスーパーチャージャー
*GM
↑クランクシャフトの回転を利用して吸気を圧縮するローター。

ターボチャージャー
*Mitsubishi
↑排気の勢いで一方の羽根車を回し、もう一方で吸気を圧縮。

エンジン
駆動

Compression ratio & expansion ratio
06 圧縮比と膨張比

シリンダー容積と燃焼室容積の比率を圧縮比という。この比率は燃焼・膨張行程での膨張比と等しい。あまり高めるとさまざまな問題が発生するが、ある程度までなら膨張比を大きくしたほうが取り出せるエネルギーが大きくなり、エンジンの効率が高まる。現状、圧縮比14：1程度が理想といわれている（以降圧縮比の値の表記は：1を省略）。

しかし、実際のポート噴射式のガソリンエンジンでは圧縮比10～12程度が採用されていることも多い。過給機を採用するエンジンでは圧縮比8ということもある。圧縮比を高めると、プレイグニッションやノッキングという異常燃焼が起こってエンジンが不調になるためだ。圧縮比11程度の場合はノッキングが起こりにくいハイオクガソリンが使われる。

しかし、直噴式の採用など、さまざまな方法で燃焼技術の改善が進み、最近では圧縮比14のガソリンエンジンも存在する。また、

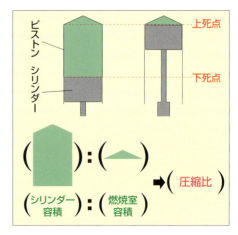

現在では機械的に圧縮比をかえることができる可変圧縮比エンジンも開発されている。

ディーゼルエンジンでも圧縮比14程度が理想とされる。この程度の圧縮比で十分に燃焼が可能な温度にできるが、低温時の始動性を高めるために圧縮比17～18程度にされているもある。この圧縮比では、通常運転時にはシリンダー内の温度が必要以上に高くなる。すると、火炎の伝播が速くなりすぎて異常燃焼が起こりやすいため、上死点を過ぎピストンの下降が始まってから燃料の噴射を開始している。これでは燃焼・膨張行程のストロークのすべてを使っていないことになり、取り出せるエネルギーが減少する。つまり、実質的な膨張比を小さくしているといえ、効率が悪くなる。

しかし、現在では、噴射する燃料を微細化し噴射のタイミングをきめ細かく制御するなどの技術によって、圧縮比14のディーゼルエンジンも存在する。

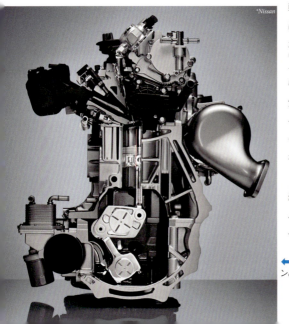

←日産が開発した可変圧縮比エンジンVC-Turbo。ピストンとクランクを結ぶリンクで圧縮比の可変を実現している。

噴射した燃料が順次燃焼していくディーゼルエンジンでは、ガソリンエンジンのようなプレイグニッションやノッキングは起こらない。

プレイグニッションとノッキング

プレイグニッションとは、**ガソリンエンジン**で**点火プラグ**による**火花着火**以前に燃焼が開始してしまう現象。シリンダー内部が高温になることで、汚れであるスス(カーボン)が火種になったり、異常過熱した点火プラグの電極が着火させたりする。必要以上にシリンダー内の温度が高まるうえ、エンジンの回転が不調になる。

ノッキングとは、点火プラグの着火以降に起こる意図しない燃焼のこと。着火によって火炎が広がっていくが、同時に燃焼ガスの膨張も始まり、まだ燃焼が始まっていない混合気(未燃焼ガス)を圧縮していく。この時、もともとの混合気の温度が高かったり、シリンダーの壁面が過熱状態だったりすると、圧縮された混合気が**自然着火**。膨張する双方の燃焼ガスがぶつかることで衝撃が発生する。その際にノッキング特有のキンキンした音がする。エンジンの回転が不調になるうえ、衝撃によってピストンなどがダメージを受けることもある。プレイグニッションがノッキングの原因になることもある。

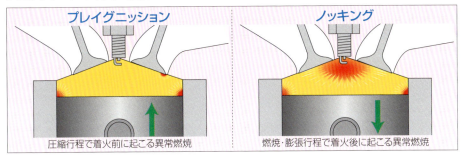

プレイグニッション — 圧縮行程で着火前に起こる異常燃焼

ノッキング — 燃焼・膨張行程で着火後に起こる異常燃焼

オクタン価

オクタン価とは**ガソリン**の着火しにくさの値といえるものだ。**アンチノック性**の値ともいえる。**レギュラーガソリン**と**ハイオクガソリン**のおもな違いは、オクタン価にある。そもそもハイオクとは、オクタン価の高いガソリンを意味する**ハイオクタン価ガソリン**を略したものだ。市販の場合は、**プレミアムガソリン**という呼称も使われる。日本ではレギュラーガソリンでオクタン価90〜91、ハイオクガソリンで98〜100が一般的だ。

ディーゼルノック

ディーゼルエンジンにもノッキングがあり、**ディーゼルノック**という。本来は噴射された**燃料**が順次燃焼していくが、シリンダー内の温度が低かったり燃料の粒子が大きかったりすると、未燃焼の燃料がシリンダー内に残る。この燃料が遅れて、一気に燃焼すると、その燃焼ガスによって急激な圧力上昇が起こり、振動を発生させたり、エンジンにダメージを与えたりする。また、燃焼状態が悪化するので、黒煙が出やすくなる。

エンジン駆動

Valve timing & valve lift
07 バルブタイミングとバルブリフト

レシプロエンジンの4行程の原理では、ピストンが上死点や下死点にある時に吸気バルブと排気バルブの開閉が行われるように説明するのが一般的だが、実際のエンジンでは異なっている。バルブの開閉する時期はバルブタイミングといい、バルブタイミングダイアグラムで図示される。

吸気バルブが開き始めて全開になるまでには時間がかかるし、バルブが開いても慣性によって空気がとどまろうとするため、動き始めるのに時間がかかる。そのため、吸気バルブは上死点以前に開き始める。また、下死点を超えてピストンが上昇を開始しても、それまで流れ続けていた吸気は慣性によって流れ続けようとする。そのため、下死点以降もしばらくは吸気バルブを開いている。

排気バルブの場合も同じように、下死点以前に開き始め、上死点以降もしばらくは開いている。結果として、排気行程から吸気行程に移行する時期には、双方のバルブが開いている。こうした状態をバルブオーバーラップという。オーバーラップがあると、せっかく吸い込んだ吸気が、排気バルブから流れ出てしまいそうだが、実際には流れ込み始めた吸気が排気ガスを押し出したり、勢いよく流れていた排気ガスが吸気を引き込んだりすることになり、吸気の充填効率が高まる。これを掃気効果という。

ただし、これはあくまでも基本の考え方。ベストなバルブタイミングは、回転数や負荷によって変化する。そのため、状況に応じて開閉時期をかえられる可変バルブタイミングシステムを採用するエンジンが増えている。

また、バルブの開く量をバルブリフトといい、そのバルブリフトをかえられる可変バルブリフトシステムもあり、あわせて可変バルブシステムという。現在では、さまざまなエンジンが可変バルブシステムによってエンジンの効率を高めている。可変バルブシステムによって気筒休止エンジンやスロットルバルブレスエンジンも実現されている。

バルブタイミングダイアグラム

オーバーラップ／上死点(0度)／吸気バルブ開／(270度)／(90度)／排気バルブ開／下死点(180度)

下死点側にもオーバーラップがあるように見えるが、クランクシャフトの2回転をまとめて表現しているために重なっているだけ。オーバーラップはしない。

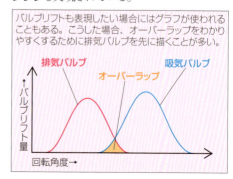

バルブリフトも表現したい場合にはグラフが使われることもある。こうした場合、オーバーラップをわかりやすくするために排気バルブを先に描くことが多い。

排気バルブ／オーバーラップ／吸気バルブ／バルブリフト量／回転角度→

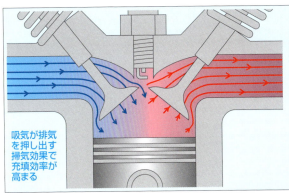

オーバーラップの影響

低回転や低負荷の時にオーバーラップが大きすぎると、排気が吸気ポートへ吹き返す量が増え、燃焼が不安定になる。

高負荷だが低中回転の時にオーバーラップが小さすぎると、吸気充填効率が低く、出力が低下する。

中負荷の時にオーバーラップが大きいと排気ガスの一部が残り、実質的な圧縮比を抑えられる。内部EGR効果（P116参照）で効率が高められることもある。

※上記はあくまでも影響の一例。すべてのエンジンに当てはまるわけではない。

吸気が排気を押し出す掃気効果で充填効率が高まる

■ 気筒休止エンジン

気筒ごとの可変が可能で**バルブリフト**を0にできる**可変バルブリフトシステム**であれば、状況に応じて特定の気筒の動作を停止する**気筒休止エンジン**を実現できる。実用域の実質的な排気量を小さくすることで、**ポンプ損失**の低減が可能だ。

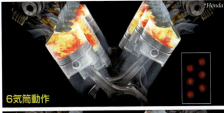
6気筒動作

3気筒動作

4気筒動作

↑ホンダのV型6気筒エンジンには可変シリンダーシステムVCMによって4気筒でも3気筒でも運転できるものがある。

■ スロットルバルブレスエンジン

バルブリフトの量を全開から0まで無段階で可変できる**連続式可変バルブリフトシステム**であれば、**ガソリンエンジンのスロットルバルブ**のかわりに吸気の量を調整できる。こうした吸気量の調整方法であれば、吸気の際に生じる**ポンプ損失**を低減することができる。こうしたシステムを**スロットルレス**や**スロットルバルブレス**または**ノンスロットル**や**ノンスロットルバルブ**という。

スロットルバルブあり

負圧

スロットルバルブ

スロットルバルブで吸気量の調整を行う場合、バルブ以降の吸気システムは負圧になりポンプ損失が生じる。

スロットルバルブなし

大気圧

連続式可変バルブリフトシステム

連続式可変バルブリフトシステムで吸気量の調整を行う場合、吸気システムは大気圧の状態が保たれる。

エンジン駆動	Atkinson cycle & Miller cycle

08 アトキンソンサイクルとミラーサイクル

　レシプロエンジンの基本は、圧縮比＝膨張比だが、現在では圧縮比＜膨張比を実現しているガソリンエンジンもある。こうした燃焼のサイクルをアトキンソンサイクルやミラーサイクルという。高圧縮比によって発生する問題に配慮することなく、膨張比を高められるので、効率が向上する。

　圧縮比＜膨張比は、吸気バルブの閉じるタイミングをかえるだけという単純な原理で実現されている。吸気バルブを下死点以前に閉じる早閉じミラーサイクルと、下死点以降もある程度の期間開き続ける遅閉じミラーサイクルがあるが、おもに遅閉じが採用されている。遅閉じミラーサイクルでは、圧縮行程に入ってもしばらくの間は吸気バルブを開いているため、吸気を吸気ポート側に押し戻すことになり、実質的な圧縮比が低下する。ポート噴射式では燃料の一部が吸気ポートに戻ることになるが、次の吸気行程で吸い込むことになるので大きな問題にはならない。

　ミラーサイクルは効率が高くなるが、実質的な吸気量が少なく、燃やせる燃料も少なくなるので、トルクが小さくなる傾向がある。そのため、可変バルブシステムと組み合わせ、状況に応じて使いわけることも多い。アトキンソンサイクルやミラーサイクルを名乗っていないエンジンのなかにも、可変バルブシステムによって、ミラーサイクル的な効果を得ているものがある。トルク不足を過給機で補う方法もある。過給すれば吸気量を増やすことができるうえ、インタークーラーで冷却するため、シリンダー内の温度を下げることも可能だ。

　なお、ハイブリッド自動車にミラーサイクルエンジンを組み合わせる場合は、トルク不足をモーターで補うことができるため、トルク不足を許容して効率優先の設計にできる。

1993年に誕生した世界初のミラーサイクルエンジン、マツダのKJ-ZEMエンジン。トルク不足はリショルム式スーパーチャージャーで補われていた。

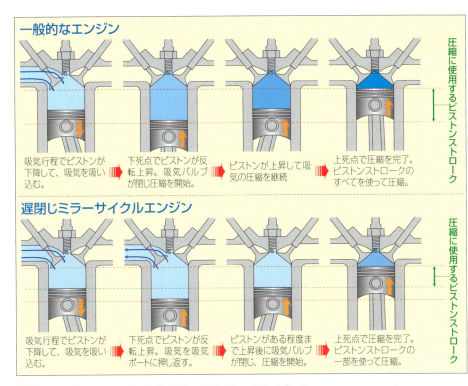

アトキンソンサイクルからミラーサイクルへ

圧縮比＜膨張比のエンジンは、1882年にイギリスのアトキンソン氏が開発している。一般的な**レシプロエンジン**と基本構造は同じだが、クランクシャフトとコンロッドの部分はリンク機構が加えられた複雑な構造になっている。このエンジンによって実現された燃焼のサイクルを**アトキンソンサイクル**という。効率が高いことは実証されたが、構造が複雑なうえ高回転への対応が難しかったため、普及しなかった。

1947年にはアメリカのミラー氏が、吸気バルブの開閉のタイミングをかえることでアトキンソンサイクルと同じ効果が得られる**ミラーサイクル**を考案。しかし、実用化までにはまだまだ時間が必要だった。世界初のミラーサイクルエンジンの誕生は1990年代になってからだった。マツダがユーノス800に搭載したものだ。

➡ホンダはアトキンソンサイクルエンジンを実用化し複リンク式高膨張比エンジンEXlinkと命名。クランクシャフト周辺の複雑な機構が見てとれる。残念ながら自動車用ではない。家庭用ガスエンジンコージェネレーションユニットに搭載されていた。

エンジン
駆動

Internal combustion engine fuels
09 エンジンの燃料

エンジン自動車の燃料はガソリンと軽油が一般的だが、CNG（圧縮天然ガス）やLPG（液化石油ガス）も一部で使われている。これらの気体燃料（エンジンへの供給時に気体である燃料）はガソリンエンジンを少し改良するだけで使用できる。燃料が低コストというメリットもあるが、供給体制には不安が残るため、ガソリンでも走行できるようにされていることが多い。こうした2種類の燃料で走行できるクルマをバイフューエル自動車という。

CNG自動車やLPG自動車はガソリン自動車やディーゼル自動車より多少は環境に優しいとされているが、二酸化炭素を排出する。現状、エンジン自動車に求められているのは二酸化炭素をまったく排出しない燃料かカーボンニュートラルな燃料だ。カーボンニュートラル燃料（CN燃料）とは使用時に排出する二酸化炭素と同量の二酸化炭素を製造時に吸収している燃料を意味する。

CN燃料ではバイオ燃料がすでに実用化されている。バイオ燃料とは生物体を利用した燃料のことで、トウモロコシやサトウキビを原料にしたものがよく知られている。原料となる植物などが成長時に二酸化炭素を吸収しているためカーボンニュートラルになる。原料によっては食料との競合や森林の過剰伐採などの問題が生じるが、さまざまな原料のバイオ燃料の研究開発が進んでいる。

また、最近では合成燃料にも注目が集まっている。自動車関連で合成燃料といった場合は、水素と二酸化炭素から合成する燃料を指すことが多い。合成燃料のうち再生可能エネルギー由来の電力を使って作られたものはe-fuelと呼ばれることが多い。2035年にエンジン自動車の販売を禁止する方針だったEUだが、e-fuelなどの合成燃料の使用を条件に販売継続を認める方向に動きつつある。

いっぽう、二酸化炭素を排出しない燃料には水素がある。水素を燃料とする自動車には燃料電池自動車があるが、水素を内燃機関のエンジンで燃焼させるのが水素エンジン自動車だ。水素の燃焼によって排出されるのは水（水蒸気）だけなので二酸化炭素は排出されない。ただし、水素の供給体制が確立されないと、燃料電池自動車と同じように広く普及させることは難しい。

バイフューエルエンジン（ガソリン&CNG）

バイフューエルエンジンには2系統の燃料システムが備えられる。

合成燃料

　水素と二酸化炭素から燃料を合成する方法には各種あるが、**フィッシャートロプシュ反応（FT反応）**を使うと**液体燃料**が合成できる。合成された**合成粗油**は石油と同じような組成なので、精製すれば**ガソリン**や**軽油**などとほぼ同じ成分の燃料になり、そのまま現状のクルマで使用できる。合成燃料の製造設備は新たに必要になるが、輸送や保存、給油などは既存の設備をそのまま流用できる。

　近い将来、再生可能エネルギー発電が過剰になると予想されているが、大量の電力を貯蔵する方法はまだ確立されていない。しかし、余剰電力で水素を作り、さらに液体の合成燃料にすれば、比較的容易に蓄えておくことができる。

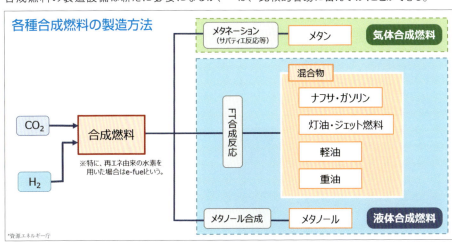

水素エンジン

　水素はこれまでに使われてきた**燃料**に比べると、着火しやすく燃焼速度が速いといった性質があるが、既存のエンジンをベースにした**水素エンジン**の研究開発は順調に進んでいる。燃焼反応の生成物は**水**だけだが、高温燃焼によって吸気の窒素と酸素が反応して**窒素酸化物**が生成される。そのため、**排気ガス浄化装置**が必要になるが、ディーゼルエンジンのものが流用できる。

　同じく水素を燃料とする**燃料電池**と比べると、水素エンジンのほうが効率の面では不利だが、既存の技術や部品を流用できるため燃料電池より低コストになる。水素エンジンをハイブリッド自動車に採用すれば、効率の面でも燃料電池自動車に匹敵するレベルになると考えられている。

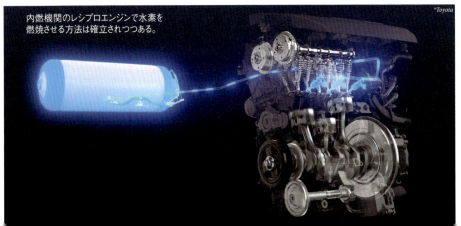

内燃機関のレシプロエンジンで水素を燃焼させる方法は確立されつつある。

エンジン
駆動

Drivetrain & automobile layout
10 動力伝達装置とレイアウト

　クルマを走行させるには、エンジンに発生したトルクを、走行に適した回転数やトルクにして車輪に伝える必要がある。そのための装置を**動力伝達装置**といい、エンジンも含めた**パワートレイン**の配置を**レイアウト**という。エンジンとトランスミッションについては、その回転軸を車両の前後方向にする配置を**縦置き**、左右方向にする配置を**横置き**という。

　動力伝達装置には、**トランスミッション**、回転を伝達するシャフト類、**ファイナルドライブユニット**が含まれる。ファイナルドライブユニットは、最終的な減速を行う**ファイナルギア**と、コーナリング時に左右の車輪に回転を分配する**ディファレンシャルギア**で構成される。トランスミッションに内蔵されることもあり、一体化したものを**トランスアクスル**という。シャフト類では、最終的に車輪に回転を伝達する**ドライブシャフト**は不可欠なものだが、車両の前後方向に回転を伝達する**プロペラシャフト**はレイアウトによっては使われない。

　駆動に使用する車輪を**駆動輪**といい、その数で**2輪駆動（2WD）**と**4輪駆動（4WD）**に分類される。4WDは**AWD（全輪駆動）**ということも増えてい

る。駆動に使われない車輪は**非駆動輪**や**従動輪**という。2WDには駆動輪の位置によって**前輪駆動（FWD）**と**後輪駆動（RWD）**があるが、エンジンの位置も含めて、**FF、FR、MR、RR**などと表現されることが多い。1文字目がエンジンの位置、2文字目が駆動輪の位置で、Fは前方、Rは後方を意味する。Mは**ミッドシップ**の略で、車両の前後中央付近にエンジンを配置する。

RWD
*Mercedes-Benz

FWD
*Mercedes-Benz

4WD
(AWD)
*Mercedes-Benz

FR

FRでは、エンジンとトランスミッションが**縦置き**で、プロペラシャフトで後輪左右中央付近のファイナルドライブユニットに回転を伝達するのが一般的だ。FFより前後の重量バランスに優れ、加速時に荷重が増す後輪で駆動するため、大きな駆動力を発揮させやすい。限界に近い状態では、アクセルワークで駆動力を変化させてクルマの挙動を操ることも可能だ。前輪付近の構造がシンプルなので、最小回転半径を小さくしやすい。

しかし、トランスミッションが車内スペースを奪いやすく、プロペラシャフトによって床に盛り上がりができることもある。駆動輪である後輪のサスペンションをシンプルな構造にできないため、車内スペースを奪いやすい。そのため、走行性能を高めたいスポーツタイプのクルマやスペースに余裕のある大きめの高級車での採用が多い。

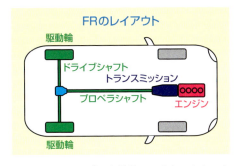

FF

FFでは、エンジンとトランスミッションが**横置き**で、ファイナルドライブを一体化したトランスアクスルが一般的だ。重量バランスが前方に偏りやすく、限界に近い状況ではFRより走行性能が劣るが、操舵と駆動の両方を行う前輪にかかる荷重が大きいため、通常の走行では安定性が高い。ただし、前輪付近の構造が複雑で、最小回転半径が大きくなりやすい。昔は車内スペースを大きくしたい小型車での採用が中心だったが、現在では大きなボディのクルマでの採用も多い。

一部には左右の重量バランスをよくし、ドライブシャフトの長さを左右均等にするために、エンジンとトランスアクスルを**縦置き**にするレイアウトもある。また、前後の重量バランスをよくするために、エンジンの重心を前輪車軸より後方に配置することもある。これを**フロントミッドシップ**という。

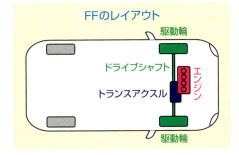

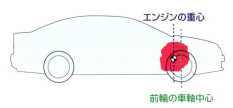

MRとRR

重心近くに重量物があるとクルマを旋回させやすくなるため、**ミッドシップ**は運動性能を高めやすい。MRであれば、FR同様に走行性能を高められるが、車内スペースが少なくなるため、限られたスポーツタイプのクルマにしか採用されない。

RRは駆動輪に重量がかかりやすく、制動時の4輪の重量バランスがよくなるが、走行安定性に弱点があるため、採用車種は非常に少ない。

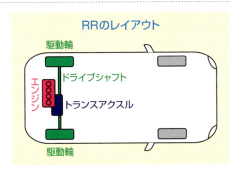

エンジン駆動 11

Gear transmission & wrapping transmission
歯車装置と巻き掛け伝動装置

トランスミッションの変速機構には、**歯車装置と巻き掛け伝動装置**が使われている。これらの装置は基本中の基本といえる機械要素であり、トランスミッション以外にもエンジンをはじめクルマのさまざまな装置で使われている。

歯車装置は回転の伝達と変速を行うことができる。もっとも一般的な形状の歯車である**外歯歯車**の噛み合わせのほか、複数の外歯歯車と**内歯歯車**を組み合わせた**プラネタリーギア**（遊星歯車）などが採用される。

ベルト＆プーリーに代表される巻き掛け伝動装置は、**チェーン＆スプロケット**などさまざまなバリエーションがあり、歯車装置と同じように回転の伝達と同時に変速が行える。歯車の場合は回転を伝達できる距離が歯車の大きさで決まってしまうが、巻き掛け伝動装置の場合は、ある程度離れた位置にも回転を伝達できる。

変速機構の入力側と出力側の回転数の比を**変速比**という。減速を行う変速比の場合は、**減速比**ということもある。変速機構で変速を行った場合、同時に**トルク**も変化する。たとえば、回転数を½にすれば、トルクは2倍になる。回転数を3倍にすれば、トルクは⅓になる。つまり、**出力**には変化がない。ただし、実際には回転軸を支える部分や触れ合う部分に摩擦が発生するため、伝達効率は100％にはならない。**運動エネルギー**の損失分は**熱エネルギー**になる。

なお、**スターティングデバイス**に使われる**トルクコンバーター**は、回転の断続だけでなく変速も可能だが、トランスミッションでメインの変速機構には採用されない。

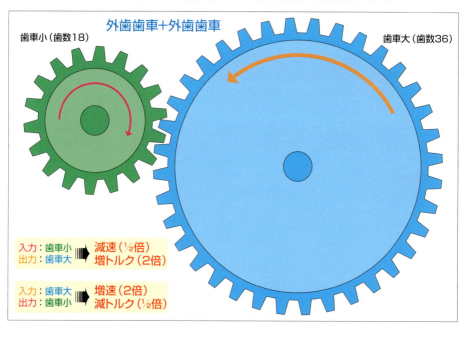

歯車装置

もっとも基本的な形状の歯車が**外歯歯車**だ。円板の外周に歯が刻まれたものだ。**歯車装置**は噛み合わされた歯車の歯数の比率で変速が行われる。この比率を歯車側から捉えれば歯数の比である**ギア比**（**歯車比**、**ギアレシオ**）であり、回転数から捉えれば**変速比**（**スピードレシオ**）になる。通常は、双方の歯車の外周に同じ大きさの歯が均等に刻まれるので、ギア比と歯車の直径の比はほぼ等しくなる。変速比が1未満であれば、増速減トルクが行われ、変速比が1を超えていれば、減速増トルクが行われる。回転方向は、入力と出力で逆方向になる。

↓MTでは多数の外歯歯車が使われていて大半がヘリカルギア。

さまざまな歯車装置

歯車には、外歯歯車以外にもさまざまな形状のものがある。リングの内側に歯を刻んだものを**内歯歯車**といい、円錐面に歯を刻んだものを**ベベルギア**（**傘歯車**）という。45度の斜面に歯を刻んだベベルギア同士なら、回転軸の方向を90度かえることができる。

歯の刻み方では、回転軸に歯が平行なものを**スパーギア**（**平歯車**）、斜めになったものを**ヘリカルギア**（**斜歯車**）という。ヘリカルギアは、歯の接触部分が分散されるので大きなトルクを伝えやすく、騒音が小さくなるが、回転軸方向の力が歯車に加わってしまう。

らせん状に歯が刻まれたものを**ウォームギア**（**ねじ歯車**）といい、**ウォームホイール**といわれる外歯のヘリカルギアと組み合わされることが多い。大きな**変速比**にすることができ、歯の角度のつけ方によっては、ウォームギアからウォームホイールには回転を伝えられるが、逆方向には回転を伝えにくくすることができる。

厳密には歯車装置ではないが、ステアリングシステムでは**ラック&ピニオン**という歯車装置に類似した機構が使われている。

内歯歯車
内歯歯車の場合、歯車自体の中心に回転軸を備えることができないため、円筒状などの回転軸を備える必要がある。リングの外側にも歯を刻み、入力もしくは出力にすることもある。内歯歯車と外歯歯車の組み合わせの場合、入出力の回転方向が同方向になる。

ベベルギア
回転軸の方向をかえることができる便利な歯車機構。動力伝達装置のさまざまな部分で使われている。

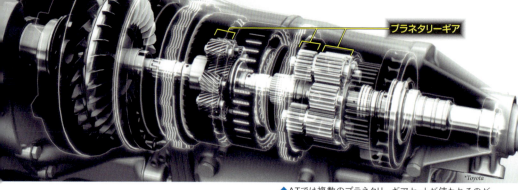

↑ATでは複数のプラネタリーギアセットが使われるのが一般的。写真は8速ATに使われているプラネタリーギア。

プラネタリーギア

プラネタリーギア(遊星歯車)とは、歯車の形状を示す言葉ではなく、歯車の組み合わせ方を意味する。中央に**サンギア**といわれる**外歯歯車**があり、周囲に数個の小さな外歯歯車が均等間隔で噛み合っている。このギアを**プラネタリーピニオンギア**といい、さらにその外側に**リングギア**といわれる**内歯歯車**がピニオンギアと噛み合うように配置されている。ピニオンギアの回転軸は、**ピニオンギアキャリア**という枠に取りつけられている。これがプラネタリーギアの基本構造で、入出力に利用できる回転軸は、サンギア、リングギア、ピニオンギアキャリアが備えることになる。ピニオンギアの動きには、自身が回転する自転と、サンギアの周囲を移動する公転がある。

プラネタリーギアは、この3カ所の回転軸を入出力にしたり固定したりすることで、増速や減速に加えて回転方向の変換も可能だ。また、外歯歯車2個の組み合わせの場合、入出力を同軸上に配置することができないが、プラネタリーギアでは、同軸上に配置できる。こうしたメリットにより、**AT**をはじめさまざまなトランスミッションやクルマの各種装置にプラネタリーギアが採用されている。

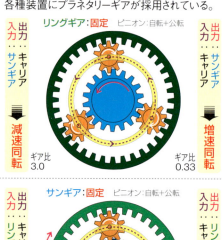

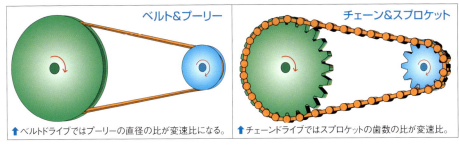

↑ベルトドライブではプーリーの直径の比が変速比になる。　↑チェーンドライブではスプロケットの歯数の比が変速比。

巻き掛け伝動装置

　巻き掛け伝動装置とは、離れた位置にある2本の回転軸に円板状の**プーリー**（滑車）などを備え、両者に輪になった**ベルト**などをかけることで回転を伝達する装置であり、同時に変速を行うことができる。**ベルト&プーリー**のほか普通の自転車に採用されている**チェーン&スプロケット**などがある。それぞれ**ベルト駆動**（**ベルトドライブ**）や**チェーン駆動**（**チェーンドライブ**）ともいう。

　プーリーとの接触面が平坦なベルトを使用する場合、**変速比**は入力側と出力側のプーリーの直径（ベルトが接触する部分の直径）の比になる。**チェーン**は正式には**ローラーチェーン**といい、さまざまな構造のものがあるが、自転車に使われるような歯車状の**スプロケット**の歯に噛み合わせて使用するタイプの場合、入力側と出力側のスプロケットの歯数の比が変速比になる。ベルトでも、回転軸と平行に溝を刻んだものと、同様の溝を刻んだプーリーが組み合わされることがある。こうしたベルトを**コグドベルト**（**歯付ベルト**）といい、変速比はプーリーの歯数の比になる。ただ、歯車の場合と同じように、スプロケットも**歯付プーリー**も、歯数の比は直径の比にほぼ等しい。

　巻き掛け伝動装置では、ベルトやチェーンの**張力**が重要になる。摩擦で力を伝達するプーリーとの接触面が平滑なベルトの場合はもちろん、チェーンであっても張力が十分でないと、高回転時に遠心力によって外れることがある。

　巻き掛け伝動装置は、トランスミッションのほかエンジンのバルブシステムでも使われている。なお、歯のないベルトの場合、**ギア比**（**歯車比**、**ギアレシオ**）という用語で表現するのは正確ではないが、実際にはよく使われている。

↓CVTでは特殊なプーリーとベルトによって変速が行われている。

プーリー
ベルト
プーリー

エンジン
駆動

Friction clutch & torque converter
12 摩擦クラッチとトルクコンバーター

トランスミッションのスターティングデバイスには、**摩擦クラッチ**か**流体クラッチ**（フルードカップリング）の一種である**トルクコンバーター**が使われる。過去には**電磁クラッチ**が採用されたこともあった。そもそも**クラッチ**とは、回転力の伝達と遮断を行う機械要素のことでクルマの各所で使われている。

摩擦クラッチとは、その名の通り摩擦を利用するクラッチで、回転数の異なる回転軸を接続する際に摩擦を利用して滑らかに接続することができる。流体クラッチとは、液体などの流体の流れによって回転を伝達する装置で、発展形であるトルクコンバーターには変速機としての機能も備わっている。

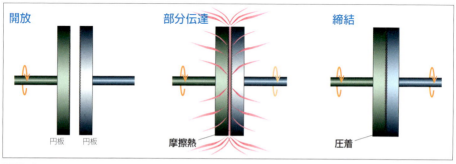

開放 / 円板 円板 / 部分伝達 / 摩擦熱 / 締結 / 圧着

■ 摩擦クラッチ

摩擦クラッチの基本形は、向かい合うように配置された2枚の円板で、同軸上に回転軸があり、向かい合う面は摩擦が発生しやすくしてある。円板同士が離れていれば、回転は伝達されない。円板を近づけていき、触れるか触れないかという位置（いわゆる**半クラッチ**）にすると、回転が伝わり始める。この時、円板同士が滑っているため、入力側の回転が高速でも、出力側の回転は低速で、伝わるトルクも小さい。伝達されなかった運動エネルギーは摩擦によって**熱エネルギー**になる。円板同士をさらに近づけていくと、回転数の差が小さくなっていき、完全に密着させて締結すると、すべての回転が伝達されるようになる。

摩擦クラッチは、摩擦を起こさせる面の数で**単板クラッチ**と**多板クラッチ**に分類される。また、オイルなどによる潤滑の有無で**湿式クラッチ**と**乾式クラッチ**に分類される。スターティングデバイスでは**乾式単板クラッチ、湿式単板クラッチ、乾式多板クラッチ、湿式多板クラッチ**が使われる。

*Valeo

← クラッチに使われる円板の表面には摩擦を起こしやすい摩擦材が張られている。

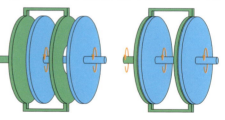

↑ 多板クラッチでは入出力の円板が交互に並ぶ。

トルクコンバーター

扇風機の前に風車を置くと、風車が回る。これが**流体クラッチ**の基本原理だ。空気という流体によって回転を伝達している。流体とは、気体や液体のように流れることができる物体のことだ。しかし、風車を通過した空気にも運動エネルギーが残っているため、伝達の効率が悪い。そこで、流体が循環するようにして、効率を高めている。

トルクコンバーターは、オイルなどの液体で満たされた密閉空間のなかに、入出力それぞれの羽根車を備えている。入力側の羽根車を回すと、オイルの流れが生まれ、出力側の羽根車が回転する。出力側の羽根車を通過したオイルは、再び入力側の羽根車の背後に回り込み、その回転を後押しする。結果、入出力に回転数差がある場合には、トルクが増幅されることになる。効率よくオイルを流すために、両羽根車の間にはもう1枚の羽根車も配置される。詳細な構造は第3部（P178〜）で説明。

出力側の羽根車 / 入力側の羽根車 / オイルの流れを調整する羽根車
*Valeo

↑トルクコンバーターはATやCVTで重要な役割を果たしている。

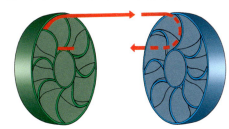

羽根車から羽根車へオイルの流れで回転を伝達する。

その他のクラッチ

スターティングデバイス以外でも、トランスミッション内や動力伝達装置では、さまざまなクラッチが使われている。摩擦クラッチはもちろんのこと、**ドグクラッチ（噛み合いクラッチ）**や**ワンウェイクラッチ**、**電磁クラッチ**などがある。

ドグクラッチ
ドグクラッチは双方に備えられた歯を噛み合わせることで、回転軸の締結を行うもの。回転数が異なる回転軸の締結は難しい。各種構造のものがある。

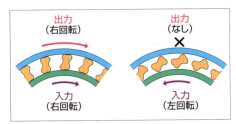

出力（右回転）／入力（右回転）／出力（なし）／入力（左回転）

ワンウェイクラッチ
ワンウェイクラッチは定められた一定の方向にしか回転を伝達しないもので、逆回転では空回りになる。双方の回転軸の回転数差でも機能する。スプラグ式やカム式などがある。たとえばスプラグ式の場合、両回転軸のリングの間にスプラグという特殊な形状のコマが配置されている。回転数差によってコマが立ち上がれば回転が伝達され、コマが寝ると回転が伝達されない。

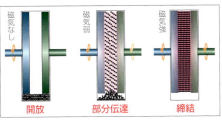

磁気なし／磁気弱／磁気強 ― 開放／部分伝達／締結

電磁クラッチ
電磁クラッチは磁気の作用を利用したクラッチ。入出力の円板などを電磁石で磁化できるように配置。間に細かな鉄粉を入れてある。磁気が作用していない状態では両円板は独立しているが、電磁石で強い磁気をかけると両円板の間を鉄粉がつないで一体で回転するようになる。磁気が弱いと鉄粉が完全には固まらず、内部で摩擦を起こすためすべての回転は伝達されない。

モーター駆動

Electricity & magnetism
01 電気と磁気

エンジン自動車には多数の電動の**モーター**が使われている。小型の乗用車でも30個程度、高級車では100個を超えることもある。過去には、ワイパーやパワーウインドウのような安全性や快適性を高めるためのボディ装備品での使用が多く、走行に直結する装置としては**スターターモーター**や**オルタネーター**、**フューエルポンプ**程度だった。しかし、現在では**電動パワーステアリングシステム**や**電動パーキングブレーキ**など電動化される装置が増えている。エンジン関連でも、電動スロットルバルブや**電動ウォーターポンプ**などモーターを使用する装置が増えている。

もちろん、**電気自動車**や**ハイブリッド自動車**は、モーターで駆動を行うクルマだ。モーターがクルマの中心的存在になっている。

モーターの構造などを理解するには**電気**と**磁気**の基礎的な知識が不可欠であるため、要点をここにまとめている。なお、正式には**電動モーター**と表現すべきだが、一般的にはモーターといえば電動のものをさすため、本書でも単にモーターと表記する。

電気

電気とはエネルギーの形態の1つだ。**プラス**と**マイナス**の**極性**がある。電気が流れる物質を**導体**、流れない物質を**絶縁体**という。プラス極とマイナス極を導体でつなぐと、プラス極からマイナス極に電気が流れる。正確な表現ではないが、流れる際の強さを**電圧**、一定時間に流れる量を**電流**と考えるとわかりやすい。電流の大きさは、プラス極とマイナス極をつなぐ導体の電気の流れにくさで決まる。流れにくさの度合いを**電気抵抗**といい、同じ電圧でも電気抵抗が高いほど、電流が小さくなる。電気抵抗は単に**抵抗**ともいう。

電気が一定時間にどれだけの仕事ができるかを意味するのが**電力**で、**仕事率**ともいう。電圧と電流をかけ合わせたものになる。電力に時間をかけたものを**電力量**または**仕事量**といい、実際に行える仕事の量を示す。

電圧、電流、抵抗の関係を示した法則をオームの法則という。それぞれの単位は、電圧がV（ボルト）、電流がA（アンペア）、抵抗がΩ（オーム）、電力がW（ワット）、電力量がJ（ジュール）だが、電力量については電気の世界ではWh（ワットアワー）が使われることが多い。本書では数式等による説明は行わないが、各要素の関係は以下のようになる。

$$E = IR$$
$$P = EI$$
$$W = PT = EIT$$

E:電圧[V]　I:電流[A]　R:電気抵抗[Ω]
P:電力[W]　W:電力量[J]　T:時間[秒]

直流

直流（DC）とは、流れる方向と**電圧**が一定の**電流**のことだ。電圧が周期的に変化する**脈流**や、一定の電圧でONとOFFを繰り返す**パルス波**（**矩形波**や**方形波**ともいう）のように、電圧の変化があっても電流の方向がかわらなければ、広義では直流として扱われることがある。脈流は**整流**（**交流を直流に変換すること**）の最初の段階で現れ、パルス波は**半導体素子**の制御などで使われる。

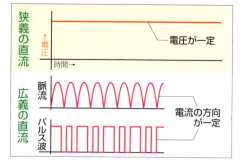

交流

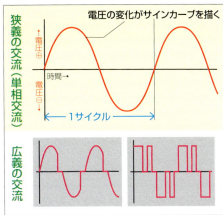

交流(AC)とは、流れる方向と電圧が周期的に変化する電流のことだ。狭義の交流は、電圧の時間的変化のグラフが**サインカーブ(正弦曲線)**を描く。こうした波形を**サイン波(正弦波)**という。サインカーブの山1つと谷1つのセットを**サイクル**、1サイクルに要する時間を**周期**という。1秒間のサイクルの回数を**周波数**といい、1サイクル内の位置を**位相**という。なお、サインカーブを描かなくても、周期的に**極性**と電圧が変化する電流は広義では交流として扱うことがある。

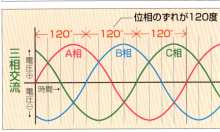

こうした1つの流れの交流を**単相交流**というが、交流には、同じ周波数で同じ電圧の3組の単相交流が、周期が1/3(位相120度)ずつずれた状態でまとまった**三相交流**もある。三相交流は各相の電圧の合計が常に0になるのが特徴で、3本の導線で送ることができる。そもそも、一般的な三相交流は別々に作られた単相交流をまとめたものではない。三相交流発電機で作られたものなので、モーターを作動させるのに適している。

半導体素子と受動素子

電気回路に使われる部品を**素子**という。現在の電気回路では**半導体素子**が重要な役割を果たすことが多い。駆動用モーターの電力の制御に使われる半導体素子は、コンピュータなどに使われるものに比べて高電圧や大電流が扱えるのが特徴で、**電力用半導体素子**や**パワーデバイス**という。半導体素子のなかには**増幅作用**を備えるものもあるが、電力用半導体素子では、**スイッチング作用**と**整流作用**が利用される。それぞれの作用がある素子を**スイッチング素子**と**整流素子**という。スイッチング素子を利用すれば、機械的なスイッチでは不可能な高速スイッチ操作が可能で、高圧大電流などで発生する問題もない。整流素子は一定方向にしか電流を流さない性質があり、**交流**を**直流**に変換する際に使用される。

半導体素子は能動的な作用があるため**能動素子**というが、電気回路では**抵抗器**や**コンデンサー**、**コイル**といった**受動素子**も多用される。抵抗器は電力を消費して電圧や電流を制御するために使われる。コンデンサーは**キャパシター**ともいい、電気を蓄えたり放出したりできるので電圧の変化を抑えるためなどに使われる。コイルには直流は流れやすく交流は流れにくい性質があるので電流の変化を抑えるためなどに使われる。

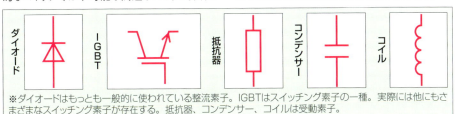

※ダイオードはもっとも一般的に使われている整流素子。IGBTはスイッチング素子の一種。実際には他にもさまざまなスイッチング素子が存在する。抵抗器、コンデンサー、コイルは受動素子。

磁気

　磁気とは、磁石が鉄を引きつける性質のことで、その時に発揮される力を**磁力**という。磁気には**N極**と**S極**の**極性**があり、極性が現れる部分を**磁極**という。磁極には異極同士は**吸引力**で引き合い、同極同士は**反発力**で反発し合う性質がある。

　磁気による吸引力には鉄などにも発揮される。このように磁石に引きつけられる物質を**強磁性体**または単に**磁性体**という。磁性体の元素は、鉄、コバルト、ニッケルの3種類の金属だけである。

　磁性体が磁石に引きつけられるのは、一時的に磁石の性質が現れるからだ。このように磁気を帯びることを**磁化**というが、磁気はあくまでも一時的なものなので、時間が経過すると磁石の性質はなくなる。時間が経過しても磁気の性質を備えているものが**永久磁石**だ。

　永久磁石には、磁性体の金属にさまざまな物質を混ぜた合金などが使われる。モーターでおもに使われているのは、**フェライト磁石とレアアース磁石（希土類磁石）**だ。レアアース磁石は磁力が強いが、**レアアース（希土類）**の高騰によって非常にコストが高くなっている。レアアース磁石でおもに使われているのは、**ネオジム磁石とサマリウムコバルト磁石**だ。ネオジム磁石のほうが磁力が強いが、高温になると磁力が低下しやすい。

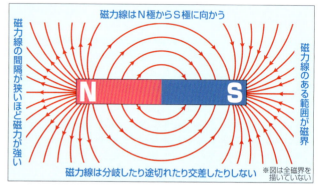

磁力線

　磁力の及ぶ範囲を**磁界**や**磁場**というが、磁力は目に見えない。これをイメージしやすくするために考え出されたのが**磁力線**だ。磁力線は**N極**から出て**S極**に入ると定義されている（磁石内は除く）。磁力線は途中で分岐したり、交差したり、途切れたりしない。間隔が狭いほど、磁力が強いことを表わす。

　物質によって磁力線の通りやすさには違いがある。**磁性体**は空気中に比べて数1000倍も磁力線が通りやすい。こうした磁力線の通りやすさの度合いを表わしたものを**透磁率**という。逆に磁力線の通りにくさは、**リラクタンス（磁気抵抗）**によって度合いが表わされる。

　磁力線には、通りやすい（透磁率が高い）部分を通ろうとする性質があり、さらに最短距離を通ろうとする性質がある。N極とS極の間に鉄などの磁性体があると、磁力線は空気中より透磁率が高い磁性体のなかを通る。しかし、それが最短距離でない場合、磁力線が引き伸ばされていることになる。こうした場合、あたかも引き伸ばされたゴムひもが張力を発揮するように、磁力線が最短距離になるように磁性体に力を作用させる。

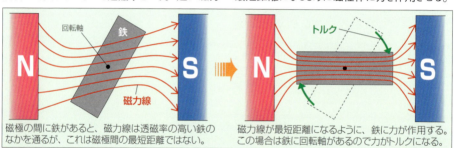

電磁石

導線に電流を流すと、導線を取り巻くように同心円状の**磁界**が発生する。**磁力線**の向きは、**右ネジの法則**で説明されるように、電流の向きに対して右回りになる。このようにして作られる磁石を**電磁石**というが、導線1本では得られる**磁力**が小さいため、通常は導線をつる巻状にした**コイル**が使われる。コイルにすることで、隣り合う導線の磁力線が合成されて1つの大きな磁界になる。コイル内に**鉄心**を通すと、磁力線が通りやすくなるため、さらに磁界が強くなる。また、電磁石の磁界は電流に比例して強くなり、電流が同じならコイルの**巻数**が多いほど磁界が強くなる。

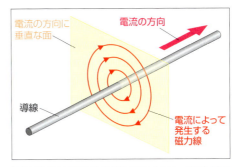

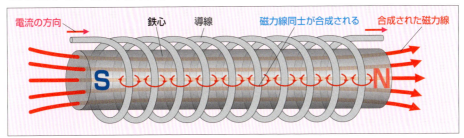

電磁力

磁界のなかで導線に**電流**を流すと、それまでの磁界と電流によって発生する磁界が影響し合うことで、導線を動かす力が生まれる。この力を**電磁力**や**ローレンツ力**といい、**モーター**の回転原理に利用される。**磁気**には安定した状態になろうとする性質があるため、こうした現象が起こる。

この時の電流、磁界、電磁力の方向には一定の関係があり、**フレミングの左手の法則**で説明される。左手の親指、人さし指、中指をそれぞれ直角に交わるように伸ばし、人さし指で磁界の方向、中指で電流の方向をさすと、親指のさす方向に電磁力が作用する。

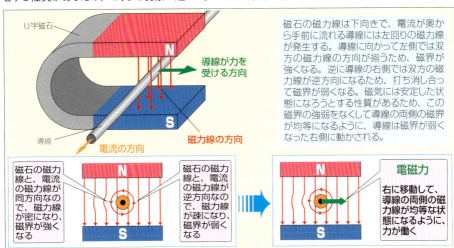

誘導起電力

磁界のなかで導線を動かすと、導線が磁界に影響を与えることで、導線に電流が流れる。この現象を**電磁誘導作用**といい、**発電機**の発電原理に利用される。発生する電圧を**誘導起電力**、流れる電流を**誘導電流**という。**磁気**の安定を求める性質によって、こうした現象が起こる。

この時の磁界、力、電流の方向には一定の関係があり、**フレミングの右手の法則**で説明される。右手の親指、人さし指、中指をそれぞれ直角に交わるように伸ばし、人さし指で磁界の方向、親指で導線の移動方向をさすと、中指のさす方向に電流が流れる。

電磁誘導作用

導線を**コイル**にすることで、**電磁石**の磁界が強くなるのと同じように、コイルでも**電磁誘導作用**が起こる。コイルの中に棒磁石を出し入れすると、棒磁石が動いている時には、コイルに**誘導電流**が流れる。磁石の移動が速いほど、コイルの**巻数**が多いほど、**誘導起電力**が大きくなる。

電磁誘導作用は、導線やコイル以外にも発生する。**導体**が変化する**磁界**のなかにあれば、誘導電流が流れる。たとえば、銅板の1点に向けて磁石のN極を近づけていくと、銅板上に左回りの電流が流れる。これを**渦電流**という。こうした渦電流は、損失を発生させてモーターの効率を低下させる要因になることもあるが、モーターの回転原理に利用されることもある。

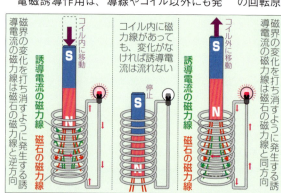
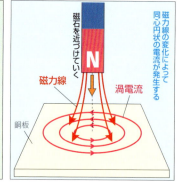

自己誘導作用と相互誘導作用

　コイルに電流を流すと**電磁石**になるが、磁石になっていく過程で**磁界**の変化が起こるため、コイルに**誘導電流**が流れる。誘導電流の方向はコイルに流した電流と逆方向になる。これを**自己誘導作用**といい、電流を停止した時にも起こる。その際には同方向の誘導電流が流れる。

　磁界を共有できるように配置した2個のコイルの間でも**電磁誘導作用**が起こる。これを**相互誘導作用**といい、一方のコイルに**直流**の電流を流した瞬間と、電流を停止した瞬間に、もう一方のコイルに**誘導起電力**が発生する。**交流**であれば、常に磁界が変化するため、もう一方のコイルに誘導電流が流れ続ける。

　相互誘導作用では、コイルの**巻数**の比に応じて誘導起電力が変化する。通常、電流を流すコイルを**一次コイル**、誘導電流が流れるコイルを**二次コイル**といい、巻数の比が1対2なら、二次コイルを流れる電流の電圧は、一次コイルの2倍になる。ただし、電力は一定なので、電流は½になる。この相互誘導作用は、**トランス（変圧器）** で交流の電圧をかえる際に利用される。また、エンジンの**点火装置**でも利用されている。

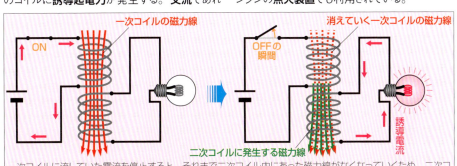

一次コイルに流していた電流を停止すると、それまで二次コイル内にあった磁力線がなくなっていくため、二次コイルに磁力線を発生させるように誘導電流が流れる。一次コイルをONにした瞬間にも相互誘導作用は起こる。

モーターと発電機

　電動の**モーター**は、**電気と磁気（電磁気）** の作用を利用して、**電気エネルギーを運動エネルギー**に変換する。直線的な力を生み出す**リニアモーター**もあるが、多くは**トルク**を生み出す**ロータリーモーター（回転型モーター）** だ。モーターの場合もエンジンの場合と同様に、トルクと**回転数**をかけ合わせたものが**出力**になる。

　モーターは**ステーター（固定子）** と**ローター（回転子）** で構成される。ステーターやローターには、**永久磁石**や、**電磁石**として作用する**コイル**、**鉄心**などが使われ、その組み合わせによってさまざまな種類のモーターがある。

　もっとも一般的な構造のモーターの場合、モーターのケースにステーターが備えられ、その内部に回転軸を備えたローターがある。こうした構造のモーターを**インナーローター型モーター（内転型モーター）** という。これとは逆に、中心にステーターがあり、その周囲に円筒状のローターがあるモーターを**アウターローター型モーター（外転型モーター）** という。

　また、ほとんどのモーターは**発電機**としても機能する。発電機は運動エネルギーを電気エネルギーに変換する装置だ。つまり、モーターは運動エネルギーと電気エネルギーを双方向に変換することができる装置だといえる。

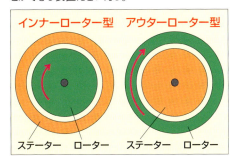

Synchronous motor
02 同期モーター

電気自動車やハイブリッド自動車の駆動に使われるモーターの主流は、交流モーターの一種である同期モーター（シンクロナスモーター）だ。より正確には、三相交流を電源にするため三相同期モーターという。

三相交流モーターは、三相交流によって作り出される回転磁界を利用する。インナーローター型モーターが一般的で、ステーターが回転磁界を作り出すコイルにされる。ローターにはさまざまなものが使われるが、駆動用モーターでは永久磁石をローターに採用する永久磁石型同期モーターが一般的だ。ほかに、コイルによる電磁石をローターに採用する巻線型同期モーター、鉄心のみでローターを構成するリラクタンス型同期モーターなどがある。

これらの同期モーターはすべて同期発電機としても機能する。エンジンの充電装置に使われるオルタネーターは、巻線型同期発電機が一般的だ。

三相回転磁界

巻数など性能がすべて等しい3個のコイルを、中心位置から120度間隔で配置し、それぞれのコイルに三相交流の各相を流すと、回転磁界ができる。これを三相回転磁界という。個々のコイルはN極とS極が交互に現れるように変化していくだけだが、三相交流の各相の位相は120度ずれていて、各コイルの位置も120度ずれているため、全体としては合成された磁極が回転する。回転速度は交流の周波数できまるが、周波数は1秒間当たりの周期の回数なのに対して、回転速度を表現する回転数は1分当たりの回数を表現するため、周波数を60倍したものが回転磁界の回転数になる。この速度を同期速度という。

このようにN極とS極の1組の磁極が回転するものを2極機という。6個のコイルを60度間隔で配置すれば、2組の磁極が回転する4極機になる。さらに多数のコイルを使用することもある。

また、個々のコイルが独立しているコイルの巻き方を集中巻というが、コイルには分布巻という巻き方もある。分布巻の場合は、回転軸を備える面をまたぐようにしてコイルを巻いていくもので、磁極の回転が滑らかになる。

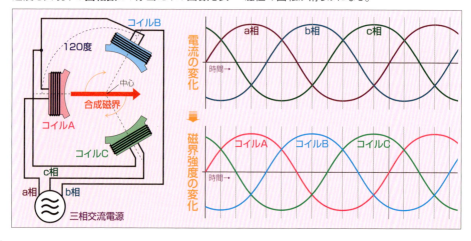

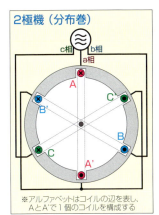
※アルファベットはコイルの辺を表す。AとA'で1個のコイルを構成する

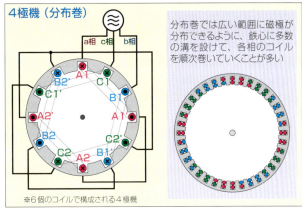
※6個のコイルで構成される4極機

分布巻では広い範囲に磁極が分布できるように、鉄心に多数の溝を設けて、各相のコイルを順次巻いていくことが多い

永久磁石型同期モーター

　回転する**磁界**のなかに、**ローター**として回転軸を備えた**永久磁石**を配置すれば、ローターが回転することは容易に想像できるだろう。**磁気の吸引力**によってローターが回転する。これが**永久磁石型同期モーター**だ。モーターに負荷がかかっていなければ、ローターのN極と**ステーター**のS極が正対した状態で回転していくが、実際のモーター使用時には負荷がかかるため、ステーターの磁極の回転よりローターの磁極が少し遅れて回転する。ローターが遅れるといっても、**回転磁界**の回転速度より遅いわけで

はない。回転速度は同じだ。負荷が一定であれば、同じ角度だけずれて回転していく。この角度を**負荷角**という。

↑現状、電気自動車の駆動用モーターの主流は永久磁石型同期モーター。

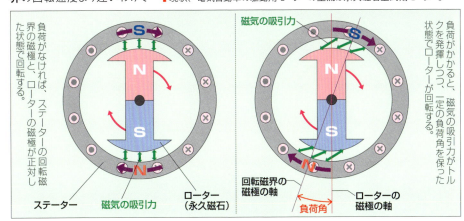

SPM型ローターとIPM型ローター

永久磁石型同期モーターのローターには、磁石の配置方法によって**表面磁石型ローター**と**埋込磁石型ローター**がある。

表面磁石型は英語を略して**SPM型ローター**ともいい、**ステーター**と磁石の距離が短くなるため、**磁力**を有効に活用でき、**トルク**が大きくなるが、高回転時に遠心力で磁石がはがれたり飛散したりする可能性がある。埋込磁石型は**IPM型**ローターともいい、高回転時の危険性がなくなるが、磁力が弱く、トルクが小さい。

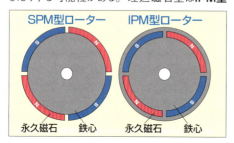

↑実際のIPM型ローター。左下側の部分はカバーが外してあるので埋め込まれている永久磁石を確認できる。

リラクタンス型同期モーター

リラクタンス型同期モーターでは、ローターに磁石を使用せず、**ステーター**の極数と同じ数だけの突出部（**突極**）を備えた**鉄心**を使用する。そのため、**突極鉄心型同期モーター**ともいう。

磁力線はN極からS極へ最短距離の経路をとろうとして、ローターの突極がステーターの磁極の正面になるようにローターを回転させる。ローターに負荷がかかっていると、磁力線が引き伸ばされることになり、あたかもゴムひもの張力のような力が発揮されて**トルク**になる。このように、**リラクタンス（磁気抵抗）**が最小の状態になろうとしてトルクが生まれるため、リラクタンス型といい、そのトルクを**リラクタンストルク**という。永久磁石型に比べると、構造がシンプルでコストを抑えることができるが、得られるトルクは小さい。

なお、永久磁石型では**磁気**の吸引力で回転原理を説明しているが、永久磁石型でも引き伸ばされた磁力線で回転原理を考えられる。永久磁石型のほうが、ローターの磁力線も加わるため、リラクタンス型より大きなトルクを発揮できる。

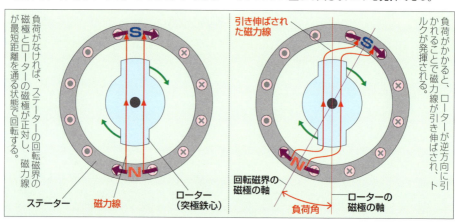

IPM型複合ローター

電気自動車やハイブリッド自動車の駆動用モーターの主流になっているのは、構造が簡単であり、**レアアース磁石**の採用によって大きなトルクが得られる**永久磁石型同期モーター**だ。**ローター**には**IPM型ローター**が採用されることが増えている。

本来、IPM型はトルクの面では**SPM型ロータ**ーより不利だが、磁石によるトルク（**マグネットトルク**）に加えて、**リラクタンストルク**も得られるように**鉄心**に**突極**を備えた構造が採用されることが増えている。こうしたローターを**IPM型複合ローター**という。ローターの位置によってはリラクタンストルクが逆方向のトルクになることもあり、1回転の間に発生するトルクの変動が大きくなってしまうが、トータルで得られる複合トルクをSPM型より大きくすることができる。

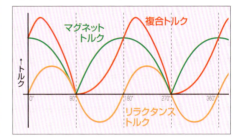

巻線型同期モーター

巻線型同期モーターの場合も、回転原理は永久磁石型とまったく同じだ。**ローターのコイル**に電流を流すことで**電磁石**にすると回転磁界によってローターが回転する。回転するローターに**スリップリングとブラシ**という部品で電気を伝える必要があるため、それだけ構造が複雑になる。永久磁石型より小型化が難しく、発熱が大きくなりやすい。しかし、高価な希土類磁石を使う必要がないため低コストに抑えることができる。効率などの面では、永久磁石型と巻線型それぞれにメリットとデメリットがある（P60参照）。

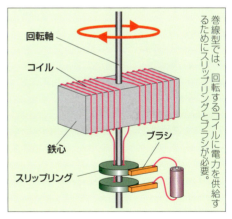

巻線型では、回転するコイルに電力を供給するためにスリップリングとブラシが必要。

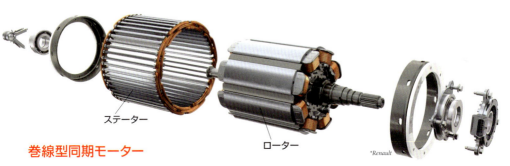

巻線型同期モーター

*Renault

Induction motor
03 誘導モーター

モーター駆動

電気自動車の駆動用モーターの主流は同期モーターだが、一部では同じく**交流モーター**の一種である**誘導モーター**（インダクションモーター）も使われている。より正確には、**三相交流**を電源にするため**三相誘導モーター**という。ちなみに、同じ交通機関である電車の駆動用モーターは三相誘導モーターが主流だ。

誘導モーターも**回転磁界**を利用するモーターで、**ステーター**は回転磁界を作り出す**コイル**にされる。**ローター**にはさまざまなものがあるが、**かご型ローター**が一般的だ。

かご型ローターを採用する**かご型誘導モーター**は、構造がシンプルで丈夫なうえ、永久磁石を使用しないのでコストを抑えることができる。しかし、始動時に大きなトルクを発揮させにくいうえ、市街地走行で多用される低負荷（低速・低トルク）領域の効率が**同期モーター**より劣るため、ハイブリッド自動車への採用は少ないが、誘導モーターならではのメリットもある。たとえば高回転域では十分に効率が高い。そのため、比較的高速の一定速度での使用が多い電車では誘導モーターが採用されている。

アラゴの円盤

誘導モーターの回転原理は**アラゴの円板**によって説明されることが多い。回転軸を備えたアルミニウムなど**非磁性体**で**導体**の円板に対して、図のように**磁力線**が円板を横切るようにして磁石を回転させると、**電磁誘導作用**で円板が回転する。この実験をアラゴの円板という。

磁石の移動によって**磁界**が移動すると、その前後に電磁誘導によって**渦電流**が発生する。前後の渦電流の回転方向は逆になるため、双方の渦が触れ合う部分では電流の方向が揃い、もっとも強い**誘導電流**になる。この誘導電流と磁石の磁力線によって**電磁力**が発生する。電磁力の方向は、**フレミングの左手の法則**で説明されるように、磁石の移動する円弧の接線方向になり、円板を磁石と同方向に回転させる。この原理は家庭の電力量計などにも使われている。

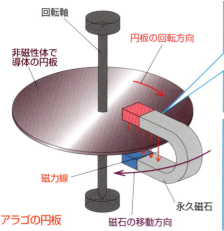

アラゴの円板

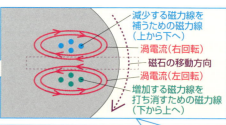

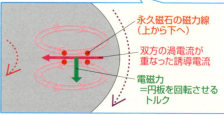

かご型誘導モーター

↓かご型誘導モーターのローターとステーター。ローターの外観は永久磁石型同期モーターと大差ない。

　アラゴの円板の磁石の移動のかわりに**回転磁界**を利用し、円板のかわりに回転軸を備えた円筒を配置すれば、円筒に**誘導電流**が発生して回転する**誘導モーター**になる。この円筒のように、誘導電流を発生させる物体を**誘導体**という。円筒を**ローター**に使用すると、**渦電流**が周囲に広がって効率が悪くなるため、実際の**三相誘導モーター**では**かご型ローター**が採用される。こうしたモーターを**かご型誘導モーター**といい、誘導体周囲の磁気を流れやすくすると同時にローターを丈夫にする**鉄心**と、アルミニウムや銅などで作られたかご状の誘導体でローターが構成される。いっぽう、**ステーター**の構造は同期モーターとまったく同じで、**コイル**によって**回転磁界**を発生させる。

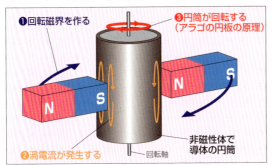

誘導モーターのすべり

　誘導モーターでは、**ローター**に**磁界**の変化がなければ**電磁力**が発生しないため、**回転磁界**の回転速度(**同期速度**)よりローターの回転速度が遅い必要がある。同期速度と回転速度が異なるため、誘導モーターは**非同期モーター**に分類される。

　また、この遅れをローターの**すべり**といい、すべりの度合いは同期速度と速度差の比率で表わすのが一般的だ。トルクが最大になるのは、すべりが0.3程度のモーターが多い。実際に運転に使われるのは、この最大トルクよりすべりの小さい領域が使われる。こうした領域では、モーターのトルクはすべりの大きさに比例すると考えられる。

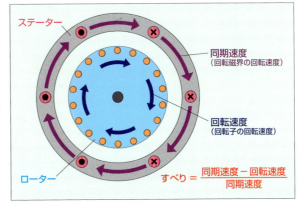

モーター駆動

Brushed DC motor
04 直流整流子モーター

　駆動用以外で、クルマに使われているモーターのほとんどは**直流整流子モーター**だ。クルマ以外でももっとも身近な存在のモーターといえる。**整流子**と**ブラシ**という部品が重要な役割を果たすため、この名称がついている。**ステーター**に**永久磁石**、**ローター**に**コイル**を使用する**永久磁石型直流整流子モーター**が一般的だが、ステーターにもコイルを使用する**巻線型直流整流子モーター**もある。直流整流子モーターは、過去には電気自動車の駆動用に使われたこともあるし、**誘導モーター**が採用される以前は、長期にわたって電車の駆動用モーターの主流だった。

　単に、**直流モーター**や**DCモーター**といった場合、直流整流子モーター、なかでも永久磁石型をさしていることが多い。しかし、現在では**ブラシレスモーター**の採用も少しずつ増えてきているため、区別する必要がある場合には**ブラシ付直流モーター**や**ブラシ付DCモーター**ということもある。

永久磁石型直流整流子モーター

　直流整流子モーターの回転原理は、磁気の**吸引力**と**反発力**による説明がわかりやすい。右上図のように、**ローター**の**コイル**に電流が流れて**電磁石**になると、磁気の吸引力と反発力によって回転する。回転原理を**電磁力**で説明する方法もある。右下図のように、もっとも単純化した1巻の四角いコイル（**方形コイル**という）に電流を流すと、**フレミングの左手の法則**で説明されるように、電磁力が発生して、コイルが回転する。

　しかし、どちらの場合も90度回転すると、停止してしまう。回転を連続させるためには、電流の方向を逆転させる必要がある。そのために使われるのが、**整流子**と**ブラシ**だ。機械的なスイッチの一種といえるもので、このページの図のようなモーターであれば、180度回転するごとに電流の方向を切り替えれば、ローターが連続して回転する。

　このようなモーターの場合、整流子の間隔をあけて電流が途切れる瞬間を作らないと、ショートしてしまうが、もしその位置でローターが停止すると、再始動できなくなる。そのため、実際のモーターでは右ページの図のように3個以上のコイルが使用される。

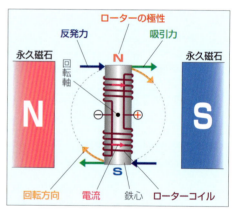

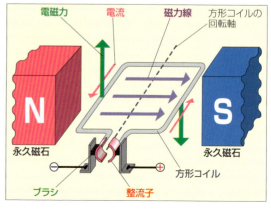

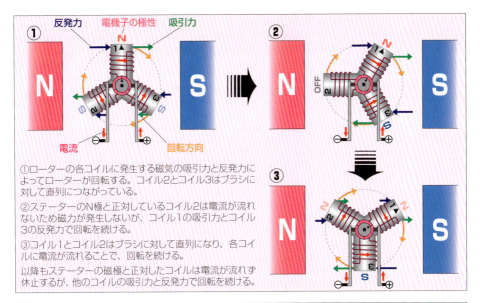

① ローターの各コイルに発生する磁気の吸引力と反発力によってローターが回転する。コイル2とコイル3はブラシに対して直列につながっている。

② ステーターのN極と正対しているコイル2は電流が流れないため磁力が発生しないが、コイル1の吸引力とコイル3の反発力で回転を続ける。

③ コイル1とコイル2はブラシに対して直列になり、各コイルに電流が流れることで、回転を続ける。

以降もステーターの磁極と正対したコイルは電流が流れず休止するが、他のコイルの吸引力と反発力で回転を続ける。

直流直巻モーター

巻線型直流整流子モーターの場合、**ロータ**ーのコイルと**ステーター**のコイルの双方に電流を流す必要がある。双方のコイルの接続方法によっていくつかの種類があるが、もっとも多用されているのは、双方のコイルを直列に接続する**直流直巻モーター**だ。直流直巻モーターは始動トルクが大きいという特性がある。エンジンの**始動装置**の**スターターモーター**に使われているモーターは、直流直巻モーターだ。

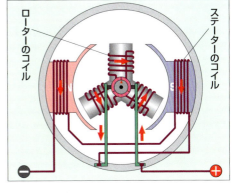

整流子モーターの弱点

整流子と**ブラシ**は、モーターが動作している間は常に擦れ合う。滑らかに接触できる素材が選ばれ、整流子の断面形状が正円になるように作られているが、それでも騒音が発生しやすい。摩耗も発生するため、清掃などの保守が必要になるうえ、ブラシの交換が求められることもある。

また、電流の断続を行うため、高電圧が発生してブラシと整流子の間で**火花放電**を起こすことがある。この放電がブラシの消耗や損傷を招く。その際の異常な電流が、コイルを損傷させることもある。放電で発生する電磁波が、ラジオなどの電波を利用する機器の雑音になったり、近く

の電子機器を誤作動させることもある。

また、高回転になると非常にわずかな段差でもブラシがジャンプして、正常に電流が伝えられなくなる。高回転では遠心力が大きくなり、整流子がはがれたり、ローターのコイルの位置がずれたりする可能性が高まる。そのため、**直流整流子モーター**は回転速度を高めることに限界がある。

しかし、直流整流子モーターは制御が簡単で効率が高く扱いやすいモーターだ。クルマで使用されているものは寿命に余裕が十分に見込まれているので、正常な使用であれば、メンテナンスや部品の交換が必要になることはない。

モーター駆動 05 Blushless motor
ブラシレスモーター

永久磁石型直流整流子モーターは、始動時のトルクが大きく、効率も高いうえ、制御しやすい特性があり安価だが、**整流子とブラシ**に弱点がある。この弱点を解消したモーターが**ブラシレスモーター**だ。**直流整流子モーター**は、機械的なスイッチといえる整流子とブラシで**コイル**に流れる電流の方向を切り替えているが、ブラシレスモーターはこのスイッチを電子的な回路に置き換えている。スイッチの動作を確実に行うためには、回転位置を検出するセンサーが不可欠だ。

ブラシレスモーターは直流整流子モーターから発展したモーターといえるが、現在では交流で駆動されることも多い。区別する際には、それぞれ**ブラシレスDCモーター**と**ブラシレスACモーター**という。実は、**電気自動車**や**ハイブリッド自動車**の駆動用モーターの主流は、このブラシレスACモーターであるともいえる。また、駆動用以外でクルマに使われるモーターも、制御を高度化したいものについては、ブラシレスモーターが使われ始めている。

ブラシレスモーターの回転原理

ブラシレスモーターが**永久磁石型直流整流子モーター**から発展したことがわかりやすいのが、下図の**アウターローター型モーター**だ。前ページの上図で説明した**コイル**が3個の直流整流子モーターの**整流子**と**ブラシ**を電子的な回路に置き換えたものといえる。ただし、下図では3個のコイルが**ステーター**で、外側の永久磁石が**ローター**になっているアウターローター型だ。駆動回路のスイッチを順番にON/OFFしていくことで、ローターが連続して回転する。

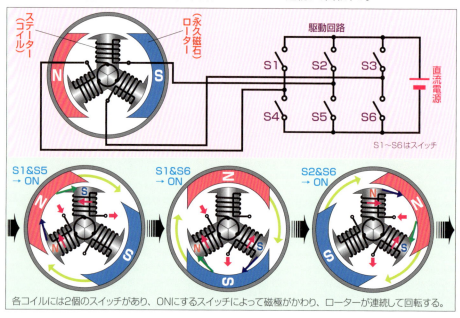

各コイルには2個のスイッチがあり、ONにするスイッチによって磁極がかわり、ローターが連続して回転する。

ブラシレスモーターの駆動方法

左ページで説明したような、**ステーター**の**コイル**が3個、**ローター**の磁極が2極の**ブラシレスモーター**の場合、6個のスイッチが使用され、個々のスイッチは1回転の間に120度ずつONにされる。こうした駆動方法を**矩形波駆動**や**方形波駆動**といい、電流の流し方を**120度通電**という。

しかし、現在では**台形波駆動**や**サイン波駆動**という方法もある。台形波にすると電流の変化がゆるやかになり、モーターの振動や騒音を抑えることができる。サイン波にすれば、さらに回転が滑らかになるが、制御するための回路がそれだけ複雑になる。

サイン波の電流とは**交流**だ。そのため、サイン波駆動するブラシレスモーターを**ブラシレスACモーター**という。制御する回路は、**インバーター**（P70参照）が一般的だ。交流で駆動しているわけだが、インバーターは**直流**から交流に変換する装置なので、電源には直流が必要だ。

なお、ブラシレスACモーターに対して矩形波駆動するものは**ブラシレスDCモーター**ともいう。

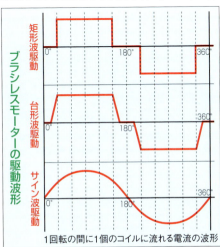

ブラシレスモーターと同期モーター

左ページの例は**アウターローター型モーター**だが、これを**インナーローター型モーター**に置き換えてみると、右図のような構造になる。これは三相の**永久磁石型同期モーター**の構造とまったく同じだ。しかも、**サイン波駆動**していれば、**コイル**を流れる電流もまったく同じになる。そのため現在では、**インバーター**などの半導体による駆動回路での使用を前提とした場合、**同期モーター**を**ブラシレスACモーター**と呼称することもある。

上記のような理由があるため、電気自動車やハイブリッド自動車の駆動用モーターについてのメーカーの諸元表などの表記には、同期モーター、ブラシレスモーター、ブラシレスACモーターなどさまざまなものがあるが、いずれのモーターも基本構造は同じだといえる。なかには、DCブラシレスモーターという記載もあるが、矩形波駆動を採用しているとは考えにくい。インバーターもモーターの一部と捉え、その電源が直流であるため、DCをつけた表現にしていると思われる。

モーター 駆動	**Motor characteristics & drivetrain** 06 モーターの特性と動力伝達装置

モーターは始動時の**トルク**がもっとも大きく、**回転数**が上がるとトルクが小さくなり、電流も小さくなる特性があるので、クルマや電車の駆動用モーターに適していると説明されることが多い。しかし、この特性は**直流直巻モーター**や**永久磁石型直流整流子モーター**のものだ。確かに、こうした特性があるため、直流直巻モーターが電車の駆動用モーターとして長く使われてきたし、大昔の電気自動車にも採用された。

現在の主流である**永久磁石型同期モーター**を**周波数制御**した場合の特性は、もっと優れている。回転数0から**最大トルク**で始動でき、そのトルクをある程度の回転数まで維持でき、以降も大きな**出力**が得られる。こうした特性があるため、エンジン駆動では不可欠な**トランスミッション**がなくてもモーター駆動できる。モーターでエンジンをアシストする**ハイブリッド自動車**の場合も、エンジンとモーターを直結することができる。

永久磁石型同期モーターの特性

周波数制御された**永久磁石型同期モーター**のモーター性能曲線は一般的に以下のような特性になる。なお、温度をはじめ機械的な強度や振動、効率など面からモーターに保証されたモーターの使用限界を**定格**という。

回転数0からの始動時には**最大トルク**が発揮される。最大トルクはモーターに流すことができる電流の定格で決まる。ここから回転数を高めても、ある程度の範囲では最大トルクが維持されるため、回転数に比例して**出力**が大きくなっていく。この範囲の特性を**定トルク特性**という。

ある回転数になると、なだらかにトルクの低下が始まる。これは電源の限界によるものだ。電源の出力には限界があり、それ以上の**電力**を放出できないため、ある回転数以上ではモーターの出力が一定になり、回転数が上昇するにつれてトルクが低下する。このトルクの低下が始まる回転数で**最高出力**になる。以降は回転数が高めるとそれに応じてトルクが低下し、最高出力が維持される。この範囲を**定出力特性**という。

さらに回転数を高めていくと、急激にトルクが低下し、**最高回転数**に至る。この最高回転数も電源の限界によって決まるものだ。電源の電圧の上限以上には回転数を高められない。

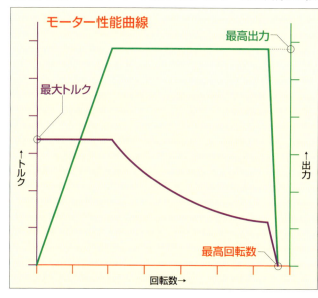

56

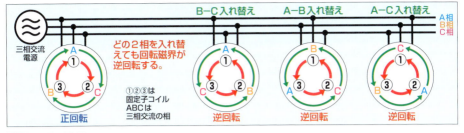

駆動装置

モーターの特性はクルマの駆動に適している。回転数0から大きなトルクで回転を始めさせることができるため、エンジン自動車のような**スターティングデバイス**は必要ない。

また、エンジンには**変速機**の併用が不可欠だが、モーターは幅広い回転数で最高出力を得られるので、段階的な変速を行う変速機を使わずに直接モーターの回転を駆動輪に伝えても問題ない。ただし、モーターを高回転で使用したほうが出力を高めることができるため、歯車などによる減速機構を使用することが多い。

さらに、エンジンは回転方向が一定だが、モーターは電気的に回転方向を逆転させることができるので、**前後進切り替え機構**も不要になる。**三相交流**で駆動する**三相交流モーター**の場合、三相交流のいずれか2つの相の順番を入れ替えれば、**回転磁界**が逆方向に回転する。各**コイル**に送り出す順番をかえれば逆転する。

なお、1個のモーターで駆動を行う場合は旋回時に左右の駆動輪に回転を分配する**ディファレンシャルギア**は不可欠だ。こうしたモーター、減速機構やディファレンシャルギアは一体化されることがほとんどで**eアクスル（eAxle）**などと呼ばれている。

エンジンとモーターの双方を駆動に利用する**ハイブリッド自動車**の場合も、双方を直結してモーターのトルクをエンジンのトルクに直接加えることが可能だ。エンジンのトルクが不足する領域で、モーターのトルクを併用すれば、通常の**トランスミッション**を使わずに済ませることもできる。こうした場合、モーターを**電気式無段変速機（電気式CVT）**ということもある。

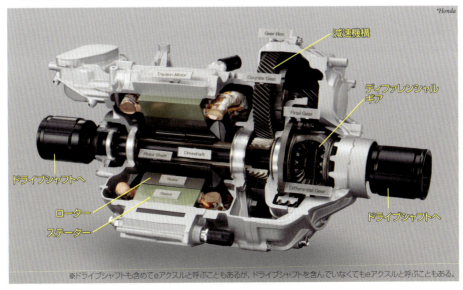

※ドライブシャフトも含めてeアクスルと呼ぶこともあるが、ドライブシャフトを含んでいなくてもeアクスルと呼ぶこともある。

モーター駆動

Motor **e**fficiency & **e**nergy **l**oss

07 モーターの効率と損失

　クルマの駆動用モーターは、電池などの電源の電気エネルギーを運動エネルギーに変換して走行に利用している。しかし、変換の際に使用した電気エネルギーの全量を運動エネルギーに変換できるわけではない。やはり損失が生じる。モーターの損失には、銅損、鉄損、機械損があり、損失分は熱エネルギーに変換される。

　モーターにも損失があるとはいえ、内燃機関のエンジンに比べると非常に小さい。現在、電気自動車やハイブリッド自動車で主流になっている永久磁石型同期モーターの効率は95％にも達している。もちろん、この数値は最大効率であり運転状況によって変化する。エンジンの燃料消費率等高線と同じように、モーターのトルク曲線に対して効率等高線を描くと、やはり効率の目玉というべき部分が存在する。しかし、エンジンの場合、燃費の目玉を少し外れるだけで効率が大きく低下するが、モーターの場合は落ちていく割合が低い。かなり広い範囲で90％以上の効率が得られる。こうした高効率な範囲の広さが、エンジン駆動に対するモーター駆動のアドバンテージになる。モーター駆動では段階的な変速機を使わないのが一般的だと説明したが、それは高効率の範囲が広いためだ。しかし、実際には効率の目玉が存在するため変速機を使えば実走行の効率が高められる。そのため、変速機を併用するeアクスルの開発も盛んに行われるようになっているが、変速機の分だけ車重は増加することになる。

　また、クルマ全体で考えると、駆動用モーターが発電機としても使用できることがモーター駆動の大きなメリットになる。内燃機関のエンジンは燃料の化学エネルギーを運動エネルギーに変換することしかできないが、モーターは電気エネルギーと運動エネルギーを相互に変換できるので、減速中に生じる運動エネルギーの損失を電気エネルギーとして回収できる。これをエネルギー回生という。

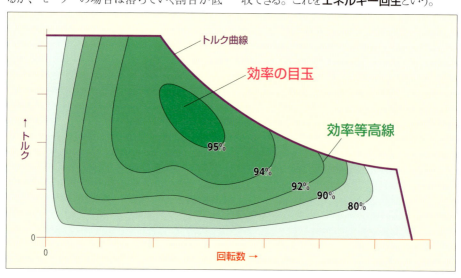

第1部／パワートレイン

58

銅損

モーターの**巻線**は**銅線**が一般的だ。銅線には**電気抵抗**が低いものが使われるが、**抵抗**は0ではないため、その抵抗によって**ジュール熱**という発熱が生じてしまう。これにより電気エネルギーの一部が熱エネルギーに変換される。

機械損

機械損は電気エネルギーが運動エネルギーに変換された後に生じる損失で、**摩擦損**と**風損**がある。摩擦損はローターの軸受の摩擦、風損はローターと周囲の空気との摩擦によって運動エネルギーの一部が熱エネルギーに変換される。

鉄損

モーターの**コイル**は**鉄心**に**巻線**を巻いたものが一般的で、この鉄心で生じる損失を**鉄損**といい、**ヒステリシス損**と**渦電流損**がある。詳しい説明は省略するが、ヒステリシス損は鉄心に生じる**磁界**の変化によって生じるもの。この変化によって磁気のエネルギーの一部が熱エネルギーに変換されて損失になる。いっぽう、渦電流損は**電磁誘導作用**によって鉄心に生じる**渦電流**によって生じるもの。鉄心にも電気抵抗があるため、渦電流が流れると**ジュール熱**による発熱が生じる。これにより電気エネルギーの一部が熱エネルギーに変換される。

*GKN

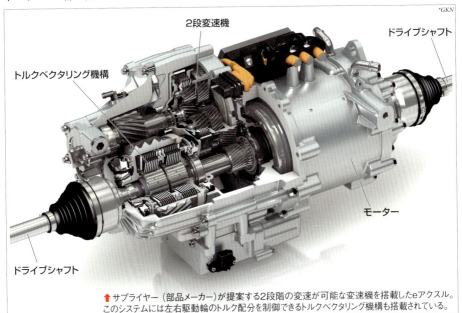

↑サプライヤー(部品メーカー)が提案する2段階の変速が可能な変速機を搭載したeアクスル。このシステムには左右駆動輪のトルク配分を制御できるトルクベクタリング機構も搭載されている。

回生制動

エンジン自動車の場合は**ブレーキ**によって減速を行う。使われているブレーキは**摩擦ブレーキ**といい、摩擦によって運動エネルギーを熱エネルギーに変換し、運動エネルギーを減少させることで減速させる。つまり、運動エネルギーを熱エネルギーに変換して周囲に捨てていることになる。モーター駆動の場合は、車輪の回転が駆動用モーターに伝わっていれば、モーターが**発電機**として機能し、運動エネルギーが電気エネルギーに変換される。その際に発電機を回す抵抗で減速される。こうした発電機による減速を**回生制動**や**回生ブレーキ**という。モーターはエンジンに比べて効率が高いが、**エネルギー回生**が可能なこともモーター駆動の大きなメリットになる。回生制動は、ハイブリッド自動車がエンジン自動車より燃費が向上する**要因**の1つでもある。

モーター駆動

Drive motor
08 駆動用モーター

　内燃機関の**エンジン**より**モーター**のほうが自動車の動力源として優れていることは古くから知られていた。19世紀には**電気自動車**が実用化され、**エンジン自動車より先に**市販が始まっている。**ハイブリッド自動車も**20世紀初頭に市販されている。とはいえ当時の電源に使われていた**鉛蓄電池**は大きく重かったため、航続距離を伸ばせば重くなって速度が出せなくなる。そのため、次第に改良が進んでいったエンジン自動車が主流になり、**モーター駆動**の自動車は消えていった。

　その後も、石油に政治的、経済的、社会的な問題が生じると電気自動車に注目が集まったが、実用化には至らなかった。しかし、20世紀末に**ニッケル水素電池**や**リチウムイオン電池**などの優れた**二次電池**が開発され、ハイブリッド自動車や電気自動車が実用化されていった。以上のようにモーター駆動の実用化では新しい電池の開発に注目が集まることが多いが、**永久磁石**の性能向上による**同期モーター**の高出力化・小型化や、**パワーエレクトロニクス**(P70参照)の発展もモーター駆動の実用化に大きく貢献している。

　現状、自動車の駆動に使われているモーターの主流は高性能化に貢献した**レアアース磁石**を使用する**永久磁石型同期モーター**だ。非常に優れたモーターだといえるが、デメリットがないわけではない。そのため、**巻線型同期モーター**や**誘導モーター**も使われるようになってきている。

永久磁石型同期モーター

　永久磁石型同期モーターのなかでも現在の主流になっているのは**ローター**に永久磁石を埋め込んだ**IPM型ローター**を使うものだ。**リラクタンストルク**が得られる**IPM型複合ローター**の採用も多い。こうした同期モーターは小型で強力だ。効率のピークも高いが、高回転になると発電機としての作用が顕著になり、逆方向の起電力が生じて効率が低下してしまう。

　また、クルマの運転状況によっては、駆動用モーターで駆動も回生制動もせず、単に空転させたいこともあるが、ステーターの鉄製部品のなかで永久磁石が回転することになるので**引きずり抵抗**と呼ばれる抵抗が生じてしまい、クルマを減速させてしまう。

　もっとも大きなデメリットはローターに使用する**レアアース磁石**が高コストなうえ、供給に不安もあることだ。そのため、レアアースを使わないローター磁石の研究開発が進められている。

↑永久磁石型同期モーターのステーターとローター。ローターにはIMP複合型が採用されている。

*Toyota

巻線型同期モーター

巻線型同期モーターは高価な**レアアース磁石**を使う必要がないことが大きなメリットだ。ローターが電力を消費するため効率のピークは永久磁石型に劣るが、ローターの磁力を調整できるのでピーク周辺の**高効率領域**を広くすることができる。また、ローターのコイルに電流を流さなければ磁力が発生しないので、**引きずり抵抗**が生じない。ただし、ローターのコイルによって得られる磁力は小さいので、永久磁石型ほどローターを小型化することができない。

↑巻線型のローターはコイルで構成される。

かご型誘導モーター

かご型誘導モーターもレアアース**磁石**を使う必要がないうえ、**ローターの構造がシンプル**なので安価に製造でき、丈夫でもある。**引きずり抵抗**もない。ローターを流れる電流でも損失が生じるため効率の面では不利だが、比較的広い範囲である程度の高効率領域を確保しやすい。ただし、出力の割にサイズが大きくなる。

↓かご型誘導モーターではローターに永久磁石を使わない。

ステーター

ステーターの構造は**同期モーター**でも**誘導モーター**でも共通だ。ハイブリッド自動車用のように薄さが求められるモーターの場合はステーターの**コイル**に**集中巻**が採用されることもあるが、一般的には回転が滑らかになる**分布巻**が採用されている。

過去には巻線に断面が丸形の**丸線**が使われることが多かったが、分布巻では断面形状が方形の太い**平角線**が使われることが増えている。これは**銅線**が太いほど大きな電流を流すことができ、**銅損**も低減されるためだ。また、丸線では銅線と銅線の間に隙間ができるが、平角線であれば隙間が生じないため、コイルの占有率（密度）を高めることができる。

↑細めの丸線を使った分布巻のステーターコイル。

↑太い平角線で構成される分布巻のステーターコイル。

モーター駆動

Secondary battery
09 二次電池

　決まった経路を走行する電車であれば、架線などを使って外部から車両に電力が供給できるが、さまざまな場所を移動する自動車に外部から連続して電力を供給することは難しい。そのため、自動車をモーター駆動する場合は**電池**を電源にする。電池には、**太陽電池**のように**物理電池**に分類されるものもあるが、多くは**化学反応**を利用する**化学電池**だ。電池はこの化学反応によって**化学エネルギーを電気エネルギーへ**変換する。こうした化学反応を正式には**電気化学反応**という。

　化学電池には、**一次電池、二次電池、燃料電池**がある。一次電池は乾電池のような使い切りタイプの電池のことだ。二次電池は充電することで繰り返し使用できる電池のことで**蓄電池**ともいう。一般では**充電池**とも呼ばれる。こうした一次電池や二次電池は内部に化学エネルギーを蓄えていて、放電の際に電気エネルギーに変換される。二次電池の充電の際には、供給された電気エネルギーが化学エネルギーに変換されて蓄えられる。いっぽう、燃料電池は外部から供給された化学エネルギーを電気エネルギーに変換する。

　電気自動車や**ハイブリッド自動車**で使われるのは、二次電池のなかでもっとも**エネルギー密度**が高い**リチウムイオン電池**だ。ハイブリッド自動車のなかには、エンジンを使って発電した電力で走行する方式を採用するものもあるが、こうした場合でも**回生制動**のために二次電池が必要になる。なお、一部のハイブリッド自動車では**ニッケル水素電池**が使われている。いっぽう、**燃料電池自動車**では燃料電池が使われるが、この場合も回生制動のために二次電池が備えられる。なお、エンジン自動車でも始動などの際に電力が必要になるので、**鉛蓄電池**という二次電池が搭載されている。

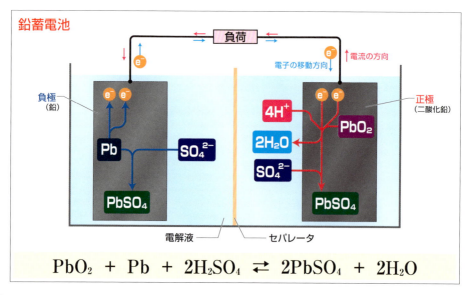

$$PbO_2 + Pb + 2H_2SO_4 \rightleftarrows 2PbSO_4 + 2H_2O$$

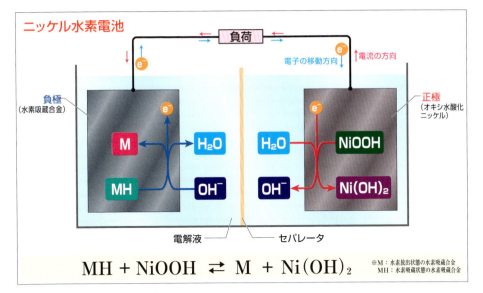

$$MH + NiOOH \rightleftarrows M + Ni(OH)_2$$

※M：水素放出状態の水素吸蔵合金
MH：水素吸蔵状態の水素吸蔵合金

二次電池の動作原理

　化学電池の基本原理は、**電解液**という液体のなかで2種類の金属を**電気化学反応**させるというものだ。この2種類の金属を**電極**といい、電池のプラス極になる側を**正極**、マイナス極になる側を**負極**という。二次電池の電気化学反応はいずれも難しいものなので、本書では説明を省略するが、参考までに自動車で使われている3種類の二次電池の反応の概要の図示と反応式を掲載しておく。なお、実際の二次電池では電極が、電気化学反応を起こす物質である**活物質**と、電気を集めるための**集電体**で構成されていることが多い。また、正極と負極の間には両極の直接的な接触を防ぐために**セパレーター**と呼ばれる隔壁が備えられている。

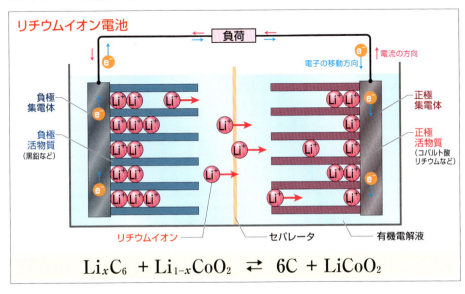

$$Li_xC_6 + Li_{1-x}CoO_2 \rightleftarrows 6C + LiCoO_2$$

二次電池の性能

化学電池の最少構成単位を**セル**といい、1つのセルで構成された電池を**単セル**という。単セルの通常の使用で得られる電圧を**公称電圧**という。

二次電池の性能では**エネルギー密度**が重視される。エネルギー密度とは一定の重量もしくは体積のなかにどれだけのエネルギーが存在するかを意味するもので、それぞれ**重量エネルギー密度**と**体積エネルギー密度**という。単セルの二次電池では完全に充電された状態でのエネルギー密度が表現される。この時の**電力量**を単セルの**エネルギー容量**や**電力容量**、単に**容量**という。

単セルの公称電圧は低く容量も小さいため、電気自動車などでは複数の単セルを**直列**にして電圧を高め、さらに**並列**にして全体として容量を大きくしたものが使用される。二次電池のエネルギー密度が高いほど、同じ容量であれば軽量もしくはコンパクトになるので、さまざまな面で有利だ。

また、用途によっては**出力密度**が重視されることもある。電池の**出力**とは**電力**のことで、一定時間に行える**仕事**の量だ。出力密度とは、一定の重量もしくは体積の電池にどれだけの出力があるかを意味するもので、それぞれ**重量出力密度**と**体積出力密度**という。モーターの出力がどんなに高くても、搭載されている二次電池全体の出力が小さければ、モーターの出力は電池の出力を超えることができない。

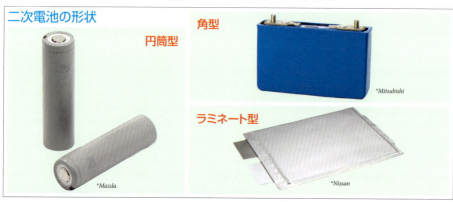

二次電池の形状 / 円筒型 *Mazda / 角型 *Mitsubishi / ラミネート型 *Nissan

自動車に使われる3種類の二次電池

リチウムイオン電池という名称は、充放電の際に**リチウムイオン**が**電極**間を行き来することから名付けられたもので、両電極の材料にはさまざまなものがある。代表的な構成では**公称電圧**が3.6V程度ある。自動車以外でもスマートフォンをはじめさまざまな機器で使われている。リチウムイオン電池のメリットはなんといっても**エネルギー密度**の高さだ。重量でも体積でも他の二次電池より優れている。ただし、コストが高い。また、**過充電**すると発熱して破裂や発火の危険性があり、完全に放電させると電池として機能しなくなるため、充電電圧を高い精度で制御するなど、電池を管理するための電子回路が不可欠だ。

ニッケル水素電池は公称電圧が1.2Vで、乾電池タイプの二次電池の主流になっている。エネルギー密度などはリチウムイオン電池に劣るが、安全性が高く、コストが抑えられる。また、**出力密度**についてはリチウムイオン電池を上回る。使用する二次電池全体の容量が小さくても、ある程度の出力を確保できる。

鉛蓄電池は公称電圧が2.1Vでエネルギー密度はニッケル水素電池よりさらに劣るが、安価に製造することができる。過充電にも強く、幅広い温度範囲で使うことができる。

これらの二次電池は充放電の**効率**も高い。鉛蓄電池で87％以上、ニッケル水素電池で90％以上、リチウムイオン電池では95％以上ある。生じた損失は**熱エネルギー**に変換される。

二次電池の単セルの構造

リチウムイオン電池の**単セル**の形状には**円筒型**、**角型**、**ラミネート型**の3種類がある。いずれの形状でも、**電極**には非常に薄いものが使われる。電極は**集電体**と**活物質**で構成され、集電体には薄い金属箔を使用する。この箔を**集電箔**といい、その表裏に**正極活物質**を塗ったものが**正極**、**負極活物質**を塗ったものが**負極**になる。

円筒型の場合、帯状の電極と**セパレーター**が使われ、正極-セパレーター-負極-セパレーターの順に重ねたものを円柱状に巻き、円筒のケースに収めている。正極と負極の電極はそれぞれ1枚ずつが使われていて、それぞれ単セルの**プラス端子**と**マイナス端子**につながれる。角型の場合も同じように帯状の電極とセパレーターを使用するが、当初から扁平に巻いたり、円柱状に巻いたものを押しつぶしたりして角型のケースに収めている。

ラミネート型の場合は、四角い電極とセパレーターを使用し、正極-セパレーター-負極-セパレーターの順に何層も重ねたものが、食品のレトルトパックと同じような**ラミネートパック**に収められている。正極と負極が何枚も使われるので、正極同士と負極同士がまとめられて電池端子につながれる。

ニッケル水素電池の構造はリチウムイオン電池の構造とほぼ同様だ。円筒型と角型のものがおもに使われている。**鉛蓄電池**は角型といえる形状だが、内部の構造は異なっている。詳しくは第2部第9章で説明する（P158参照）。

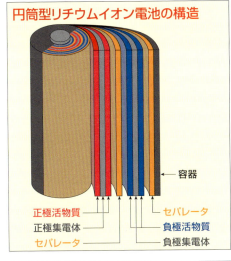

円筒型リチウムイオン電池の構造

角型リチウムイオン電池の構造

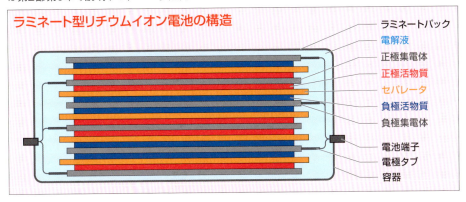

ラミネート型リチウムイオン電池の構造

リチウムイオン電池の種類

リチウムイオン電池の負極材料は黒鉛などの炭素系材料が一般的なのに対して、正極材料にはコバルト酸リチウムやマンガン酸リチウムをはじめとして、ニッケル酸リチウムを改善したニッケル系(NCA系)などさまざまなものがあるが、自動車の分野でもっとも使われているのは、コバルト、ニッケル、マンガンを含む三元系(NMC系)のものだ。しかし、最近になって正極にリン酸鉄リチウムを使うリン酸鉄系(LFP系)の採用が始まっている。リン酸鉄系は三元系よりエネルギー密度も公称電圧も低いが、レアメタル(希少金属)であるコバルトを使用しないため低コストで製造できることが大きなメリットだ。中国で採用が始まり、世界各国へ広がりを見せている。

このほか、負極にチタン酸リチウムを使用するものも一部で使われている。負極にチタン酸リチウムを使ったものはエネルギー密度も公称電圧も他のリチウムイオン電池より劣るが、出力密度が大きくなる。そのため、搭載する二次電池全体の容量が小さくても大きな出力を確保することができる。また、寿命が非常に長いというメリットもある。

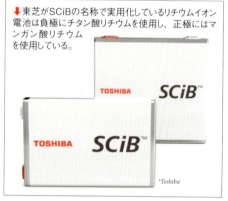

↓東芝がSCiBの名称で実用化しているリチウムイオン電池は負極にチタン酸リチウムを使用し、正極にはマンガン酸リチウムを使用している。

*Toshiba

↑BYDが使用するLFP系のリチウムイオン電池。同社では写真の形状の二次電池をブレードバッテリーと呼んでいる。

*BYD

バイポーラ型二次電池

二次電池の性能を向上させる技術として注目を集めているのがバイポーラ型二次電池だ。前ページで説明したように一般的な二次電池の構造では、1枚の集電箔の表裏に同じ極の活物質を備えているが、バイポーラ型では1枚の集電箔の表裏に正極活物質と負極活物質を備えている。こうした構造のバイポーラ電極を積み重ねることで複数のセルを1つの容器内で直列接続することができる。単セル同士を直列接続する場合には、導体で連結することになるため、その導体の電気抵抗で損失が生じてしまうが、バイポーラ型であれば損失が生じない。接続に使用する導体やそれぞれの容器が不要になるので、エネルギー密度も高くなる。

また、電気抵抗は流れる距離に比例し断面積に反比例するが、バイポーラ構造にするとセル内を電流が流れる距離が短く断面積が大きくなるため、セル内での損失を低減させることができる。電池内部の抵抗が小さくなることで出力密度も向上する。

ただし、容器内で単セルに相当する部分の電解液を完全に独立させる必要があるため、製造が難しい。しかし、すでにバイポーラ型ニッケル水素電池はトヨタによって実用化されていて、リチウムイオン電池でもバイポーラ化の研究開発が進められている。

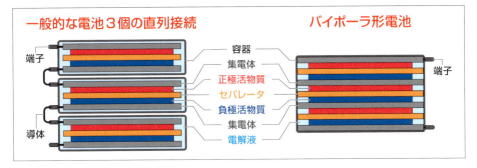

全固体リチウムイオン電池

　現在の**二次電池**では**電解液**という液体を使用しているが、これを**固体電解質**に置き換える研究開発が進んでいる。こうした電池はその構成材料がすべて固体になるので**全固体電池**という。さまざまな電池で全固体化が研究されているが、自動車の分野では、まずはリチウムイオン電池を全固体化した**全固体リチウムイオン電池**に期待が集まっている。

　電解液を使用しているとセルごとに容器の密閉が必要になるが、固体であれば**バイポーラ型**のように直接セル同士を重ねていくことができる。また、固体化することで温度の制約も受けにくくなるため、**エネルギー密度**や**出力密度**を高めることができ、充電スピードも速くなる。さらに、現在のリチウムイオン電池ではセパレーターが劣化しやすいが、固体電解質は劣化しにくいので寿命も長くなる。リチウムイオン電池に使われている電解液に可燃性のものなので、漏れれば燃焼の危険性があるが、全固体化すれば安全性も高まる。

↑トヨタが開発中の全固体電池。実用化間近という段階まで開発は進んでいる。

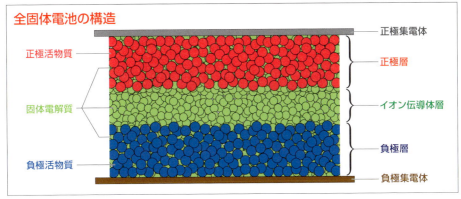

67

Fuel cell
10 燃料電池

一次電池や二次電池は内部に**化学エネルギー**が蓄えられているが、**燃料電池**は**燃料**として化学エネルギーを供給すると、連続して**電気エネルギー**に変換する。**燃料タンク**や周辺機器までも含めて考えれば、内部に化学エネルギーを蓄えているといえるが、燃料電池の**セル**単体で考えれば、他の形態のエネルギーを電気エネルギーに変換する装置なので、発電機に近い存在といえる。そのため、燃料電池が電気エネルギーに変換する動作は「発電」ということが多い。なお、日本語の燃料という言葉には「燃える」という字が含まれているため誤解されやすいが、燃料電池内部で燃焼は行われない。燃焼反応ではなく**電気化学反応**によってエネルギーの変換が行われるが、損失分は**熱エネルギー**に変換されるので発電時に発熱する。

電気自動車などに使われる二次電池の**効率**は90%を超えているが、現在の**燃料電池自動車**に使われている燃料電池の電気エネルギーへの変換効率は30〜40%程度しかない。しかし、モーターの効率は非常に高いため、**水素**を**内燃機関**で燃焼させて**運動エネルギー**を得る**水素エンジン自動車**より、トータルでの効率は高くなる。また、電気自動車の二次電池の**充電**には時間がかかる。いっぽう、燃料電池の場合は燃料の供給に要する時間は充電よりはるかに短くて済む。現在のエンジン自動車に燃料を供給するのに要する時間と同程度だ。

燃料電池の動作原理

燃料電池の基本的な発電原理は、水の**電気分解**と逆の反応だ。つまり**水素**と**酸素**を**電気化学反応**させることで**電気エネルギー**を発生させている。**メタノール**や**天然ガス**など水素を含む物質を改質して得られる水素を利用する燃料電池もあるが、現状の**燃料電池自動車**では気体の水素を**燃料**にしている。酸素は大気中のものを使用する。反応で生成されるのは**水**だけだが、実際には、反応の際に熱が発生するため、高温の湯となって排出される。

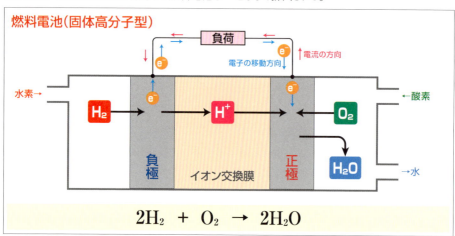

$$2H_2 + O_2 \rightarrow 2H_2O$$

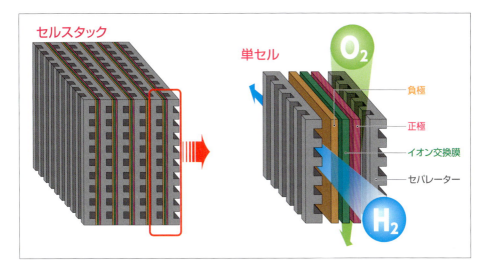

燃料電池の構造

　燃料電池はFCと略されることが多い。エタノールなど水素を含む物質をそのまま反応させる直接型燃料電池もあるが、大出力が難しいため燃料電池自動車には適していない。水素そのものを反応させる方式が一般的だ。反応させる水素をエタノールなどから改質器で取り出す方法もあるが、燃料電池自動車では水素を直接供給している。水素そのものを反応させる燃料電池には、リン酸型燃料電池や溶融炭酸塩型燃料電池、固体酸化物型燃料電池などがあるが、燃料電池自動車では固体高分子型燃料電池が採用されている。電極には炭素などで作られた多孔質の素材が使われ、孔の表面には触媒が塗られている。両極の間に特定のイオンだけを通過させるイオン交換膜が配置される。負極に燃料である水素、正極に空気中の酸素を供給すると、発電が行われる。その際には水素イオンが負極から正極に移動する。負極は水素極や燃料極ともいい、正極は酸素極や空気極ともいう。

　燃料電池の単セルの起電力は0.6〜0.8V程度しかない。そのため、多数の単セルを積み重ねて使用する。このように積み重ねたものを燃料電池スタック（FCスタック）やセルスタックいう。また、二次電池の場合は正極と負極の間に備えられるものをセパレーターというが、燃料電池ではセルとセルを区切るものをセパレーターということが多く、その内部に水素と酸素の流れる通路が設けられていることが多い。

↑燃料電池セルスタックは多数のセルが積み重ねて収められている。

Power electronics
パワーエレクトロニクス

モーター駆動 11

交流モーターの回転数は電源の周波数によってほぼ決まる。過去には交流モーターはほぼ一定の回転数で使われるものだった。しかし、パワーエレクトロニクスの誕生によって交流を周波数制御できるようになり、交流モーターの可変速運転が可能になった。

パワーエレクトロニクスとは、電力用半導体素子を用いた電力の変換と制御に関する技術のことで、電力変換装置には4種類ある。直流→交流の電圧と周波数の変換を行う装置をインバーター、直流→直流の電圧の変換を行う装置をDC-DCコンバーター、交流→直流の電圧の変換を行う装置をAC-DCコンバーター、交流→交流の電圧と周波数の変換を行う装置をAC-ACコンバーターという。

実際の電力変換にはスイッチング素子と整流素子が使われる。代表的なスイッチング素子にはIGBTとMOSFETなどがあるが、自動車のモーター駆動の制御ではおもにIGBTが使われている。整流素子にはダイオードが使われる。

現在の自動車の駆動用モーターである交流モーターを運転するには交流電源が必要だが、二次電池も燃料電池も直流電源だ。そのため、モーター運転時には二次電池の直流を任意の電圧と周波数の交流に変換する必要があり、インバーターが使われる。いっぽう、回生制動時にはモーターで発電された交流を二次電池の充電に適した電圧の直流に変換する必要があり、AC-DCコンバーターが使われる。

また、外部から二次電池を充電する際にも電力変換装置が使われる。普通充電には交流が使われるのでAC-DCコンバーターが必要になるため、車載充電器が搭載されている。さらに、自動車のさまざまな電装品は12Vや48Vなどの直流で動作しているので、二次電池の電圧を下げるためにDC-DCコンバーターが使われる。

なお、電力変換の際にも半導体素子の電気抵抗などで損失が生じる。この損失によって素子が発熱する。許容範囲以上に高温になると素子が壊れてしまう。

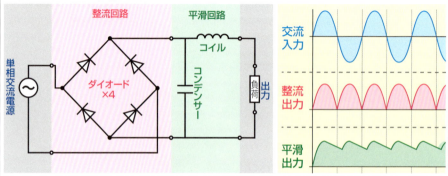

単相交流の整流平滑回路

コンデンサーは電圧が上昇していく時は充電を行い電圧が下降していくと放電を行う性質があるため、電圧の変化を抑えられる。コイルは自己誘導作用によって電流の変化を抑える作用があるため、電流の変化を抑えられる。

整流平滑回路

　交流を直流に変換することを整流といい、その回路を整流回路という。整流にはダイオードの整流作用（一定方向にしか電流を流さない作用）を利用する。さまざまな構成の回路があるが、単相交流であれば4個のダイオードを使う回路が一般的だ。ダイオードが構成する部分をダイオードブリッジということが多い。また、三相交流であれば6個のダイオードで整流回路が構成できる。

　しかし、ダイオードによる整流だけでは電圧が変動する脈流にしか変換できないため、コンデンサーやコイルによる平滑回路で変動を抑えることが多い。両回路をあわせて整流平滑回路という。

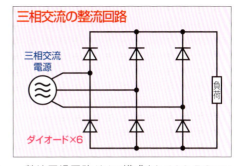

三相交流の整流回路

ダイオード×6

　整流平滑回路だけで構成されるAC-DCコンバーターもあるが、出力される直流の電圧は、入力された交流の電圧で決まってしまう。出力電圧を可変することはできない。

チョッパ制御

　直流の電圧の可変にはチョッパ制御が使われることが多い。チョッパ制御はスイッチング素子のONとOFFで行う。チョッパ制御のスイッチのONとOFFの1組をスイッチング周期といい、1秒間のスイッチング周期の回数をスイッチング周波数という。一般的に使われているパルス幅変調方式（PWM方式）では、スイッチング周期を一定にして、ONの時間の割合をかえることで、電圧を調整する。このONの時間の割合をデューティ比という。スイッチング周波数が低いと、出力された電力を使用する機器が正常に動作しないが、1秒間に何万回というスイッチのON/OFFであれば、電圧の平均値が出力電圧になり、機器が正常に動作する。実際の回路では電圧や電流の抑える平滑回路も併用される。たとえば、デューティー比を50%にすれば、元の電圧の50%の電圧を出力できる。ただし、デューティ比があまりにも小さいと（出力電圧を低くすると）、OFFの時間が長くなって電流が安定しなくなるため、出力可能な電圧には下限がある。

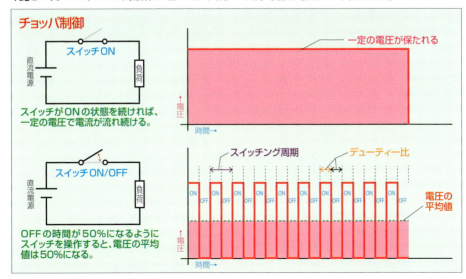

直流の降圧と昇圧

　実際に**チョッパ制御**を行う回路にはさまざまなものがある。先に説明したように入力より出力の電圧を下げる場合は、**スイッチング素子**のON/OFFを繰り返して電圧を切り刻むことで、平均電圧を出力できるが、電流が途切れないようにするために**ダイオード**や**コイル**などが併用される、こうした入力電圧より低い電圧を出力する**チョッパ回路**を**降圧チョッパ回路**という。

　スイッチング素子にダイオードやコイルを併用することで、入力より出力の電圧を上げることも可能になる。コイルには電流を蓄える作用があるため、スイッチがONの時にはコイルに電流が流れ、OFFになるとコイルに蓄えられた電流と電源からの電流が同時に出力されるため、電圧が高くなる。こうした回路を**昇圧チョッパ回路**という。

　このほか1つの回路で昇圧と降圧が行える**昇降圧チョッパ回路**などもあり、これらの回路が**DC-DCコンバーター**に使われる。また、**整流回路**とチョッパ回路を組み合わせると、整流と電圧の可変が行える**AC-DCコンバーター**になる。

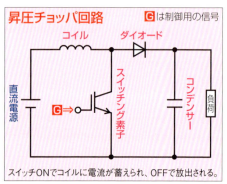

矩形波交流変換

　単相交流の**整流回路**の**ダイオードブリッジ**と同じようにスイッチ4個でブリッジを構成すると**直流**を単相交流に変換することができる。実際の電力変換装置では、これらのスイッチに**スイッチング素子**が使われることになる。

　出力する交流の**周波数**を**スイッチング周波数**にして、スイッチS_1とS_4は**デューティ比**50%でON/OFFを繰り返し、スイッチS_2とS_3も同じデューティ比でOFF/ONを繰り返せば、出力は周期的に極性が入れ替わる。波形は**矩形波**という角ばったものだが、広義では**交流**だ。

　スイッチング周波数をかえれば、出力される交流の周波数を変化させることができる。また、それぞれのスイッチのデューティ比を50%より小さくしてONの時間を短くすれば、半周期の間の電圧の平均値が低くなるので、交流の電圧を変化させることも可能だ。ただし、この場合は電流が途切れる瞬間が生じる。

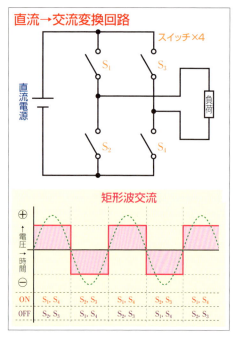

矩形波交流の周波数可変

ディーティ比50%のままスイッチング周波数を変化させれば、出力される矩形波交流の周波数が変化する。

矩形波交流の電圧可変

ONの時間を短くすれば半周期の平均電圧が低くなるので、出力される矩形波交流の電圧が低くなる。

■ 擬似サイン波

左ページの直流→交流変換では出力される交流は**矩形波**だが、同じ回路を使って狭義の交流である**サイン波**に近い波形の交流を出力することも可能だ。こうした場合は、出力する交流の**周波数**より高い周波数でスイッチングを行う（実際には非常に高い**スイッチング周波数**を使用するが、見やすくするためにグラフでは出力交流の周波数の20倍にしている）。

出力として求められる**サイン波交流**を**スイッチング周期**ごとに区切り、各区間の平均電圧と同じ電圧になるように**デューティ比**を変化させていけば、階段状に変化する出力波形になる。スイッチング周波数を高くするほど波形は滑らかになりサイン波に近づいていく。こうした波形を**擬似サイン波**や**擬似正弦波**という。

デューティ比を変化させれば出力交流の電圧を可変することができ、出力交流の1周期に割り当てるスイッチングの回数を変化させれば出力周波数の可変も可能だ。多くの**インバーター**では、こうした擬似サイン波の交流が出力されている。

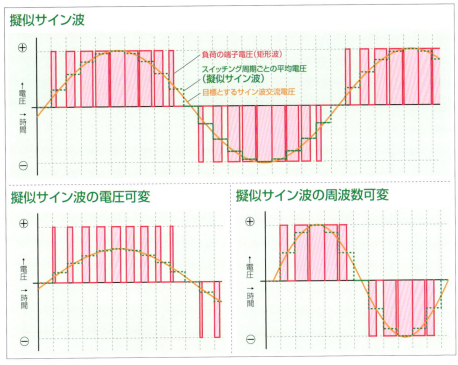

第2章／モーター駆動　パワーエレクトロニクス

三相インバーター

小型の**ブラシレスモーター**などでは**矩形波駆動**が行われることもあるが、交流モーターに滑らかな回転が求められる場合は**サイン波駆動**が行われる。先に説明したように擬似サイン波の**単相交流**は4つのスイッチで作り出すことができるが、三相交流モーターを駆動する**三相交流**はスイッチング素子を6個使った回路で作り出すことができる。これが直流を三相交流に変換する**三相インバーター**の基本回路だ。任意の電圧と周波数を出力できるので**可変電圧可変周波数電源**ともいい、その英語の頭文字から**VVVFインバーター**ということもある。

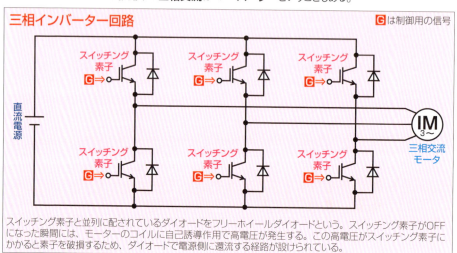

三相インバーター回路 Gは制御用の信号

スイッチング素子と並列に配されているダイオードをフリーホイールダイオードという。スイッチング素子がOFFになった瞬間には、モーターのコイルに自己誘導作用で高電圧が発生する。この高電圧がスイッチング素子にかかると素子を破損するため、ダイオードで電源側に還流する経路が設けられている。

電力用半導体素子

スイッチング作用のある**半導体素子**にはさまざまなものがあるが、**電力変換装置**に使われる**スイッチング素子**は**IGBT**と**MOSFET**が一般的だ。2種類の素子のうちMOSFETはスイッチング速度が速いがあまり高い電圧には耐えられない。そのため、自動車の駆動用モーターを制御する**インバーター**などにはIGBTが使われている。

従来の半導体素子は**シリコン**をベースに作られているが、近年になってシリコンと炭素の化合物である**SiC（シリコンカーバイド）**をベースにしたものなど、新しい素材を使用する半導体素子が実用化されている。SiCはシリコンより耐熱性が高いため、素子を薄くすることができ電力変換の際の損失を低減できる。たとえば、SiCで作られたMOSFET（**SiC-MOSFET**）であれば、損失低減に加えて、スイッチング速度が速いため、スイッチング周波数を高めることが可能になるなどさまざまなメリットがある。

SiC-MOSFET

デンソーが開発したSiC-MOSFET（左）とその素子を採用するインバーター（右）。

*Denso

*Peugeot

第2部 エンジン

*Jaguar

第1章　エンジン本体 … 76
第2章　動弁装置 … 88
第3章　吸排気装置 … 104
第4章　過給機 … 118
第5章　燃料装置 … 128
第6章　点火装置 … 140
第7章　潤滑装置 … 144
第8章　冷却装置 … 150
第9章　充電始動装置 … 156

エンジン本体

Cylinder
01 シリンダー

エンジンの**シリンダー**は、シリンダーブロックと**シリンダーヘッド**で構成される。この上下に**シリンダーヘッドカバー**と**オイルパン**が加えられることで、**エンジン本体**の外形になる。シリンダーヘッドとシリンダーブロックの間には気密性を保持するための**シリンダーヘッドガスケット**が挟まれる。シリンダーの配列には**直列型**、**V型**、**水平対向型**などがある。

シリンダーブロックはシリンダーの筒状の部分を構成すると同時に、**ピストン**や**クランクシャフト**などの**主運動系**のパーツを収める部分になる。シリンダーヘッドは、シリンダーの天井となる凹みを構成する部分で、その内部が**燃焼室**になる。この燃焼室に向けて吸気と排気の通路である**吸気ポート**と**排気ポート**も作り込まれる。**バルブシステム**をはじめ**インジェクター**や**点火プラグ**、**グロープラグ**などはシリンダーヘッドに備えられる。

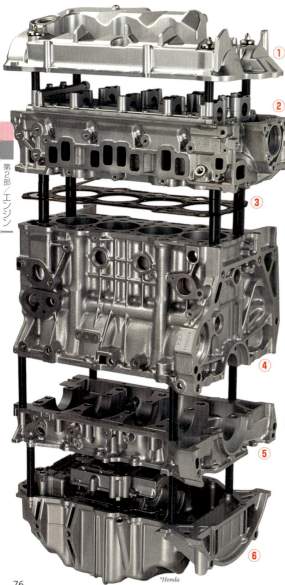

①シリンダーヘッドカバー
②シリンダーヘッド
③シリンダーヘッドガスケット
④シリンダーブロック
⑤ラダーフレーム(ロアシリンダーブロック)
⑥オイルパン
※各パーツを連結する黒い棒は撮影用のもの

↓シリンダーブロックとシリンダーヘッドで構成されるエンジン本体内に、主運動系と動弁系(バルブシステム)が収められる。

*Honda
*Mazda

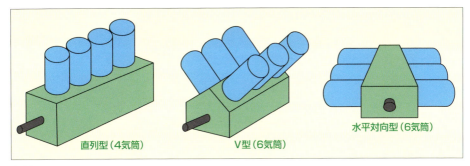

直列型（4気筒）　　V型（6気筒）　　水平対向型（6気筒）

シリンダー配列

多気筒エンジンの**シリンダー配列**は、**直列型**、**V型**、**水平対向型**が一般的なものだ。

各気筒を1列に並べたものが直列型だ。英語のline（列の意）から**L型**ともいう。気筒数を加えて直4（L4）や直6（L6）と表現することが多い。気筒数が増えるほどエンジンが長くなり、エンジンルームに収めにくくなるため、2～6気筒で採用される。海外では、英語のin-line（列になったの意）からI4やI6と表現することもある。直列6気筒は振動が少なく回転も滑らかになるなどメリットの多いシリンダー配列だが、**衝突安全**のためのスペースを確保しにくいため一時期は採用が減っていた。しかし、最近になって各社が直6エンジンを復活させている。

総気筒数の半数の気筒を直列に並べたものを、V字に組み合わせたものがV型だ。それぞれの列は**バンク**といい、バンクがなす角度である**V角**は、60～90度のものが多い。気筒数を加えてV6やV8と表現されることが多く、さらにバンク角も含めて90度V8などと表現されることもある。直列型に比べて全長を抑えることができ、重心も低くなる。しかし、バルブシステムなどを両バンクに備えなければならないので、コスト高になる。6気筒以上で採用されるのが一般的だ。

水平対向型は両バンクのなす角度が180度だが、180度V型というわけではない。もし、180度V型にした場合、向かい合うピストンは同じ方向に動くが、水平対向型の場合は向かい合うピストンが寄ってきたり離れていったりする動きになる。この動きによってエンジンの振動が少なくなる。またこのピストンの動きがボクサーのパンチのようなので**ボクサーエンジン**といったり、全体が平坦なので**フラットエンジン**といったりする。V型より全幅が大きくなるが、重心がさらに低くなるというメリットがある。

直列6気筒エンジン
*BMW

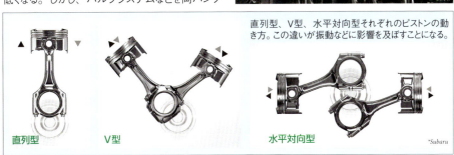

直列型　　V型　　水平対向型

直列型、V型、水平対向型それぞれのピストンの動き方。この違いが振動などに影響を及ぼすことになる。

*Subaru

直列型4気筒
*BMW

■ シリンダーブロック

シリンダーの筒部分を構成する**シリンダーブロック**と、**クランクシャフト**を収める**クランクケース**を別体で製造して合体する方法もあるが、クルマのエンジンでは一体で製造されるのが一般的だ。この全体をシリンダーブロックということが多い。ただ、クランクシャフトを支える部分だけを別体にすることがあり、この部分を**ラダーフレーム**や**ロアシリンダーブロック**という。また、**V型**は両バンクを一体で作るのが一般的だが、**水平対向型**ではバンクごとに分割される。

シリンダーブロックは、内部の高温高圧に耐える必要があるが、重量増は燃費の悪化を招くた

*BMW

↑→直列4気筒エンジンのシリンダーブロック（ラダーフレーム）を合体した状態。←単体のラダーフレーム部分。

め、可能な限りシリンダーの間隔を狭くし、不必要な部分を削ぎ落としている。**鋳鉄**製が一般的だったが、軽量で放熱性に優れた**アルミニウム合金**製も増えてきている。

V型6気筒 *Nissan

水平対向型4気筒 *Subaru

■ オープンデッキとクローズドデッキ

シリンダーブロック内部には、シリンダーの周囲を包み込むようにウォータージャケットという冷却液の通路や、エンジンオイルの通路であるオイルギャラリーがある。シリンダーヘッドとの接合面に、これらの通路の穴だけがあいた構造のものをクローズドデッキといい、シリンダーブロックの外壁とシリンダーの筒との間が広くあいた構造のものをオープンデッキという。オープンデッキは軽量で冷却性に優れているうえ製造も容易なので現在の主流になっているが、強度の面ではクローズドデッキに劣る。

↓クローズドデッキの場合はウォータージャケットがシリンダーブロック上面まで達していない。

※左ページ写真のシリンダーブロックはオープンデッキ。

■ シリンダーライナー

シリンダーブロックの直接ピストンに触れる筒状の部分をシリンダーライナーやシリンダースリーブといい、一体型シリンダーライナーと分離型シリンダーライナーがある。また、シリンダーライナーの外側に冷却液が直接触れる湿式ライナー（ウェットライナー）と、冷却液が触れない乾式ライナー（ドライライナー）の2種類がある。湿式の場合は、ライナーとシリンダーブロックの間に冷却液の漏れ止めのための加工が必要になる。

鋳鉄製のシリンダーブロックの場合は一体型が多い。鋳造の段階でライナーになる部分に耐摩耗性の高い合金成分を加えることで製造される。

アルミニウム合金製のシリンダーブロックはそのままでは熱や摩擦に耐えられないので分離型のライナーが採用される。鋳鉄やさらに耐摩耗性の高い特殊鋳鉄で作られたシリンダーライナーが鋳込まれたりはめ込まれたりする。最近では別体のライナーを使わず、溶かした鉄を吹き付ける溶射でライナーの役割を果たす被膜が作られることもある。こうしたコーティングを溶射ライナーということもある。またライナーレスということもある。

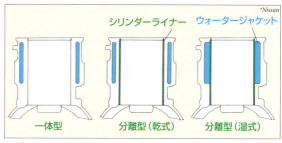

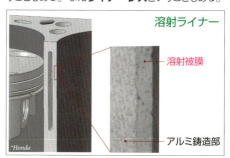

V6エンジンのシリンダーヘッド(シリンダーブロック接合面側)。燃焼室になる凹みのほか、冷却液やオイルの通路がある。

同シリンダーヘッド上面。バルブシステムを支える構造のほか各種パーツ装着用の穴がある。

■ シリンダーヘッド

シリンダーヘッドはシリンダーの燃焼室を構成する部分だ。燃焼室には吸気の経路である吸気ポートと、排気の経路である排気ポートの開口部が設けられ、シリンダーヘッド側面まで導かれる。この開口部に吸気バルブと排気バルブが備えられる。燃焼室には、エンジンの形式に応じて、点火プラグ、グロープラグ、インジェクターを装着するための穴も設けられる。ポート噴射式の場合はインジェクターの穴は吸気ポートにある。

シリンダーヘッドには、バルブシステムを支持する部分も設けられ、内部にはエンジンオイルや冷却液の通路も備える。それぞれの通路は、シリンダーブロックとの接合面で連結される。

シリンダーヘッドは燃焼室が存在するため、シリンダーブロック以上に高温高圧にさらされる。以前は鋳鉄製が多かったが、現在では放熱性が高く軽量なアルミニウム合金製が一般的だ。

上部にはオイルの飛散や異物の侵入を防ぐためにシリンダーヘッドカバーガスケットを介してシリンダーヘッドカバーが備えられる。シリンダーヘッドと同一素材のこともあるが、強度が求められる部分ではないので、樹脂素材のこともある。さらに、現在ではエンジン全体をおおう樹脂製のエンジンカバーが装着されることも多い。

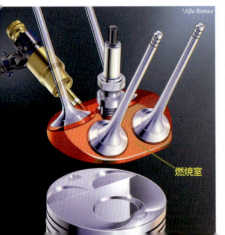

■ 燃焼室

過去さまざまな形状の燃焼室が開発されてきたが、1気筒に4個のバルブを備える4バルブ式では、ペントルーフ型燃焼室が多い。屋根型燃焼室ともいい、2個の吸気バルブと2個の排気バルブが、三角屋根の両スロープを形成する。球面で構成される燃焼室に比べると、表面積が大きくなって熱を逃がしやすいが、圧縮比を高めやすく、内部で渦流が起こりやすいため、現在の主流になっている。ただ、屋根型といっても単純な形状をしているわけではない。この形状をベースに、複雑な曲面で構成されている燃焼室も多い。

■ 吸排気ポート

現在の主流である**4バルブ式**では、各**燃焼室**に吸気2個、排気2個の開口部を備える。このため、**吸気ポート**（**インテークポート**）と**排気ポート**（**エキゾーストポート**）はそれぞれ気筒ごとにY字形で、シリンダーヘッド側面に気筒数分の開口部があるのが一般的な構造だ。吸気の分岐や排気の合流は外部に取りつける**吸気マニホールド**と**排気マニホールド**で行われる。

一部のエンジンでは、シリンダーヘッド内で排気の合流を行うこともある。こうしたものを**排気マニホールド内蔵シリンダーヘッド**という。これにより高温状態で排気を送り出すことができ、冷間始動時に**三元触媒**（P112参照）を素早く活性化できる。側面の開口部は1個になる。

*Honda
開口部

排気マニホールド内蔵シリンダーヘッド
↪ シリンダーヘッド内の排気ポートの形状。

■ スワール渦とタンブル渦

シリンダー内の吸気や排気の流れは、燃焼に大きな影響を及ぼす。特に吸気の際は、**燃料**と空気の混合を促進させるなどの目的で、シリンダー内に**渦流**といわれる渦状の空気の流れを発生させることがある。

渦流のうち、回転軸がピストンストローク方向のものを**スワール渦**や**スワール流**、**スワール**といい、ピストンストロークに対して直角なものを**タンブル渦**や**タンブル流**、**タンブル**いう。こうした渦流を**吸気ポート**の形状を利用して発生させることがあり、それぞれ**スワールポート**や**タンブルポート**という。また、**可変バルブシステム**を利用して渦流を発生させることもある。

このほか、シリンダー内の空気の流れには**スキッシュ**というものもある。ピストン側から見た燃焼室の面積は、**ピストンヘッド**の面積より小さいため、ピストンが上死点にある時、燃焼室の外周にわずかな空間が残る。この部分を**スキッシュエリア**といい、ピストンが上死点に達するとスキッシュエリアから一気に吸気が押し出されることになり、強い空気の流れが発生する。

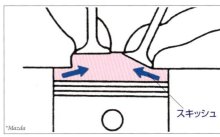
*Mazda
スキッシュ

スワール渦

タンブル渦

エンジン本体 02 Piston & connecting rod
ピストンとコンロッド

ピストンはシリンダーとともにエンジンの根本といえるパーツだ。頭部が燃焼室の一部を構成する。コップを逆さまにしたような形状が基本形だ。コンロッドによってクランクシャフトに連結され、ピストンの往復運動とクランクシャフトの回転運動が相互に変換される。

コンロッドは、コネクティングロッドを略したもので、連結棒という意味になる。エンジンが稼働中は、ピストンもコンロッドも大きな力を受けるため、高い強度が求められるが、重量が大きいと損失が大きくなってしまうため、軽量化が求められる。

バルブリセス／ピストンヘッド／ピストンスカート／ピストンボス
ピストンリング溝／ピストンボス／ピストンスカート／ピストンリング溝／ピストンピン穴
*Nissan

ピストン

ピストンは軽量で熱伝導性が高いアルミニウム合金で作られる。高温状態で圧力をかけて製造する鍛造ピストンは強度が高いがコストがかかるため、鋳造ピストンが一般的だ。

ピストンは頭部をピストンヘッドまたはピストンクラウンといい、外周が下方に伸ばされた部分をピストンスカートという。外周のピストンヘッド近くには、ピストンリング溝（ピストンリンググルーブ）が設けられる。内部には、コンロッドと連結するピストンピンの穴があり、その周囲をピストンボスという。エンジンオイルを通す穴が設けられていることもある。

ピストンスカートにはピストンの傾きを防止する役割がある。ピストンピンに直交する側にだけ備えられるが、それも軽量化のために短くなる傾向があり、ほとんどスカートがないピストンもある。

ガソリンエンジンのピストンヘッドの形状は平坦なものが基本形だが、圧縮比を高めるために中央部を盛り上げたものもある。直噴式の場合は、噴射された燃料を誘導したり、シリンダー内に空気の流れを作るために、さまざまな形状の突出部や凹みが設けられることがある。ディーゼルエンジンの場合は、燃焼を開始する空間として、ピストンヘッドに大きな凹みが設けられるのが一般的だ。こうしたピストンの凹みをキャビティといい、燃焼室になる。また、吸排気バルブとの接触を避けるために三日月形の凹みが設けられることもある。この凹みをバルブリセスという。

*Mazda

*Mazda

↑圧縮比を高めるために突出部を設けたガソリン直噴エンジン用のピストン。中央部には凹みが設けられている。
←大きなキャビティを備えたディーゼルエンジン用ピストン。

ピストンリング

往復運動できるように**ピストン**の**直径**は**シリンダー**の直径よりわずかに小さい。この隙間を**ピストンクリアランス**というが、隙間があったのでは**燃焼室**の気密性が保てない。エンジンオイルが燃焼室に入ったり、逆に燃焼ガスがクランクケース側に入ったりすると問題が発生する。そのため、ピストンの外周に**ピストンリング**が備えられる。

ピストンリングにはピストンの熱をシリンダーに伝える役割もある。

ピストンリングは、おもに気密性を保つ**コンプレッションリング**と、オイルをかき落とす**オイルリング**の2種類が使われる。コンプレッションリング2本とオイルリング1本の組み合わせが一般的だが、双方のリングが1本ずつのこともある。

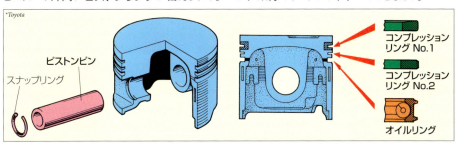

コンロッド

コンロッドは、**ピストンピン**に連結される側を**スモールエンド**、**クランクシャフト**に連結される側を**ビッグエンド**という。強い力を受けるため、軽量で強度の高い炭素鋼やニッケルクローム鋼、クロームモリブデン鋼などを鍛造して作られる。ロッド部分は軽量化のために断面がH字形(I字形ともいう)にされる。ビッグエンドの部分は分割でき、**コンロッドボルト**（**コネクティングロッドボルト**）で結合される。また、ビッグエンドの内側には**コンロッドベアリング**（**コネクティングロッドベアリング**）、スモールエンドの内側には摩耗防止のために円筒形のブッシュが挿入される。

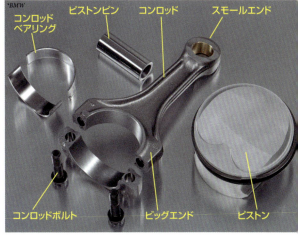

エンジン本体	Crankshaft
03	**クランクシャフト**

クランクシャフトは、コンロッドとともにピストンの往復運動を回転運動に変換し、エンジンの出力回転軸になる。同時に、回転運動を往復運動に変換することで、燃焼・膨張行程以外の気筒のピストンを動かす。

クランクシャフトの形状によって、各気筒が動作する順番が決まる。この順番を**点火順序**という。端の気筒から順に燃焼・膨張行程が訪れると、シャフトが連続してねじられてしまうため、燃焼・膨張行程が分散するように点火順序が決められる。通常エンジンは出力側（トランスミッション側）を後方と表現し、各気筒は前方から順に1番、2番…という。たとえば直4エンジンの点火順序は、1→3→2→4もしくは1→2→4→3が一般的だ。

クランクシャフトの前方には、バルブシステムを駆動するための**クランクシャフトタイミングプーリー**（または**クランクシャフトタイミングスプロケット**）、補機を駆動するための**クランクシャフトプーリー**が備えられる。クランクシャフトの後端には、回転をスムーズにする**フライホイール**が備えられる。

エンジンは往復運動で力を発生させているため、構造によっては周期的な振動が避けられない。こうした振動を防止するために、**バランスシャフト**が備えられることもある。

*Mercedes-Benz

直4エンジンの主運動系

ピストン
コンロッド
クランクシャフトプーリー
クランクシャフト
バランスシャフト

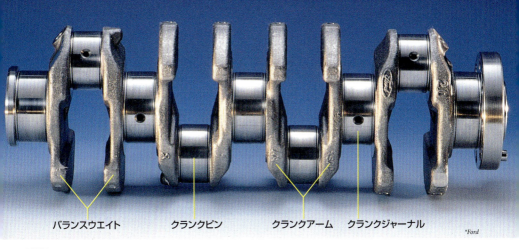

バランスウエイト　クランクピン　クランクアーム　クランクジャーナル　*Ford

クランクシャフト

　クランクシャフトは、回転軸になる部分を**クランクジャーナル**、**コンロッド**の**ビッグエンド**が接続される部分を**クランクピン**といい、両者を接続する部分を**クランクアーム**という。クランクアームのクランクピンとは反対側には、クランクシャフトのアンバランスをなくして振動を防止するために**バランスウェイト**が備えられる。

　クランクシャフトはさまざまな方向から力を受けるため、高い強度や剛性が求められる。**鋳造クランクシャフト**もあるが、炭素鋼やクロームモリブデン鋼などの特殊鋼で作られた**鍛造クランクシャフト**が一般的だ。

　ラダーフレームを使用するエンジンの場合は、ラダーフレームの**軸受**にクランクジャーナルを収めたうえで、上から**ベアリングキャップ**をボルトで固定する。ラダーフレームのない**シリンダーブロック**の場合は、内部の軸受にクランクジャーナルを収めたうえで、下からベアリングキャップで固定する。クランクジャーナルとベアリングキャップや支える部分との間には、**クランクシャフトメインベアリング**が収められる。さらに、回転軸方向への力に対応する**クランクシャフトスラストベアリング**も配置される。

*BMW
クランクシャフト
ラダーフレーム
↑ピストンなどを組みつけたクランクシャフトはラダーフレームに収められ、上からベアリングキャップで固定される（図はベアリングキャップ装着前の状態）。

↓下からベアリングキャップで支える場合。
スラストベアリング
メインベアリング
クランクシャフト
*Ford
ベアリングキャップ

バランスシャフト
↑クランクシャフト下に配置されたバランスシャフト。側面配置の例はP84参照。

バランスシャフト

エンジンに発生する振動は、**クランクシャフト**の回転位置に対応して周期的に発生する。**バランスシャフト**は回転位置と重心がずれたシャフトで、回転させると周期的に振動を発生する。バランスシャフトに発生する振動を、エンジンに発生する振動と逆方向にすることで、振動を打ち消すことができる。バランスシャフトはクランクシャフトの側面や下面に配置され、歯車やチェーンによってクランクシャフトの回転が伝達される。

フライホイールとクランクシャフトプーリー

エンジンは各気筒が異なる行程になるようにしているが、実際に力が発生するのは、燃焼・膨張行程の前半が中心だ。そのため1回転の間にトルクの変動が起こる。こうしたトルク変動を抑えるために備えられているのが**フライホイール**だ。

回転する物体が回転し続けようとする性質を**慣性モーメント**という。フライホイールは、この慣性モーメントを利用するための円板だ。重量が大きいほど慣性モーメントは大きくなる。重量が同じであれば直径が大きいほど慣性モーメントが大きくなり、重量も直径も同じなら外周付近が重いほど慣性モーメントが大きくなる。そのためフライホイールは外周付近が重い構造にされることが多い。

鋳鉄製のフライホイールのほか、軽量化のために特殊鋼を採用したものや、アルミニウム合金を採用したものもある。また、トルク変動による衝撃を避けるため、フライホイールにショックを吸収する**ダンパー**が備えられることもある。**トーションスプリング**という数個のコイルスプリングによってショックを吸収させている。

フライホイールは**始動装置**にも利用されている。**スターターモーター**の回転を伝達するために、フライホイールの外周には歯車が備えられている。なお、**トルクコンバーター**を採用する**トランスミッション**の場合、常にエンジンに接続されているトルクコンバーターがフライホイールの役割を果たしてくれるため、フライホイールが不要になる。ただし、始動の際に回転を伝達する機構は必要なため、外周に歯車が刻まれた**ドライブプレート**という軽量の円板がかわりに備えられる。

クランクシャフトプーリーにも急激なトルク変動で補機にトラブルが発生するのを防止するためにダンパーが備えられている。また、回転を伝達する**補機駆動ベルト**は断面に多数のV溝を備えた**Vリブドベルト**で、プーリーの外周にもベルトに対応した溝が備えられる。

ダンパーを備えたフライホイール。

V6エンジンの主運動系

ピストン
クランクシャフトプーリー
クランクシャフト
コンロッド
フライホイール

*Jaguar

可変圧縮比エンジン

圧縮比を可変することができる**可変圧縮比エンジン**は、**ターボチャージャー**と併用することで高効率とハイパワーを同時に実現することができる。開発した日産では、この組み合わせを**VCターボ**と呼んでいる。

通常の**主運動系**では**ピストン**と**クランクシャフト**が**コンロッド**でつながれているが、可変圧縮比システムでは3本のリンクでつながれている。この**マルチリンク機構**の中央のリンクの角度をかえると、コンロッドに相当するリンクの下端の位置が変化し、ピストンの位置がかわる。可変幅は6mmあり、圧縮比は8から14に変化する。

市街地走行や高速道路を一定速度で走行しているような負荷が小さくエンジン回転数があまり高くない領域では、過給の効果が得にくいため、高圧縮比にして効率を高めるが、負荷が小さいのでノッキングは生じにくい。急加速や登坂のように高負荷でエンジン回転数が高くなり領域では、ノッキングを回避するために低圧縮比にするが、過給による効果が十分に得られる。

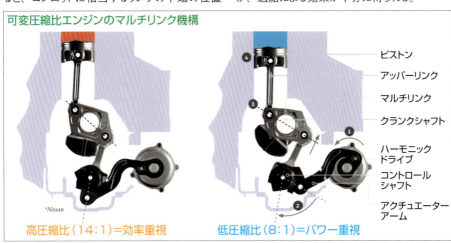

可変圧縮比エンジンのマルチリンク機構

ピストン
アッパーリンク
マルチリンク
クランクシャフト
ハーモニックドライブ
コントロールシャフト
アクチュエーターアーム

*Nissan

高圧縮比(14:1)=効率重視　　低圧縮比(8:1)=パワー重視

動弁装置

Intake & exhaust valve
01 吸排気バルブ

　燃焼室のポートの開口部を開閉して、吸気と排気を制御している弁が、**吸気バルブ**（インテークバルブ）と**排気バルブ**（エキゾーストバルブ）だ。現在の主流は、1気筒に双方のバルブを2個ずつ備える**4バルブ式**だ。

　吸排気バルブには、円形の傘部と細い軸によって構成される**ポペットバルブ**が採用されている。**バルブスプリング**によって閉じた状態が保たれていて、**バルブシステム**のカムなどによって開閉が行われる。

■ ポペットバルブ

　ポペットバルブは、傘部の燃焼室側を**バルブヘッド**、反対側を**バルブフェース**、軸部を**バルブステム**、軸部の端を**バルブステムエンド**という。バルブヘッドは平坦なものが一般的だが、球面状の膨らみや凹みを備えたものもある。

　バルブは高温高熱にさらされるうえ、往復運動による摩擦も発生する。**燃料**や**燃焼ガス**に対する耐腐食性も求められる。そのため、熱伝導がよく耐熱性、耐摩耗性、耐腐食性に優れた特殊耐熱鋼で製造される。高温の排気で800℃にも達する排気バルブでは、耐熱性と耐腐食性が高い素材で作られた傘部と、耐摩耗性が高い素材で作られた軸部を溶接で合体することもある。

　放熱性を高めるために、中空にしたバルブステム内に、中空容積の半分程度の金属ナトリウムを収めた**ナトリウム封入バルブ**が採用されることもある。ナトリウムは非常に熱伝導性が高いため、バルブの往復運動によって内部を移動するナトリウムが、高温になるバルブヘッド近くで熱を奪い、比較すれば低温であるステム部で**放熱**を行う。

*BMW

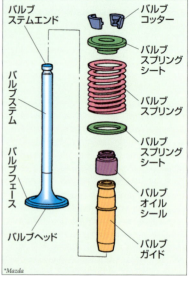
*Mazda

バルブスプリング

シリンダーヘッドへの装着時にバルブステムが通されるバルブステムガイドは、単にバルブガイドともいう。バルブを支持すると同時に熱をシリンダーヘッドに逃がす役割もある。通常、特殊鋳鉄か特殊焼結合金で作られる。

ポート開口部周囲のバルブフェースが触れる部分には、バルブシートが備えられ、気密性を高めている。バルブシートも高熱にさらされるため、耐摩耗性と耐熱性が高い特殊焼結合金で作られる。気密性に大きな影響を及ぼすため、高い加工精度が求められる。

バルブ自体は、バルブスプリングというコイルスプリングの弾力によって閉じた状態が保たれる。耐熱性の高いばね鋼で作られることが多い。ばねが弱すぎると、バルブシステムによる動きに追従しなくなるし、強すぎるとエンジンの損失が増大する。また、単純なコイルスプリングだと特定のエンジン回転数でバルブサージングという異常振動が起こり気密性が悪化することもある。そのため直径の異なる2本のスプリングを重ねた複合スプリングや、巻線の間隔が部分的に異なる不等ピッチコイルスプリングが採用されることもある。スプリングの上下には、位置を保持するためのバルブスプリングシート（アッパーバルブスプリングシートとロアバルブスプリングシート）が備えられ、バルブコッターによってバルブに取りつけられる。

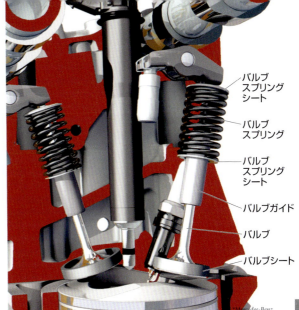

2バルブ式と4バルブ式

燃焼室にポートの開口部を設けられる面積には限りがある。吸排気バルブ各1の2バルブ式もあるが、吸排気バルブ各2の4バルブ式のほうがトータルの開口面積を大きくでき、吸排気の効率が高められる。また、4バルブ式のほうが個々のバルブが軽くなり、慣性の影響を受けにくくなって動きがよくなる。さらに、ガソリンエンジンの点火プラグやディーゼルエンジンのインジェクターは燃焼室の中央に配置したほうが有利なことが多い。2バルブ式で開口部を最大に確保すると、中央に配置できなくなるが、4バルブ式では中央配置が可能だ。これらの理由により、4バルブ式が主流になっているが、当然のごとく2バルブ式より構造が複雑になりコスト高になる。過去には吸気バルブ3、排気バルブ2の5バルブ式のエンジンも開発されたが、コスト高になるわりに十分な効果が得られないため、現在は採用されていない。なお、吸気のほうがエンジンの性能に与える影響が大きいため、排気バルブより吸気バルブが大きくされることが多い。

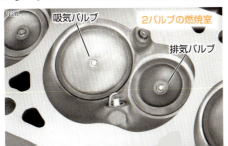

動弁装置

Cam
02 カム

カムとは基本的な機械要素の1つで、回転運動を往復運動などの周期的な動きに変換することができる。エンジンの一般的な**バルブシステム**で使われているものは、断面形状が卵型のカムだ。ただし、カムだけでは往復運動を作り出すことができない。**バルブスプリング**を併用することで、**吸気バルブ**と**排気バルブ**を開閉している。

カムがバルブを開閉する方式には、直接カムがバルブを押す**直動式**と、ロッカーアームというテコを介してバルブを押す**ロッカーアーム式**がある。また、ロッカーアームとカムの間に**プッシュロッド**という棒を介することもある。

バルブシステムでは複数のカムが1本の棒にまとめられた**カムシャフト**として動作する。カムシャフトへは**クランクシャフト**から**ベルト**や**チェーン**で回転が伝達される。この仕組みによってピストンの位置とバルブの開閉タイミングが連動するため、ベルトやチェーンを**タイミングベルト**や**タイミングチェーン**という。

カムシャフト
*BMW

直動式 カム／バルブ／バルブリフト *Honda

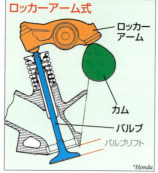

ロッカーアーム式 ロッカーアーム／カム／バルブ／バルブリフト *Honda

スイングアーム式 カム／スイングアーム／バルブ／バルブリフト *Honda

カム

カムの断面形状を**カムプロフィール**という。バルブを開く突出部を**カムノーズ**、**バルブリフト**に影響しない円弧の部分を**ベースサークル**という。カムノーズの頂点を含む直径を**長径**、ベースサークルの直径を**短径**といい、その差を**カムリフト**という。バルブがもっとも大きく開いた時の移動距離をバルブリフトといい、**直動式**の場合はカムリフトとバルブリフトが等しいが、**ロッカーアーム式**の場合はテコの比率でかわる。

カムリフトを大きくすればバルブリフトが大きくなるが、バルブの移動距離が長くなるため、高回転ではバルブの動作が追いつかなくなる。また、カムリフトが同じでもカムノーズを太らせれば、バルブが早く開きゆっくり閉じていくが、それだけカムを回すのに大きな力が必要になる。

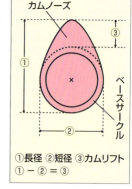

カムノーズ／ベースサークル
①長径 ②短径 ③カムリフト
① − ② = ③

直動式

直動式だといっても、細いバルブステムエンドを**カム**で直接押すのは難しいし、ステムエンドの摩耗も招いてしまう。そのため、カムと接触する面を確保するために、ステムエンドに**バルブリフター**という円筒形のパーツが備えられる。カムに直接触れる部分を**カムフォロワー**というが、バルブリフター全体をさしてカムフォロワーということもある。

直動式は、**ロッカーアーム式**に比べると部品点数が少なく、**慣性**の影響を受けるパーツも少ない点が優れている。しかし、**カムシャフト**の位置によって制限を受けるなど、燃焼室周辺の設計の自由度が低い。また、採用できる**可変バルブシステム**にも限りがある。

ロッカーアーム式

ロッカーアーム式の場合、テコを介して**バルブ**の開閉を行うため、設計の自由度が高い。カムに触れる**力点**、アームの回転軸になる**支点**、バルブを押す作用点の順に並ぶ内支点タイプのほか、支点-力点-作用点の順に並ぶ外支点タイプもある。区別する場合は内支点タイプを**ロッカーアーム**、外支点タイプを**スイングアーム**という。

ロッカーアームはバルブごとに備えられるのが基本だが、カム側が1本、バルブ側が2本にわかれた**Y字ロッカーアーム**は1個で2本のバルブを開閉できる。部品点数は減るが、アームの重量が大きくなるため、**慣性**の影響を受けやすくなる。

また、アームの力点である**カムフォロワー**ではカムとの間で摩擦が発生する。この摩擦による損失を軽減するためにベアリングで支えられたローラー状のカムフォロワーを採用することもある。これを**ローラーカムフォロワー**といい、採用するアームを**ローラーロッカーアーム**という。

バルブクリアランスとラッシュアジャスター

バルブステムエンドと**カム**(もしくは**ロッカーアーム**)の間には**バルブクリアランス**という隙間が設けられている。バルブの熱膨張に対応したもので、バルブクリアランスが小さすぎると、温度上昇時にバルブが開き気密性が保てなくなる。

長く使用すると、各部の摩耗によってバルブクリアランスが大きくなり、騒音が発生したり、バルブが正常に動作しなくなったりする。過去には、手動での調整が必要だったが、現在では自動的にクリアランスが調整される**ラッシュアジャスター**が採用されていることが多い。

ラッシュアジャスターには、エンジンオイルの油圧を利用した**油圧式ラッシュアジャスター(ハイドロリックラッシュアジャスター、HLA)**が一般的に使われている。アジャスターの高さは油圧で保たれており、隙間が広がると内部に蓄えられるオイル量が多くなり、隙間が小さくなる。

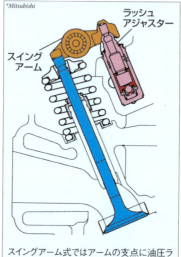

直動式ではバルブリフター内に油圧ラッシュアジャスターが備えられる。

スイングアーム式ではアームの支点に油圧ラッシュアジャスターが備えられる。

カムシャフト

カムシャフトは、実際に**カム**として動作する部分を**カムロブ**、軸受に支えられる部分を**カムジャーナル**という。特殊鋼の**鍛造カムシャフト**と特殊鋳鉄の**鋳造カムシャフト**があり、カムロブの部分は耐摩耗性を高めるために焼き入れ加工などが行われる。別々に製造されたシャフトとカムロブを合体する**組立カムシャフト**もある。軽量化のために内部を中空にした**中空カムシャフト**も多い。

DOHC4バルブのV8エンジンの片バンクのカムシャフト。それぞれ8個のカムロブが配置されている。

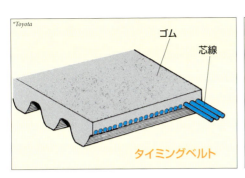
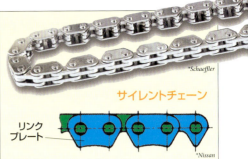

カムシャフト駆動

　カムシャフトの駆動にはチェーン駆動とベルト駆動がある。シャフトの一端にはカムシャフトタイミングスプロケット(またはカムシャフトタイミングプーリー)が備えられ、タイミングチェーン(またはタイミングベルト)によって、クランクシャフトタイミングスプロケット(またはクランクシャフトタイミングプーリー)から回転が伝達される。カムシャフトは4行程で1回転する必要があるため、クランクシャフトのスプロケット(またはプーリー)とカムシャフトのスプロケット(またはプーリー)の直径の比は1:2にされる。

　タイミングチェーンには、耐久性が高く騒音の発生が抑えられたサイレントチェーンが使用される。タイミングベルトには、回転軸と平行に歯を刻んだコグドベルト(歯付ベルト)が使われる。ガラス繊維などの芯線をゴムでおおったものだ。このベルトに合わせてプーリーも歯が刻まれた歯付プーリーが使用される。

動弁装置

Valve system
03 バルブシステム

吸排気バルブの開閉を行う機構全体を**バルブシステム**（**動弁装置、動弁系**）という。さまざまなバルブシステムが開発されてきたが、現在の主流は**オーバーヘッドカムシャフト式（OHC式）**で、一部でわずかにオーバーヘッドバルブ式（OHV式）が残っている。OHC式には、**カムシャフト**を1本使用する**シングルオーバーヘッドカムシャフト式（SOHC式）**と、2本使用する**ダブルオーバーヘッドカムシャフト式（DOHC式）**がある。

OHV式

OHV式では、**カムシャフト**を**クランクシャフト**近くに配置し、シリンダー側面に沿って配された**プッシュロッド**という棒状の部品によってカムの動きを**ロッカーアーム**に伝える。ロッドだけではカムとの接触面を十分に確保できないため、プッシュロッドの端に**タペット**という円柱形の部品が備えられる。プッシュロッドは中空構造にすることで軽量化しているが、**慣性**の影響を受けやすい。特に高回転になると**追従性**が悪化する。4バルブ式への対応も不可能ではないが、部品増によりさらに慣性の影響を受けやすくなるうえ、構造も複雑になるため、基本的に**2バルブ式**の**バルブシステム**だ。OHC式より重心を低くできるというメリットはあるものの、もはや過去のバルブシステムだ。

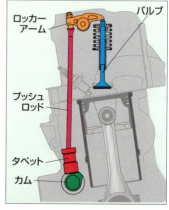

*GM

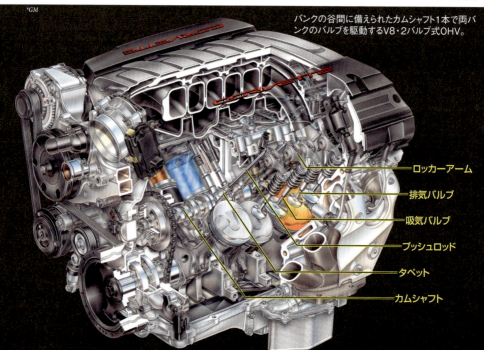

バンクの谷間に備えられたカムシャフト1本で両バンクのバルブを駆動するV8・2バルブ式OHV。

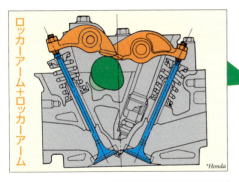
ロッカーアーム＋ロッカーアーム
Honda

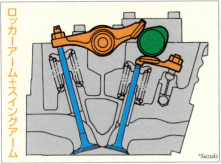
ロッカーアーム＋スイングアーム
Suzuki

ロッカーアーム
カムシャフト
Honda
4バルブ式SOHC

2バルブ式SOHC
Subaru

SOHC式

　SOHC式では、1本の**カムシャフト**で吸排気バルブ双方の開閉を行う。吸排気バルブが各1の**2バルブ式**で、全バルブを1直線上に配置すれば**直動式**を採用することが可能だ。**4バルブ式**では、吸排気バルブのどちらか一方を直動式にし、残る一方を**ロッカーアーム式**にする方法もあるが、多くの場合は双方のバルブにロッカーアーム式が採用される。ロッカーアーム式と**スイングアーム式**が組み合わされることもある。

　SOHC式では燃焼室の中央付近の真上にカムシャフトが配置されることになるため、点火プラグやインジェクターの配置に悪影響を与えることもあり、燃焼室周辺の設計の自由度が低い。しかし、**DOHC式**よりシリンダーヘッドがコンパクトになり、一般的にはDOHC式より軽量なのでエンジンの重心が低くなる。カムシャフトが1本であるため駆動によるエンジンの損失がDOHC式より小さく、製造のコストを抑えることも可能だ。

DOHC式

DOHC式では**カムシャフト**を2本使用する。そのため**ツインカム**ということもあり、V型や水平対向エンジンではバンクごとに備えられるため**4カム（フォーカム）**ということもある。カムシャフトはそれぞれ**吸気カムシャフト（インテークカムシャフト）**と**排気カムシャフト（エキゾーストカムシャフト）**として使われる。2バルブ式のDOHCも可能だが、2バルブ式であればSOHCでも十分に性能の高いエンジンにすることができるため、基本的に**4バルブ式**で採用される。

DOHC式では、**直動式、ロッカーアーム式、スイングアーム式**のいずれの方式も選択可能で、吸気と排気で異なる方式を選択することもできる。ただし、双方のカムシャフトの間隔を狭くしようとした場合、カムシャフトタイミングスプロケット（またはカムシャフトタイミングプーリー）の大きさによって制限を受けることもある。そのため、さまざまな駆動方法が開発されている。

直動式
*Mercedes-Benz

スイングアーム式
*Mercedes-Benz

DOHCのカムシャフト駆動

　DOHC式では、**クランクシャフトタイミングスプロケット**から**タイミングチェーン**によってそれぞれのカムシャフトの**カムシャフトタイミングスプロケット**に回転が伝えられる。カムシャフトスプロケットの直径はクランクシャフトスプロケットの2倍にする必要があるが、回転の伝達が難しくなるためクランクシャフトスプロケットを小さくするには限界がある。カムシャフトスプロケットはそれなりの大きさになる。このスプロケットが2個並ぶDOHC式では**シリンダーヘッド**が大きくなりやすい。また、2本のカムシャフトの間隔を狭くしようとしても、スプロケットの直径より狭くできない。**カムシャフトタイミングプーリーとタイミングベル**トの場合もまったく同じだ。

　こうした問題を解消するために開発されたカムシャフトの駆動方法が、2段減速式やカム間駆動という方法だ。**2段減速式タイミングチェーン**の場合、クランクシャフトとカムシャフトの間にアイドラースプロケットを配置し、2段階で減速を行うことで、カムシャフトタイミングスプロケットの直径を小さくしている。カム間駆動の場合は、どちらか一方のカムシャフトだけにタイミングスプロケットやタイミングプーリーを備え、もう一方のカムシャフトへは別の歯車の組み合わせやスプロケットとチェーンによって回転を伝達する。それぞれ**カム間ギア駆動**や**カム間チェーン駆動**という。

*Mercedes-Benz
↑2段減速式（2段階ともにチェーンを使用）

*Mercedes-Benz
↑2段減速式（1段目の減速には歯車を使用。回転方向を揃えるために歯車3個で減速）

↓カム間ギア駆動　　　　　　カム間チェーン駆動↓

*BMW

*Ford

動弁装置

Variable valve control system
04 可変バルブシステム

　最適な**バルブタイミング**や**バルブリフト**はエンジンの運転状況によって変化する。こうした変化に対応することで、燃費や出力などエンジンの各種性能向上を実現しているのが**可変バルブシステム**だ。バルブタイミングを変化させる**可変バルブタイミングシステム（VVT）**と、バルブリフトを変化させる**可変バルブリフトシステム（VVL）**があり、双方が可能なものは**可変バルブタイミング＆リフトシステム（VVTL）**という。

　可変バルブタイミングシステムでおもに採用されているのは**位相式可変バルブタイミングシステム**だ。採用するエンジンは数多く、状況に応じて**ミラーサイクル**を採用するという使い方もできる。

　いっぽう、可変バルブリフトシステムには、複数のカムを切り替えて使用することでバルブタイミングとバルブリフトを変化させる**切り替え式可変バルブシステム**と、無段階で連続的にバルブリフトを変化させられる**連続式可変バルブリフトシステム**がある。連続式でバルブリフト0まで制御できれば**スロットルバルブレスエンジン**が実現できるが、現状では切り替え式が主流になっている。

　切り替え式のなかにはバルブリフト0との切り替えが可能なものもあり、**気筒休止エンジン**に採用されている。2本の吸気バルブのうち一方だけをバルブリフト0にすることで**スワール**を発生させるという使い方もある。

　また、**バルブシステム**はクランクシャフトに連動するカムシャフトが動作の基本になっているが、カムシャフトを使用しない**油圧バルブシステム**も開発されていて、カムの制約を受けずにバルブを自在に開閉することができる。

↑位相切り替え式可変バルブタイミングシステムと気筒休止用の切り替え式可変バルブリフトシステムを備えたエンジン。　*Mercedes-Benz

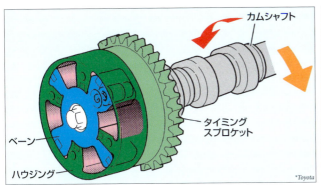
Toyota

Mercedes-Benz

⬆ VVTはカムシャフトタイミングスプロケット内に備えられる。

位相式可変バルブタイミングシステム

　通常のバルブシステムでは、**カムシャフト**は**カムシャフトタイミングスプロケット**(またはプーリー)に固定されているが、カムシャフトがスプロケットに対して回転できるようにすれば**可変バルブタイミングシステム**(**VVT**)が成立する。1回転の間の回転位置を**位相**というため、こうしたシステムを**位相式可変バルブタイミングシステム**という。**カム**の位相(フェイズ)をかえるため、**カムフェーザー**ともいう。各社がさまざまな名称をつけているが、位相式以外のVVTの採用はほとんどないため、単にVVTということも多い。

　位相式VVTでバルブが早く開き始めるようにすることを**進角**、遅く開き始めるようにすることを**遅角**という。**カムプロフィール**は変化しないため、開く時期を早めれば、閉じる時期も同じだけ早くなるが、状況に応じて**バルブオーバーラップ**をかえることで、燃費などさまざまな性能向上が可能になる。吸排気のカムが1本のカムシャフトに並ぶ**SOHC式**には採用できないため、**DOHC式**専用のシステムだ。コスト面から吸気のみの採用が多いが、吸排気双方に採用されることもある。

　位相式VVTには、油圧式と電動式がある。**油圧式可変バルブタイミングシステム**では、円筒形のハウジングがスプロケットに固定され、カムシャフトは内部のベーン(羽根車)に固定される。ベーンのどちら側に油圧を送り込むかによって、カムシャフトの位相が変化する。最大の回転位置のみを使用する2段切り替えのものが多いが、中間位置などでも固定できるものもある。当初は作動角が小さかったが、現在では100度を超えるものもある。カムシャフトを回転させるには、大きな力が必要になるが、**潤滑装置**の油圧を利用しているため、エンジンが低回転域ではVVTを作動させられないシステムもある。**オイルポンプ**の能力を高めれば、低回転域でも使用可能となるが、エンジンの損失が増大する。

　電動式可変バルブタイミングシステムの場合は、モーターの力でカムシャフトを回転させる。油圧よりきめ細かな制御が可能になり、オイルポンプによる損失増大も避けられるが、大きなトルクが必要であるためシステムが大型化しやすく、コストも油圧式より高くなる。

切り替え式可変バルブシステム

切り替え式可変バルブシステムでは、**カムシャフト**上に低速用/高速用など複数の**カム**が用意されていて、状況に応じてバルブの開閉を行うカムを切り替える。**カムプロフィール**がかわるため、**バルブタイミング**と**バルブリフト**が変化する。しかし、それぞれのカムごとにバルブタイミングは決まってしまうため、**位相式可変バルブタイミングシステム**を併用することも多い。

カムの切り替えには、使用するロッカーアームを切り替える方法や、バルブリフターの形状を変化させる方法、カムをスライドさせて位置をかえる方法などがある。

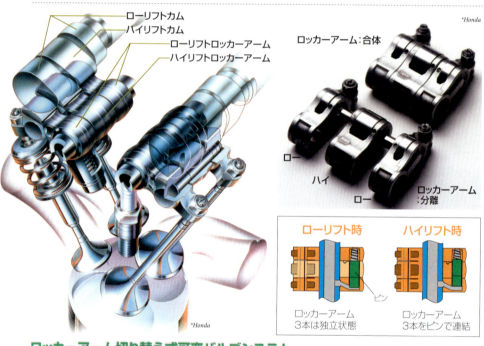

ロッカーアーム切り替え式可変バルブシステム

ホンダが1980年代から採用している**VTEC**は、**ロッカーアーム**で**カム**の切り替えを行う**ロッカーアーム切り替え式可変バルブシステム**だ。さまざまなバリエーションが存在するが、1気筒の2本のバルブに対して、3個のカムと3本のロッカーアームが配置されるのが基本形だ。

カムは、ローリフトカム-ハイリフトカム-ローリフトカムの順に並ぶ。ローリフトカムに対応する2本のローリフトロッカーアームはそれぞれバルブステムエンドを押せる位置にあるが、ハイリフトカムに対応するハイリフトロッカーアームはバルブに触れていない。かわりに、ローリフトロッカーアームとピン(ピストン)で連結できる。連結されていない状態では、ローリフトカムによってバルブの開閉が行われ、ハイリフトロッカーアームは空振りする。油圧でピンを移動させてロッカーアームを連結すると、ハイリフトカムの動きがバルブに伝えられる。この時、ハイリフトカムによるロッカーアームの動きが大きいため、ローリフトカムはロッカーアームに接触できないので、バルブの開閉に影響しない。現在では3段階の切り替えが可能なシステムもあり、カムリフト0のカムを備えることで、**気筒休止エンジン**を実現している。

なお、GMにも同じようにロッカーアームで切り替えを行う可変バルブシステムがある。トヨタにもあったが、現在は採用されていない。

バルブリフター切り替え式可変バルブシステム

バルブリフターによってカムの切り替えを行うバルブリフター切り替え式可変バルブシステムは、直動式に採用されるもので、非常にコンパクトだ。通常の1個のカムが3分割され、両側がハイリフトカム、中央がローリフトカムにされる。バルブリフターはスイッチャブルバルブリフターといわれるもので、同心円状に分割されていて、ハイリフトカムが外周部、ローリフトカムが中央部に触れている。バルブリフター内部のロックピンがロックされていない状態では外周部はフリーになっている。そのため、中央部に接触するローリフトカムによってバルブが開かれる。ロック機構に油圧がかかるとロックピンでバルブリフターが一体化し、ハイリフトカムによってバルブが開かれる。この時、ローリフトカムは空転する。スバルやポルシェがこうしたシステムを採用している。

ロッカーアーム式にも同様の発想のものがあり、ローラーロッカーアームにリフト機構を備えてローラーの位置を動かすスイッチャブルローラーロッカーアームや、ロッカーアームの支点の高さをかえるスイッチャブルピボット（スイッチャブルラッシュアジャスター）などが使われている。

カムスライド式可変バルブシステム

カムをスライドさせて切り替えるカムスライド式可変バルブシステムでは、カムシャフトのシャフトに対してカム部分が回転軸方向に移動可能とされている。この移動可能な部分にはカムプロフィールが異なる2種類のカムと、らせん状の溝が2カ所に備えられる。この溝に電磁ソレノイドでピンを差し込むと、シャフトの回転によって横方向の力が生まれカムが移動する。らせん状の溝は一定の方向にしか移動させられないため、反対側に移動させるときは別の溝に別のピンを差し込む。フォルクスワーゲン・アウディグループやメルセデス・ベンツがこのシステムを採用している。

気筒休止エンジン

気筒休止エンジンは、シリンダーオンデマンドともいい、運転状況に応じて稼働させる気筒数を変化させられるものだ。可変バルブリフトシステムでバルブリフトを0にすれば気筒の休止が可能だ。休止中の気筒は吸排気バルブ双方が閉じた状態が保たれる。ピストンが上昇する行程では空気を圧縮することで他の気筒で発生した力が使われるが、ピストンが下降する行程では圧縮された空気がピストンを押し下げるため、損失は発生しない。ホンダはロッカーアーム式で、フォルクスワーゲン・アウディグループやメルセデス・ベンツはカムスライド式で、気筒休止エンジンを実現している。

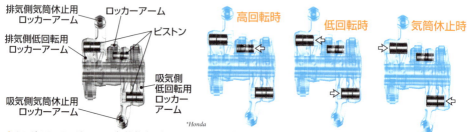

↑フォルクスワーゲンの気筒休止エンジン。赤いカムはカムリフト0。

↑ホンダの3ステージVTECは気筒休止に加えて、ハイバルブリフトとローバルブリフトの切り替えも行うため、ロッカーアーム周辺の構造は非常に複雑。吸排気双方で5本のロッカーアームがあり、3カ所のピストンで連結と開放を行う。

連続式可変バルブシステム

連続式可変バルブリフトシステム（連続式VVL）はバルブリフトを通常の状態から0まで無段階で可変できる。2001年に最初に実用化されたのがBMWのValvetronicだ。以降、トヨタのVALVEMATICや、日産のVVEL、三菱のMIVECがそれぞれ独自の機構で開発された。いずれの連続式VVLでもテコとして作用する揺動カム（スイングカム）などを利用している。こうしたカムとバルブの間に配置されたテコの接触点を移動したり支点を移動したりすることで、テコの比率を変化させ、バルブを押す量、つまりバルブリフトを変化させる。この仕組みによってカムに無駄な動き（ロストモーション）を発生させている。

連続式VVLの最大のメリットはスロットルレス化によってポンプ損失を低減できることだ。しかし、現在ではEGR（P116参照）によってポンプ損失の低減が可能になっているため、複雑な機構である連続式VVLを採用するエンジンは非常に少なくなっている。

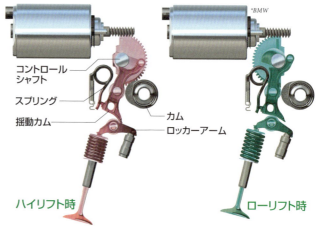

↑上図は第1世代のBMW・Valvetronic。現在は第2世代（右ページ参照）に進化していてパーツの形状や配置が多少変化しているが、基本的な動作原理はかわらない。

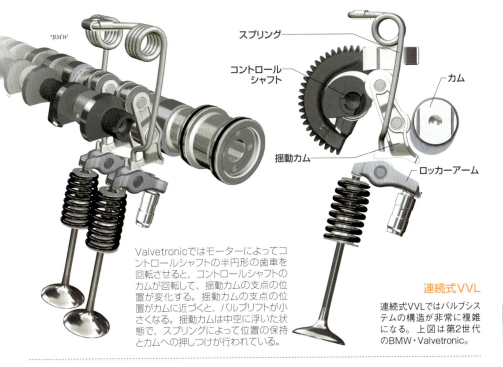

Valvetronicではモーターによってコントロールシャフトの半円形の歯車を回転させると、コントロールシャフトのカムが回転して、揺動カムの支点の位置が変化する。揺動カムの支点の位置がカムに近づくと、バルブリフトが小さくなる。揺動カムは中空に浮いた状態で、スプリングによって位置の保持とカムへの押しつけが行われている。

連続式VVL

連続式VVLではバルブシステムの構造が非常に複雑になる。上図は第2世代のBMW・Valvetronic。

🟩 油圧バルブシステム

油圧バルブシステムは、シェフラー社が開発しフィアットとアルファロメオが**Multiair**の名称で吸気バルブに採用している。バルブはバルブスプリングで閉じた状態が保たれていて、バルブステムエンドに備えられた油圧アクチュエーターに油圧が送られると、バルブが押し下げられて開く。油圧は排気カムシャフト上に備えられたカムで油圧ポンプを駆動して発生させる。ポンプとアクチュエーターの間には**アキュムレーター（蓄圧室）**と**ソレノイドバルブ（電磁バルブ）**がある。このバルブで、アクチュエーターに送る油圧を調整してバルブリフトを変化させる。ソレノイドバルブを電子制御することで、任意の**バルブタイミング**と**バルブリフト**でバルブを開閉することができる。1行程の間に2度バルブを開くことも可能とされている。

←カムシャフトは排気バルブ用のもの。ここに油圧ポンプを作動させるためのカムも備えられている。

吸排気装置

Intake system
01 吸気システム

　吸気システム（インテークシステム、吸気装置）は、エンジンが燃焼の際に必要な空気を供給する装置だ。空気取り入れ口、空気の浄化を行う**エアクリーナー**、吸気量を制御する**スロットルバルブ**、吸気を気筒ごとに分配する**吸気マニホールド**で構成され、配置に応じて**エアダクト**というパイプで接続される。共鳴を利用して吸気の騒音を軽減する**レゾネーター**が備えられることもある。ディーゼルエンジンやスロットルバルブレスエンジンではスロットルバルブはない。

　空気のような気体であっても、通路の形状によっては空気の流れが悪くなり、吸気効率が悪くなったり、**ポンプ損失**が増大したりする。気筒間で相互に吸気に影響を与え合うこともある。これらを考慮してインテークシステムは設計される。なお、過去には吸気の経路などを切り替えることで**過給の効果が得られる可変吸気システム**が使われることもあったが、最近では採用するエンジンは少ない。

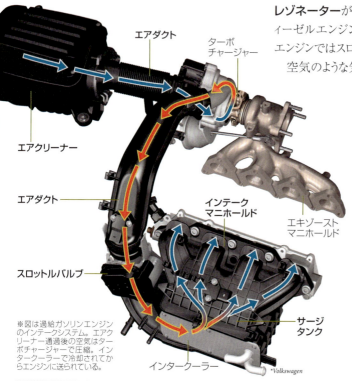

※図は過給ガソリンエンジンのインテークシステム。エアクリーナー通過後の空気はターボチャージャーで圧縮。インタークーラーで冷却されてからエンジンに送られている。

*Volkswagen

エアクリーナー

　空気中には微細な異物が多数浮遊している。異物のなかには硬いものもあるし、燃焼の結果硬くなるものもあり、シリンダーやピストンを摩耗させる原因になる。硬くない異物でもエンジンオイルなどとともに吸気バルブや点火プラグの電極に固着すると、バルブに隙間ができたり火花が弱くなったりする。そのため異物を除去するフィルターとして**エアクリーナー**が備えられている。

　乗用車では**乾式エアクリーナー**か**湿潤式エアクリーナー**が一般的だ。乾式ではエアクリーナーケース内に不織布のフィルターが収められている。フィルターは**エアクリーナーエレメント**といい、表面積を増やすために山折りと谷折りを繰り返した蛇腹状のものが使われる。湿潤式は**半湿式エアクリーナー**ともいい、乾式同様のフィルターに粘性の高い特殊なオイルをしみ込ませたものを使用する。この粘性によって異物の吸着能力を高めている。

エアクリーナーエレメント
*Bosch

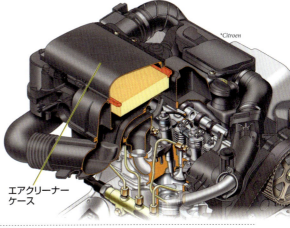
*Citroen
エアクリーナーケース

吸気マニホールド

吸気マニホールド（インテークマニホールド）は、気筒ごとへ吸気を分岐させるもので、気密性を高めるための**インテークマニホールドガスケット**を介して**シリンダーヘッド**に装着される。マニホールドは日本語では**多岐管**といい、多数に枝わかれしたパイプを意味する。それぞれの枝の部分をブランチという。吸気がバンクの外側にされているV型の場合は、バンクごとにインテークマニホールドが備えられる。過去には熱伝導性が高いアルミニウム合金製のインテークマニホールドが多かったが、軽量化できる**樹脂製インテークマニホールド**の採用が増えている。

インテークマニホールドでは、気筒間相互の影響が発生しやすい。たとえば、各気筒の吸気行程が重ならない4気筒エンジンでも、実際には**バルブオーバーラップ**があるため、吸気のタイミングが重なる。先の気筒のブランチで吸気が勢いよく流れていると、次の気筒の吸気バルブが開き始めても、その気筒のブランチの空気を先の気筒の吸気の流れが吸い込んでしまい、吸気の効率が悪化する。そのため、いったん2本に分岐させてから、それぞれを2本に分岐させる1-2-4タイプのマニホールドや、吸気行程が逆になる1番と4番、2番と3番の気筒を組にしたマニホールドが使われることがある。直列6気筒では、吸気行程が重ならない3気筒ずつを独立したマニホールドにするのが一般的だ。

また、分岐手前に広い空間があると、気筒間の影響が軽減されるため、**コレクター**や**サージタンク**という箱状の空間が設けられることもある。こうした場合、サージタンクから短いパイプでそれぞれの気筒に吸気が送られることが多い。

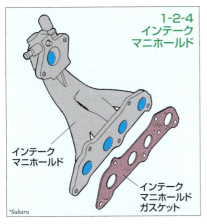
1-2-4インテークマニホールド
インテークマニホールド
インテークマニホールドガスケット
*Subaru

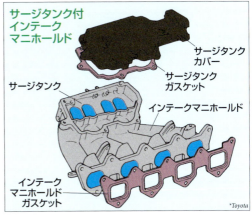
サージタンク付インテークマニホールド
サージタンクカバー
サージタンクガスケット
サージタンク
インテークマニホールド
インテークマニホールドガスケット
*Toyota

第3章／吸排気装置　吸気システム

105

Throttle system
スロットルシステム

吸排気装置 02

　スロットルシステムは**スロットルバルブ**を開閉することで**吸気**の量を調整する機構だ。ドライバーの**アクセルペダル**操作によって、スロットルバルブの開き具合（**スロットルバルブ開度**）が調整される。スロットルバルブは**ガソリンエンジン**には不可欠なものであったが、**連続式可変バルブリフトシステム**の登場によってスロットルシステムを使用しない**スロットルバルブレスエンジン**も誕生している。

　スロットルシステムは、吸気の通路になる円筒状の**スロットルボディ**に、円板状の**スロットルバルブ**を備える**バタフライバルブ**が一般的だ。スロットルバルブにはその面に沿って中心を通る回転軸が備えられていて、この軸を回転させることで**スロットル開度**を調整する。従来のスロットルシステムは**機械式スロットルシステム**といい、アクセルペダルの動きはアクセルワイヤーなどのリンク機構でスロットルバルブに伝えられていた。そのため、アクセルペダルの踏み込み具合とスロットル開度には一定の関係があった。しかし、現在のエンジンには各種の可変システムがあり、アクセルとスロットルの関係が一定では無理が生じることもあり、さまざまな状況に対応できない。結果、**電子制御式スロットルシステム**が一般的になった。電子制御式であればペダル操作とは独立してスロットル開度を調整できるうえ、きめ細かい制御も可能だ。

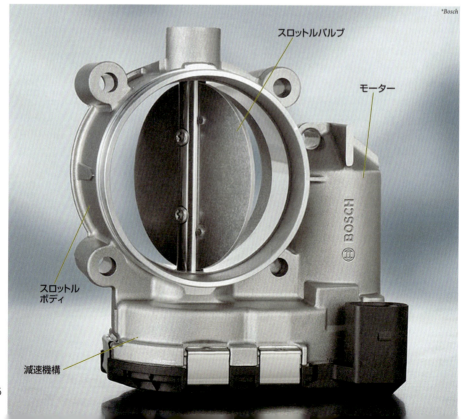

*Bosch

- スロットルバルブ
- モーター
- スロットルボディ
- 減速機構

電子制御式スロットルシステム

電子制御式スロットルシステムではモーターを使ってスロットルバルブ開度を調整する。歯車による減速機構を介してモーターの回転がバルブの回転軸に伝えられているため電動スロットルバルブともいう。回転軸にはスロットルバルブ開度を検出するスロットルポジションセンサーが備えられ、ECU（P138参照）に情報が送られる。

アクセルペダルには踏み込み位置を検出するアクセルポジションセンサーが備えられ、ECUに情報が送られる。このセンサーによってドライバーの意思が伝えられたECUは、最適なスロットルバルブ開度を決定して、スロットルバルブを駆動するモーターに指示を与える。同時に指示が的確に反映されているかをスロットルポジションセンサーの情報によって確認する。スロットルバルブとアクセルペダルには機械的なつながりが一切なく、電気信号を送る電線（ワイヤー）だけで連結されているため、こうしたスロットルシステムをドライブバイワイヤーともいう。

なお、実際の吸気量は吸気システムの途中に備えられたエアフローセンサーによって検出される。検出された吸気量の情報もECUに送られている。

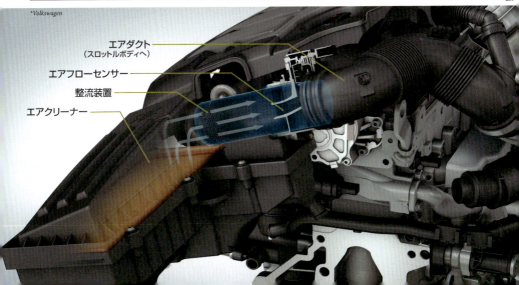

吸排気装置	Exhaust system

03 排気システム

　排気システム（エキゾーストシステム、排気装置）は、不要になった**燃焼ガス**を**排気ガス**として安全に効率よく排出するための装置だ。**各気筒の排気**を合流させる**排気マニホールド**、排気ガス中の**大気汚染物質**を取り除く**排気ガス浄化装置**、排気騒音を低減させる**マフラー**などで構成され、配置に応じて**エキゾーストパイプ**（**排気管**）で接続される。また、排気の一部を吸気に混合する**EGR**を採用するエンジンでは、排気の取り入れ口が排気経路の途中に設けられる。**ターボチャージャー**を採用するエンジンでは、排気経路の途中に**タービンハウジング**が備えられる。

　排気システムでは吸気システム以上に気筒ごとの気体の流れが相互に影響を及ぼしやすい。ある気筒の排気が他の気筒の排気と排気経路の途中でぶつかるような**排気干渉**が起こってしまうと、排気経路内の圧力（**背圧**）が高まって、排気の効率が悪くなる。そのため、各気筒の排気経路の長さを均等にしたり、相互に影響が出やすい気筒の排気は可能な限り下流で合流させている。V型などでは、両バンクの排気を合流させず、独立した排気システムにすることもある。こうしたものを**デュアルエキゾーストシステム**などという。

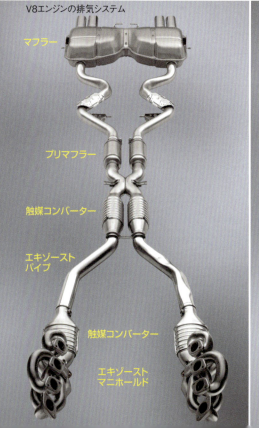

V8エンジンの排気システム

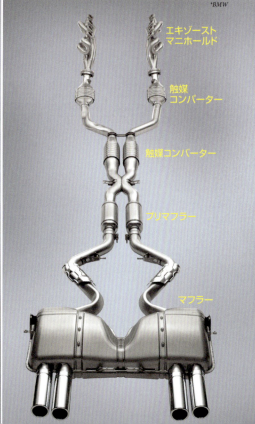

*BMW

↑4気筒分の等長を実現するために非常に複雑な形状を描くエキゾーストマニホールド（V8エンジンの片バンク用）。

←1番と4番、2番と3番をそれぞれ合流させた後に、さらに下流で2本を合流させている直列4気筒のエキゾーストマニホールド。

■ 排気マニホールド

　排気マニホールド（**エキゾーストマニホールド**）は、各気筒の排気を集合させるもので、吸気マニホールドと同じような**多岐管**だ。集合管ということもある。気密性を高めるための**エキゾーストマニホールドガスケット**を介して**シリンダーヘッド**に装着される。高温高圧の排気を通すため以前は鋳鉄製が多かったが、現在ではステンレス鋼管製が主流だ。なお、**エキゾーストパイプ**にもステンレス鋼管が使われる。

　排気干渉を防ぐ基本的な手段として、各ブランチの長さが等しい**等長エキゾーストマニホールド**が採用されることがある。等長を実現するためにブランチが非常に複雑な形状を描くこともある。4気筒エンジンでは一気に合流させず、排気行程が逆になる1番と4番、2番と3番の気筒を先に合流させ、その後に1本にまとめる4-2-1タイプのマニホールドが使われることもある。

　また、**ガソリンエンジン**の**排気ガス浄化装置**である**触媒コンバーター**は、エンジンに近い位置に配置されるのが望ましいため、経路を少しでも短くするために触媒コンバーターを一体化したエキゾーストマニホールドもある。触媒コンバーターをさらにエンジンに近づけるために、エキゾーストマニホールドを廃し、シリンダーヘッド内で排気の合流を行うエンジンもある。このほか、システムをシンプルにするために、**ターボチャージャー**の**タービンハウジング**が一体化されたエキゾーストマニホールドもある。

→触媒コンバーターが一体化された直列4気筒のエキゾーストマニホールド。

→ターボチャージャーが一体化された直列4気筒のエキゾーストマニホールド。

吸排気装置 04　Muffler
マフラー

　排気ガスは高温高圧である。そのまま大気中に放出すると、一気に膨張して騒音を発生する。また、900℃に達することもある排気をそのまま放出したのでは危険でもある。そのため、**排気システム**の最終段階には騒音を低減する**エキゾーストマフラー**が備えられる。単に**マフラー**や**サイレンサー**ということも多い。マフラーで消音を行うことで、排気の温度を下げることもできる。

　マフラーで使われる消音の方法には、**膨張式消音**、**吸音式消音**、**共鳴式消音**がある。マフラーの構造には、**ストレート式マフラー**と**多段式マフラー**がある。マフラーで消音を行うとどうしても排気が流れにくくなってしまう。そのため消音効果を高めると**背圧**が高まりやすい。

　マフラーを使っても完全に排気によって生じる音をなくすことはできない。しかし、**エキゾーストノイズ**といった場合には騒音を意味するが、心地よい排気音の場合には**エキゾーストノート**ということがある。スポーツタイプのクルマでは、心地よい音を目指してマフラーの設計が行われることもある。

　また、背圧や排気音を調整する目的で、エンジンの回転数などに応じて消音能力などをかえることができる**可変式マフラー**もある。

*Mitsubishi

排気入口／マフラー本体／マフラーカッター／マフラーカッター

排気の入口は1系統だが、本体の前後に出口を備えるマフラー。前方の出口からはエキゾーストパイプでマフラーカッターに導かれる。

膨張式消音
排気の膨張の度合いが大きいほど騒音が大きくなる。そのため、部屋の大きさなどで膨張できる空間の広さを制限し、段階的に膨張させることで消音を行うのが膨張式。

吸音式消音
騒音を吸音材に導くことで低減させるのが吸音式の消音だ。音は圧力によるエネルギーなので、吸音材と摩擦を発生させると熱エネルギーに変換されて、音が小さくなる。マフラーではグラスウールといわれるガラス繊維が吸音材に使われる。グラスウールは繊維が細く少量でも表面積が大きくなるうえ、熱にも強い。

共鳴式消音
音は圧力の強弱を繰り返す圧力波であるため、逆位相の音（強弱が真逆になる音）に出会うと、圧力が相殺されて音が小さくなる。そのため、壁に反射した音が戻ってきた時に逆位相になっていれば、消音できる。これが共鳴式の消音で、効果は高いが、部屋の大きさ（壁までの距離）によって消音できる周波数（音の高さ）が決まってしまう。

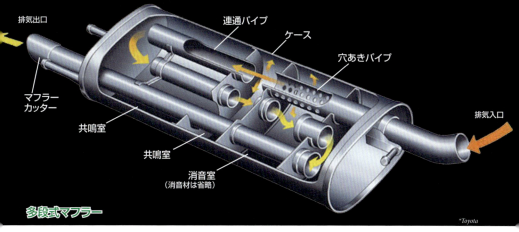

多段式マフラー
*Toyota

■ ストレート式マフラーと多段式マフラー

　ストレート式マフラーは、多数の小さな穴があいたパイプが**マフラー**のケースを貫通している。ケース内は1つの空間で、吸音材が詰められている。**膨張式**と**吸音式**の消音を行うものだが消音能力を高めるためには、大きな容積が必要になる。

　多段式マフラーは**多室式マフラー**ともいい、現在のマフラーの主流だ。ケース内がいくつかの部屋に区切られていて、それぞれの部屋がパイプでつながれている。パイプには多数の小さな穴があいたものも部分的に使われ、部屋によっては吸音材が配置される。排気が部屋から部屋に移動する際や、パイプの小さな穴から出る際に膨張式の消音が行われ、さらに吸音材のある部屋では吸音式の消音が行われる。吸音材のない部屋では**共鳴式**の消音が行われるが、さまざまな**周波数**の音が消音できるように、部屋の大きさはそれぞれに異なったものにされている。

　なお、最終的に排気を排出するパイプを**マフラーカッター**や**テールパイプ**などという。目に触れる部分なので素材やデザインが重視されるが、その形状はマフラーの性能にも影響を与える。

■ プリマフラー

　通常、**マフラー**は**排気システム**の最終段階に配置されるが、設置可能な空間の広さによっては十分な消音能力が得られないこともある。こうした場合には、排気システムの途中にも別のマフラーが備えられ、2段階で消音を行うことがある。こうした途中に備えられるマフラーを**プリマフラー**（プリサイレンサー）や**サブマフラー**（**サブサイレンサー**）という。プリマフラーはエキゾストパイプを少し太くした程度の大きさのものが多い。なお、プリマフラーが存在する場合は、最終段階のマフラーを**メインマフラー**（**メインサイレンサー**）ということもある。

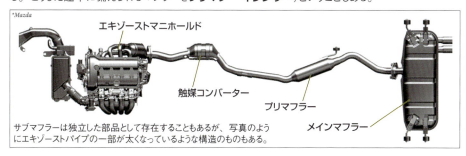

サブマフラーは独立した部品として存在することもあるが、写真のようにエキゾーストパイプの一部が太くなっているような構造のものもある。

排気ガス浄化装置

Exhaust emission control system

吸排気装置 05

　排気ガスには各種の大気汚染物質が含まれるため、排気システムには排気ガス浄化装置（排出ガス浄化装置）が備えられ、大気汚染物質を除去して安全な状態にしている。

　ガソリンエンジンの排気ガスには窒素酸化物（NO_x）、一酸化炭素（CO）、炭化水素（HC）の3種の大気汚染物質が含まれる。これらの物質は三元触媒を利用して相互に化学反応を起こさせることで、窒素（N_2）、二酸化炭素（CO_2）、水（H_2O）という安全な物質にかえることができるため、触媒コンバーターによって排気ガス浄化が行われている。

　ディーゼルエンジンの場合は、スス（黒煙）などの粒子状物質（PM）が加わるうえ、3種の大気汚染物質の比率がガソリンエンジンとは異なる。窒素酸化物の比率が高いため、三元触媒では浄化できない。現状では、粒子状物質をフィルターで取り除くDPFと、窒素酸化物を集中的に処理するNO_x後処理装置を組み合わせたものが多い。

　また、ガソリンエンジンに対しても粒子状物質の対策が求められるようになってきている。対策にはディーゼルエンジンと同じようにフィルターで取り除くGPFが使われている。

炭化水素（HC）
炭素と水素だけでできた化合物の総称。ガソリンや軽油が含まれる。排気ガス中の炭化水素は燃焼されずに排出された燃料。光化学スモッグの原因物質になる。

一酸化炭素（CO）
炭素の不完全燃焼で生成される。排気ガスには燃料の不完全燃焼によるものが含まれる。人体に毒性があり中毒症状を起こす。濃度によっては死に至る危険性もある。

窒素酸化物（NO_x）
さまざまな窒素酸化物の総称で、ノックスともいう。高温下で燃焼が行われると空気中の酸素と窒素が反応して生成される。酸性雨や光化学スモッグの原因物質。

粒子状物質（PM）
空気中を浮遊するμm単位の微粒子。排気ガスに含まれるススのほか燃料やオイルの揮発成分が変質したものもある。呼吸器内に沈着することで健康に悪影響を及ぼす。

触媒コンバーター

触媒コンバーター

触媒とは、その物質自体は化学変化を起こさないが、周囲の化学変化を促進させるものだ。ガソリンエンジンの排気ガス浄化に使われる触媒は3種類の物質の化学変化を促進させるため三元触媒という。この三元触媒によって排気ガスを浄化する装置を触媒コンバーター（キャタリティックコンバーター）やキャタライザーという。触媒物質には、白金（プラチナ）とロジウム、もしくはこれにパラジウムを加えたものが使われ、セラミックスやアルミナで作られた格子状の担体の表面に付着させてある。こうした構造のものをモノリス型触媒コンバーターという。

化学反応では、反応する物質の比率は一定だ。三元触媒で完全に浄化するためには、ガソリンが理論空燃比で完全燃焼し、酸素が残っていない状態が望ましい。そのため、現在のガソリンエンジンは理論空燃比での運転が基本とされている。さらに、空燃比センサー（A/Fセンサー）や酸素濃度センサー（O2センサー）でも排気ガスが監視され、浄化が完全に行われるようにECUが燃料噴射などを制御する。

また、触媒コンバーターは一定以上の温度に

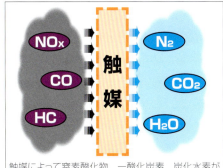

触媒によって窒素酸化物、一酸化炭素、炭化水素が人体に無害な窒素、二酸化炭素、水に変化する。

ならないと正常に機能しないため、始動時には排気ガスによっていち早く温める必要がある。以前はクルマの床下に配置されることが多かったが、現在ではエンジン近くに配置されるのが一般的だ。こうしたものをエンジン直下コンバーターという。処理能力を高めるために床下コンバーターも備え、2段階で浄化を行うことが多い。

さらに、触媒コンバーターは過熱にも弱い。特に未燃焼の燃料が流れ込んだりすると内部で燃焼が起こり高温状態になり、破損が起こったり、車両火災の原因になったりする。そのため、排気温センサーによる監視も行われている。

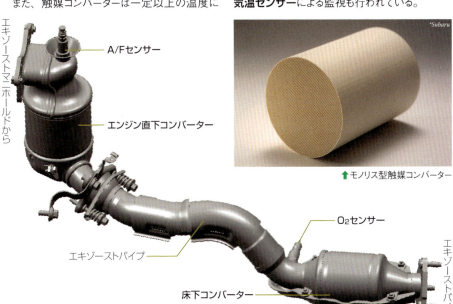

↑モノリス型触媒コンバーター

DPF単体

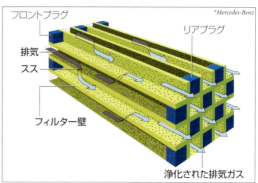
*Mercedes-Benz
フロントプラグ / リアプラグ / 排気 / スス / フィルター壁 / 浄化された排気ガス

DPFとGPF

　DPF(ディーゼルパティキュレートフィルター)は**ディーゼルエンジン**の**排気ガス**に含まれる**粒子状物質(PM)**であるスス(黒煙)を取り除くものだ。採用が多いのは**ウォールフロー型DPF**で、多孔質のセラミックスなどで格子状に多数の通路が作られていて、入口側の穴と出口側の穴がプラグで交互にふさがれている。入口側が開かれた通路に入った排気ガスは、通路同士を区切る壁を通過して、出口側が開かれた通路へ抜ける。この壁がフィルターとして機能する。

　連続して使用しているとフィルターがススで詰まるため、取り除く必要がある。この処理を再生という。フィルターには**白金(プラチナ)**などの**触媒**物質が含まれていて、300℃程度の高温にすると、ススが燃焼して**二酸化炭素**になって排出される。フィルターを高温にする方法には、燃料噴射の制御によって排気ガスそのものを高温にする方法や、排気に**燃料**を混ぜる方法などがある。

　また、**酸化触媒**をDPFの前段に配置する方法もある。酸化触媒は、**一酸化炭素**と**炭化水素**の浄化が行えるが、同時に**窒素酸化物**内の**二酸化窒素**の濃度を高められる。二酸化窒素は強い酸化能力があるため、ススを燃焼させられる。

　GPF(ガソリンパティキュレートフィルター)の基本的な構造はDPFと同じで、フィルターによってPMを取り除く。DPFの場合は通常運転では温度が低いため、高温にして再生する必要があるが、GPFは通常運転でもススが燃焼できる温度なので、捕集したススは消滅していく。三元触媒とGPFを1つの容器に収めることが多いが、フィルターに触媒の機能を備えさせた**GPF触媒**も開発されている。

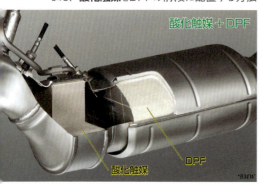
酸化触媒+DPF
酸化触媒 / DPF
*BMW

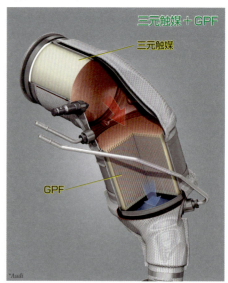
三元触媒+GPF
三元触媒 / GPF
*Audi

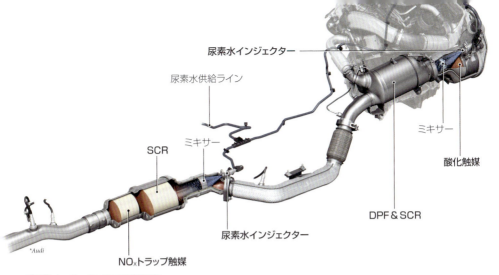

NOx後処理装置

NOx後処理装置は排気ガスに含まれる窒素酸化物の浄化を行う装置で、尿素SCRやNOx吸蔵触媒などがある。これらの装置では窒素酸化物を無害な窒素に変化させる。ディーゼルエンジンで使われるほか、ガソリンエンジンでも希薄燃焼を行うと窒素酸化物の発生量が増えるので必要になることがある。

アンモニアは窒素酸化物との化学反応によって窒素と水になるので、後処理装置に適した物質だが、濃度によっては人体や環境に悪影響を与えかねない。そのため、尿素水が利用される。尿素水を排気ガスに噴射すると、高温下で加水分解という化学反応が起こってアンモニアが生成される。このアンモニアによって窒素酸化物を浄化するのが、尿素SCRだ。窒素酸化物は窒素と水に還元される。SCRは日本語では選択式還元触媒という。尿素水はAdBlue(アドブルー)と呼ばれることが多いが、これはドイツ自動車工業会の登録商標だ。

NOx吸蔵触媒はNOxトラップ触媒ともいい、通常運転時には窒素酸化物を吸蔵しておき、量が増えてきたら、燃料噴射をリッチにするなどの方法で燃焼状態を変化させて大気汚染物質の発生比率を変化させて触媒によって浄化を行う。

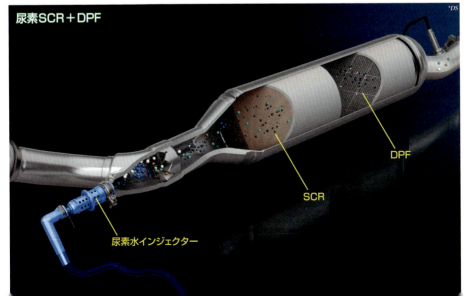

吸排気装置 06 排気ガス再循環
Exhaust gas recirculation

　排気システム内を流れる排気ガスの一部を吸気システムに戻して吸気に混合することを排気ガス再循環や排気ガス還流といい、英語の頭文字からEGRと略されることが多い。排気に含まれる二酸化炭素と水（水蒸気）は、窒素に比べて比熱（大きいほど温まりにくくさめにくいことを意味する）が大きいため、吸気に排気を混ぜると、燃焼温度を低下させられる。ガソリンエンジンではノッキングが起こりにくくなり、窒素酸化物の発生を抑えられる。また、酸素濃度が低下するため、必要な酸素量を確保するためにはスロットルバルブを大きく開くことになり、ポンプ損失が軽減される。ディーゼルエンジンでも燃焼温度の低下によって窒素酸化物の発生を抑えられるが、酸素量が少なくなってしまうため、燃焼が緩慢になりスス（黒煙）が発生しやすくなる。ガソリンエンジンであっても、酸素量が足りなくなれば不完全燃焼が起こる。そのため、EGRの量は厳密に制御する必要があり、再循環の経路の途中にはEGRバルブが備えられECUで制御される。

　このように排気システムと吸気システムの間に環流用の経路を設けて環流させることを外部EGRという。対して、バルブオーバーラップを利用して排気ガスをシリンダー内に残したり吸い戻したりすることでもEGRが行える。こうしたEGRを内部EGRという。内部EGRを行うと、高温の排気がシリンダー内に残るため、始動時の暖機が早まり三元触媒が早期に活性化される。ディーゼルエンジンでは低圧縮比化が可能になる。しかし、高温の排気が存在するとガソリンエンジンではノッキングが起こりやすくなり、ディーゼルエンジンでは窒素酸化物が増える。そのため、内部EGRは使える状況が限られる。

EGRクーラー

触媒コンバーター通過後の排気を、EGRクーラーで冷却後にインテークシステムに戻すクールドEGR。

*Mazda

ホットEGRとクールドEGR

排気ガスを環流用の配管だけで直接再循環させることを**ホットEGR**というが、排気が高温のまま吸気側に送られてしまうため燃焼温度を低下させる効果が小さく、膨張によって**二酸化炭素**などの密度が低下してしまう。そのため、現在では排気を**EGRクーラー**で冷却後に吸気システムに戻す方式が一般的になっている。こうしたシステムを**クールドEGR**や**クールEGR**という。EGRクーラーには**冷却装置**の**冷却液**で冷却を行う**水冷式**が採用される。

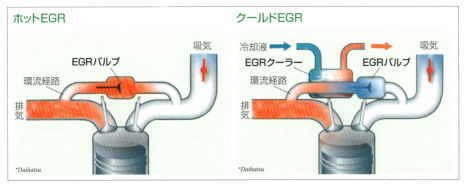

ハイプレッシャー EGRとロープレッシャー EGR

ターボチャージャーを備えたエンジンの場合、**タービンハウジング**より上流で環流用の排気を取り出すことが多い。排気の圧力が高いため、これを**ハイプレッシャー EGR**（**高圧EGR**）というが、EGR量を増やすとタービンを通過する排気が少なくなり、**過給**の能力が低下する。そのため、ターボチャージャー通過後の勢いも温度も下がった排気を再循環させるシステムも登場してきている。こうしたEGRを**ロープレッシャー EGR**（**低圧EGR**）という。

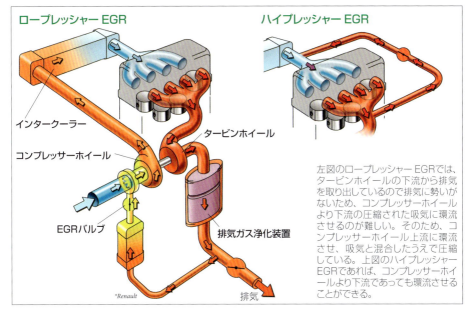

左図のロープレッシャー EGRでは、タービンホイールの下流から排気を取り出しているので排気に勢いがないため、コンプレッサーホイールより下流の圧縮された吸気に環流させるのが難しい。そのため、コンプレッサーホイール上流に環流させ、吸気と混合したうえで圧縮している。上図のハイプレッシャーEGRであれば、コンプレッサーホイールより下流であっても環流させることができる。

過給機 01 過給

Supercharging

　圧縮した空気をエンジンに供給して、実質的な**排気量**を高めることを**過給**という。**吸気システム**の構造や形状によって吸気を圧縮する**慣性過給**や**共鳴過給**という方法と、**過給機**を使う方法がある。慣性過給や共鳴過給はエンジンの回転数などによって最適な構造や形状が変化するため、過給の効果を高められるように吸気システムの形状や構造を変化させる**可変吸気システム**（**可変インテークシステム**）が採用されることもあるが、現在の主流は過給機を使う方法だ。採用されている過給機には、排気の圧力を動力源にする**ターボチャージャー**と、エンジンそのものを動力源にする**メカニカルスーパーチャージャー**（**機械式スーパーチャージャー**）、モーターを動力源とする**電動スーパーチャージャー**（**電動式過給機**）がある。スーパーチャージャーとは本来は過給機を意味する英語で、ターボチャージャーも含まれることになるが、メカニカルスーパーチャージャーを、単にスーパーチャージャーということが多い。いっぽう、ターボチャージャーは**ターボ**と略されることが多い。過去にはエンジン出力の上積みを目的に採用されていたが、現在では低回転域からのトルク増強が目的にされることが多い。

　過給のために圧縮すると吸気の温度が上がる。吸気の温度が上昇すると膨張することになり、酸素の密度が低下して過給の意味がなくなる。そのため、過給後に冷却してからエンジンに送るのが一般的だ。

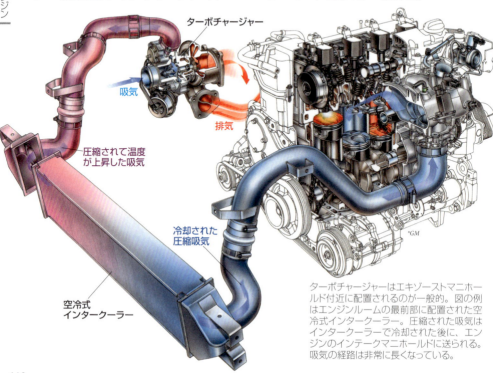

ターボチャージャーはエキゾーストマニホールド付近に配置されるのが一般的。図の例はエンジンルームの最前部に配置された空冷式インタークーラー。圧縮された吸気はインタークーラーで冷却された後に、エンジンのインテークマニホールドに送られる。吸気の経路は非常に長くなっている。

インタークーラー

圧縮後の吸気を冷却する装置を**インタークーラー**といい、**空冷式インタークーラー**と**水冷式インタークーラー**がある。どちらも冷却装置の**ラジエターコア**（P152参照）に類似した構造だ。通路を多数の細いパイプなどにして表面積を大きくし、さらにフィンなどで表面積を増やし、**放熱効果**を高めている。**水冷式**の場合、インタークーラー内にラジエターコアに類似した構造があり、**冷却液**が通されている。ここを通過する際に吸気の熱が冷却液に移動して吸気が冷却される。**空冷式**の場合は、ラジエターコアに類似した構造内を通過する際に、吸気の熱が大気に**放熱**されて冷却される。

　水冷式は、インタークーラーの設置場所の自由度が高く、吸気経路をシンプルにしやすいが、冷却液の取り回しが複雑になる。空冷式は、走行風が当たりやすい場所にインタークーラーを設置する必要があり、吸気経路の取り回しが長くなったり複雑になったりすることもある。

↓水冷式の内部。冷却液が通過する多数の細いパイプにフィンが備えられている。

*Opel

*Mercedes-Benz

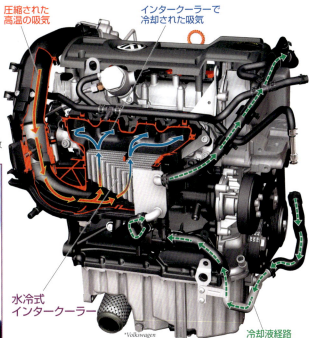
*Volkswagen

第4章／過給機　過給

119

過給機

Turbocharger
02 ターボチャージャー

　ターボチャージャー（ターボ）は日本語では**排気駆動式過給機**や**排気タービン式過給機**というが、ほとんど使われない。基本構造は、1本の回転軸の両端に羽根車を備えたものだ。一方の羽根車を排気で回転させ、その回転が伝えられたもう一方の羽根車が吸気を圧縮する。排気で回される羽根車を**タービンホイール**、吸気を圧縮する羽根車を**コンプレッサーホイール**という。

　本来は捨てていた排気のエネルギーを動力源とするため、効率が高い**過給**が行えるが、エンジンが低回転域では十分に過給を行うことができない。ある程度は低回転域からも過給が行えるように設計すると、高回転域では**過給圧**が高まりすぎて**ノッキング**などの問題が起こる。そのため、**過給圧制御**が必要になる。また、出力を高めようとしても、エンジン回転数が高まって排気の量が増えないと過給の効果が現れない。この遅れを**ターボラグ**という。さらには、排気経路の途中にタービンホイールが存在することで、**背圧**の上昇や**排気干渉**という問題が発生することもあるなど、ターボには弱点も多い。

　20世紀のターボは出力の上積みを目的としたものだった。十分な効果が得られたエンジンもあったが、レスポンスが悪く扱いにくかった。しかも、燃費が悪かったため、一時期はほとんど採用されなくなっていた。

　現在のガソリンエンジンのターボは**ダウンサイジング**を補う目的で使われることが多い。そのため、低負荷の状態ではターボを停止して燃費の向上を目指し、トルクが求められる時にだけターボを作動させている。使用するターボの容量も小さいので高レスポンスだ。いっぽう、ディーゼルエンジンは過給との相性がよいので常にターボを作動させている。

可変容量ターボチャージャー（P123参照）。タービンの周囲に可変ベーンが配置されている。タービンハウジングのスクロール部の太さは均一。

*BMW

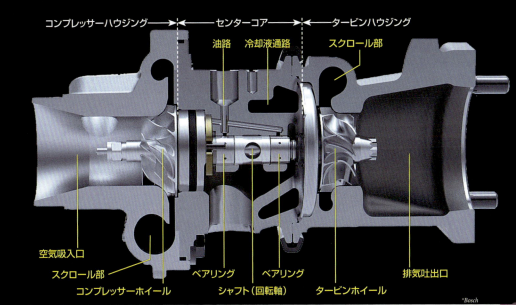

■ タービンとコンプレッサー

排気で回される**タービンホイール**は**タービンローター**や**タービンブレード**、単に**タービン**ともいう。900℃に達することもある排気に触れるため、耐熱性、耐蝕性、耐酸化性が高いインコネルというニッケル合金で作られることが多い。タービンは**タービンハウジング**に収められる。渦巻き状になったハウジングの外周側を**スクロール部**といい、徐々に細くされている。排気はここで速度が高められてタービンを回転させ、回転軸方向に向きをかえて出口に向かう。通過した排気は温度も流速も低下している。

吸気を圧縮する**コンプレッサーホイール**は**コンプレッサーローター**や**コンプレッサーブレード**ともいう。アルミニウム合金の鋳造もしくは鍛造が一般的だが、軽量化のためにチタンアルミニウム合金が採用されることもある。**コンプレッサーハウジング**に収められたコンプレッサーホイールには、回転軸方向から吸気が送られる。吸気は回転による遠心力で外周側のスクロール部に向かい、圧力が高められて送り出される。

双方の羽根車をつなぐ回転軸の部分は、**センターコア**や**ベアリングハウジング**、**センターハウジング**という。回転軸は2個の**ベアリング**で支持されるのが一般的だ。回転数の高いものでは20万rpmを超えるため、高い精度が求められる。ベアリングには**潤滑**のためにエンジンオイルの油路が設けられる。オイルは冷却の作用も果たすが、さらに冷却能力を高めるために、**冷却液**の経路がセンターコアに設けられることもある。

↑高熱になるタービンホイールは回転軸に溶接で固定されるのが一般的。コンプレッサーホイールはナットで固定する。

↑回転軸を支える2個のベアリング。

過給圧制御

過給圧制御はウエイストゲートバルブによって行われる。排気経路の途中にはタービンホイールを迂回するバイパス経路が設けられ、その途中にウエイストゲートバルブが備えられている。以前のターボチャージャーでは空気圧式ウエイストゲートが採用されていて、通常はアクチュエーターのスプリングの力でバルブが閉じた状態が保たれているが、過給圧が高まってスプリングの力に打ち勝つとバルブが開かれる。これにより排気の一部がバイパス経路を通るようになり、規定値以上には過給圧が高まらない。いっぽう、現在では電動式ウエイストゲートが一般的になっている。バルブの開閉はモーターなどの電動アクチュエーターで行われる。通常はバルブが開かれていて、過給が必要になるとバルブが閉じられる。

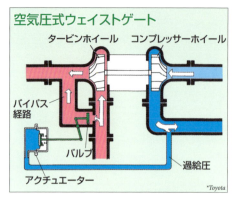

ツインスクロールターボチャージャー

ツインスクロールターボチャージャーは、ツインの名がついているが、ターボチャージャーはあくまでも1基。タービンハウジングのスクロール部が2系統に分割されている。排気干渉を防ぐための構造で、たとえば4気筒エンジンなら、1番-4番と2番-3番の排気を独立させたままスクロール部まで導く。スクロール部は、細く絞るほど流速が増して低回転域から過給の効果を得られる。ツインスクロールターボは通常のターボよりスクロール部が絞られることになるため、低回転域から過給効果が得られる。

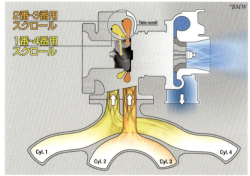

↑4気筒用のツインスクロールターボ。マニホールドは1番-4番と、2番-3番が独立していて、タービンハウジング内で合流する。

ツインスクロールターボチャージャー　2分割されたスクロール部　*Subaru*

可変容量ターボチャージャー

ターボチャージャーは、排気の流路を絞るほど低回転域から**過給**の効果を得られるが、絞りすぎると排気の量が増える高回転域で排気が流れにくくなる。そこで、状況に応じて流路の絞り具合を調整することで、低回転域から高回転域まで高い過給効果を得られるようにしたものが**可変容量ターボチャージャー**だ。**可変ジオメトリーターボチャージャー**（**VGターボチャージャー**）や**可変ノズルターボチャージャー**ともいう。

可変容量ターボでは、**タービンホイール**の外周に沿って多数の**可動ベーン**が備えられている。このベーンは**ノズルベーン**ともいい、個々を回転させてベーンの間隔を狭くすれば、それだけ流路が絞られて流速が増すため、低回転域から過給効果が得られる。高回転域ではベーンの間隔を広くして、排気が流れやすくする。ベーンの開き具合は電子制御される。

過給圧を可動ベーンで制御できるため、最高回転数でベーンが全開になるように設計すれば、**ウエイストゲートバルブ**をなくすことも可能だ（低回転域のレスポンスを高めたい場合はウエイストゲートバルブが併用される）。非常に効率が高いターボだが、構造が複雑なうえベーンにも高価な耐熱素材を使う必要があるため、高コストになる。

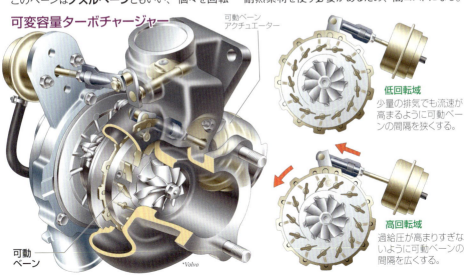

可変容量ターボチャージャー

可動ベーンアクチュエーター

可動ベーン　*Volvo*

低回転域 少量の排気でも流速が高まるように可動ベーンの間隔を狭くする。

高回転域 過給圧が高まりすぎないように可動ベーンの間隔を広くする。

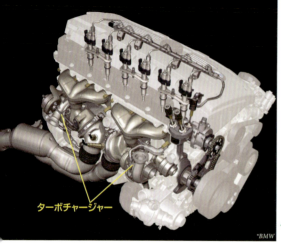

ツインターボチャージャー

ツインターボチャージャーは2基の**ターボチャージャー**をそれぞれ独立した排気系統で使用する方法だ。**排気干渉**が起こりやすい6気筒以上のエンジンで採用されることが多い。**パラレルツインターボチャージャー**ともいう。また、シングルターボに比べた場合、**ツインターボ**では個々のターボチャージャーを小型化できるため、低回転域から過給効果が得られる。

←直列6気筒を3気筒ずつに分割してターボを配置。

シーケンシャルターボチャージャー

シーケンシャルターボチャージャーは2基以上の**ターボチャージャー**を一連の排気系統で状況に応じて使いわけたり併用したりする方法だ。ターボが2基の場合は、**シーケンシャルツインターボチャージャー**や**2ステージターボチャージャー**、**2ウェイターボチャージャー**ともいう。ターボを3基使用する**シーケンシャルトリプルターボチャージャー**も開発されている。

シーケンシャルツインターボでは、小容量と大容量のターボが組み合わされることが多いが、同サイズが2基組み合わされることもある。2基の使い方にもさまざまなものがある。並列に配置する場合、排気経路を切り替えたり双方を使用したりすることで**過給**の能力を切り替えることができる。一方のタービンを通過した排気が、さらにもう一方のタービンを通過するように直列に配置する場合も、バイパス経路を工夫することで過給能力を切り替えることが可能だ。直列と並列の組み合わせもある。これらの組み合わせ方で低回転域から高回転域まで過給効果を得ることできるが、システムは複雑になり、経路を切り替えるためのバルブも必要になるため、コスト高になる。

シーケンシャルターボでは吸排気ともにバイパスする経路が設けられたりするので構造が非常に複雑になる。写真は大小2基のターボを使いわけるシーケンシャルツインターボ。

シーケンシャルツインターボチャージャーの動作例

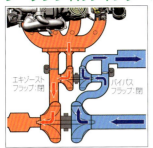

エキゾーストフラップが閉じていて小型ターボ→大型ターボの順に排気が流れる。吸気は大型ターボ→小型ターボの2段階で圧縮される。

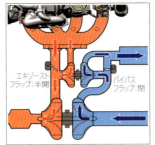

エキゾーストフラップが半開し、直接大型ターボに向かう排気の流れを作ることで両ターボの回転数を抑える。吸気は2段階で圧縮される。

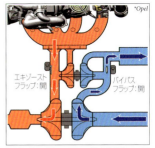

エキゾーストフラップが全開し、排気は小型ターボを迂回する。吸気もバイパスフラップが開かれることで大型ターボのみで圧縮される。

■ 電動アシストターボチャージャー

ターボチャージャーの弱点をカバーするために開発されたのが**電動アシストターボチャージャー**だ。ターボチャージャーの回転軸に**モーター**を備えている。ターボチャージャーに**電動スーパーチャージャー**（P127参照）を合体したものだといえる。過給の動力源が排気によるタービンとモーターの2種類があるので**ハイブリッドターボチャージャー**ということもある。排気量が少なく十分な過給効果が得られない低回転域でもモーターを作動させることで**コンプレッサーホイール**を回して過給を行うことができる。**12V仕様**では実用化が難しかったが、**48V仕様**のモーターを使うことで十分な過給が可能になった。電源として使われる48Vの**リチウムイオン電池**は**48Vマイルドハイブリッド**（P264参照）と共用されている。また、**電動アシストターボ**であれば、**エネルギー回生**も可能だ。過給が必要ない時や排気の圧力が過剰な時には、タービンの回転でモーターを回して発電できる。発電された電力を二次電池に蓄えておくことができる。

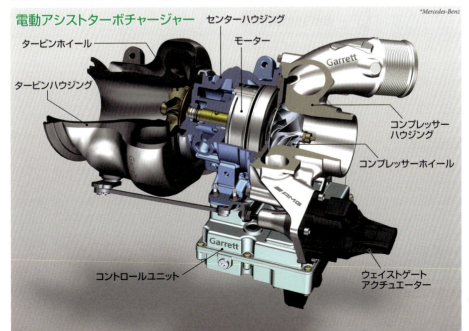

過給機 03 Supercharger
スーパーチャージャー

ターボチャージャー以外の**過給機**には、エンジンそのものを動力源にする**メカニカルスーパーチャージャー**と、モーターを動力源とする**電動スーパーチャージャー**がある。

メカニカルスーパーチャージャーには各種構造のものがあり、過去には**リショルム式スーパーチャージャー**や**スクロール式スーパーチャージャー**が採用されたこともあるが、現在は**ルーツ式スーパーチャージャー**が使われている。エンジンそのものを動力源にしているため、低回転域から過給の効果を得ることができ、レスポンスも高い。しかし、ターボに比べると得られる過給圧が低く、本体自体も大型化しやすい。エンジン自体の効率が高まる領域では、全体としての効率を低下させることがある。そのため、クランクシャフトから回転が伝達されるプーリーに**電磁クラッ**チを備え、状況に応じてエンジンから切り離せるようにしていることが多い。また、相互のデメリットを解消するためにターボと組み合わせて使われることもあった。こうしたシステムを**ツインチャージャー**や**ハイブリッドスーパーチャージャー**といった。

電動スーパーチャージャーは**電動コンプレッサー**と呼ばれることもあり、羽根車をモーターで回転させることで過給を行う。リチウムイオン電池の存在によって**48V仕様**のモーターが採用できるようになり、実用レベルの過給が行えるようになった。エンジンの回転数に関係なく過給が行え、レスポンスも高い。現状、大容量のものが単独で採用される例はなく、ターボチャージャーの弱点を補うものとしてターボに組み合わせて使われている。これも一種のツインチャージャーだ。

メカニカルスーパーチャージャー

ルーツ式スーパーチャージャーは1980年代から採用されている。当時は**2葉ローター**が使われていたが、現在は独特のひねりが加えられた**4葉ローター**が使われている。ローターの葉同士は噛み合っているわけではなく、間に密閉した空間を作っている。2個のローターが逆方向に回転すると、間の空間が移動していくことで、吸気が送り出される。ローターを回転させる力は、エンジンの**クランクシャフトプーリー**からスーパーチャージャーのドライブプーリーにベルトで伝達される。一方のローターには直接回転が伝えられ、もう一方のローターへは同期ギアを介して伝えられる。ローターの回転を高めたい場合は、プーリーからの回転軸に増速ギアが備えられることもある。

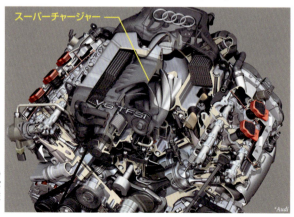

➡V6エンジンのバンクの谷間に収められた4葉ローターのルーツ式スーパーチャージャー。電動ポンプで冷却液を循環させるインタークーラーも内蔵。

ルーツ式スーパーチャージャー
（4葉ローター）

ドライブプーリー　同期ギア　ローター　インタークーラー

*Audi

電動スーパーチャージャー

　電動スーパーチャージャーの過給を行う部分はターボチャージャーの**コンプレッサーハウジング**のような構造をしていて、内部に収められた**コンプレッサーホイール**のような羽根車をモーターで回転させている。モーターは**48V仕様**のものが使われ、モーターを制御するためのパワーエレクトロニクスも一体化されていることが多い。電動であるため、ターボチャージャーやメカニカルスーパーチャージャーのようにエンジンの運転状況に影響を受けることなく、いつでも自在に過給を行うことができる。ただし、電動アシストターボチャージャー（P125参照）のように、モーターに発電させることは難しい。そのため、48V電源が確保できる**48Vマイルドハイブリッド**（P264参照）のエンジンで採用されるのが一般的だ。

電動スーパーチャージャー

冷却液経路
ステーター
コンプレッサーホイール
パワーエレクトロニクス
ローター

*Audi

127

燃料装置	**F**uel **i**njection **s**ystem

01 燃料噴射装置

　フューエルシステム（燃料装置）は、エンジンが燃焼の際に必要な燃料を蓄えておき、必要に応じてエンジンに供給する装置だ。現在のエンジンではインジェクターというバルブのノズルから噴射することで供給するためフューエルインジェクションシステム（燃料噴射装置）ということも多い。燃料の供給方式にはガソリンエンジンでは、ポート噴射式と直噴式（直接噴射式）の2種類があり、ディーゼルエンジンでは、直噴式のなかでもコモンレール式が主流になっている。

　フューエルシステムのうち燃料をエンジン近くまで運ぶ部分をフューエルデリバリーシステムといい、ガソリンエンジンでもディーゼルエンジンでも基本的な構成は同じだ。フューエルタンクに蓄えられた燃料は、フューエルポンプで圧力が高められ、金属製のフューエルパイプ（燃料パイプ）やゴム製のフューエルホース（燃料ホース）でエンジン近くまで送られる。燃料経路の途中には、燃料内の異物を取り除くフューエルフィルターが備えられる。

> フューエルインジェクションシステムはフューエルシステム全体をささないという考え方もある。こうした考え方の場合、フューエルシステムはフューエルデリバリーシステムとフューエルインジェクションシステムで構成されると考える。

■ フューエルタンク

　燃料を蓄えておく容器がフューエルタンク（燃料タンク）で、ガソリンエンジンの場合はガソリンタンクということもある。過去には防錆塗装を施した鋼板製のタンクが主流だったが、現在では軽量化が可能な樹脂製フューエルタンク（樹脂製燃料タンク）が主流になっている。一般的には後部座席下付近に配置されるが、荷室スペース拡大のために前部座席下に配置されることもある。プロペラシャフトやエキゾーストシステムの空間を確保するために、底面に凹みがある鞍のような形状のものもある。

　車両側面の給油口とはフューエルインレットパイプで接続される。給油時に内部の空気を排出するために、ブリーザーチューブという細いホースが並行して備えられている。また、蒸発した燃料の圧力でタンクが破損するのを防ぐために、圧力が一定以上になると開いて圧力を開放するフューエルベーパーバルブが備えられている。

樹脂製フューエルタンク

フューエルポンプユニット

*Honda

↓後席下に配置されたフューエルタンク。

*Honda

フューエルポンプ

フューエルデリバリーシステムのポンプを通常はフューエルポンプ（燃料ポンプ）というが、燃料の噴射圧力を高めるために使われるポンプと区別する場合はフューエルフィードポンプ（燃料供給ポンプ）という。直流整流子モーターを採用する電動フューエルポンプ（電動燃料ポンプ）が一般的だ。ポンプ自体はタービン式ポンプが多く、モーターの回転軸に備えられたインペラーという羽根車が回転することで、燃料を圧送する。モーター自体の冷却は内部を通過する燃料によって行われている。

過去にはフューエルポンプがエンジンルームに備えられることもあったが、現在ではフューエルタンク内に備えられるインタンク式フューエルポンプが一般的だ。インタンク式ではポンプに加えて、燃料の残量を計測するフューエルゲージユニットや圧力を一定に保つフューエルプレッシャーレギュレーター、異物を除去するフューエルフィルターなどが一体化されたフューエルポンプユニットとしてタンクに収められることが多い。

電動フューエルポンプ

*Continental

フューエルポンプユニット

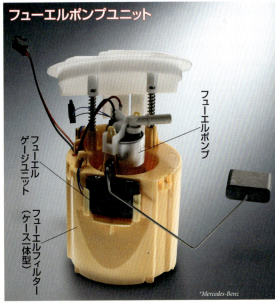

*Mercedes-Benz

フューエルフィルター

燃料内の異物を取り除くために備えられるのがフューエルフィルター（燃料フィルター）だ。不織布などで作られたフィルターが収められている。現在の燃料は異物が混入していることはほとんどなく、フューエルタンクが錆びることもないため、ガソリンエンジンではほとんど整備の必要がない。そのためフューエルポンプユニットに内蔵されることが増えている。ディーゼルエンジンの場合は、フューエルフィルターに軽油内の水分を分離する機能も備えているものもあり、たまった水は底の

↓最近では採用されることが少ない単体のガソリンエンジン用のフューエルフィルター。

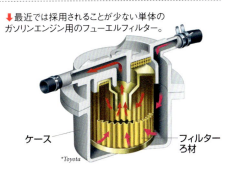

*Toyota

バルブを開けて排出できる。そのため、エンジンルーム内に配置されることが多い。

129

燃料装置

Fuel injector
02 インジェクター

フューエルシステムのなかで最終的に燃料を噴射する部品がフューエルインジェクターだ。単にインジェクターということが多い。電気信号で開閉できるバルブ（弁）で、先端は細いノズルにされている。電気信号でバルブが開くと圧力がかけられた燃料が勢いよく噴射する。その際、燃料にかけられている圧力を燃圧という。燃圧を一定に保てば、バルブを開く時間で噴射量を制御できる。

インジェクターにはソレノイドインジェクターとピエゾインジェクターがある。ピエゾインジェクターは反応速度や精度が高く、噴射をきめ細かく制御できるが、コストが高い。ガソリンエンジンではおもにソレノイドインジェクターが使用され、ディーゼルエンジンではピエゾインジェクターの採用が増えている。

インジェクターの噴射孔は1個のもののほか、2方向に燃料の噴射を分散できる2ホールインジェクターや、多数の孔を備えたマルチホールインジェクターがある。

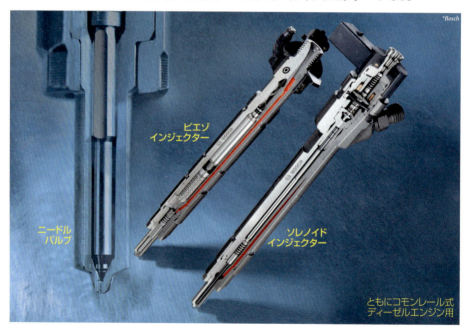

ニードルバルブ / ピエゾインジェクター / ソレノイドインジェクター

ともにコモンレール式ディーゼルエンジン用

燃圧

燃料を噴射する際の燃圧は、ガソリンエンジンのポート噴射式では2.5〜3.0気圧、直噴式では100〜300気圧、ディーゼルエンジンのコモンレール式では1200〜2500気圧が一般的だが、特にディーゼルエンジンでは燃圧を高める傾向にある。燃圧を高くすると、噴射孔を細くしても同じ時間で噴射できる燃料の量を確保することができる。噴射孔が細くなれば、噴射された燃料の粒子が小さくなる。同じ量の燃料で考えれば、燃料全体の表面積が大きくなり、それだけ気化しやすくなる。これにより燃料が燃えやすくなり燃焼状態が改善される。

ソレノイドインジェクター

ソレノイドフューエルインジェクター（ソレノイドインジェクター）は**電磁石**によってバルブの開閉を行う。バルブは**ニードルバルブ**で、プランジャー先端に備えられた針状のニードルが、噴射孔にスプリングで押しつけられることで、閉じた状態が保たれている。プランジャーにはプランジャーコアという**鉄心**が備えられていて、それとはずれた位置にソレノイドコイルがある。**コイル**が通電されると電磁石になり、プランジャーコアを引き寄せることでプランジャーが移動し、バルブが開く。

↑ガソリン直噴エンジン用ソレノイドインジェクター。6孔を備えるマルチホールタイプ。

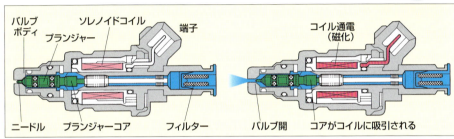

ピエゾインジェクター

ピエゾ素子は**圧電素子**ともいい、力を電圧に変換したり、電圧を力に変換したりできるものだ。さまざまなセンサーやアクチュエーターに利用されている。**ピエゾフューエルインジェクター（ピエゾインジェクター）**に使われているピエゾ素子は、電圧によって長さが変化する素子を使用している。しかし、素子の長さの変化はわずかなものなので、増幅モジュールを介してバルブの開閉を行っている。ピエゾ素子は反応速度が高いため、現在のディーゼルエンジンではバルブの開閉時間を1/1000秒単位で制御でき、これにより1/1000cc単位での噴射量の調整が可能だ。

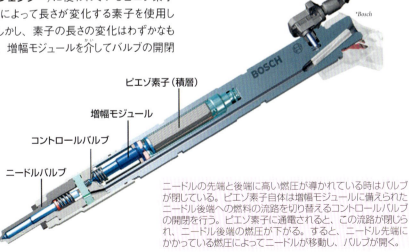

ニードルの先端と後端に高い燃圧が導かれている時はバルブが閉じている。ピエゾ素子自体は増幅モジュールに備えられたニードル後端への燃料の流路を切り替えるコントロールバルブの開閉を行う。ピエゾ素子に通電されると、この流路が閉じられ、ニードル後端の燃圧が下がる。すると、ニードル先端にかかっている燃圧によってニードルが移動し、バルブが開く。

Port fuel injection system
03 ポート噴射式フューエルシステム

ポート噴射式(PFI)では、気筒ごとにインジェクターを配置し、吸気ポートに燃料を噴射する。ポート内の圧力は高くなく、しかも吸気とともに燃料が吸われるため、高い燃圧は必要ない。そのため、フューエルフィードポンプの圧力がそのまま使用される。

インジェクターはソレノイドインジェクターが一般的だ。シリンダーヘッドに配置され、先端のノズルが吸気ポートが2本に枝わかれする以前の部分に燃料を噴射する。2方向に燃料を噴射したほうがポート壁面への燃料付着を防ぐことができるため2ホールインジェクターや、マルチホールインジェクターで噴射方向が2方向にわけられたものが使われ

ることが多い。各インジェクターへは、フューエルデリバリーシステムによって燃料が供給されたフューエルデリバリーパイプ(フューエルレールともいう)から燃料が送られる。

ポート噴射式では、燃料と空気が混合されながらシリンダーに入るうえ、吸気行程と圧縮行程を使って混合が行われるため、均質燃焼の面では有利だ。しかし、吸気バルブの裏側やポート壁面に付着した燃料が遅れてシリンダーに入るため、エンジンのレスポンスが悪く、燃料噴射の厳密な制御が難しい。こうした弱点を解消するために各気筒に2本ずつのインジェクターを備えるデュアルインジェクターを採用するエンジンも登場している。

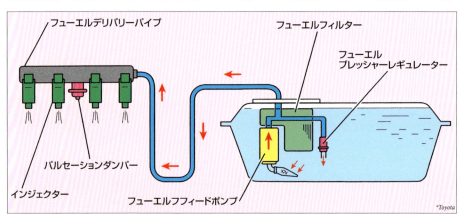

*Toyota

プレッシャーレギュレーターとパルセーションダンパー

ポート噴射式ではフューエルフィードポンプの燃圧で燃料の噴射を行うが、燃圧が一定でなければ噴射量を電子制御することができない。そのため、フューエルプレッシャーレギュレーター(燃圧レギュレーター)で燃圧が制御される。プレッシャーレギュレーターはスプリングによって保持された弁で、燃圧が規定値以上になるとバルブが開いて余分な燃料を戻すことで、燃圧を

保っている。現在ではフューエルポンプユニットに備えられていることが多い。

また、フューエルデリバリーパイプにはパルセーションダンパーが備えられることが多い。こちらはインジェクターが燃料を噴射したときに生じる燃圧脈動を減衰させるもので、フューエルデリバリーシステムへの脈動の伝達を低減して、騒音の発生を抑えるために備えられている。

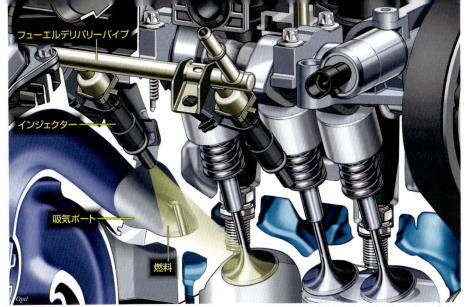

↑通常のポート噴射式は気筒ごとにインジェクターが1本。吸気ポートに噴射された燃料が吸気とともにシリンダーに入る。

デュアルインジェクター

デュアルインジェクターでは、1気筒に2本のインジェクターを使用し、吸気ポートが2本に枝わかれした以降の部分に配置する。インジェクター1本の場合に比べて噴射位置がバルブに近づくため、ポート壁面への燃料付着が減少しレスポンスが向上する。燃料の一部は液体のままシリンダーに入るため、燃焼温度が低減される。また、個々のインジェクターが担当する噴射量が半分になるため、噴射時間が短くなる。吸気行程後半で噴射を行うようにすれば、バルブオーバーラップを大きくしても、燃料の吹き抜けが起こらない。噴射孔を細くして燃料を微粒子化し、燃焼状態を改善することも可能になる。

燃料装置 04 Direct fuel injection system
直噴式フューエルシステム

　筒内噴射式ともいう直噴式(DI)では、気筒ごとに1本のインジェクターを使用し、シリンダー内に直接燃料を噴射する。シリンダー内の圧力が高まる圧縮行程の後半に噴射することもあるため、フューエルフィードポンプの燃圧では足りない。また、ポート噴射式に比べると燃料と空気を混合する時間が短いため、噴射孔を細くして燃料を微細化する必要がある。そのため、フューエルインジェクションポンプが備えられる。フューエルデリバリーシステムから送られた燃料はインジェクションポンプを介してフューエルデリバリーパイプ（フューエルレール）に送られる。

　インジェクターはソレノイドインジェクターが一般的だが、より高圧化が可能なピエゾインジェクターの採用も始まっている。いずれの場合も、噴射孔が多数あるマルチホールインジェクターがほとんどだ。

　燃料の噴射位置には、燃焼室側面から行うサイド噴射と、中央から行うセンター噴射（トップ噴射）がある。吸気の渦流の作り方や空気と燃料の混合に対する考え方が異なり、ピストンヘッドの形状などに違いがある。

　現在では、ポート噴射式と直噴式を併用するエンジンもある。

↓センター噴射のインジェクター配置。

センター噴射
点火プラグ　インジェクター
*BMW

サイド噴射
*Bosch
フューエルインジェクションポンプ
インジェクター
フューエルデリバリーパイプ
燃圧センサー

■ フューエルインジェクションポンプ

フューエルインジェクションポンプ（燃料噴射ポンプ）は高圧フューエルポンプ（高圧燃料ポンプ）ともいう。通常は1個だが、6気筒以上の場合は各バンクに備えられることもある。ポンプはプランジャーポンプが一般的で、カムでプランジャー（ピストン）を動かすことにより燃料の圧力を高める。駆動用カムはカムシャフトに備えられる。ポンプには圧力を調整するためのバルブが備えられ、ECUで制御される。この制御のために、燃料経路に燃圧センサーが備えられている。

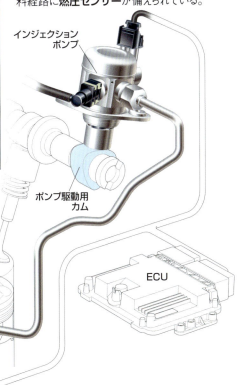

■ ポート噴射＋直噴

ポート噴射式と直噴式のインジェクターを備えると、双方を使いわけるばかりか、1回の燃焼に対して双方から異なったタイミングで燃料を噴射できる。たとえば直噴による冷却効果で燃焼温度を抑えたい高回転域では直噴のみを使用し、中低回転域では均質燃焼に適したポート噴射を中心に行い、状況に応じて直噴を加えて温度を抑えるといったことが可能だ。

Common rail direct fuel injection system
05 コモンレール式フューエルシステム

ディーゼルエンジンのフューエルインジェクションシステムは**直噴式**だが、ガソリンエンジンに比べて高い**燃圧**が求められるため、小さな1個のフューエルインジェクションポンプで全気筒分の噴射をまかなうのが難しい。そのため、**列型インジェクションポンプ**など過去さまざまな方式が採用されてきたが、排気ガス浄化のために燃料噴射制御の高度化が求められるようになり、**コモンレール式**が実用化され現在の主流になっている。

コモンレール式の場合、燃圧を高めるポンプから直接**インジェクター**に**燃料**が送られない。いったん**アキュムレーター（蓄圧室）**に高圧の燃料が蓄えられ、ここから**インジェクター**に送られる。アキュムレーターを採用することで安定して高い燃圧が維持できるうえ、プランジャーポンプで圧力が高まるタイミングに合わせて噴射を行う必要がないため、**多段噴射**など噴射時期の自由度が大幅に向上する。使用されるポンプは、直接は燃料を噴射しないためインジェクションポンプとは呼ばず**フューエルサプライポンプ**という。ここに**フューエルデリバリーシステム**から**フューエルフィードポンプ**によって燃料が送られる。アキュムレーターには**フューエルレール**が使用される。このレールが全インジェクター共通（common）のアキュムレーターであるため、コモンレール式という。

インジェクターは高圧にも対応できる**ピエゾインジェクター**が一般的だが、多少性能は劣るがコストを抑えることができるコモンレール式対応の**ソレノイドインジェクター**も開発されている。ディーゼルエンジンでは噴射された燃料が順次燃焼していくため、ガソリンエンジンのようなサイド噴射はなく、すべて**センター噴射（トップ噴射）**だ。

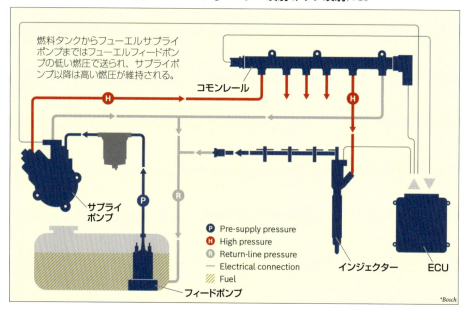

*Bosch

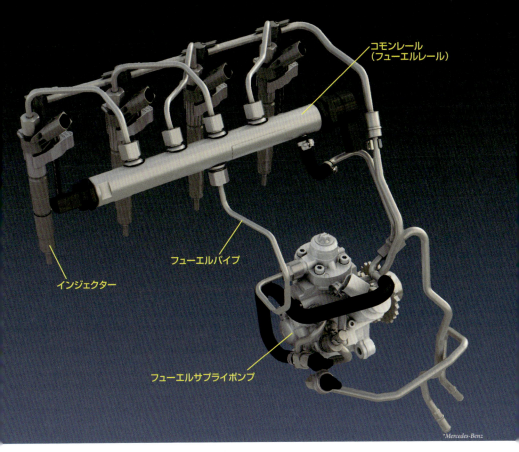

コモンレール（フューエルレール）
インジェクター
フューエルパイプ
フューエルサプライポンプ

*Mercedes-Benz

■ フューエルサプライポンプ

　フューエルサプライポンプは一般的に**プランジャーポンプ**が採用されている。プランジャーポンプが1個のもののほか、カムの周囲に放射状に複数のプランジャーポンプを配した**ラジアル型プランジャーポンプ**が使われることもある。直噴式のガソリンエンジンでは、インジェクターが直接**フューエルデリバリーパイプ**に備えられることが多いが、**コモンレール式**では**フューエルレール**から高圧に耐えることができる**フューエルパイプ**でインジェクターに燃料が送られることが多い。

シングルプランジャーポンプ

ラジアル型プランジャーポンプ

137

燃料装置

Electronic control unit
06 ECU

エンジンの電子制御を行うコンピュータをECUという。元来はエンジンコントロールユニットを頭文字で略したものだが、クルマのさまざまな装置が電子制御されるようになり、それぞれがコンピュータを搭載するようになってからはエレクトロニックコントロールユニットの頭文字を略したものとされる。各装置のECUは、それぞれの装置の名称を冠してトランスミッションECUやブレーキECUなどという。エンジンの制御を行うものはエンジンECUとなるが、単にECUといった場合はエンジンECUをさすことがほとんどだ。

また、エンジンで最初に電子制御が導入されたのが燃料噴射だったため、ECUは燃料装置を構成するものとして従来は扱われてきたが、現在のエンジンでは電子制御されていない装置はほとんどない。単独で1つの補機として扱ってもいいほどに重要な存在だ。

エンジンECUの内部。

エンジンの電子制御では、ECUがさまざまなアクチュエーターなどに指示を出して動作させるが、そのためには判断を行うための情報が必要になる。その情報を集めているのがセンサーだ。アクチュエーターなどが指示通りに動作したかを確認するためにもセンサーが使われている。現在では非常に多数のセンサーがエンジンに搭載されている。

さまざまなECUの協調制御も行われている。たとえば、ATで変速が行われる際に、瞬間的に燃料噴射を停止してトルクを低下させ変速ショックを抑えるといった協調制御がエンジンECUとトランスミッションECUの間で行われている。協調制御が始まった当初は、ECU間で必要な指示や情報のみのやり取りが行われていた。しかし、現在ではECU間で共有したい情報が格段に増えている。そのため、各ECUが通信ネットワークによってつながれている。こうした通信ネットワークを車載LANや車内LANという。

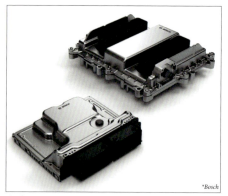

↑ディーゼルエンジンのECU。

↑エアフローセンサー。 *BMW

エアフローセンサー
吸気量センサーともいい、吸気の量を計測するセンサー。空燃比を決めるための基本情報になる。負圧センサー（バキュームセンサー）で間接的に計測することもある。

吸気温センサー
吸気の温度を検出するセンサー。温度によって酸素の密度が変化するため、正確に空燃比を設定するのに必要な情報。

スロットルポジションセンサー
スロットルバルブの開き具合を検出するセンサー。電子制御スロットルの場合は動作結果を確認する。機械式スロットルの場合はドライバーの意思を検出する。

アクセルポジションセンサー
アクセルペダルの踏み込み具合を検出するセンサー。ドライバーの加減速の意思を検出する。

ノックセンサー
ノッキングセンサーともいい、ノッキング時に発生する特有の振動を検出する。燃焼温度の上昇などによって発生するノッキングを検知。

水温センサー
冷却装置の冷却液の温度を計測するセンサー。間接的だがエンジン温度の情報になる。

クランクポジションセンサー
クランクシャフトの回転位置を検出するセンサー。これによりピストンの位置が検出できる。エンジン回転数を算出することも可能になる。

カムポジションセンサー
カムシャフトの回転位置を検出するセンサー。クランクポジションセンサーに類似した情報が得られるが、位相を可変させるバルブシステムの場合は動作結果を検出できる。

排気温センサー
排気の温度を検出するセンサー。排気ガス浄化装置の三元触媒は過熱に弱いため、保護するためには排気温度の情報が必要。

A/Fセンサー
空燃比センサーともいい、排気中の酸素濃度を検出することで、ECUが燃焼結果から空燃比を確認することができる。リニアO₂センサーやリニアA/Fセンサー（LAFセンサー）ともいう。

O₂センサー
酸素濃度センサーともいい、酸素濃度を検出することで、理論空燃比よりリッチからリーンかを確認することができる。一般的にA/Fセンサーはエキゾーストマニホールドか触媒前に配置され、O₂センサーは触媒後に配置される。

↑クランク/カムポジションセンサー。 *Denso

↑排気温センサー。 *Denso

↑A/Fセンサー。 *Denso

↑O₂センサー。 *Denso

Ignition system
01 イグニッションシステム

点火装置

　イグニッションシステム（点火装置）は混合気に火花着火して燃焼・膨張行程を開始させるガソリンエンジンのシステムだ。着火は点火プラグの電極に火花放電を起こさせることで行う。放電には高圧電流が必要だが、クルマで通常使用されているのは低圧電流だ。そのため、コイルの相互誘導作用を利用して低圧電流から高圧電流を作り出している。これを昇圧といい、昇圧に使われるコイルをイグニッションコイルという。

　ガソリンエンジンの4行程の原理では、ピストンが上死点にある時に着火が行われるように説明するのが一般的だが、実際のエンジンでは異なっている。最適なタイミングはエンジンの回転数や負荷で変化するため、点火時期（点火タイミング）を調整する必要がある。このように最適な点火時期に点火プラグに高圧電流を送ることを配電という。

　過去には、機械的なスイッチで昇圧や配電を行うイグニッションシステムが使われていたが、高圧電流を流す距離が長かったり、機械的なスイッチで扱ったりすることで損失が発生しやすく、点火時期の高度な制御も難しい。そのため、現在ではECUで点火時期を決定し、高圧電流を最短距離でプラグに送るダイレクトイグニッションシステムが一般的だ。このシステムの場合、ECUとそこから導かれる配線を除けば、構成要素は点火プラグと点火プラグキャップだけだ。

　点火プラグに流す電流を高圧にするほど、火花が強くなって着火しやすくなり、燃焼状態が改善される。また、電極を離すほど火種が大きくなって燃焼状態が改善されるが、放電距離を長くするには電圧を高める必要がある。従来は1万～2万5000Vが一般的だったが、現在では4万Vを超えるエンジンもある。

*Mercedes-Benz

点火プラグキャップ
（イグニッションコイル
＆イグナイター内蔵）

点火プラグ

ダイレクトイグニッションシステム

イグニッションコイルは**一次コイル**と**二次コイル**の巻数の比が大きくされている。一次コイルに低圧電流を流して停止すると、その瞬間に**誘導起電力**で二次コイルに高圧電流が流れる。**ダイレクトイグニッションシステム**では、高圧電流の配電を最短距離にするために、気筒ごとにイグニッションコイルが用意され、点火プラグに高圧電流を供給する**点火プラグキャップ（スパークプラグキャップ）**に備えられる。

最適な点火のタイミングでECUが点火信号を発するが、ECUが発する信号の電流は非常に微弱なので、一次コイルの電流に使えない。そのため、**半導体素子**の**増幅作用**で電圧を高めたうえでイグニッションコイルに送られる。この増幅回路を**イグナイター**といい、ダイレクトイグニッションシステムではコイルとともに点火プラグキャップに内蔵されることが多い。

イグニッションコイルはイグナイターとともにプラグキャップの頭部に収められることが多いが、筒状の部分に収めることで高圧電流を送る距離をさらに縮めているものもある。

*Beru *Delphi

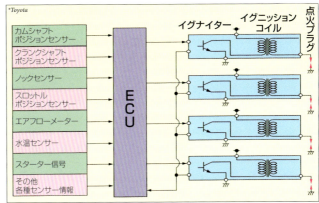

*Toyota

多段点火と多点点火

1回の燃焼・膨張行程で複数回の着火を行うことを**多段点火**や**マルチスパーク**という。現状、ダイハツが実用化していて、2回の着火によって火炎伝播の速度向上を実現している。多段点火には　ほかにも、**直噴式**と組み合わせ、複数回の燃料噴射を行い、それぞれに対して着火を行うことで燃焼状態の改善するなどさまざまな可能性があるため、今後の発展が期待されている。

いっぽう、燃焼室に複数の**点火プラグ**を備えて着火することを**多点点火**という。多点点火を行えば燃焼効率が高まることが確実だ。過去にはホンダが燃焼室に2本のプラグを配置したエンジンを実用化したが、2バルブ式のエンジンだった。

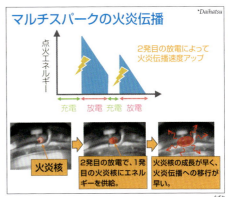

4バルブ式や直噴式では複数プラグの配置が難しい。そのため、従来とは形状の異なるプラグによる着火の研究が進められている。

Spark plug
02 点火プラグ

点火プラグ（スパークプラグ）の電極は**中心電極**と**接地電極**で構成される。中心電極は内部を貫通する中心軸を介して、後端のターミナルに接続される。このターミナルがプラス側の端子であり、**イグニッションシステム**の**点火プラグキャップ**から高圧電流が伝えられる。中心軸の周囲には絶縁を確保するためのセラミックス製のガイシがあり、さらに金属製のハウジングでカバーされている。ハウジングにはシリンダーヘッドに固定するためのネジ山と着脱の際に使用する六角ナット部があり、先端に接地電極が備えられる。このハウジングがマイナス側の端子であり、エンジンそのものがアースとして**バッテリー**のマイナス側につながっている。

電極の素材は、従来は**ニッケル合金**が一般的だったが、現在では火花を強くでき、メンテナンスフリーも実現できるためプラチナやイリジウム合金の採用が増えている。これらのプラグを**プラチナプラグ**や**イリジウムプラグ**という。

なお、放電の際に発生する電磁波は、ラジオなど電波を扱う機器のノイズになったり、ECUなどを誤作動させる原因になったりする。そのため、電気ノイズを防止する**電気抵抗**が中心軸に備えられるのが一般的だ。

↑中心電極と接地電極の間で起こる火花放電で着火が行われる。着火性を高めるために接地電極には溝がある。

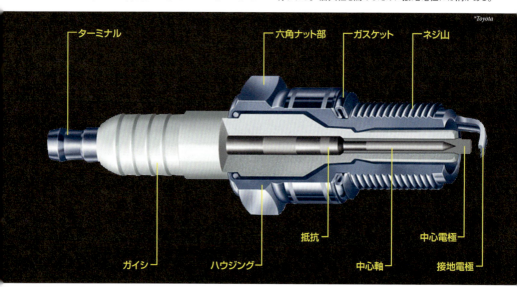

電極の形状

電極の形状は、**中心電極**が円柱、**接地電極**がL字形に曲げられた角棒が基本だ。放電は電極の角ばった部分や尖った部分で起こりやすい。角ばった部分を増やすために、電極に溝が設けられることもある。中心電極を細くして尖らせたり、接地電極に小さな突起を設けたりすることでも火花が飛びやすくなる。接地電極の数を増やす方法もあり、消耗の分散にもなる。

↑左が標準的な接地電極の形状。右の2本は数が増やされている。

プラチナプラグとイリジウムプラグ

点火プラグの電極には、**不完全燃焼**で発生したスス（カーボン）やエンジンオイルなどが付着することがある。こうした異物が付着すると火花が正常に飛ばなくなる。しかし、電極が高温状態を保つようにすると、異物が焼き尽くされて電極がきれいになる。これを点火プラグの**自浄作用**という。

電極は細くするほど火花が飛びやすくなるが、熱が逃げにくくなり高温になる。**ニッケル合金**は耐熱性や耐久性が低いため、細くすることが難しく、高温が保てないので火花が弱く、自浄作用があまり期待できない。放電の衝撃で電極も消耗しやすい。そのため、寿命は数万km走行で、その間に定期的な清掃が必要だ。

プラチナ（白金）や**イリジウム合金**はニッケル合金より耐熱性や耐久性が高いので、火花が飛びやすくするために電極を細くしても衝撃に耐えられる。温度も高くできるため火花が強くなり自浄作用も高くなる。こうした**プラチナプラグ**（白金プラグ）や**イリジウムプラグ**であれば、寿命は10万km走行で、メンテナンスはまったく不要だ。

標準プラグ

プラチナプラグ

イリジウムプラグ

プレチャンバープラグ

プレチャンバーは注目を集めている燃焼方法だ。**アクティブプレチャンバー**の場合、**副燃焼室**を形成したりインジェクターを配置するため、新たにシリンダーヘッドを設計する必要がある。しかし、**パッシブプレチャンバー**であれば既存のエンジン構造にあまり手を加えることなく実現する方法がある。**点火プラグ**の電極部分にドーム状のカバーを備え、ドームにいくつかの孔を設ければ、ドームが副燃焼室になり、孔を通って混合気が送り込まれ点火で生じた**ジェット噴流**が吹き出す。これを**プレチャンバープラグ**と呼んでいる。

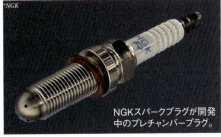

NGKスパークプラグが開発中のプレチャンバープラグ。

潤滑装置	**Lubricating system**

01 潤滑装置

　エンジン内には、ピストンとシリンダーや、バルブステムとバルブステムガイドのように金属部品同士が擦れ合う部分や、クランクシャフトやカムシャフトのような回転軸とそれを支える部分がある。こうした部分が滑らかに動けるように、オイルによる潤滑を行っているのが**潤滑装置（ルブリケーティングシステム）**だ。使われるオイルを**エンジンオイル**という。

　潤滑方式には**ドライサンプ**という方法もあるが、多くのクルマでは**ウェットサンプ**が採用されている。エンジンオイルはエンジン下部に備えられた**オイルパン**という皿状の容器に蓄えられている。**オイルポンプ**の力で吸い上げられたオイルは、シリンダーブロックやシリンダーヘッド内に設けられた**オイルギャラリー**という通路でエンジン内の潤滑が必要な部分に送られて、穴から流れ出たり吹きかけられたりする。部品に供給されたオイルは、落下したり内部の壁に沿って流れ落ちたりすることで、オイルパンに戻る。オイルの循環経路の途中にはオイルを浄化する**オイルフィルター**や**オイルストレーナー**が備えられている。また、高温になりやすいエンジンでは、オイルを冷却する**オイルクーラー**が備えられる。

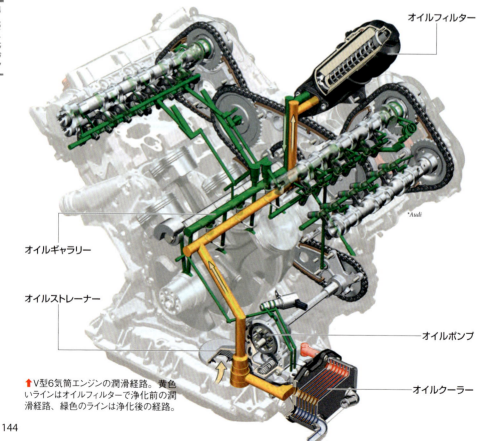

↑V型6気筒エンジンの潤滑経路。黄色いラインはオイルフィルターで浄化前の潤滑経路、緑色のラインは浄化後の経路。

■ ドライサンプ

ウェットサンプの場合、急制動や急旋回を行うと慣性力や遠心力でオイルパンのオイルが偏って正常に吸い上げられないことがあり、オイル切れが起こってしまう。ドライサンプでは、オイルパンとは別にオイルリザーバータンクを備え、ここからオイルポンプでエンジン各部にオイルを供給する。オイルパンからはオイルスカベンジポンプという別のポンプでオイルを吸い上げてリザーバータンクへ送る。リザーバータンクを大容量にすれば、どのような走行状況でもオイルを安定して供給することができる。また、オイルパンは小容量になるため薄くなり、エンジンの高さが抑えられ、重心を低くすることができる。こうしたメリットがあるため、ドライサンプはスポーツタイプのクルマで採用されることが多い。

↑ドライサンプを採用するエンジンのオイルパン周辺とリザーバータンク。

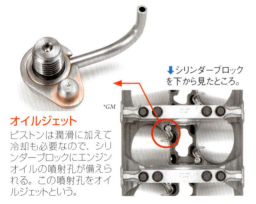

↓シリンダーブロックを下から見たところ。

オイルジェット
ピストンは潤滑に加えて冷却も必要なので、シリンダーブロックにエンジンオイルの噴射孔が備えられる。この噴射孔をオイルジェットという。

クランクシャフトのオイル穴
クランクシャフトのクランクジャーナルやクランクピンにはメタルというベアリングが備えられているが、メタルはオイルが供給されることではじめてベアリングとして機能する。そのため、シャフトの各部にはオイル穴があり、そこからエンジンオイルが供給される。シャフト内にはオイルの通路がある。

■ エンジンオイルの役割

エンジンオイルは潤滑作用に加えて、冷却作用、気密作用、清浄作用、緩衝作用、防錆作用も果たしていて、エンジンには不可欠なものだ。オイルは油膜という薄い膜になって部品表面に残ることで、潤滑や緩衝、防錆を行う。粘度が高いほど油膜になりやすいが、あまり粘度が高いと部品が動く際の抵抗になり、エンジンの損失が高まってしまう。現在の省燃費オイルは、サラサラしていて実際の粘度は低いが、油膜になる能力が高いものが採用されている。

冷却作用
燃焼室周辺など高温になる部分を通過する際にオイルが周囲の熱を奪い、外側に外気が当たるオイルパンで放熱することで、エンジンを冷却することができる。

気密作用
ピストンとシリンダーの隙間はピストンリングでふさがれているが、完璧に気密性が保たれているわけではない。この隙間にオイルが入ることで気密性が高まる。

清浄作用
エンジン各部を循環するオイルで異物や汚れを洗い流すことができる。異物や汚れはオイルフィルターやストレーナーで除去されるため、再循環することがない。

緩衝作用
エンジン内の部品は擦れ合うばかりでなく、ぶつかることもあるが、部品底面にオイルの膜(油膜)が存在することで、衝撃を緩和することができ部品が保護される。

防錆作用
鉄製の部品は水や空気と出会うと錆びるが、部品の表面を油膜がおおうことで水や空気が遮断され錆が防がれる。エンジンを停止中でも油膜が残っていれば保護される。

オイルフィルターとストレーナー

エンジン内では金属部品の摩耗によって金属粉が発生することがある。こうした異物を**エンジンオイル**が洗い流す。また、オイル自体の劣化によっても異物が発生する。こうした異物や汚れを再循環させてしまったのでは、せっかくオイルで洗浄する意味がない。そのために備えられているのが**オイルストレーナー**と**オイルフィルター**だ。

オイルストレーナーは**オイルパン**からオイルを吸い上げるパイプの先端に備えられる金属製の網で、大きな異物を除去する。オイルパンにたまった異物はオイル交換の際に排出される。

オイルフィルターは不織布などで作られたフィルターで、微細な異物を除去する。オイル循環経路では**オイルポンプ**の直後に配置され、浄化されたオイルがエンジン各部に送られる。フィルター部分は**オイルフィルターエレメント**といい、目詰まりを起こすため定期的な交換が必要だ。

もし、フィルターが目詰まりしたままクルマを使い続けると、オイルが供給されなくなり、エンジンに大きなダメージを与える。そのため、オイルフィルター部にはバイパス経路と**バイパスバルブ**が備えられている。目詰まりによってフィルター内の油圧が高まるとバイパスバルブが開いて、フィルターを迂回したオイルがエンジン各部に送られる。浄化されていないオイルを送ることになるが、オイル切れよりはエンジンに与えるダメージが小さい。

従来はエレメントがバイパスバルブとともに金属製や樹脂製のケースに収められたカートリッジタイプが多かった。しかし、カートリッジごとの交換廃棄は無駄があり、環境負荷も大きいため、現在ではエンジン側にケースに相当する部分が備えられ、エレメントのみを交換する方法が増えている。

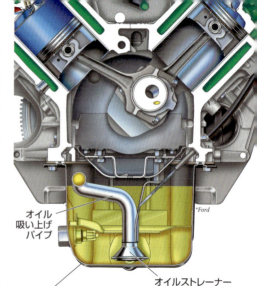

*Ford

オイルパン
オイルパンは放熱性が高い鋼板製のものが多いが、エンジンの剛性を高めるためにアルミニウム合金製のオイルパンが採用されることもある。エンジンの静粛性が高まるが放熱性は低下する。また、軽量化が可能な樹脂製オイルパンも開発されている。

カートリッジ式オイルフィルター

*Federal Mogul Champion *Toyota

エレメント交換式オイルフィルター

エレメント交換式のオイルフィルターでは、単体で作られたオイルフィルターケースをシリンダーブロックに装着する形式(右)と、シリンダーブロックそのものにケースに相当する部分が作り込まれる形式(上)がある。

オイルクーラー

エンジンオイルには、温度が上昇すると粘度が低下する性質がある。粘度が低下すると、**油膜**を保持できなくなりオイル切れが起こりやすい。通常のエンジンでは、**オイルパン**の外側に当たる走行風でオイルが冷却されるが、スポーツタイプのクルマのエンジンなどでは、オイルパンだけでは十分に冷却が行えないこともあり、専用の**オイルクーラー**が備えられる。オイルクーラーには**空冷式**と**水冷式**がある。

空冷式オイルクーラーは冷却装置の**ラジエターコア**(P152参照)に類似した構造のクーラーコアがあり、フィンによって表面積が拡大された多数の細いパイプ内をオイルが通過する際に、走行風で冷却される。クーラーはエンジンルームの最前部に配置される。**水冷式オイルクーラー**は、クーラーコアの周囲に**冷却液**の通路が設けられていて、冷却液に**放熱**することで冷却が行われる。冷却液は冷却装置のものが使用される。

オイルフィルター装着部に備えられたコンパクトな水冷式オイルクーラー。(※P144の潤滑装置も水冷式オイルクーラーを採用している)

➡V型6気筒エンジンの空冷式オイルクーラー。ツインターボ搭載で空冷式インタークーラーも2基採用。

第7章／潤滑装置　潤滑装置

潤滑装置

Engine oil pump
02 オイルポンプ

　エンジンの潤滑装置では、**オイルポンプ**で**エンジンオイル**を各部に圧送している。トランスミッションにもオイルポンプが備えられていることが多いため、正式には**エンジンオイルポンプ**と表現すべきだが、クルマ関連で単にオイルポンプといった場合、エンジンの潤滑装置のものをさすことがほとんどだ。**オイルフィードポンプ**や**オイルプレッシャーポンプ**ということもある。なお、**ドライサンプ**でオイルの回収を行うポンプは、**オイルスカベンジポンプ**や**オイルサクションポンプ**という。

　オイルポンプの構造は**トロコイドポンプ**が多いが、ほかにも**ベーンポンプ**、**内接式ギアポンプ**、**外接式ギアポンプ**などを採用するエンジンがある。オイルポンプはクランクシャフトで駆動される。クランクシャフトの回転軸にポンプが備えられることもあれば、歯車やチェーンで回転が伝達されることもある。この駆動が**補機駆動損失**になる。

　このように駆動されているため、エンジンの回転数が高くなるほど、油圧が高くなる。この油圧を一定に保つために、油圧経路には**オイルプレッシャーレギュレーター**が備えられている。また、補機駆動損失を低減させるために、回転数に応じてオイルポンプの能力が切り替わる**可変容量オイルポンプ**の採用が増えている。

　オイルポンプの本来の役割は、エンジンオイルを圧送するための油圧を発生させることだが、現在では潤滑装置以外でもバルブシステムの**油圧式ラッシュアジャスター**や**位相式可変バルブタイミングシステム**などでオイルポンプの油圧が活用されている。こうした装置の駆動も損失を増大させる原因になる。

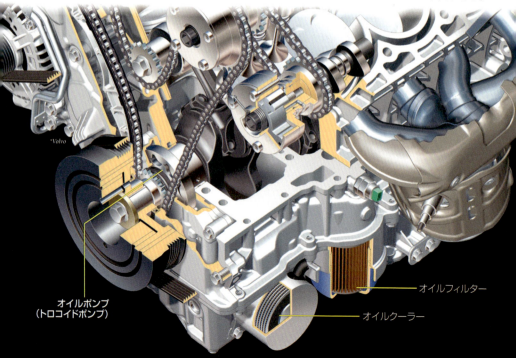

*Volvo

オイルポンプ
（トロコイドポンプ）

オイルフィルター

オイルクーラー

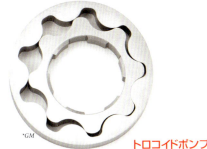

トロコイドポンプ

複数のなだらかな山を備えたインナーローターと、その山数+1のなだらかな谷を備えたアウターローターで構成される。インナーローターが回転するとアウターローターも回転するが、山と谷の数が異なるため、隙間の容積が連続的に変化することで圧送が行われる。

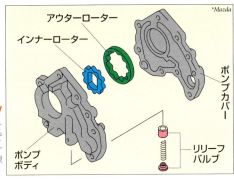

ギアポンプ

外歯歯車を2個組み合わせたものが外接式ギアポンプで、ハウジングと歯車の歯に挟まれた空間の容積が連続的に変化することで圧送が行われる。内接式ギアポンプは、トロコイドポンプのローターを外歯歯車と内歯歯車に置き換えたもの。

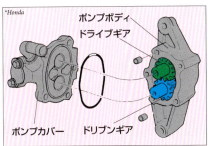

ベーンポンプ

円形のハウジングの中心とは異なる位置にローターが備えられる。ローターには回転中心から放射状にベーンという羽根が備えられ、中心からの距離をかえることができる。ローターが回転するとベーンに囲まれた容積が連続的に変化して圧送が行われる（下図参照）。

可変容量オイルポンプ

オイルポンプによる**補機駆動損失**を低減させる**可変容量オイルポンプ**には、**外接式ギアポンプ**の歯車の噛み合いをかえるものや、**トロコイドポンプ**をベースにしたものなどさまざまな構造のものがある。下図は**ベーンポンプ**によるもの。固定容量のポンプではハウジングに相当する部分を移動可能なコントロールリングとし、ローターとの隙間の量をかえることで吐出量をかえている。コントロールリングはポンプに発生した油圧とスプリングの力のバランスによって動かされる。

①オイルポンプボディ
②コントロールリング
③ローター&ベーン
④リターンスプリング
⑤吸入口　⑥吐出口

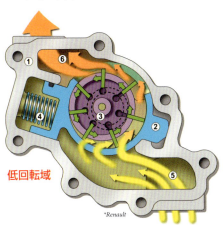

エンジンが高回転域になり油圧が高まると、発生油圧が作用するⓑ部分の油圧がⓐ部分より高くなり、スプリングを押し縮めてコントロールリングを移動させる。これにより、オイルの一部が吸入側に戻る隙間ができる。

Cooling system
01 冷却装置

エンジンは燃焼・膨張行程で発熱する。この熱でエンジンが過熱状態になることを**オーバーヒート**といい、**ノッキング**などの異常燃焼の原因になる。**エンジンオイル**の能力も低下する。さらに過熱が進むと部品の変形や溶解が起こる。そのためエンジンには**冷却装置**（**クーリングシステム**）が備えられている。冷却装置による冷却は、**冷却損失**になり、過度の冷却は燃費を悪化させる。低温状態では燃焼状態も悪化する。こうした冷えすぎの状態を**オーバークール**という。冷却装置には適温を維持する能力が求められる。

空冷式という冷却方法もあるが、現在の冷却装置では**冷却液**を使用する**水冷式**の採用がほとんどだ。エンジンの熱を奪うために設けられた空間である**ウォータージャケット**や冷却液の経路である**ウォーターギャラリー**を通過する際に、冷却液がエンジン各部の熱を奪う。高温になった冷却液は**ラジエター**に送られて、大気中に熱を放出することで冷やされ、再びエンジン内に戻される。こうした冷却液の循環を強制的に行うために、循環経路の途中には**ウォーターポンプ**が備えられる。従来はポンプがエンジンの力で駆動されていたが、**モーター**で駆動する**電動ウォーターポンプ**の採用も増えている。また、ラジエターの**放熱**の効果を高めるために、**冷却ファン**が使用される。

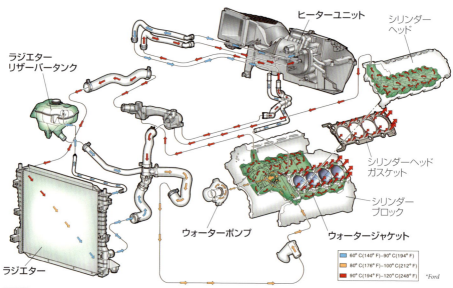

冷却液

冷却液は**冷却水**や**ラジエター液**ともいう。普通の水でも**冷却装置**を機能させられるが、水は0℃以下になると凍結して膨張し、冷却装置を破裂させる。そのため**不凍液**（**クーラント**）の混入が必要だ。また、水は水アカなどの異物が発生するし部品を錆びさせる原因にもなるため、現在では防腐や防錆の作用のある不凍液である**LLC**（**ロングライフクーラント**）を水に混入している。

ウォーターポンプ

冷却液はエンジン本体とラジエターの温度差だけでも対流によって循環するが、効率を高めるためにウォーターポンプで循環させている。循環経路のどの位置でも圧送は可能だが、エンジン内には細い通路もあるため、ラジエターから冷却液が戻ってくる位置に配置されることが多い。電動ウォーターポンプの採用も始まっているが、エンジンそのものの力でポンプを駆動するものもある。補機駆動ベルトでクランクシャフトの回転を伝達していることが多い。ウォーターポンプのエンジンによる駆動は、補機駆動損失になる。

ウォーターポンプに使われるのは、インペラー式ポンプや渦巻きポンプというもので、インペラーという渦巻き状の羽根車を回転させることで、冷却液を圧送する。

インペラーは下図のように鋼板をプレス成型したものが多かったが、吐出能力を高めてエンジンの損失を低減するために、より複雑な構造のものが増え、鋳鉄製や樹脂製のインペラーが増えてきている。

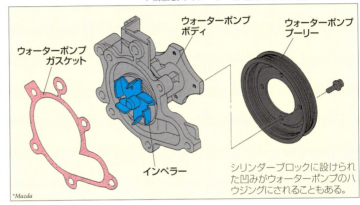

シリンダーブロックに設けられた凹みがウォーターポンプのハウジングにされることもある。

電動ウォーターポンプ

始動直後でエンジンが冷えているような時や、走行速度が高くラジエターの放熱能力が高い時には、ウォーターポンプの能力を低下させたり停止させたりしたほうがよい状況もある。モーターで駆動する電動ウォーターポンプであれば、こうした状況に応じた制御を容易に行え、補機駆動損失を低減できる。

また、エンジンで駆動されるウォーターポンプはエンジン停止と同時に作動しなくなる。エンジンを停止してもまだ余熱があるため、いったんエンジン温度が上昇する。そのまま駐車するのであれば、次第に温度が低下していくので問題ないが、アイドリングストップを採用するクルマやハイブリッド自動車ではエンジン停止直後に再始動することがある。こうした場合、エンジンが適温より高いため、異常燃焼が起こりやすい。しかし、

↓電動ウォーターポンプが採用され始めた当初はサイズがかなり大きなものもあったが、現在ではエンジンで駆動するウォーターポンプと同程度の大きさになっているものも多い。

電動ウォーターポンプであれば、エンジン停止中も温度を監視しながら、必要に応じてポンプを作動させることができる。

ラジエターと冷却ファン
Radiator & cooling fan
冷却装置 02

　エンジンで高温になった**冷却液**を**放熱**させて温度を下げるのが**ラジエター**の役割だ。日本語では**放熱器**という。ラジエターは周囲の空気に放熱するため、その空気が移動していれば放熱の効率が高まる。そのため、走行風が当たりやすいように、ラジエターはエンジンルームの最前部に設置される。こうした通風を**自然通風**という。

　しかし、低速高負荷運転時には走行風だけでは不十分なこともある。通常、停車中は低負荷なので走行風がなくても大丈夫だが、外気温が非常に高い場合には、十分に放熱できないこともある。そのため、**強制通風**が行えるように、ラジエターの後方に**冷却ファン（クーリングファン）**が備えられる。過去には、エンジンの**クランクシャフトプーリー**から**補機駆動ベルト**で回転を伝達する**ベルト駆動式冷却ファン**が使われていたが、現在では電子制御が行いやすい**電動冷却ファン**が一般的になっている。

ラジエター

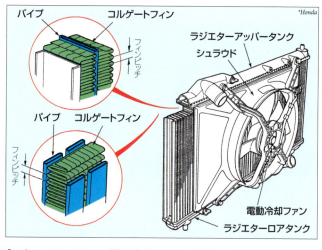

　ラジエターには、重力に逆らわずに上から下へ**冷却液**を流す**縦流れ式ラジエター**と、冷却液を水平に流す**横流れ式ラジエター**がある。横流れ式のほうが効率を高めやすいが必要以上に冷却されて**オーバークール**を招くこともある。そのため、高速走行が多い欧州車では横流れの採用が多く、国産車では縦流れの採用が多い。

　縦流れ式ラジエターは**ラジエターアッパータンク**、**ラジエターコア**、**ラジエターロアタンク**で構成される。アッパータンクが冷却液の入口で、エンジン側の出口である**ウォーターアウトレット**と**アッパーラジエターホース**でつながれる。ロアタンクは冷却液の出口であり、エンジン側の入口である**ウォーターインレット**と**ロアラジエターホース**でつながれる。

　ラジエターコアは表面積を大きくするために多数のパイプ（チューブ）で構成される。さらに表面積を大きくして放熱効率を高めるために、パイプには**フィン**という板が備えられる。パイプとパイプの間に波状にフィンを配置する**コルゲート型フィン**が一般的だが、すべてのパイプをつなぐ板を多数配置する**プレート型フィン**もある。

　ラジエターは放熱性が高く軽量なアルミニウム合金製が一般的だが、軽量化のためにタンクを樹脂製にしたものもある。アッパータンクには注水口があり、**ラジエターキャップ**が備えられる。

　横流れ式の場合は2個の**ラジエターサイドタンク**とラジエターコアで構成される。冷却液入口は一方のサイドタンクの高い位置、出口はもう一方のサイドタンクの低い位置に備えられる。

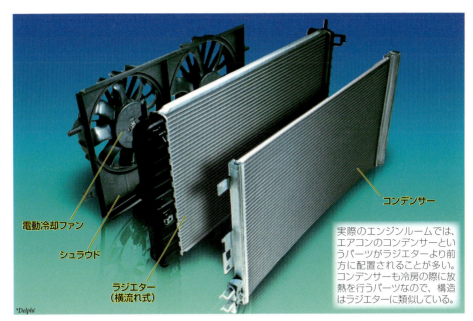

Delphi

電動冷却ファン
シュラウド
ラジエター（横流れ式）
コンデンサー

実際のエンジンルームでは、エアコンのコンデンサーというパーツがラジエターより前方に配置されることが多い。コンデンサーも冷房の際に放熱を行うパーツなので、構造はラジエターに類似している。

電動冷却ファン

走行速度が高く大量の走行風が得られる時や、外気温が非常に低く放熱効率が高い時に**冷却ファン**が作動していると、**オーバークール**を招くことがある。モーターで駆動する**電動冷却ファン**（**電動クーリングファン**）であれば、冷却液の温度に応じて、**ECU**でファンの作動を制御することが容易だ。

冷却ファンは樹脂製で、プロペラ形状の羽根を備えている。羽根の枚数は3～7枚が一般的だ。**ラジエター**は四角形であるのに対して、ファンは円形である。そのため、ラジエター周辺部の空気も吸い込めるように樹脂製のカバーが備えられる。このカバーを**ラジエターシュラウド**や**ファンシュラウド**、または単に**シュラウド**という。

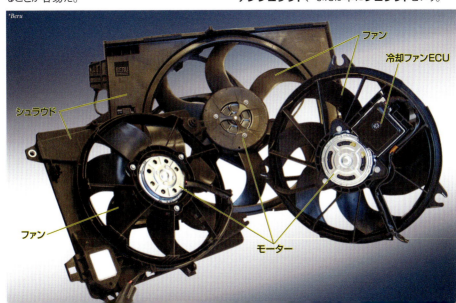

Beru

シュラウド
ファン
冷却ファンECU
ファン
モーター

冷却装置 03 加圧式冷却とサーモスタット
Pressurized cooling system & thermostat

熱エネルギーは温度差が大きいほど速く移動するため、冷却液の温度を高く設定したほうが冷却効率が高まる。そのため、**冷却装置**では**加圧式冷却**が採用されている。冷却液の水は、100℃になると沸騰して気体になる。気体では熱の移動が難しく、極端に体積が膨張して冷却装置を破損する。しかし、液体は圧力を高めると沸点が上昇する。冷却経路を密閉すれば、温度上昇による膨張で冷却液の圧力が高まり沸点が上昇し、冷却効率が高まる。圧力を高めるほど冷却効率が高くなるが、高圧に耐えられるようにすると冷却装置の重量が増える。そのため、**ラジエター**内の圧力が規定値以上になると、余分な冷却液を**ラジエターリザーバータンク**に送ることで、圧力を制御している。

また、始動時には素早くエンジンを温めて適温にする必要がある。このようにエンジンを適温にすることを**暖機**という。冷却液がラジエターを通過しなければ温度上昇が速くなるため、冷却液の循環経路にはラジエターを迂回するバイパス経路と、温度によって開閉するバルブである**サーモスタット**が備えられている。サーモスタットで循環経路を切り替えることで、暖機中は冷却液がラジエターを通過しないようにしている。バイパス経路の構造には**エンジン出口側制御式**と**エンジン入口側制御式**がある。

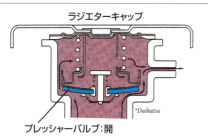

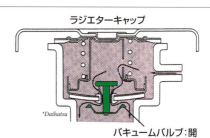

温度上昇時
冷却液の温度が上昇し圧力が規定値を超えると、プレッシャーバルブが開いて余分な冷却液をリザーバータンクに送るため、圧力が一定に保たれる。

温度下降時
温度が下降し冷却液が収縮すると、ラジエター内部の圧力が低下する。すると、バキュームバルブが開き、リザーバータンクから冷却液が吸い戻される。

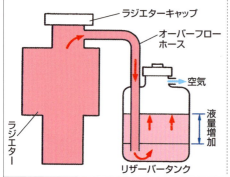

ラジエターとリザーバータンク

プレッシャーバルブ　　　バキュームバルブ

加圧式冷却を行う冷却装置の圧力調整は、冷却液の注入口に備えられたラジエターキャップで行われることが多い。ラジエターリザーバータンクは、オーバーフローホースでラジエターキャップの根元付近に接続されていて、ラジエターキャップに備えられたバルブでホースへの経路の開閉が行えるようにされている。ラジエターキャップには、内部の圧力が一定以上になると開くプレッシャーバルブと、負圧になると開くバキュームバルブの2種類のバルブがある。これらのバルブを開閉することで冷却液をリザーバータンクとやり取りし、内部の圧力を一定に保つ。

なお、現在ではラジエターキャップを備えないラジエターもある。こうしたエンジンでは、冷却経路の途中に備えられたバルブを介して、リザーバータンクと接続される。

エンジン出口側制御式とエンジン入口側制御式

もっとも一般的なサーモスタットの配置がエンジン出口側制御式でインラインバイパス式ともいう。ラジエターへのエンジンからの出口を開閉するため、エンジンが温まってからも冷却液の一部がバイパス経路を通る。いっぽう、エンジン入口側制御式はボトムバイパス式ともいい、暖機中と暖機後に流路を完全に切り替えることができるため、出口制御式より冷却効率が高い。従来、出口制御式が一般的だったが、入口制御式の採用も増えてきている。

サーモスタットは80～84℃で開き始め、90℃で全開になるものが使われることが多い。さまざまな構造のものがあるが、バルブの軸であるスピンドルをワックスで支えるワックスペレット式サーモスタットの採用が多い。冷却液温度が上昇するとワックスの温度も上昇して膨張し、スピンドルを押して、スプリングで位置が保持されていたバルブを開く。

*Mitsubishi
スピンドル
バルブ
スプリング　シリンダー（ワックス内蔵）

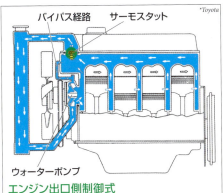

*Toyota
バイパス経路　サーモスタット
ウォーターポンプ

エンジン出口側制御式
エンジンのウォーターアウトレットの手前と、ウォーターポンプの吸入口付近を接続し、ウォーターアウトレットにサーモスタットを備える。冷間時には、サーモスタットが閉じているため、冷却液がラジエターに行けず、バイパス経路を通ってエンジン内に戻る。サーモスタットが開けば通常の循環経路が確保される。

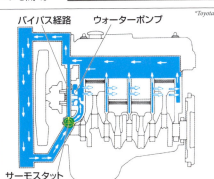

*Toyota
バイパス経路　ウォーターポンプ
サーモスタット

エンジン入口側制御式
エンジンのウォーターアウトレットの手前と、ウォーターインレットを接続し、その合流部分にサーモスタットを備える。冷間時には、サーモスタットがウォーターインレットを閉じ、バイパス経路を開いているため、冷却液がエンジン内に戻る。サーモスタットがバイパス経路を閉じれば、通常の循環経路になる。

充電始動装置と電装品

Charging system, starting system & electric parts

01

クルマに使われている内燃機関のエンジンは、始動時には外部から力を加え、最初の吸気と圧縮を行う必要がある。そのために備えられているのが**始動装置**だ。始動装置では**スターターモーター**で始動を行うが、このモーターを動作させるためには電力が必要だ。その電力を発電して蓄えておくのが**充電装置**だ。充電装置は、**発電機**である**オルタネーター**と**二次電池**である**鉛蓄電池**で構成される。鉛蓄電池は単に**バッテリー**ということが多い。充電装置と始動装置を合わせて**充電始動装置**という。

充電装置の電力は始動装置のみが使うものではない。そもそも、**ガソリンエンジン**の点火装置には電力が不可欠だ。また、燃費向上や機能向上のためにさまざまな装置が電動化されているし、電子制御にも電力が必要だ。こうした電動化はエンジン以外にも及んでいる。また、ライトやワイパーといった走行に欠かせない装置も電力を使用するし、快適装備の多くも電力を使用する。

最大限に電力が使用される状況をオルタネーターの発電量だけで対応しようとすると、オルタネーターが大型化してしまう。また、オルタネーターはエンジンで駆動されるため、発電は**補機駆動損失**になる。しかし、二次電池を搭載することで、消費電力の変動に対応できる。電動装置の増加によって、バッテリーの容量は拡大の傾向にある。

クルマの装置で電力を使用するものを**電装品**という。このうちエンジンに関連するものを**エンジン電装品**、その他のものを**ボディ電装品**や**シャシー電装品**という。こうした装置間で電力供給や情報通信を行う配線を束ねたものを**ワイヤーハーネス**という。現在使われている鉛蓄電池の電圧は12Vで、この電圧がクルマで使われる電装品の基本電圧になっている。しかし、最近になって48V化の動きがある。ハイブリッド自動車との相性もよいため一部で採用が始まっている。

なお、ハイブリッド自動車の場合は、駆動用モーターの二次電池の電力を使用することで、充電装置を備えないこともある。また、駆動用モーターでエンジンの始動が行えるシステムの場合は、スターターモーターを備えないこともある。

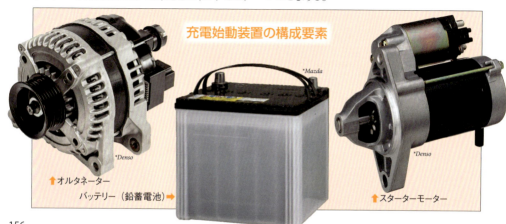

充電始動装置の構成要素

↑オルタネーター　　バッテリー（鉛蓄電池）→　　↑スターターモーター

ワイヤーハーネスは車内の至るところに張り巡らされている。

ワイヤーハーネス

クルマに使われている**電装品**は非常に数多くなっているし、情報をやり取りする機器も数多い。そのため、電力供給と情報通信に使われる**ワイヤーハーネス**のケーブル数は2000本以上になることもあり、その総延長は2〜3kmにも及び、重量は20〜30kgにもなる。やり取りできる情報量を大きくしハーネスを軽量化するために、一部の情報通信では**光ファイバー**も使われている。電力供給については**銅線**が主流だが、軽量化が可能なアルミニウムの採用も始まっている。**アルミニウム線**にすると銅線より30〜40％の軽量化が可能だ。

12V電装と48V電装

現在のクルマは**12V電装**を採用しているが、**48V電装**にはさまざまなメリットがある。電圧を高めればモーターの出力が高められ、同じ出力なら小型化できる。たとえば、大きな電力を消費する**電動パワーステアリング**などでは、そのメリットが大きい。また、電気は電線を流れるだけでも損失が生じるが、電線での損失は流れる電流の2乗に比例するため、電圧を高めれば損失が減少してオルタネーターの負担が小さくなり、**補機駆動損失**が低減できる。損失を許容するのであれば、配線を細いものにでき、**ワイヤーハーネス**の小型軽量化が可能になる。さらに、48V電装にすれば**48Vマイルドハイブリッド**（P264参照）と電源関係を共有することができる。すでにドイツでは48V電装の規格が制定され、採用するクルマも登場してきている。

ただ、既存のさまざまな装置は**12V仕様**で設計され、量産化によるコストダウンも図られている。そのため、一気にすべての電装品を**48V仕様**にすることは難しい。当面は、メリットが大きな電装品だけが48V化され、12V電装と48V電装の併用が行われる可能性が高い。

↑フォルクスワーゲンが48Vマイルドハイブリッドに採用している48Vのリチウムイオン電池のバッテリーパック。

充電始動装置 02 Battery バッテリー

クルマの**バッテリー**に使われている**二次電池**は**鉛蓄電池**という。始動の際には100Aを超える大きな電流が放電される。鉛蓄電池の**電極**では**正極**に**二酸化鉛**、**負極**に**鉛**、**電解液**に**希硫酸**が使われる。クルマの分野では電解液は**バッテリー液**と呼ばれることが多い。**公称電圧**は約2.1Vだが、乗用車の電装品は**12V仕様**なので、内部で6個を直列にして約12Vにしている。

従来、走行中は**オルタネーター**を常に動作させてバッテリーはほぼフル充電の状態が保たれていた。電装品が使用する電力はオルタネーターから供給され、発電量では不足する時にだけバッテリーから供給されていたが、**補機駆動損失**を低減するため、現在では**充電制御**が行われるのが一般的だ。バッテリーの充電量を監視し、60〜90%といった状態が保たれるようにオルタネーターを動作させたり停止させたりする。

また、従来のクルマではエンジンを始動するのは出発地から目的地の間で1回だけというのが一般的だったが、現在では燃費向上のために**アイドリングストップ**を採用するクルマも増えている。アイドリングストップを採用するクルマの場合、信号待ちのような短時間の停車でもエンジンをいったん停止するため、始動の回数が格段に増える。そのため、バッテリーの負担が大きくなっている。

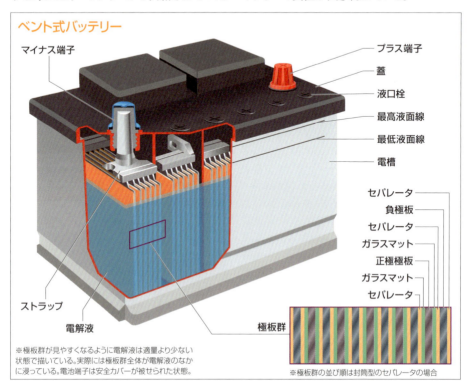

ベント式バッテリー

※極板群が見やすくなるように電解液は適量より少ない状態で描いている。実際には極板群全体が電解液のなかに浸っている。電池端子は安全カバーが被せられた状態。

※極板群の並び順は封筒型のセパレータの場合

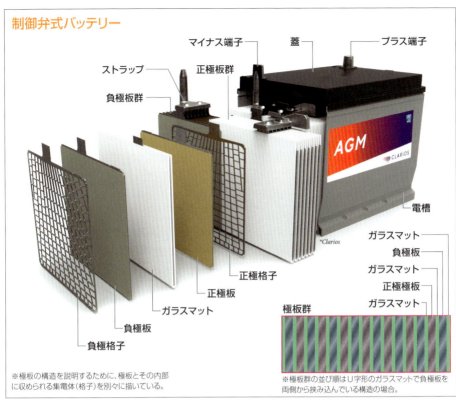

制御弁式バッテリー

※極板の構造を説明するために、極板とその内部に収められる集電体(格子)を別々に描いている。

※極板群の並び順はU字形のガラスマットで負極板を両側から挟み込んでいる構造の場合。

■ ベント式バッテリーと制御弁式バッテリー

　鉛蓄電池の電極の集電体は格子状にされた薄い鉛合金で、そこに二酸化鉛とペースト状の鉛が備えられている。集電体は鉛アンチモン系の合金が多かったが、性能を高められる鉛カルシウム系の合金の採用が増えている。こうしたものをカルシウムバッテリーといったりする。

　バッテリーの構造には、ベント式と制御弁式がある。ベント式バッテリーは液式バッテリーともいい、電槽と呼ばれるケースは6室に区切られていて、各槽が単セルの容器になる。各槽では複数枚の電極が使用され、負極板-セパレーター-ガラスマット-正極板-ガラスマット-セパレーター-……の順に重ねられた1セル分の極板群と電解液が入れられる。樹脂フィルムのセパレーターは電極の接触を防ぐために入れられ、ガラス繊維を層状に積み重ねたガラスマットは電極を圧迫し活物質の落下を防ぐために入れられる。

　ベント式の場合、電解液は充放電の際の化学反応や蒸発によって減少していくため、定期的にバッテリー液を補充する必要がある。また、反応の際に水素や酸素のガスが発生するため密閉できない。こうしたデメリットを解消したのが制御弁式バッテリーで、密閉式バッテリー（シールドバッテリー）ともいう。構造の工夫でガスの発生を抑え、電解液をガラスマットに保持させることで非流動化して容器を密閉し、仮にガスが発生してもガスを逃す機構が備えられている。このガスを逃す機構を制御弁という。制御弁式はメンテナンスの手間がないためメンテナンスフリーバッテリー（MFバッテリー）と呼ばれることも多い。ガラスマットが重要な役割を果たしているためガラスマットバッテリー（グラスマットバッテリー）や吸収力のあるガラスマットを意味する英語の頭文字からAGMバッテリーということもある。

充電始動装置 03 Alternator オルタネーター

過去にはダイナモと呼ばれた直流整流子発電機が充電装置に採用されていたが、効率が悪いため、現在では同期発電機であるオルタネーターが採用されている。ジェネレーターともいう。発電された交流は直流に整流して使用する。オルタネーターはエンジンで駆動されるが、この駆動は補機駆動損失になる。そのため、最近では充電制御を行うことで損失を低減しているエンジンも多い。

現在ではオルタネーターはエネルギー回生に使われるほか、さまざまに応用されている。オルタネーターは同期発電機だが、同期モーターとして使うことも可能だ。BSGと呼ばれるものはスターターモーターとしても使われる。また、マイルドハイブリッド（P264参照）ではBSGを使ってクルマの駆動が行われる。

三相同期発電機

オルタネーターに使われる三相同期発電機は一部に永久磁石型同期発電機もあるが、大半は巻線型同期発電機だ。ローターとステーターの双方にコイルが備わり、ローターコイルにはブラシとスリップリングを介してバッテリーの電力が供給される。ローターにはエンジンのクランクシャフトから補機駆動ベルトで回転が伝えられる。この回転によって回転磁界が生じステーターコイルに誘導電流が流れ、三相交流が発電される。

発電された三相交流はレクティファイアー（整流回路）で整流する。また、ローターコイルの電流が一定だと、発電電圧がエンジンの回転数で変化するため、ICレギュレーターという電子回路が備えられている。この回路でローターコイルの電流を制御することで、発電電圧をバッテリーへの充電に適した14Vに維持している。

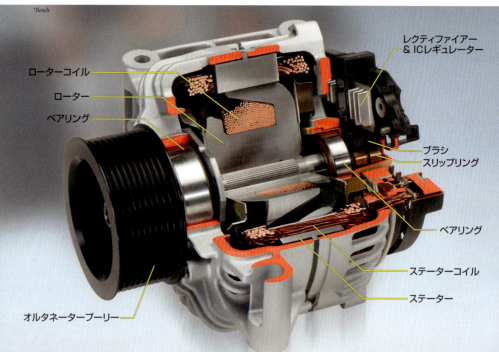

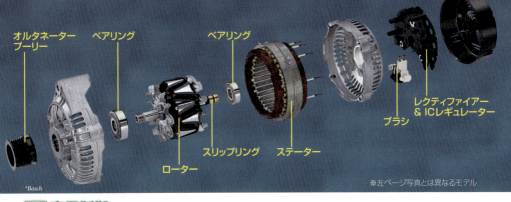

オルタネータープーリー　ベアリング　ベアリング　レクティファイアー＆ICレギュレーター　ブラシ　ステーター　スリップリング　ローター

*Bosch　　※左ページ写真とは異なるモデル

充電制御

　一般的な**オルタネーター**は**巻線型同期発電機**であるため、ローターコイルに電力を供給しなければ、発電は行われない。そのため、クラッチなどの機械的な装置を加えることなく、電気的な制御だけでオルタネーターの動作と停止を行え、**充電制御**が実現できる。停止中も**ローター**は回転するが、磁力が発生していないので負荷は非常に小さい。充電量を監視する必要があるため、バッテリーには**電流センサー**が備えられる。

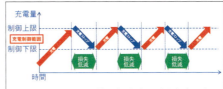

規定範囲上限の充電量に達したら、オルタネーターの作動を停止。電力の使用によって規定範囲下限の充電量になったら、再びオルタネーターを作動させる。エネルギー回生を行う場合は、さらに少ない位置に充電量の規定範囲が設定されることもある。

BSG（Belt-driven Starter Generator）

　減速時に車輪の回転をエンジンに伝え、**オルタネーター**の**ローターコイル**に電流を流せば、**エネルギー回生**が行える。流す電流の大きさで制動力を制御できる。この**回生制動**によって**補機駆動損失**の低減が可能だ。減速時には大きなエネルギーを回生できるが、**鉛蓄電池**は大電流による充電が苦手なため、こうした減速エネルギー回生システムでは**電気二重層キャパシター**や**リチウムイオン電池**を併用する。

　また、**スターターモーター**としても使われるオルタネーターもある。始動時にはスターターモーターに大電流が流れるが、こうした大電流に耐えられるように強化されたオルタネーターが**BSG**だ。ベルト駆動されるスターター＆ジェネレーターの英語の頭文字からBSGと呼ばれる。こうした強化されたものであれば駆動のアシストも可能になるため、**マイルドハイブリッド**と呼ばれるハイブリッドシステムにはBSGで駆動アシストを行うものがある。当初は従来と同じく**12V仕様**のスターターを応用したBSGが使われていたが、現在では**48V仕様**のBSGも開発され、**48Vマイルドハイブリッド**で活用されている。

*Audi

48V仕様BSG

BSGの外観やサイズは通常のオルタネーターと大差ない。48V仕様のBSGであっても、それほど大きなものになるわけではない。

161

充電始動装置 04 Starter motor
スターターモーター

エンジンの始動を行う**モーター**を**スターターモーター**という。以前は**セルモーター**ともいった。始動には大きなトルクが必要になるため、**フライホイール**もしくは**ドライブプレート**の外周に備えられた大きなリングギアに、スターターモーターのピニオンギア（小さな外歯歯車）を噛み合わせることで減速増トルクを行っている。モーターには**巻線型直流整流子モーター**のなかでも始動トルクが大きい**直流直巻モーター**が使われる。

スターターモーターのピニオンギアが常にリングギアに噛み合っていると、補機駆動損失が発生するうえ常に騒音が発生する。そのため、スターターモーターには始動の際にだけピニオンギアを押し出して噛み合わせる機構が備えられているのが一般的だ。この機構には電磁力によって動作するソレノイドが使われるが、押し出しと同時にモーターの動作を開始させるスイッチの役割もあるため**ソレノイドスイッチ**や**マグネットスイッチ**という。

現在では**アイドリングストップ**を採用しているエンジンも多いが、時速数kmに減速した段階でエンジンを停止するような設定の場合、赤信号で減速をしている時にエンジンを停止したが、クルマが静止する前に青信号にかわることもある。この時、エンジンはまだ回転している。クルマが静止してからエンジンを停止する機構の場合も、エンジンが惰性で回転していることがある。こうした状態でピニオンギアを噛み合わせようとしても、歯が弾かれてしまう。無理矢理噛み合わせると大きな騒音を発するし、歯車に大きな負担がかかる。そのため、**アイドリングストップ対応スターターモーター**が開発されている。

スターターモーターを採用せず始動の機能を備えた**オルタネーター**である**BSG**が使われることもある。BSGは**補機駆動ベルト**でつながれているため、エンジンが回転していても始動を行える。また、ハイブリッド自動車の場合は、駆動用のモーターで始動を行うこともある。

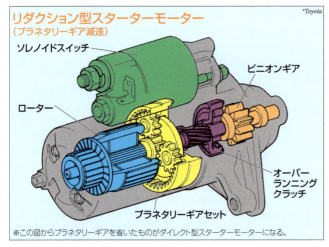

リダクション型スターターモーター
（外歯歯車減速）
ソレノイドスイッチ / ドリブンギア / ピニオンギア / ローター / ドライブギア / アイドルギア
※ドリブンギアはオーバーランニングクラッチを内蔵。 *Honda

リダクション型スターターモーター
（プラネタリーギア減速）
ソレノイドスイッチ / ピニオンギア / ローター / オーバーランニングクラッチ / プラネタリーギアセット
※この図からプラネタリーギアを省いたものがダイレクト型スターターモーターになる。 *Toyota

ダイレクト型スターターモーターとリダクション型スターターモーター

一般的な**スターターモーター**には**モーター**の回転をそのまま**ピニオンギア**に伝える**ダイレクト型スターターモーター**と、歯車による減速機構を介してピニオンギアに伝える**リダクション型スターターモーター**がある。リダクション型の減速機構には**外歯歯車**と**プラネタリーギア**がある。

イグニッションスイッチをオンにするとスターターに電流が流れる。まず**ソレノイドスイッチ**のコイルが磁化されピニオンギアを押し出す。この時、モーター部分へも通電は行われているが、電流は小さく、回転の準備といえる程度のものだ。ピニオンギアがリングギアと完全に噛み合う位置まで押し出されると、モーター部分に通電するスイッチが押される。これにより、モーターが回転し、始動が行われる。

始動すると、エンジンのほうが大きなトルクで速く回転する。この回転がモーターに伝わると、モーターが破損する。そのため、モーターとピニオンギアの間には、**オーバーランニングクラッチ**といわれる**ワンウェイクラッチ**が備えられている。

アイドリングストップ対応スターターモーター

アイドリングストップ対応スターターモーターには、タンデムソレノイド式や常時噛み合い式などがある。一般的なスターターモーターでは、ピニオンギアの押し出しとモーターへの通電を1個のソレノイドで行っているが、**タンデムソレノイド式スターターモーター**では、両者を独立させ2個のソレノイドを採用している。これにより、ピニオンギアの回転数と押し出すタイミングを独立して制御できる。リングギアが回転している時には、先にモーターへ通電してピニオンギアの回転数を高め、噛み合わせられる回転数になったところで、ピニオンギアを押し出す。

常時噛み合い式スターターモーターは常にピニオンギアが噛み合っているため**補機駆動損失**を発生させないためにリングギア側に**ワンウェイクラッチ**を備える必要がある。これにより、スターターモーターの回転はエンジンに伝わるが、エンジンの回転はスターターモーターに伝わらなくなる。

タンデムソレノイド式スターターモーター / ピニオンギア押し出し用ソレノイド / モーター通電用ソレノイド / モーター / ピニオンギア *Denso

充電始動装置 05　Glowplug グロープラグ

　ディーゼルエンジンだけに備えられる**始動補助装置**が**グロープラグ**だ。外気温が低い状態でも、エンジンが**暖機**されていれば圧縮によって**燃料**が着火可能な温度に高められるが、エンジン本体が冷えきっている**冷間始動**時には、圧縮しても十分に温度が上がりきらず始動できないことがある。そのため、**予熱装置**としてグロープラグが備えられている。燃焼室内に突出させた先端部分を、1000℃以上に加熱できる。始動時に燃焼室の温度を高めることは排気ガス浄化にも役立つ。このように始動前にグロープラグで燃焼室内を加熱することを**プリグロー**という。

　始動後も燃焼室内の温度が低いと、燃焼を安定させるためにグロープラグが使い続けられることがある。こうした使い方をグロープラグによる**アフターグロー**という。

　グロープラグには**メタルグロープラグ**と**セラミックグロープラグ**がある。メタルグロープラグは金属製のチューブ内に発熱コイルと粉末マグネシアを収めたもので、始動可能な温度に達するのに数秒を要するものが多いが、最近では2～3秒に短縮されたものもある。セラミックグロープラグは発熱部分に**セラミック発熱体**を採用するもので、始動時間は2～3秒のものが多く、メタルグロープラグより高温にすることができる。

　現在では単純にバッテリーの電力を供給するのではなく、専用回路で**PWM方式**などの電力制御が行われることもある。これにより**昇温時間**の短縮や高温化を実現している。

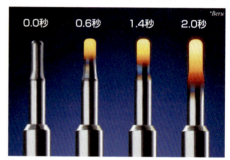
↑セラミックヒーターの昇温過程。

グロープラグ

第3部 動力伝達装置

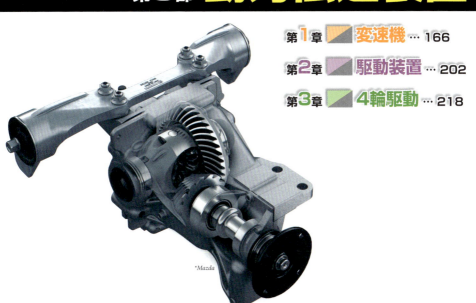

第1章 変速機 … 166
第2章 駆動装置 … 202
第3章 4輪駆動 … 218

変速機

Transmission 01 トランスミッション

エンジンを動力源とするクルマには、ある程度の**変速比**の幅を備えた変速機構と、エンジンとの**断続**を行う**スターティングデバイス**が必要だ。**トランスミッション**（変速機）とは変速機構を意味する言葉だが、クルマではスターティングデバイスを含めてトランスミッションというのが一般的だ。

変速機構には、備えられた複数の変速比を切り替える多段式と、連続的に変速比を変化させることができる無段式がある。**多段式変速機（ステップ式変速機）**には、**外歯歯車**の組み合わせを利用する**平行軸歯車式変速機**と、プラネタリーギアの組み合わせを利用する**プラネタリーギア式変速機（遊星歯車式変速機）**がある。**無段式変速機（CVT）**では**巻き掛け伝動式変速機**が採用されている。**トルクコンバーター**も無段変速機の一種だが、クルマでメインの変速機に採用されることはない。**トロイダル式変速機（トロイダルCVT、正式にはハーフトロイダルCVT）**という無段式も一時期は日産が採用していたが、伝達効率が悪く高コストなため、現在では搭載車は生産されていない。

スターティングデバイスには、**摩擦クラッチ**とトルクコンバーターがある。摩擦クラッチには、**乾式単板クラッチ**と**乾式多板クラッチ**、**湿式多板クラッチ**などがある。

操作面からトランスミッションを考えると、変速機の変速比を必要に応じてドライバーが切り替えなければならない**マニュアルトランスミッション（手動変速機、MT）**と、走行中の操作が不要な**オートマチックトランスミッション（自動変速機、AT）**に大別される。

マニュアルトランスミッションは、乾式単板ク

※欄右端はあくまでも一般的な通称で、正確な分類の呼称にはなっていない。

DCT（平行歯車式変速機＋摩擦クラッチ×2） ↑摩擦クラッチ

ラッチと平行軸歯車式の多段式変速機を組み合わせたものだ。**クラッチ**の操作のみを自動化した**2ペダルMT**というものもある。

オートマチックトランスミッションには**多段式AT（ステップAT）**と**無段式AT**がある。無段式ATは**CVT**という。多段式の変速機はプラネタリーギア式か平行軸歯車式だ。プラネタリーギア式の場合はトルクコンバーターとの組み合わせが一般的が、一部には湿式多板クラッチと組み合わせたものもある。過去にはホンダが平行軸歯車式変速機とトルクコンバーターを組み合わせたものを採用していた。これらの多段式ATは単に**AT**と通称されることが多い。

マニュアルトランスミッションの操作を自動化した多段式ATは**AMT（オートメーテッドMT）**という。平行軸歯車式と摩擦クラッチとの組み合わせが一般的だ。AMTのなかでもクラッチを2組使うものは**DCT（デュアルクラッチトランスミッション）**といい、変速機の構造は通常のMTとは異なったものになる

無段式ATは巻き掛け伝動式変速機を採用する**巻き掛け式CVT**だ。湿式多板クラッチや摩擦クラッチとの組み合わせもあったが、現状ではトルクコンバーターとの組み合わせが一般的だ。

ハイブリッド用トランスミッション

ハイブリッド自動車の場合、採用する**ハイブリッドシステム**によっては歯車などによる**変速機構**がまったく必要ないものもあるが、**変速機**を備えているシステムもある。こうしたシステムでは変速機と組み合わせられた**モーター**が**スターティングデバイス**の役割を果たしていることが多い。

ハイブリッド用トランスミッションは、採用するハイブリッドシステムに応じて専用のものが開発されることもあれば、既存のトランスミッションに手を加えてハイブリッド用とすることもある。専用に開発されたものは、**ハイブリッド専用トランスミッション**の英語の頭文字から**DHT**と呼ばれることもある。いっぽう、既存のものに手を加える場合は、ATのトルクコンバーターをモーターに置き換えたものが多

い。こうした場合もシステム構成はさまざまで、モーターの前後にクラッチが備えられることもある。

なお、変速機構を備えていないハイブリッドシステムであっても、モーターが実質的な変速機としての役割を果たしている場合は、**電気式無段変速機**や**電気式CVT**と呼ぶことがある。

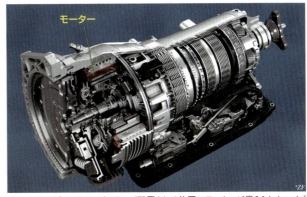

↑ATであればトルクコンバーターが配置される位置にモーターが備えられたハイブリッド用トランスミッション（変速機はプラネタリーギア式）。

Speed ratio
02 変速比

通称AT、AMT、DCTなどの**多段式AT**やMTなど**多段式変速機**を採用する**トランスミッション**では、段数を含めて5速AT（5AT）や6速MT（6MT）と表現することが多い。それぞれの**変速比**は、大きなもの（低速用）から順に1速（ファースト）、2速（セカンド）…というが、もっとも大きなものはロー、もっとも小さなものはトップともいう。また、変速比が1より小さい場合は**オーバードライブ（OD）**という。**平行軸歯車式変速機**の場合は、それぞれの段で使われる歯車を1速ギア、2速ギア…というが、**プラネタリーギア式変速機**の場合は、段に応じた特定の歯車は存在しない。

変速段数は多段化の傾向が続いている。プラネタリーギア式変速機を採用するATでは10速ATが登場し、DCTでは9速DCTが使われている。

また、トランスミッションがカバーする変速比の範囲をワイド化する傾向もある。この範囲は、もっとも高い変速比を、もっとも低い変速比で割った値である**スピードレシオカバレッジ**（または**ギアレシオカバレッジ**）で表現する。ATでは**レシオカバレッジ**が5程度という時代が長かったが、現在では7程度が一般的で、10に近いものもある。多段化の傾向もワイド化の傾向も、燃費などさまざまな効率の向上を目指すためのものだ。ワイド化の傾向は**CVT**にもある。なお、同じく多段式である**MT**では、段数を増やしすぎると操作が煩雑になるため、6速までが一般的だ。

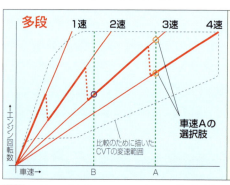

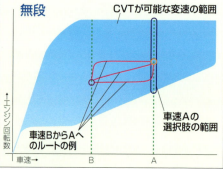

■ トランスミッションによる変速

多段式変速機での走行は上のグラフのように、太く赤い実線と点線をたどっていくことになる。燃費重視か加速重視かによって変速のタイミング（赤い点線の位置）は異なるが、選択肢はグラフの赤い実線上にしかない。たとえば、車速Aの時の選択肢は2通りだ。クルージング中なら4速が普通であり、上り坂や鋭く加速したい時なら3速を選択することになる。車速BからAに加速する場合も、必ず赤い実線上を通っていくことになる（点線の位置は選択できる）。鋭く加速したいのなら、いったん2速を選択することになる。

いっぽう**無段式変速機**の場合、青い色で塗られている範囲すべてが選択肢となる。車速Aの時の変速比をきめ細かく選択できるわけだ。車速BからAへ加速する場合も、ルートの選択は多彩だ。ただし、これはあくまでも理論上の考察であり、燃費なり加速なり優先する要素によってルートは決まってくる。

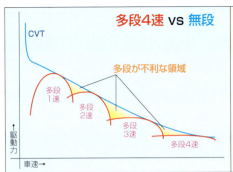
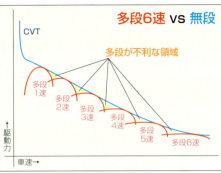

トランスミッションの多段化

　多段式変速機ではトルクでも燃費でも、常にベストなエンジン回転数を選択できるわけではない。その前後の領域も使う必要がある。**無段式変速機**であれば、理論上はベストな回転数だけを使い続けられる。上のグラフのように**駆動力**と車速で比較してみると、理想の回転数を使い続ける無段式変速機の青い線から、多段変速機の赤い線は離れる部分があり、それだけ不利ということになる。しかし、多段化して隣り合う変速比の間隔を小さくすると、理想のラインに近づいていく。燃費の場合もまったく同じだ。

　また、多段式変速機では変速の際にエンジン回転数が変化し**変速ショック**が生じる。多段化で変速比の変化が小さくなればショックも小さくなる。多段化はコスト増になるため、滑らかな変速が求められる高級車から始まり、加速性能を重視するスポーツタイプのクルマに広がり、現在は燃費重視で幅広い車種が採用している。

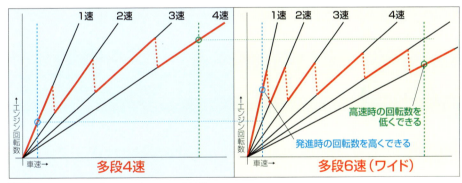

レシオカバレッジのワイド化

　高速クルージングのような状況では、求められるトルクは小さい。最高速側の**ギア比**を小さくすれば、エンジン回転数をそれだけ抑えることができ、燃費がよくなる。そのため、**スピードレシオカバレッジ**はワイド化の傾向にある。

　また、**レシオカバレッジ**のワイド化は低速側に採用されることもある。最低速側のギア比を大きくすれば、発進時のエンジン回転数を高めてエンジンの負荷を小さくできるため、燃費をよくすることが可能だ。燃費重視の設計によって低回転域のトルクが乏しくなったエンジンであっても、そのデメリットをカバーすることができる。

　段数が同じままレシオカバレッジをワイド化したのでは、隣り合う変速比の間隔が大きくなってデメリットが生じる。そのため、多段化したうえでワイド化が行われる。なお、上のグラフは比較しやすくするために、高速側と低速側にそれぞれ変速比を増やしているだけなので、実際とは異なる。

変速機

Manual transmission
03 MT（摩擦クラッチ＋平行軸歯車式変速機）

MT（マニュアルトランスミッション）は摩擦クラッチと平行軸歯車式変速機で構成されるトランスミッションだ。クラッチは乾式単板クラッチが一般的だが、高出力車では乾式多板クラッチの一種であるツインディスククラッチが採用されることもある。クラッチはクラッチペダルによって操作される。操作力の伝達を油圧で行う油圧式クラッチと、ケーブルで行う機械式クラッチがある。クラッチ操作を自動化した2ペダルMTの場合は、AMT（P194参照）と同じようにアクチュエーターでクラッチの断続が行われる。

平行軸歯車式変速機は前進4～6段、後退1段の変速比を備えるのが一般的だ。平行軸歯車式では、それぞれの変速比のヘリカルギアの組み合わせが、平行する回転軸に備えられる。変速時には回転数の異なる歯車を噛み合わせることになるため、シンクロメッシュ機構で回転数を同期させて滑らかに歯車の組み合わせをかえることができる同期噛み合い式変速機が採用される。変速操作はシフトレバーによって行われる。

↑クラッチはエンジンのフライホイールに備えられる。
*Renault

*ZF

乾式単板クラッチ

乾式単板クラッチでは2枚の円板が必要だが、MTのクラッチでは一方の円板にはエンジンのフライホイールが利用される。もう一方の円板になるのがクラッチディスクで、摩擦材が張ってある。トルク変動による衝撃を避けるために、クラッチディスクにはトーションスプリングという数個のコイルスプリングが備えられ、ショックを吸収するダンパーとして作用させている。

クラッチ締結状態では、クラッチカバーに内蔵されたプレッシャープレートのスプリングの力でクラッチディスクがフライホイールに押しつけられていて、クラッチディスクがフライホイールと一体になって回転する。プレッシャープレートは、円板の中央から放射状に切り込みを入れたダイアフラムスプリングが多いが、コイルスプリングを使用するものもある。

170

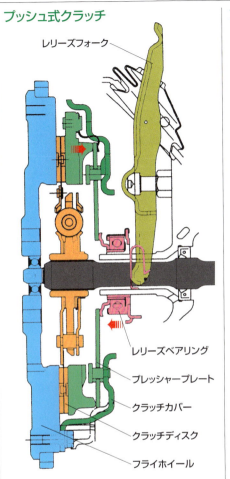

プッシュ式クラッチ

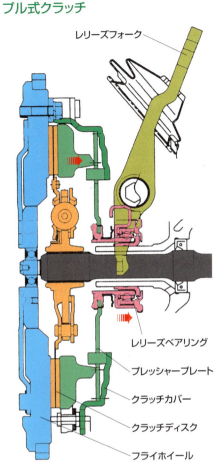

プル式クラッチ

プッシュ式クラッチとプル式クラッチ

　出力用のシャフトには**レリーズベアリング**があり、軸方向に動かすことができる。レリーズベアリングは**プレッシャープレート**に接続されていて、**レリーズフォーク**というパーツを動かすことでクラッチの開放が行われる。その際の動作によってプッシュ式とプル式に分類される。レリーズベアリングがプレッシャープレートを押すことで開放を行う**プッシュ式クラッチ**が一般的だが、引くことで開放を行う**プル式クラッチ**もある。プル式はクラッチペダルの踏力を軽減することができる。

←レリーズベアリングがプレッシャープレートを押す、もしくは引くことでクラッチが開放される。

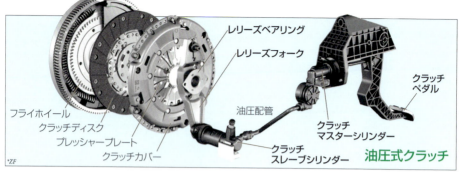

機械式クラッチと油圧クラッチ

　MTのクラッチは、操作力の伝達方法によって機械式と油圧式に分類される。**機械式クラッチ**の場合は、**クラッチペダル**の操作が**クラッチケーブル**というワイヤーで**レリーズレバー**に伝えられ、そのレバーの動きによって**レリーズフォーク**が移動する。**油圧式クラッチ**の場合は、クラッチペダルの根元に備えられた**クラッチマスターシリンダー**で発生された油圧が、レリーズフォークに備えられた**クラッチスレーブシリンダー**（**クラッチレリーズシリンダー**ともいう）に送られ、レリーズフォークを動かす。

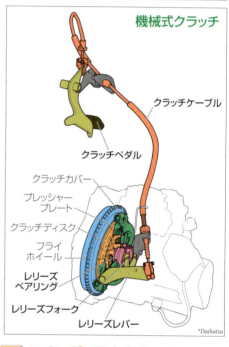

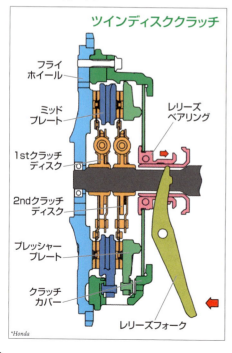

ツインディスククラッチ

　摩擦クラッチは摩擦によって運動エネルギーを熱エネルギーに変換することで、滑らかにクラッチをつないでいるため、摩擦を起こす面積が大きいほど、大きなトルクを扱えるようになる。クラッチを大径化すれば摩擦を起こす面積を大きくできるが、大径化には限界がある。そのため、トルクの大きな高出力車では**乾式多板クラッチ**が採用されることがある。多板といってもディスクは2枚で、一般的には**ツインディスククラッチ**や**ツインクラッチ**という。2枚の**クラッチディスク**の間には、**ミッドプレート**というディスクが挟み込まれる。

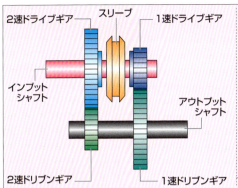
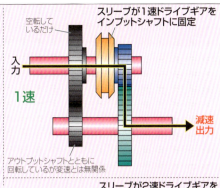
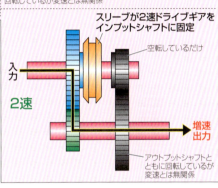

平行軸歯車式変速機

　平行軸歯車式変速機にはさまざまな構造のものがあるが、MTでは**常時噛み合い式変速機**を発展させた**同期噛み合い式変速機**が使われる。

　もっともシンプルな2段変速機の場合、平行な回転軸であるインプットシャフトとアウトプットシャフトにそれぞれの変速比の**ドライブギア**（回転させる側の歯車）と**ドリブンギア**（回転される側の歯車）が配置されている。すべての組み合わせの歯車が常に噛み合っているため、常時噛み合い式という。この配置で、すべての歯車が回転軸に固定されていたら、回転軸が回転できない。そこで、ドライブギアは回転軸に固定せず、空転できるようにし、回転軸とともに回転するが軸方向には移動できる**スリーブ**という部品を配置する。スリーブの側面とドライブギアの側面には**ドグクラッチ**がある。スリーブを1速ドライブギア側に移動してドグクラッチを噛み合わせると、1速ドライブギアがインプットシャフトとともに回転するようになり、1速の変速比でアウトプットシャフトに回転が伝えられる。スリーブを2速ドライブギアに噛み合わせれば、2速の変速比で変速が行われる。

　しかし、変速比をかえる際に回転数の異なるスリーブとドライブギアのドグクラッチを噛み合わせるのは困難だ。そのため、摩擦を発生させながら両者の回転数を揃えていく**シンクロメッシュ機構**（**同期機構**）がドグクラッチとともに備えられている。これが同期噛み合い式変速機だ。

　MTでは、このように2本の回転軸で変速機が構成される**平行2軸式**が一般的だが、FF車の横置きトランスミッションを多段化すると回転軸方向に長くなってしまうため、3軸にして歯車の配置を分散させた**平行3軸式**が採用されることもある。

※実際の変速例は次ページで紹介。

平行2軸式（FR縦置き）

左の写真のようなFR用の縦置きトランスミッションは見た目では2軸だが、インプットシャフトとアウトプットシャフトを同軸上に配置し、カウンターシャフトとの間で変速を行うことが多い。なお、平行2軸式とはいっても、実際には後退用の逆回転を作るために短い回転軸がもう1本備えられているのが一般的。

平行2軸式（FF横置き）
FF用横置きの平行2軸式5速MT。インプットシャフトとアウトプットシャフトで構成される。3軸あるように見えるが、もっとも手前の1軸はファイナルドライブユニットのもの。軸上の大きな歯車がファイナルギアで変速機のアウトプットシャフトから回転が伝達される。

平行3軸式（FF横置き）
FF用横置きの平行3軸式6速MT。左の図と同じように、もっとも手前の1軸はファイナルドライブユニットのもの。6速分の歯車を3軸に分散させることで、回転軸方向に短いコンパクトなトランスミッションになっている。

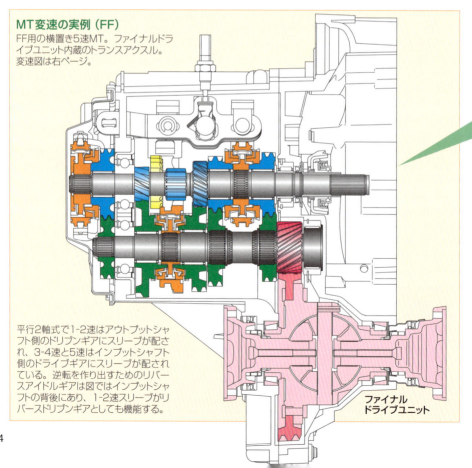

MT変速の実例（FF）
FF用の横置き5速MT。ファイナルドライブユニット内蔵のトランスアクスル。変速図は右ページ。

平行2軸式で1-2速はアウトプットシャフト側のドリブンギアにスリーブが配され、3-4速と5速はインプットシャフト側のドライブギアにスリーブが配されている。逆転を作り出すためのリバースアイドルギアは図ではインプットシャフトの背後にあり、1-2速スリーブがリバースドリブンギアとしても機能する。

ファイナルドライブユニット

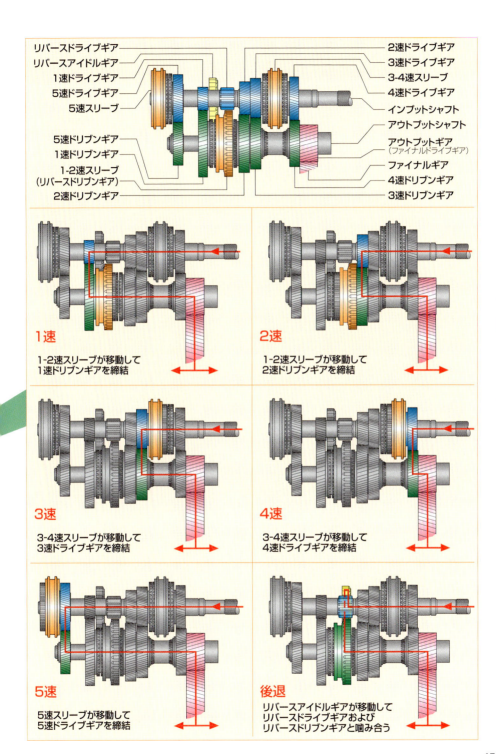

1速

1-2速スリーブが移動して1速ドリブンギアを締結

2速

1-2速スリーブが移動して2速ドリブンギアを締結

3速
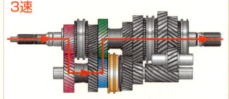
3-4速スリーブが移動して3速ドライブギアを締結

4速

3-4速スリーブが移動して4速ドライブギアを締結

5速

5-6速スリーブが移動してメインドライブギアを締結

6速
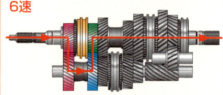
5-6速スリーブが移動して6速ドリブンギアを締結

MT変速の実例（FR）

FR用の縦置き6速MT。インプットシャフトとアウトプットシャフトが1本の回転軸のように見えるが、インプットシャフトは左端からメインドライブギアまで、アウトプットシャフトは右端から5-6速スリーブまでだ。基本的にインプットシャフトの回転はカウンターシャフトに伝えられ、カウンターシャフトとアウトプットシャフトの間で変速が行われる。5速は変速比1の状態で、インプットシャフトとアウトプットシャフトが連結される。そのため5速のドライブギアもドリブンギアもない。

後退

リバーススリーブが移動してリバースドリブンギアを締結

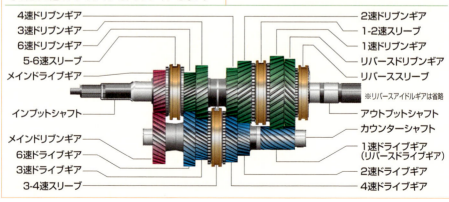

※リバースアイドルギアは省略

シフト機構

変速の際に**スリーブ**を動かすのは**シフトフォーク**と**シフトロッド**だ。シフトフォークは円弧状の二股を備えたもので、スリーブの外周にはめられる。シフトロッドは変速機の回転軸と平行に配置される。シフトフォークはシフトロッドに固定される場合と、シフトロッドがガイドとして機能し、シフトフォーク根元のパイプ状の部分が通される場合がある。**シフトレバー**の左右方向の動きでシフトフォークもしくはシフトフォークが固定されたシフトロッドを選択し、シフトレバーの前後方向の動きで選択したスリーブを移動させることになる。

縦置きトランスミッションではシフトレバーのほぼ真下にシフトロッドがあるため、直接操作する**ダイレクトコントロール式**が多い。横置きトランスミッションではシフトレバーが離れているため、ケーブルによってシフトレバーの動きが伝えられる。これを**リモートコントロール式**といい、2本のケーブルを使用するのが一般的だ。1本はスリーブを選択するための**セレクトケーブル**、もう1本はスリーブを動かすための**シフトケーブル**という。シフトレバー根元のリンク機構で2本のケーブルの動きに変換され、シフトロッド付近のリンク機構で段数に応じた動きに変換される。

シンクロメッシュ機構

シンクロメッシュ機構（**同期機構**、**シンクロナイザー**）は、**スリーブ**内に収められていて、回転数の異なる歯車と滑らかに締結するために備えられている。両者の間に摩擦を発生させることで、回転数を同期（シンクロ）させている。変速時の騒音の低減や、歯車の損傷を防ぐ役割もある。過去、さまざまな形式のものが開発されてきたが、現在の主流は**イナーシャロック式シンクロメッシュ機構**で、摩擦に加えて機械的な機構も併用することで、同期と締結を速めている。イナーシャロック式には各種の形式があるが、**キー式シンクロメッシュ機構**や**マルチコーン式シンクロメッシュ機構**などがよく使われている。

変速機

Torque converter
04 トルクコンバーター

トルクコンバーターは各種のトランスミッションにスターティングデバイスとして採用されているため、ここでまとめて説明する。

トルクコンバーターは他のスターティングデバイスにはないトルク増幅という作用がある。これにより変速機の負担を減らすことが可能だ。また、アイドリング時程度のトルクでもクルマを微速で動かせる。これをクリーピングといい、車庫入れなどの際にはブレーキペダル操作だけでクルマをゆっくり動かすことができる。

しかし、トルクコンバーターは伝達効率が悪く、燃費を悪くしやすい。トルク増幅を行う領域はもちろん、入出力の回転数が揃ってきても100%の伝達効率にはならない。そのため、摩擦クラッチであるロックアップクラッチを併用するのが一般的だ。

トルクコンバーターの構造

トルクコンバーターの基本構造は、オイルなどで満たされたドーナツ状のトルクコンバーターハウジング内に収められた3枚の羽根車だ。入力側の羽根車をポンプインペラー、出力側の羽根車をタービンランナーといい、その間にオイルの流れを制御するステーターという羽根車が配置される。ステーターにはワンウェイクラッチが備えられていて、入出力の回転数に差があると回転できないが、回転数が揃ってくると空転できる。エンジンの回転はドライブプレートに接続されたトルクコンバーターカバーを介してインペラーに伝えられ、ランナーの回転がアウトプットシャフトによって変速機に伝えられる。

トルクコンバーターカバー
ロックアップクラッチ
ポンプインペラー
ステーター
タービンランナー

*Schaeffler

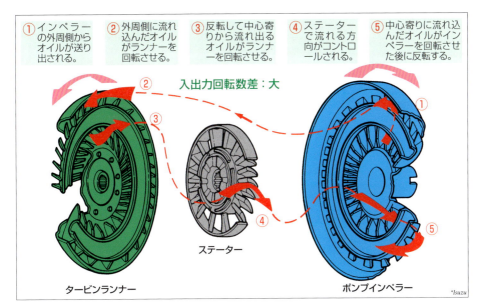

トルクコンバーターのトルク増幅作用

ポンプインペラーが回転すると、遠心力によってオイルが外周から送り出され、ハウジングに沿って**タービンランナー**に流れ込む。その際にオイルが羽根に当たる力（**インパルスパワー**）で**ランナー**を回す。オイルは外周から中心に向かい、流れ出る際にも反動の力（**リアクションパワー**）によってランナーを回す。流れ出たオイルは**ステーター**によって方向がかえられ、中心寄りから流れ込むことで**インペラー**を回し、背面に回り込んで最初の流れに加わる。こうした流れが繰り返されることで、トルクの増幅が行われる。

インペラーとランナーの回転数が揃ってくると、ステーターの羽根がかえってオイルの流れを妨げるが、**ワンウェイクラッチ**の作用によってステーターは空転するようになるので、オイルは効率のよい流れを保つことができる。

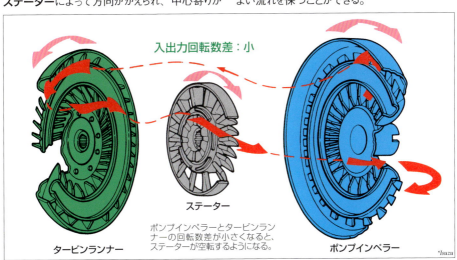

ポンプインペラーとタービンランナーの回転数差が小さくなると、ステーターが空転するようになる。

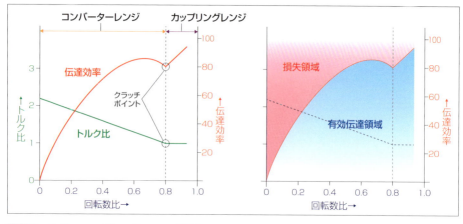

トルクコンバーターの特性

トルクコンバーターのトルク増幅能力は、発進時などに出力側のタービンランナーが回り始める瞬間が最大になる。この時、入出力の回転数比は最小状態であり、トルク比は2～3が一般的だ。タービンランナーの回転数が上がっていくと、ポンプインペラーとの回転数比が上がっていき、トルク比は1に近づいていく。ランナーとインペラーの回転数比が0.8～0.9になるとトルク比が1になり、以降はトルクの増幅が行われない。トルク比が1になる回転数比をクラッチポイントまたはカップリングポイントといい、トルク増幅が行われる領域をコンバーターレンジ、トルク増幅が行われない領域をカップリングレンジという。カップリングレンジでも回転数比が1に達することはない。

トルクコンバーターの伝達効率は、タービンランナーが回り始める瞬間がもっとも低く、回転数比が1に近づいていくにつれて高まっていく。回転数比が小さいほど、オイルと羽根などの摩擦によって運動エネルギーが熱エネルギーに変換されてしまうためだ。伝達効率はクラッチポイント前後で少し下降するが、カップリングレンジでも上昇を続ける。しかし、伝達効率が100％に達することはない。どうしても損失が発生してしまう。

ロックアップクラッチ

カップリングレンジの伝達効率を高めるために、現在のトルクコンバーターはロックアップクラッチが併用されている。さまざまな構造のものがあるが、アウトプットシャフトに備えたクラッチディスクをトルクコンバーターカバーに押しつけるものや、インプットシャフトに備えたクラッチディスクをタービンランナーの背面に押しつけるものが多い。一般的には湿式単板クラッチが使われるが、一部にはディスクが2枚程度の湿式多板クラッチが採用されることもある。また、トルクコンバーター外にロックアップクラッチが配置されることもある。

トルクコンバーターのダンパー

トルクコンバーターには、エンジンに急激なトルク変動があっても、オイルと羽根車の摩擦によって衝撃を吸収する**ダンパー**として機能する。しかし、**ロックアップクラッチ**を締結してしまうと、ダンパーとして機能しなくなる。そのため、ロックアップクラッチには、MTのクラッチと同じように**トーションスプリング**という数個のコイルスプリングがダンパーとして備えられている。

フレックスロックアップ

トルクコンバーターのさらなる効率向上のために、**コンバーターレンジ**でも**ロックアップクラッチ**が使われるようになってきている。完全にクラッチを締結するのではなく、いわゆる**半クラッチ**状態にすることで、トルクコンバーターのトルク増幅を使いつつ、クラッチによる伝達も行うことで、効率を高めることができる。こうしたロックアップを**フレックスロックアップ**などという。

また、トルクコンバーターを採用するトランスミッションでは、独特のズルズルした加速感があるが、フレックスロックアップを行うことで、ダイレクトな加速感の演出も可能になる。

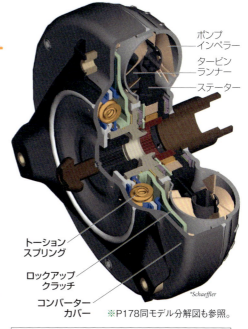

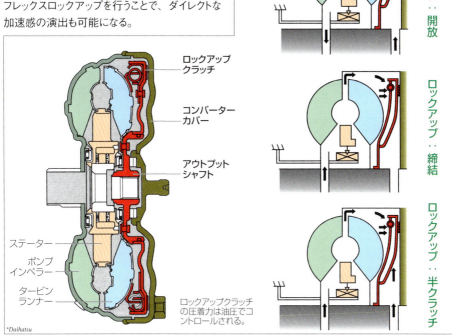

ロックアップクラッチの圧着力は油圧でコントロールされる。

※P178同モデル分解図も参照。

第1章／変速機　トルクコンバーター

変速機

Automatic transmission
05 AT（トルクコンバーター+プラネタリーギア式変速機）

多くの人がAT（オートマチックトランスミッション）と通称している**トランスミッション**は、**トルクコンバーター**と**プラネタリーギア式変速機**で構成されるものだ。トルクコンバーターによる変速も行われているため、以前はプラネタリーギア式変速機の部分を**副変速機**ということもあった。

トルクコンバーターには**クリーピング**といったメリットがあるものの、効率が悪いというデメリットがある。そのため、**ロックアップクラッチ**が併用され、可能な限りトルクコンバーターを利用する期間を短く設定する傾向があり、トルク増幅にはあまり使われていない。

プラネタリーギア式変速機は、前進3〜5段、後退1段という時代が長かったが、現在では燃費向上のための多段化により10段のものまである。**スピードレシオカバレッジ**は7程度が一般的で、10に近いものもある。プラネタリーギアは2〜4組が使われている。

操作機構として**セレクトレバー**（**セレクター**ともいい、**シフトレバー**とも通称される）が備えられているが、通常の走行中に使用する必要はない。変速機の変速やロックアップクラッチの作動は油圧で行われる。

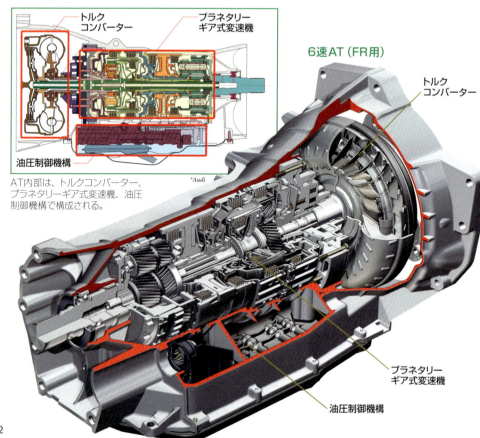

AT内部は、トルクコンバーター、プラネタリーギア式変速機、油圧制御機構で構成される。

*Audi

6速AT（FR用）

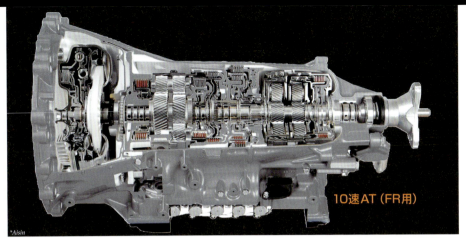

10速AT（FR用）
*Aisin

6速AT（FF用）
プラネタリーギア式変速機
トルクコンバーター
オイルポンプ
ファイナルドライブユニット
*GM

トルクコンバーター

スターティングデバイスである**トルクコンバーター**には必ず**ロックアップクラッチ**が併用されている。以前は定速走行で使用される可能性が高い段でのみロックアップが行われていたが、現在では**全段ロックアップ**が一般的だ。発進からの加速で使用される1速や2速の期間であっても、積極的にロックアップしている。また、ロックアップクラッチを**半クラッチ**にする**フレックスロックアップ**によって、伝達効率を少しでも高めるようにしている。

プラネタリーギア式変速機＋湿式多板クラッチ

プラネタリーギア式変速機を採用する**AT**では、**トルクコンバーター**で変速機の負担を小さくしていたが、多段化によって**スピードレシオカバレッジ**をワイドにすれば、トルクコンバーターのトルク増幅に頼る必要がなくなる。摩擦クラッチである**湿式多板クラッチ**を電子制御することでも十分に**トランスミッション**として成立する。これにより効率が高められ、手動変速する際のダイレクト感が高まる。トルクコンバーターによる**クリーピング**はなくなるが、現在の技術では湿式多板クラッチの制御でもクリーピングのような状態は作り出せる。

スターティングデバイスに湿式多板クラッチを採用する7速AT。
*Mercedes-Benz

第1章／変速機 AT

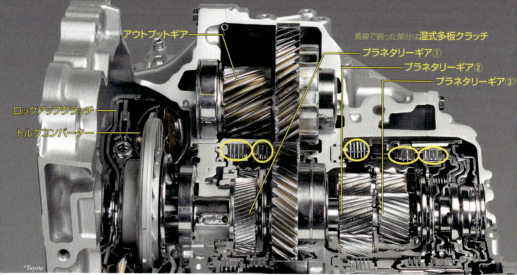

↑プラネタリーギア3組で構成されるFF用6速AT。平行するアウトプットギアからファイナルドライブユニットに出力される。

プラネタリーギア式変速機

　プラネタリーギアは1組でもさまざまな変速が行えるが、**AT**の**プラネタリーギア式変速機**では、1組で前進2段、後退1段の変速を行うのが一般的だ。プラネタリーギア2組であれば4段、3組であれば8段の変速が可能になる。2組のピニオンギアを備える**ラビニヨ型プラネタリーギア**なら1組で3段の変速が可能だ。

　プラネタリーギアを多段の変速機として使用する場合、入出力の切り替えや特定のギアの固定や回転方向の制限などが必要になる。これらの作業には、**湿式多板クラッチ**、**ブレーキバンド**、**ワンウェイクラッチ**が使われる。湿式多板クラッチは回転軸の断続に使用され、ブレーキバンドは固定、ワンウェイクラッチは回転方向の制限に使用される。ブレーキバンドは回転軸になる円筒の周囲に金属製のベルトを巻いたもので、ベルトを締め込むことで固定を行う。なお、プラネタリーギアは**ヘリカルギア**で構成される。

　FRなどの縦置きトランスミッションでは、トルクコンバーターへの入力から最終的な出力までがすべて同軸上に配置される。FFなどの横置きトランスミッション（**トランスアクスル**）でも、実際に変速を行う部分は同軸上に配置されるが、平行に配置した回転軸のアウトプットギアを介して**ファイナルドライブユニット**に回転を伝達する構造が多い。いずれも同軸上に多数の回転軸を配置する必要があるため、中空シャフトが多用される。

※実際の変速例は186ページで紹介。

↓FR用8速AT。3組のプラネタリーギアによって8段変速機が実現されている。回転軸はすべて同軸上にある。

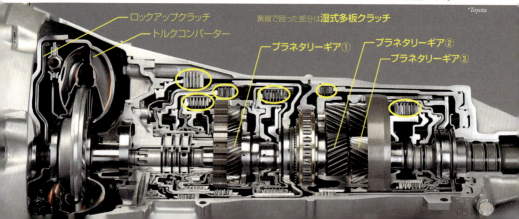

油圧制御機構とAT-ECU

プラネタリーギア式変速機で変速を行う**湿式多板クラッチ**や**ブレーキバンド**は、油圧によって作動される。その油圧を制御するのが**AT**の油圧制御機構だ。内部の**バルブボディ**には、目的の場所に油圧を送るための細い油路が多数刻まれ、部分部分で太さが異なる円筒形の**バルブスプール**が収められている。スプールの位置を動かすことで油路を切り替えたり、遮断したりする。スプールは**セレクトレバー**の操作で移動するもののほか、車速などに応じた油圧とスプリングの力関係によって位置が決まるものや、電子制御によって動かされる**ソレノイドバルブ**（**電磁バルブ**）もある。必要な油圧を発生させるために、AT内には**オイルポンプ**があり、変速機の入力軸で回されることが多い。**アイドリングストップ車**や**ハイブリッド自動車**ではエンジン停止中でも油圧を維持できるように、電動ポンプを備えることもある。

現在のATは**AT-ECU**によって電子制御されている。車速など走行状況に応じて最適な変速段を決定し、スプールを移動させることで、変速やロックアップを行っている。燃費重視のエコノミーモードやパワー重視のパワーモード（またはスポーツモード）などをドライバーが選択することによって、変速のタイミングなどを切り替えることも可能だ。エンジンの**ECU**との**協調制御**も一般的で、変速の際には瞬間的にいくつかの気筒の燃料噴射を停止してエンジンのトルクを抑えるといったことが行われている。

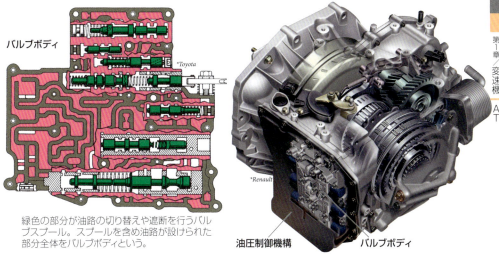

バルブボディ
*Toyota

緑色の部分が油路の切り替えや遮断を行うバルブスプール。スプールを含め油路が設けられた部分全体をバルブボディという。

*Renault

油圧制御機構　　バルブボディ

ATのレンジとマニュアルモード

ATは**セレクトレバー**を**Dレンジ**にしておけば、自動的に変速が行われるが、**Lレンジ**（**1レンジ**）や**2レンジ**にすることで、変速段を固定することもできる。**ODオフスイッチ**で、変速段の上限を制限できるものもある。**Rレンジ**では後退が行え、**Nレンジ**では、トルクコンバーターの出力が変速機に伝えられなくなる。**Pレンジ**ではNレンジの状態に加えて、**パーキングロック**がかかり、変速機の回転軸が固定される。

また、セレクトレバーを特定の位置にすると、2方向の操作でシフトアップとシフトダウンを行えるものもある。こうした操作方法を、**マニュアルモード**や**スポーツモード**、**シーケンシャルモード**などという。こうした場合、セレクトレバーの位置はP、R、N、Dになる。セレクトレバーではなく、ステアリングホイール背面に備えられた**シフトパドル**で操作できることもある。こうしたタイプを**ステアシフト**や**パドルシフト**という。

AT変速の実例（FF）

FF用の横置き4速AT。フロントプラネタリーギア、リアプラネタリーギアの2組のプラネタリーギアで変速が行われる。これらを4個の湿式多板クラッチと、ブレーキバンド、ワンウェイクラッチで制御する。トルクコンバーターからの入力は、フォワードクラッチ、リバースクラッチ、3-4クラッチに行われる。出力はプライマリーギアから行われ、セカンダリーギア、アウトプットギアを介してファイナルドライブユニットのファイナルギアに伝えられる。なお、図の1～4速はDレンジの場合の変速動作。1レンジの場合は制御が異なる。

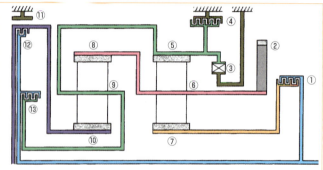

①フォワードクラッチ、②プライマリーギア、③ワンウェイクラッチ、④ロー&リバースブレーキ、⑤フロントリングギア、⑥フロントピニオンキャリア、⑦フロントサンギア、⑧リアリングギア、⑨リアピニオンキャリア、⑩リアサンギア、⑪ブレーキバンド、⑫リバースクラッチ、⑬3-4クラッチ、⑭セカンダリーギア、⑮アウトプットギア、⑯ファイナルギア

1速
フォワードクラッチ：締結
ワンウェイクラッチ：作動

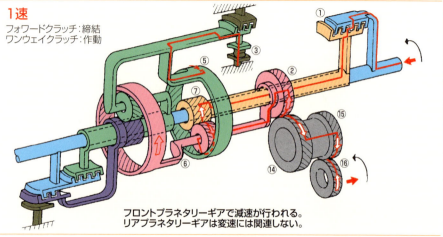

フロントプラネタリーギアで減速が行われる。
リアプラネタリーギアは変速には関連しない。

2速
フォワードクラッチ：締結
ブレーキバンド：作動

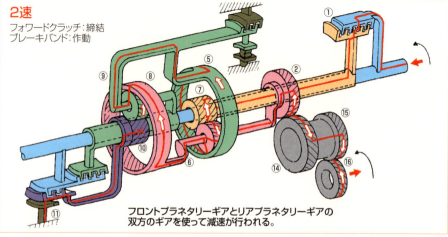

フロントプラネタリーギアとリアプラネタリーギアの双方のギアを使って減速が行われる。

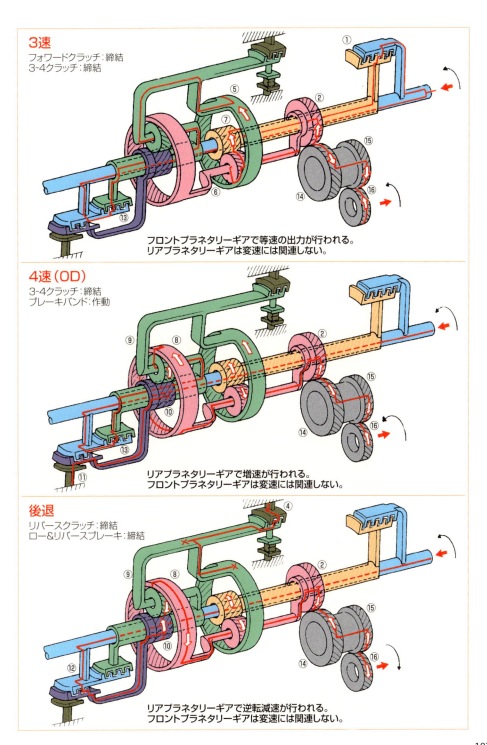

| 変速機 | Continuously variable transmission |

06 CVT（トルクコンバーター＋巻き掛け伝動式変速機）

多くの人がCVTと通称している**トランスミッション**は、**トルクコンバーター**と**巻き掛け伝動式変速機**で構成される**巻き掛け式CVT**だ。**トロイダル式CVT**が流通している間は、区別のために**ベルト式CVT**といった。現在では**チェーン式CVT**もあるが、チェーン以外の基本的な構造は同じであるため、ベルト式CVTで総称することも多い。

ベルト式CVTが実用化された当初は、**スターティングデバイス**に**電磁クラッチ**を採用するものもあったが、ATのような**クリーピング**が利用できなく不評であったため、現在では**ロックアップクラッチ**を併用するトルクコンバーターが一般的になっている。また、変速制御をモーターで行う機構もあったが、現在では油圧制御が行われている。

また、巻き掛け伝動式変速機では逆回転を作り出せないためCVTには**前後進切り替え機構**が備えられる。現在では歯車による変速機構を併用するものもある。

CVTは**無段式変速機**であるため、他のトランスミッションのように段数は表現できない。しかし、**マニュアルモード**を備えるCVTが多く、その段数が表記されることがある。

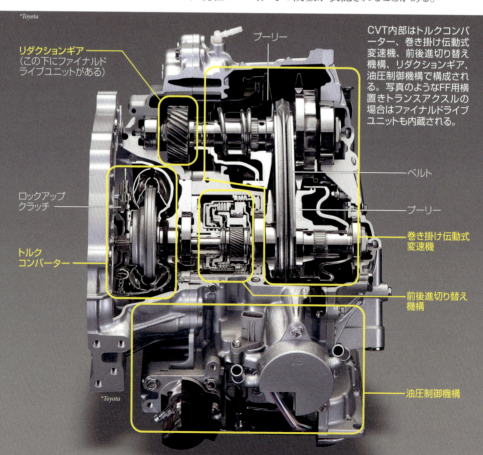

CVT内部はトルクコンバーター、巻き掛け伝動式変速機、前後進切り替え機構、リダクションギア、油圧制御機構で構成される。写真のようなFF用横置きトランスアクスルの場合はファイナルドライブユニットも内蔵される。

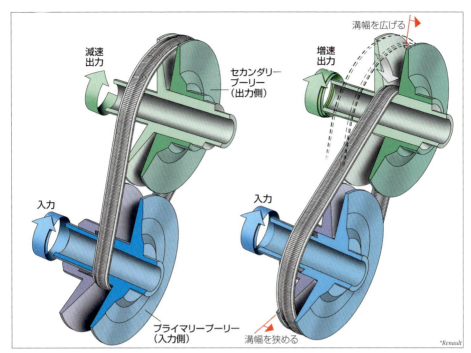

CVTの変速原理

プーリー&ベルトのような**巻き掛け伝動装置**では、**ベルト**が触れる部分の**プーリー**の直径比で**変速比**が決まる。一般的なプーリーでは直径をかえることができない。そのため、**巻き掛け伝動式変速機**では、ベルトを掛ける溝の断面がV字形で、その溝幅をかえられるものが使われている。溝幅を広くすれば、ベルトが回転中心に近い位置にかかることになり、直径の小さなプーリーとして機能する。逆に溝幅を狭くすれば、ベルトが外周に近い位置にかかることになり、直径の大きなプーリーとして機能する。

入力側のプーリー(**プライマリープーリー**)の溝幅を最小にし、出力側のプーリー(**セカンダリープーリー**)の溝幅を最大にすれば、減速が行われる。逆に入力側を最大にし出力側を最小にすれば増速だ。ベルトにたるみができないように双方のプーリーの溝幅を調整していけば、この間で無段階の変速が行えるようになる。こうした巻き掛け伝動装置で実際に変速を行う機構を**バリエーターユニット**や単に**バリエーター**という。

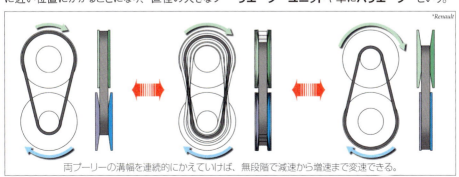

両プーリーの溝幅を連続的にかえていけば、無段階で減速から増速まで変速できる。

バリエーター制御

CVTで使われる可変溝幅プーリーは、**フィックスプーリー**（固定側プーリー）と**スライドプーリー**（可動側プーリー）で構成される。スライドプーリーの側面には油圧室が備えられている。

プライマリープーリーの場合、油圧室の油圧を高めることで、溝幅を狭くすることができる。油圧を低下させると、ベルトの張力によって溝幅が広がる。**セカンダリープーリー**は溝を狭くする方向にスプリングの力が作用させてある。これにより、プライマリープーリーの溝幅の変化で、ベルトの張力が変化するとセカンダリープーリーの溝幅が調整される。これが基本だが、ベルトとプーリーの摩擦を最適な状態に保つために、セカンダリープーリー溝幅の油圧制御も併用されている。

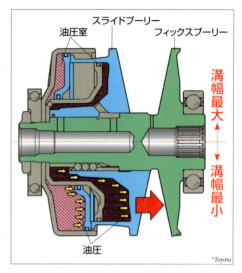

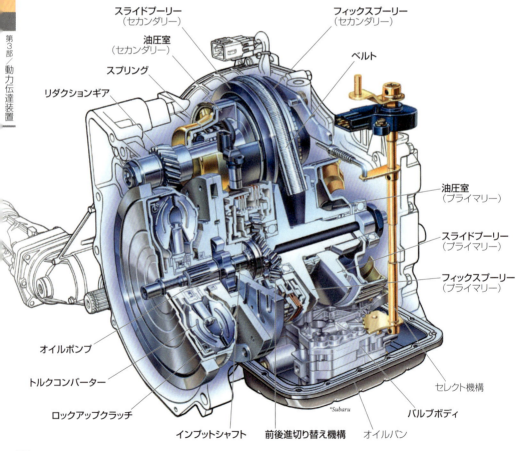

前後進切り替え機構

巻き掛け伝動式変速機では逆回転を作り出すことができない。そのため、**CVT**には後退用の逆回転を作り出すための**前後進切り替え機構**が備えられる。同軸上で正逆回転を作り出すことができるので、**プラネタリーギア**が使われるのが一般的だ。**プライマリープーリー**への入力前に配置されることが多いが、**セカンダリープーリー**の出力側に配置されることもある。プラネタリーギアの制御は、ATの場合と同じように、**湿式多板クラッチ**と**ブレーキバンド**で行われる。

リダクションギア

巻き掛け伝動式変速機では変速範囲の半分が増速になる。現在のトランスミッションでは燃費低減のために**オーバードライブ**が使われる領域も広いが、それでも巻き掛け伝動式では不要な増速域ができる。逆に大きな減速比を作り出すのも難しい。そのため、**CVT**には**リダクションギア（減速機構）**が組み込まれる。先に減速するとトルクが大きくなりプーリーやベルトの負担が増大するため、リダクションギアはトランスミッションの最終段階に配置されるのが普通だ。

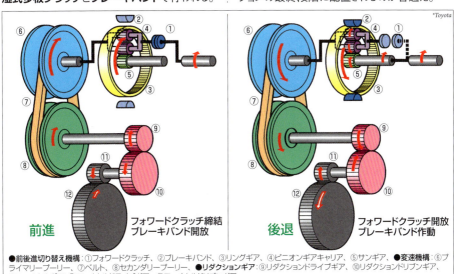

●前後進切り替え機構：①フォワードクラッチ、②ブレーキバンド、③リングギア、④ピニオンギアキャリア、⑤サンギア、●変速機：⑥プライマリープーリー、⑦ベルト、⑧セカンダリープーリー、●**リダクションギア**：⑨リダクションドライブギア、⑩リダクションドリブンギア、●**ファイナルギア**：⑪ファイナルドライブギア、⑫ファイナルドリブンギア

油圧制御機構とCVT-ECU

CVTの**可変溝幅プーリー**や**前後進切り替え機構**は油圧で作動される。これらの油圧をコントロールしているのが油圧制御機構だ。ATの場合と同じように**バルブボディ**に収められた**バルブスプール**を動かすことで、油路を切り替えたり遮断したりすることで、目的の場所に必要な油圧を送っている。バルブの動作は電子制御が一般的になっている。動作に必要な油圧を発生させるためにCVT内には**オイルポンプ**が備えられている。変速機の入力軸付近に備えられるのが一般的だが、**アイドリングストップ**車や**ハイブリッド自動車**ではエンジン停止中でも油圧を維持できるように、電動ポンプを外部に備えることもある。

CVTは電子制御が前提で、**CVT-ECU**によって全体が制御されている。また、変速比の選択肢が幅広く、車速の変更に際しても、変速比を先に変化させるか、エンジン回転数を先に変化させるか、同時に変化させるかなどさまざまなルートを考えることができる（P168参照）ため、エンジン回転数も同時に制御する必要がある。そのため、CVT-ECUとエンジンの**ECU**は、きめ細かく**協調制御**を行っている。燃費重視のエコノミーモードやパワー重視のパワーモード（またはスポーツモード）などが搭載されていることも多い。

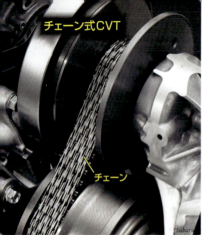
チェーン式CVT
チェーン

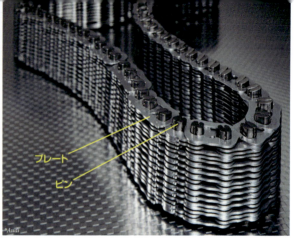
プレート
ピン

ベルトとチェーン

スピードレシオカバレッジをワイドにすることで燃費向上が可能だ。**巻き掛け伝動式変速機**でレシオカバレッジを広くするには、**プーリー**を大径化する方法とベルトの最小巻き掛け半径を小さくする方法がある。しかし、プーリーを大径化すると、トランスミッションが大きくなってしまう。また、**ベルト式CVT**に使われているベルトは、強く曲げることが難しい。そこで実用化されたのが**チェーン式CVT**だ。**チェーン**といっても自転車のようにスプロケットと組み合わされるのではない。ベルト式同様の**可変溝幅プーリー**が使用される。

ベルト式CVTに採用されるベルトは、**スチールベルト**ということが多く、金属製の2本のバンド（リングともいう）の間に、独特の形状の薄いエレメントを多数配置したものだ。バンドは薄い鋼板を積層してあり、エレメントの両側面がプーリーに触れる。ベルトを曲げると、内側（回転軸側）ではエレメントが密着し、外側では隙間があく。強く曲げられるようにするには、エレメント同士の間隔を広くしなければならないが、こうするとプーリーとの間で力の伝達が難しくなる。

いっぽう、チェーン式CVTに採用されるチェーンは、2種類のプレート（コマともいう）をピンで連結していったものだ。ピンの両端がプーリーに触れる。それぞれのピンを中心にして曲がることができるため、ベルトより巻き掛け半径を小さくすることが可能だ。また、チェーンの幅を広げることで、大きなトルクにも対応しやすい。現状、一般的なベルト式のレシオカバレッジは5～6程度だが、チェーン式では6を超えるものもある。

なお、ベルトとチェーンでは、力学的な力の伝わり方に違い（ベルトは押して力を伝達、チェーンは引いて力を伝達）があるが、変速の原理は同じだと理解して問題ない。

ベルト式CVT
スチールベルト

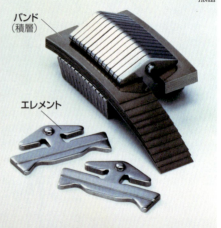
バンド（積層）
エレメント

変速機構の併用

スピードレシオカバレッジをワイド化するために、歯車による変速機構を併用したCVTも開発されている。前後進切り替え機構の**プラネタリーギア**を変速機構に流用するもののほか、独自の変速機構を追加しているものもある。いずれも7を超えるレシオカバレッジを実現している。

トヨタ / Direct Shift-CVT

外歯歯車を組み合わせた2段変速機を併用する。インプットおよびアウトプットシャフトそれぞれにドライブギアとドリブンギアを備え、間にアイドルギアを加えて1速の伝達経路を形成。発進時はこの1速ギアで発進。速度が高まるとギアの噛み合いを外し、バリエーターで変速を行う。これにより発進時の負担を軽減。

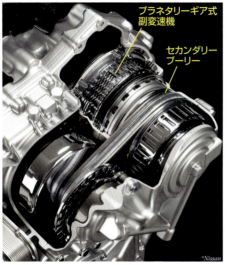

ジャトコ / CVT7

前後進切り替え用のプラネタリーギアをラビニヨ型とし、多板クラッチを追加することで2段の変速機として使用している。つまり、バリエーターの出力側に副変速機が備えられているので、副変速機付きCVTと呼ばれる。

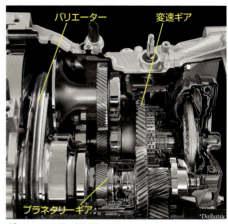

ダイハツ / D-CVT

前後進切り替え用のプラネタリーギアを増速しつつ動力を伝達する機構として使っている。バリエーターの入力側には外歯歯車があり、ここからバリエーターの出力側に備えられたプラネタリーギアに回転が伝達できるようにされている。通常、入力側の外歯歯車は切り離されているが、高速域では歯車機構とバリエーターの出力がプラネタリーギアでまとめられて出力される。これにより、高速域の負担を軽減している。

レンジとマニュアルモード

CVTの操作機構は**セレクトレバー**という（**セレクター**ともいい、**シフトレバー**とも通称）。**P**レンジ、**R**レンジ、**N**レンジ、**D**レンジはATと共通だ。ほかに、坂道で走行しやすい**S**レンジや、急な下り坂で使う**L**レンジ（または**B**レンジ）などを備えるメーカーもある。

また、本来CVTの変速比は無段だが、任意の変速比に固定し、2方向の操作でシフトアップとシフトダウンを行う**マニュアルモード**（**スポーツモード**、**シーケンシャルモード**）が備えられることも多く、**ステアシフト**や**パドルシフト**が可能な車種もある。たとえば、6段の変速が可能にされたものだと、6速マニュアルモード付きCVTと呼ばれたりする。

変速機

Automated manual transmission
07 AMT（摩擦クラッチ＋平行軸歯車式変速機）

　AMT（オートメーテッドマニュアルトランスミッション、オートメーテッドMT）は、MTと同じく**摩擦クラッチ**と**平行軸歯車式変速機**の組み合わせだが、**クラッチ**の断続と変速機の変速操作をアクチュエーターで行うことで自動変速を実現している。平行軸歯車式は他の変速機に比べて機械的な伝達効率が高いうえ、電子制御によって熟練のドライバー以上のテクニックで変速が行われるため燃費や走行性能を高められる。2方向の操作でシフトアップとシフトダウンを行える**シーケンシャルモード（マニュアルモード、スポーツモード）**が備えられるのが一般的だ。

　専用に設計されるAMTもあるが、すでにラインナップされているMTのクラッチの**レリーズフォーク**と、変速機の**シフトフォーク**やシフトロッドに動作用のアクチュエーターが加えられたAMTもある。アクチュエーターには油圧駆動とモーター駆動があり、**AMT-ECU**によって制御される。

　日本では採用例は非常に少ないが、元からMT車が数多いヨーロッパでは、燃費がよく変速にダイレクト感があるため、小型車を中心にさまざまな車種で採用された。しかし、MT同様にAMTでも変速で歯車を切り替える際にクラッチを切り離している時間がある。その瞬間は駆動輪にトルクが伝わらない。これを**トルク切れ**や**トルク抜け**といい、加速の面でも燃費の面でも不利であり、独特の空走感もある。そのため、DCTが誕生すると、AMTを採用していた車種の多くはDCTに移行していった。

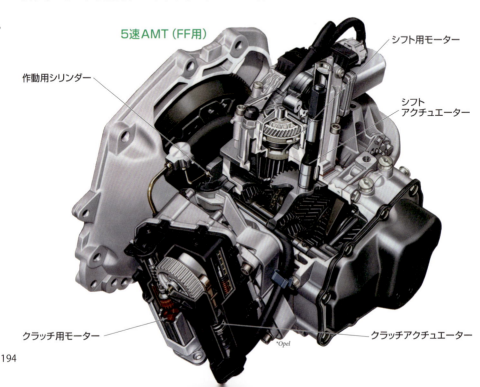

5速AMT（FF用）
作動用シリンダー
シフト用モーター
シフトアクチュエーター
クラッチ用モーター
クラッチアクチュエーター
*Opel

AMTとモーターの融合

　AMTの大きな弱点は低速時の変速の際に生じる独特な空走感だが、スズキはAMTと**ハイブリッドシステム**を組み合わせることで滑らかな変速を実現している。変速の際にクラッチが切り離されるとトルクが途切れるが、その瞬間にモーターでアシストを行いトルクの谷間を埋めている。なお、スズキではAMTを**AGS（オートギアシフト）**と呼称している。

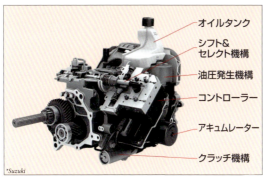

セミATと2ペダルMT

　本書では、自動変速できるものを**AMT**と捉え、自動変速は行われず**シフトレバー**操作が不可欠な**トランスミッション**は**2ペダルMT**として捉えている。しかし、ドライバーの操作がクラッチや変速機の機械的な動作につながっておらず、自動化されているため、**シーケンシャルモード**だけのトランスミッションもAMTに分類するという考え方もある。非常に広く考えれば、2ペダルMTもAMTの一種ということになる。

　また、シーケンシャルモードだけのトランスミッションを**セミAT**ということもある。こうした考え方の場合、2ペダルMTはシフトレバーにH字形を基本とするシフトパターンを備えることになる。

　しかし、いずれにしても、これらの分類に明確な定義はない。人によって解釈が異なるので、呼称には注意が必要だ。

変速機

Dual clutch transmission
08 DCT（摩擦クラッチ＋平行軸歯車式変速機）

　DCT（デュアルクラッチトランスミッション）とは、簡単にいってしまえば2台の**AMT**を1台にまとめた**トランスミッション**だ。国産車ではスポーツタイプのクルマが採用し、輸入車でも同様のタイプのクルマが目立つため、スポーツ志向のものと思われがちだが、ヨーロッパでは燃費重視での採用も数多い。

　AMTも含めてMTのように**摩擦クラッチ**と**平行軸歯車式変速機**を組み合わせたトランスミッションには**トルク切れ**が生じるため、加速の面でも燃費の面でも不利であり、独特の空走感もある。このトルク切れの時間を最小限にするために開発されたのがDCTだ。奇数段の変速機と偶数段の変速機を搭載し、それぞれに**クラッチ**を備えている。次の段を備えた変速機のクラッチをスタンバイ状態にしておけば、現在の段のクラッチを切ると同時に次の段のクラッチをつなぐことができ、トルク切れを最小限にすることができる。2基分の変速機のインプットシャフトは中空シャフトを使用することで同軸上に配置され、同じように2基のクラッチも同軸上に配置される。

　変速段数は6段か7段のものが多いが、8速DCTや9速DCTも実用化されている。クラッチの電子制御により**クリーピング**も可能とされている。自動変速に加えて**シーケンシャルモード（マニュアルモード、スポーツモード）**も備えられることが多い。

インプットシャフトは二重構造になっている。

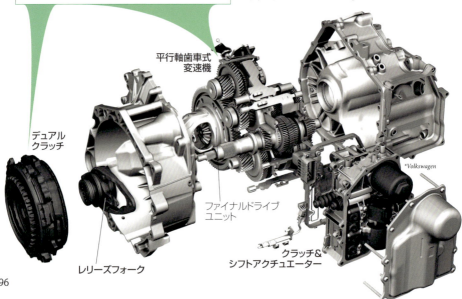

デュアルクラッチ
平行軸歯車式変速機
ファイナルドライブユニット
レリーズフォーク
クラッチ＆シフトアクチュエーター
*Volkswagen

湿式多板クラッチ 同径縦列配置

湿式多板クラッチ 異径入れ子配置

乾式単板クラッチ 同径縦列配置

デュアルクラッチ

　DCTの摩擦クラッチには、乾式単板クラッチと湿式多板クラッチがある。乾式単板クラッチは多用すると発熱で寿命が短くなるが、丈夫で効率が高く、変速にダイレクト感がある。湿式多板クラッチはオイルによって潤滑と冷却が行われるため、多用に耐えることができ、枚数を増やすことで大きなトルクにも対応が可能だ。滑らかに変速を行うことができるが、潤滑による損失があり、重量増などのデメリットもある。そのため、車種ごとの求められる性能や性格によって使いわけられている。

　2基のクラッチは、同じ直径のクラッチを回転軸方向に並べる同径縦列配置が多いが、湿式多板クラッチの場合は軸方向に長くなってしまうため、異なる直径のクラッチを回転軸の同じ位置に備えることもあり、異径入れ子配置などという。

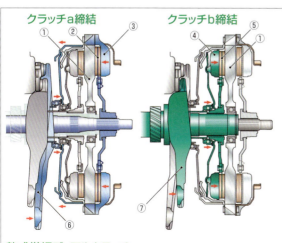

クラッチa締結　　クラッチb締結

①ドライブプレート、②クラッチディスクa、③プレッシャープレートa、④プレッシャープレートb、⑤クラッチディスクb、⑥シフトフォークa、⑦シフトフォークb

乾式単板デュアルクラッチ

MTのクラッチでは回転を伝達する一方の円板にフライホイールが利用されている。デュアルクラッチを同様の構造にする場合、2枚のクラッチディスクが異径になり、耐えられるトルクが小さくなる。そのため、エンジンからの入力はドライブプレートという円板に伝えられ、その表裏にクラッチディスクを備える構造が一般的だ。

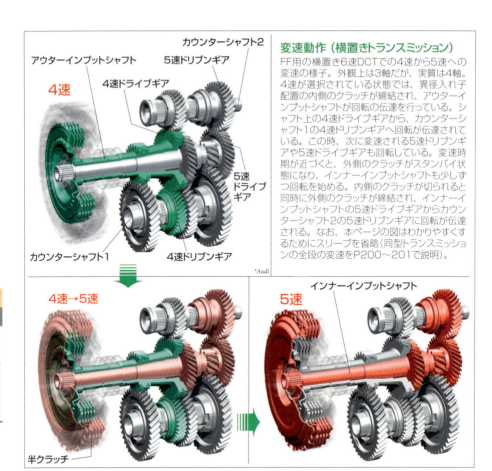

*Audi

平行軸歯車式変速機

　DCTには2基分の**平行軸歯車式変速機**が搭載されているわけだが、独立した2基の変速機が存在するわけではない。あくまでも考え方だ。同軸上に配置された2基のクラッチの出力側につながれる変速機のインプットシャフト2本は、一方を中空シャフトにすることで同軸上に配置される。このインプットシャフトに平行するようにカウンターシャフトが配置される。一見したところでは、**MT**や**AMT**の変速機と大きな違いはない。

　FR用などの縦置き**トランスミッション**の場合はカウンターシャフト1本の**平行2軸式**が一般的だが、FF用の横置きトランスミッションでは、2本のカウンターシャフトが採用される**平行3軸式**が多い。カウンターシャフトが2本あるからといって、奇数段の歯車と偶数段の歯車をわけて配置するとは限らない。カウンターシャフトを2本使用するのは、回転軸方向の長さを抑えるためだ。

　段数をかえる変速の際に、新たに締結する側のクラッチを事前にスタンバイ状態(**半クラッチ**)にしておけば、それまで締結していたクラッチを開放すると同時に、次のクラッチを締結できる。これにより**トルク切れ**をほとんどなくすことが可能だ。ただし、締結されていない側のクラッチは、常にスタンバイ状態にあるわけではない。スタンバイ状態では摩擦によって損失が発生してしまう。**DCT-ECU**が車速の変化などを監視し、変速のタイミングが近いと判断した場合にのみ、もう一方のクラッチをスタンバイ状態にする。

変速動作（縦置きトランスミッション）

AWD用縦置き7速DCTでの発進から加速時の変速の様子。外観上は2軸だが、実質は3軸構成。発進時は変速の間隔が短いため、1速（外側クラッチ締結）の時には2速を担当する内側のクラッチがスタンバイ状態にされている。2速（内側クラッチ締結）になると、3速への変速に備えて、外側のクラッチがスタンバイ状態になる。

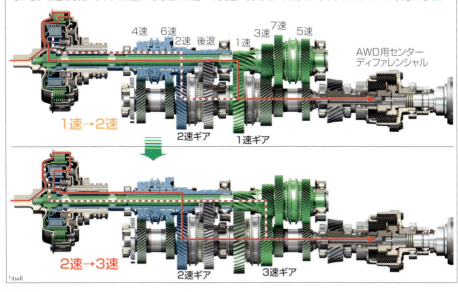

アクチュエーターとDCT-ECU

AMTの場合と同じように、クラッチとシフトの操作を行うアクチュエーターには**油圧駆動**とモーター駆動があり、油圧駆動にはトランスミッションの回転軸で**オイルポンプ**を駆動するものと電動ポンプを利用するものがある。油圧駆動の場合はATやCVTと同じように**バルブボディ**が備えられ、油路がコントロールされる。

変速機全体の制御は**DCT-ECU**によって行われる。アクセルペダル操作によるドライバーの意思や**セレクトレバー**の操作、車速、エンジン回転数などから最適な段を選択する。また、次に選択される段を予測し、スタンバイ状態にする。

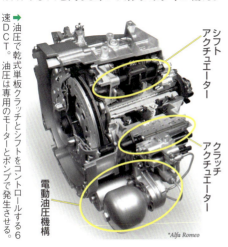

← 油圧で乾式単板クラッチとシフトをコントロールする6速DCT。油圧は専用のモーターとポンプで発生させる。

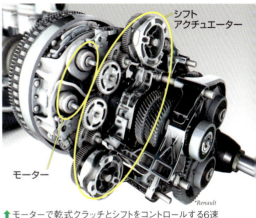

↑ モーターで乾式クラッチとシフトをコントロールする6速DCT。シフト用のモーターは2個備えられている。

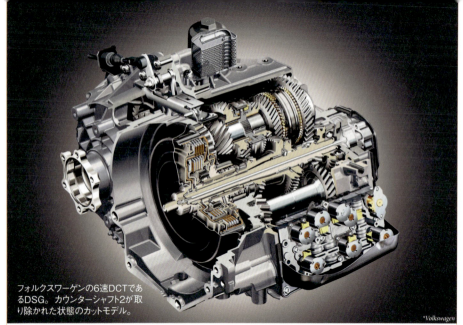

フォルクスワーゲンの6速DCTであるDSG。カウンターシャフト2が取り除かれた状態のカットモデル。

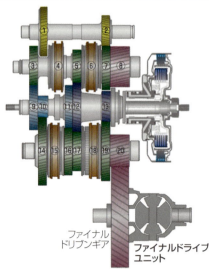

①リバースアイドルギア1、②リバースアイドルギア2、③5速ドリブンギア、④5速スリーブ、⑤6速ドリブンギア、⑥6-R速スリーブ、⑦リバースドリブンギア、⑧アウトプットギア2（ファイナルドライブギア）、⑨5速ドライブギア、⑩1速ドライブギア、⑪3速ドライブギア、⑫4-6速ドライブギア、⑬2速ドライブギア、⑭1速ドリブンギア、⑮1-3速スリーブ、⑯3速ドリブンギア、⑰4速ドリブンギア、⑱2-4速スリーブ、⑲2速ドリブンギア、⑳アウトプットギア1（ファイナルドライブギア）シャフトは上から順にリバースカウンターシャフト、カウンターシャフト2、インプットシャフト（二重）、カウンターシャフト1。図上では噛み合わせていないが、カウンターシャフト2のアウトプットギア2はファイナルドリブンギアと噛み合っている。また、1速ドライブギアはリバースカウンターシャフト上のリバースアイドルギア1と噛み合っている。

DCT変速の実例（FF）

FF用の横置き6速DCT。ファイナルドライブユニット内蔵のトランスアクスル。クラッチは湿式多板の異径入れ子配置で、変速機は平行3軸式。後退用のリバースカウンターシャフトがあるが、基本的には3軸の構成。奇数段のドライブギアがインナーインプットシャフトに配置され、偶数段のドライブギアがアウターインプットシャフトに配置される。カウンターシャフト1には、1〜4速のドリブンギアが配置され、カウンターシャフト2には5〜6速のドリブンギアが配置される。4速と6速のドライブギアは兼用されていて、1速ドライブギアはリバースドライブギアも兼ねている。

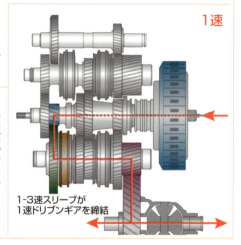

1速

1-3速スリーブが
1速ドリブンギアを締結

200

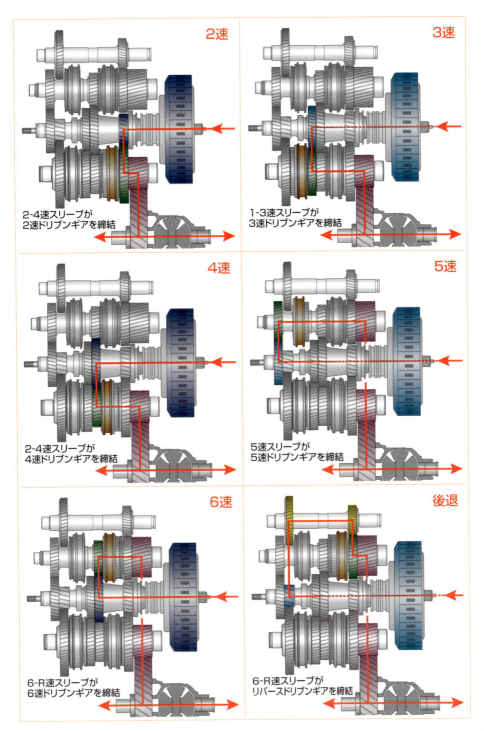

駆動装置 01

Final drive unit
ファイナルドライブユニット

ファイナルドライブユニットは、ファイナルギアとディファレンシャルギア（デフ）で構成される。デフはコーナーでスムーズに駆動するためには必要不可欠なものだ。ファイナルギアは最終的に減速を行う歯車で、トランスミッションの負担を軽減するために採用されている。ファイナルギアの出力側は、そのままデフへの入力を担当する。

FFの場合、ファイナルドライブユニットはトランスミッションに内蔵され、トランスアクスルが構成されるのが一般的だ。FRの場合は、後輪の左右中央付近にリアファイナルドライブユニットが配置される。4WDの場合は、FFベースであればトランスアクスルとリアファイナルドライブユニットで構成され、FRベースであればフロントファイナルドライブユニットとリアファイナルドライブユニットの双方が使われることが多い。なお、実際にはファイナルギアも含めてデフということが多く、それぞれリアディファレンシャルギア（リアデフ）やフロントディファレンシャルギア（フロントデフ）というのが一般的だ。

↑独立懸架式サスペンションのファイナルドライブユニットとドライブシャフト。

*Mercedes-Benz

↑車軸懸架式サスペンションのファイナルドライブユニット。デフケース内にドライブシャフトも収めている。

*Mercedes-Benz

ファイナルドライブユニット
FRや4WDではファイナルドライブユニットが単独の装置として存在することがほとんどだ。4WDの場合は、前輪にも備えられることがある。この場合、左右中央ではなくどちらかに偏った配置になることが多い。なお、車軸懸架式サスペンションの場合、ファイナルドライブユニットのケース（デフケース）がドライブシャフトを包み込むように左右輪まで筒状に伸ばされ、車軸を構成することが多い。

↓トランスアクスルを透明にした前輪周辺。
ドライブシャフト
ミドルシャフト
ファイナルドライブユニット
ドライブシャフト
*Mercedes-Benz
*Renault

↓ファイナルドライブユニットが内蔵されたトランスアクスル。
ファイナルドライブユニット

トランスアクスル

FFではトランスアクスルが大半。トランスミッションとしてのアウトプットギアがファイナルドライブギアとして機能し、デフのリングギアがファイナルドリブンギアとして機能する。

ファイナルギア

歯車などの機械装置では、扱うトルクが大きくなるほど丈夫な構造にする必要がある。クルマの場合、**トランスミッション**で駆動輪の回転速度まで減速すると、トルクが大きくなり、トランスミッションの大型化や重量増を招く。そのため、**ファイナルギア**によって駆動輪に回転を伝達する直前で減速を行うことで、トランスミッションの負担を軽減している。日本語で**最終減速装置**や**終減速装置**という。変速比は4〜6が一般的だ。

入力側の歯車を**ファイナルドライブギア**または**ファイナルドライブピニオン**という。出力側の**ファイナルドリブンギア**は、**ディファレンシャルギアケース**の外側に配置されるため、**リングギア**ということも多い。FFなどの横置きトランスミッションの場合、内部の回転軸と駆動輪の回転軸が平行なので、ファイナルギアに**ヘリカルギア**が使われる。FRなどの縦置きトランスミッションの場合は、出力の回転軸と駆動輪の回転軸が直交するため、**ベベルギア**で回転軸の方向を変換する。高負荷に強く騒音が小さいウォームギアのように歯が曲線を描く**スパイラルベベルギア**か、スパイラルベベルギアの回転軸が交わらないように配置した**ハイポイドギア**が採用される。

↓FR用ファイナルギア。
*Dana

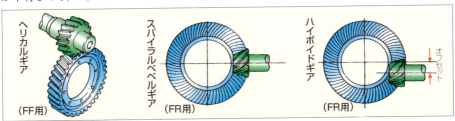

ヘリカルギア（FF用）　スパイラルベベルギア（FR用）　ハイポイドギア（FR用）　オフセット

駆**動**装置 02

Differential gear
ディファレンシャルギア

コーナリング中の車輪は、旋回半径に差ができるため、コーナー外側の車輪（外輪）のほうが内側の車輪（内輪）より移動距離が長くなる。もし、左右の駆動輪を1本のシャフトでつないで回転させてしまうと、内輪が空転ぎみにスリップするか、外輪が引きずられてしまい、挙動が不安定になる。こうした事態を避けるために、クルマにはディファレンシャルギア（デフ）が備えられている。

状況に応じて回転数差を与えることを**差動**といい、デフのことを日本語では**差動装置**や**差動歯車**という。プラネタリーギア式ディファレンシャルギア（プラネタリーギア式デフ）もあるが、通常のデフに採用されることはほとんどない。一般的にはベベルギア式ディファレンシャルギア（ベベルギア式デフ）が採用される。デフには**ファイナルギア**の出力が伝えられ、**ドライブシャフト**に回転を出力する。前輪のものを**フロントディファレンシャルギア**（**フロントデフ**）、後輪のものを**リアディファレンシャルギア**（**リアデフ**）という。

↑トランスアクスルに内蔵されるフロントデフ。
*Schaeffler

ファイナルドリブンギア
デフケース
デフサイドギア
デフピニオン

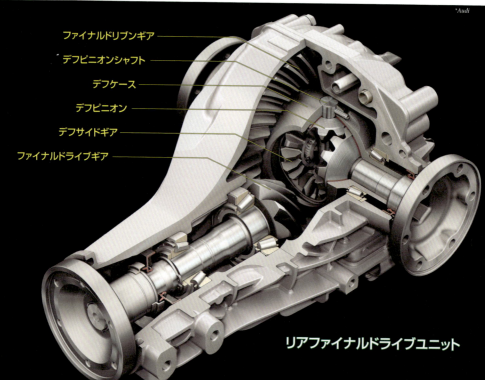

ファイナルドリブンギア
デフピニオンシャフト
デフケース
デフピニオン
デフサイドギア
ファイナルドライブギア

リアファイナルドライブユニット
*Audi

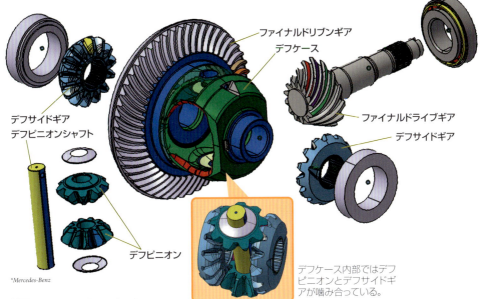

デフケース内部ではデフピニオンとデフサイドギアが噛み合っている。

ベベルギア式デフ

　ベベルギア式デフは**ディファレンシャルギアケース（デフケース）**、**ディファレンシャルピニオンギア（デフピニオン）**、**ディファレンシャルピニオンシャフト（デフピニオンシャフト）**、**ディファレンシャルサイドギア（デフサイドギア）**で構成される。デフケースの内側には、デフピニオンを備えたデフピニオンシャフトが固定され、外側には**ファイナルドリブンギア**が備えられる。デフピニオンギアと噛み合うデフサイドギアには**ドライブシャフト**が接続される。デフピニオンはデフケースとともに公転することと、自転することができる。

　直進状態で左右の駆動輪が路面から受ける抵抗が等しい場合は、デフケースとともにデフピニオンが公転することで、デフサイドギアに回転を伝達する。この時、デフピニオンは自転しない。

　コーナリングなどで左右輪が路面から受ける抵抗に差が発生すると、デフピニオンが自転するようになる。たとえば、左カーブで左側の車輪の抵抗が大きくなると、左デフサイドギアが遅く回転しようとして、押し返すことでデフピニオンが自転する。この自転は、右デフサイドギアの回転を増速させることになる。これにより、路面から受ける抵抗、つまり移動距離の差に応じて、より多く回転しなければならない側に回転が伝達される。

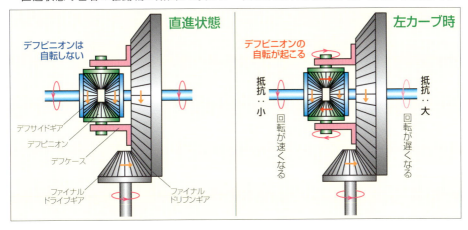

駆動装置 03
Differential lock & limited slip differential gear
デフロック & LSD

ディファレンシャルギア（デフ）は単純な構造で優れた機能を発揮するものだが、弱点もある。たとえば、片側の駆動輪が脱輪したりぬかるみに入ったりすると、反対側の駆動輪が接地していても、デフの**差動**で走行不能になる。悪路走行やスポーティな走行でも差動がデメリットになることがある。

そのため、デフによる差動を停止したり制限したりする装置がある。必要に応じて差動を完全に停止できる**差動停止装置**を**ディファレンシャルロック（デフロック）**や**ロッキングディファレンシャル（ロッキングデフ）**、走行状況に応じて差動を制限する**差動制限装置**を**LSD（リミテッドスリップディファレンシャル、リミテッドスリップデフ）**という。LSDはトルク感応型と回転差感応型に大別されるが、**回転差感応型LSD**である**ビスカスLSD**は現在ではほとんど使われていない。**トルク感応型LSD**には、**多板クラッチ式LSD**、**スーパーLSD**、**トルセンLSD**などがある。

デフロックやLSDは、標準的な**ベベルギア式ディファレンシャルギア（ベベルギア式デフ）**をベースにするもののほか、**プラネタリーギア式ディファレンシャルギア（プラネタリーギア式デフ）**をベースにするものや、まったく異なる歯車機構を利用するものもある。

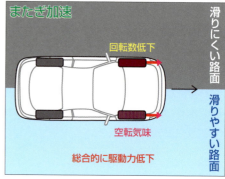

右駆動輪脱輪／空転／抵抗：極小／回転を停止／抵抗：極大

またぎ加速／回転数低下／空転気味／総合的に駆動力低下／滑りにくい路面／滑りやすい路面

デフの弱点

片側の駆動輪が脱輪したりぬかるみに入ったりすると、その駆動輪は路面から受ける抵抗が極端に小さくなる。すると、そちら側にすべての回転が伝達されて空転。接地している側の駆動輪は停止するため、脱出不能になってしまう。

悪路走行では、路面の凹凸で駆動輪が跳ねる。跳ねた駆動輪は抵抗が小さくなるため高速で空転。接地している側の駆動輪は瞬間的に**駆動力**が低下。高速で回転している駆動輪が着地した瞬間には、そちら側にだけ強い駆動力が発揮される。こうした変化が左右輪で連続すると、クルマが左右に振られる**フィッシュテール**（尻振り）が起こる。

高速でのコーナリングでは遠心力によってコーナー外側にクルマが傾き、コーナー内輪が浮き気味になる。すると、抵抗が小さくなるため空転ぎみになり、強く接地しているコーナー外輪の駆動力が低下。クルマが曲がりにくくなってしまう。

部分的に濡れているような路面で、左右の駆動輪が滑りやすい路面と滑りにくい路面にまたがっているような場合にも、滑りやすい路面の駆動輪が空転ぎみになることで、駆動力が低下する。

■ デフロック

ディファレンシャルロック（デフロック）にはさまざまな構造のものがあるが、**デフケース**と一方の**デフサイドギア**（または**ドライブシャフト**）に**ドグクラッチ**を備え、締結と開放を行うものが多い。ドグクラッチを締結すれば、左右のデフサイドギアが一体になって回転し、**差動**が停止する。以前は空気圧でクラッチを作動させるものもあったが、現在は電磁アクチュエーターが多い。電磁石による作動で応答性が高い。

デフロックでデフの差動を完全に停止してしまうと、コーナリング時に問題が発生するので、通常の走行は困難になる。そのため、デフロックはオフロード走行を前提とするクルマ以外ではほとんど採用されない。また、いったん停車しなければデフをロックできない機構が多いため操作性が悪い。そのため現在では、こうしたクルマであっても**差動停止**状態まで作り出すことができる**LSD**を搭載することが増えている。ただ、単純な構造のデフロックのほうが信頼性が高いので、非常に過酷な走行状況が想定されるクルマには現在でもデフロックが採用されている。

電磁アクチュエーター　ドグクラッチ　*GKN

デフケース
ドグクラッチ
ドグクラッチ

デフサイドギア
デフピニオン
*Mitsubishi

■ 多板クラッチ式LSD

多板クラッチ式LSDは、**多板クラッチ**によって**差動**の制限を行う。**デフケース**とともに回転するフリクションプレートと、**デフサイドギア**とともに回転するフリクションディスクが多板クラッチとして機能する。これを**半クラッチ**状態にすると、摩擦が発生して、回転の速い側のデフサイドギアの回転を遅らせ、回転の遅い側の回転を速めることになる。クラッチの圧着の度合いによって伝達されるトルクが変化する。

デフケース内側にデフサイドギアをおおうようにプレッシャーリングという枠があり、その溝に**デフピニオンシャフト**が収められている。回転差が大きくなると、ピニオンシャフトがこの溝を押すことにより、プレッシャーリングが外側に移動する。その力によって多板クラッチが圧着される。回転差が大きくなるほど、プレッシャーリングを押す力が強くなり、**差動制限**が強く発揮される。

※作動状態の説明図は次ページ。

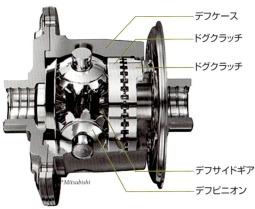

プレッシャーリング
デフピニオンシャフト

デフピニオン
デフサイドギア
多板クラッチ
*GKN

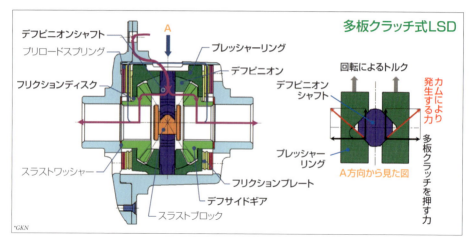

スーパーLSD

スーパーLSDは製品名であり、一般名称は**テーパーリング式LSD**とでもいうべきものだ。通常の**ベベルギア式デフ**をベースに、わずかな部品の追加と変更で実現された**LSD**だ。それぞれの**デフサイドギア**の外側に、テーパーリングという外周に斜面を備えたリングが配されている。デフで差動が行われると、**デフピニオン**の自転によってデフサイドギアに回転軸方向の力が発生する。この力によってテーパーリングがデフケースの内側に押しつけられると摩擦が発生し、**差動制限**が行われる。

現在ではスーパーLSDに改良を加えることで、加速時と減速時で異なる強さの差動制限力が発揮される**アンシメトリック**LSDも開発されている。

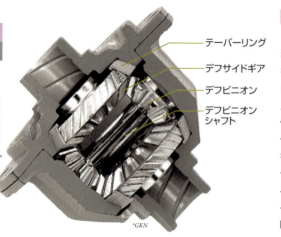

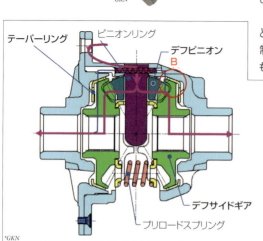

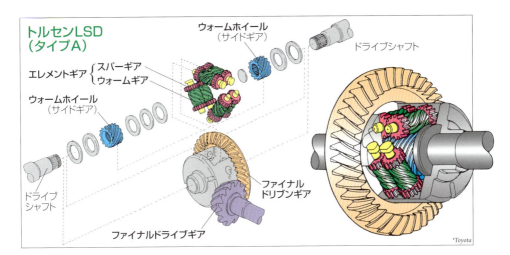

トルセンLSD

　トルセンLSDはトルクセンシングから命名された製品名だが、この名称で呼ばれることが多い。いくつのかタイプがあるが、タイプAは**ウォームギア式LSD**とでもいうべきもので、出力となる**デフサイドギア**に**ウォームホイール**、相互に回転を伝達する**デフエレメントギア**には**ウォームギア**が採用される。左右のウォームギアは、それぞれ左右のウォームホイールに噛み合うと同時に、両端に備えられた**スパーギア**で噛み合っている。

　直進状態では、エレメントギアの公転で左右のウォームホイールに回転を伝達する。コーナリングなどで左右の駆動輪が受ける抵抗に差が発生すると、エレメントギアの自転が加わる。たとえば、右ウォームホイールが遅く回転しようとすると、噛み合っている右ウォームギアを自転させる。この自転がスパーギアによって左ウォームホイールを自転させ、噛み合っている左ウォームギアを増速することで差動が行われる。しかし、ウォームホイールはウォームギアを回しにくい性質があり、大きな抵抗が発生する。これによりウォームギアに回転軸方向の力が発生し、側面に摩擦が発生する。この摩擦が**差動制限**の力になる。

　タイプBは、エレメントギアの回転軸の方向がサイドギアと平行になる。歯車には**ヘリカルギア**が採用される。左右のエレメントギア同士は噛み合っているが、それぞれ左右片側のサイドギアとしか噛み合っていない。この構造によってタイプAと同じように差動と差動制限が行われる。

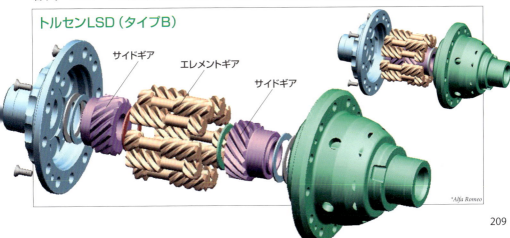

電子制御ディファレンシャル
Electronic controlled differential gear
04

　デフについても、高度な制御を求める結果として、**電子制御ディファレンシャル（電子制御デフ）**が開発されている。**アクティブディファレンシャル（アクティブデフ）**や**アクティブLSD**と呼ばれることもある。実は機械的なLSDは使いこなしが難しいが、電子制御デフであれば意識せずに使うことができ、さらに高い能力が発揮される。左右駆動輪のトルク配分を制御すれば、積極的にクルマの挙動をコントロールでき、**オーバーステア**や**アンダーステア**を抑制し、コーナリングしやすくなる。たとえば、コーナリング時に旋回外側の駆動輪のトルクを大きくすれば、クルマが曲がり込もうとする力が増してアンダーステアが抑制される。こうしたファイナルドライブによるトルク配分を**トルクベクタリング**という。

直進時：後輪左右に均等にトルクを配分

左カーブ時：後輪右側により多くのトルクを配分

電子制御デフ

電子制御デフは2つのタイプに大別できる。1つは従来同様に**ディファレンシャルギア**を湿式多板クラッチで**差動制限**するもの。デフは左右の出力側、もしくは入力側とどちらか一方の出力側をクラッチでつなぎ、その**圧着力**を制御することで差動制限が行える。ベースとなるデフには**ベベルギア式デフ**もあれば**プラネタリーギア式デフ**もある。

もう1つは歯車によるデフを廃し、ファイナルギアの出力を湿式多板クラッチを介して駆動輪に伝えるシステムを左右に備えるものだ。それぞれの湿式多板クラッチは**アクティブトルクスプリット式4WD**の**電子制御カップリング**（P226参照）と同じような構造をしている。左右の湿式多板クラッチの圧着力をかえれば**トルク配分**が行える。

これらの湿式多板クラッチの圧着力は油圧や電磁力でも制御できるが、現在では**モーター**による制御が多い。**車輪速センサー**やハンドル操作を検出する**舵角センサー**、旋回時のクルマに発生する回転しようとする力を検出する**ヨーレイトセンサー**などの情報からトランスミッションのECUなどが圧着力を決定する。

*Toyota

①ファイナルドリブンギア
②デフピニオンギア
③デフサイドギア
④多板クラッチ
⑤⑥ボールカムアクチュエーター
⑦減速ギア
⑧モーター
⑨ボール＆ワッシャー
⑩デフカバー
⑪デフハウジング

ベベルギア式デフをベースとする電子制御デフ。

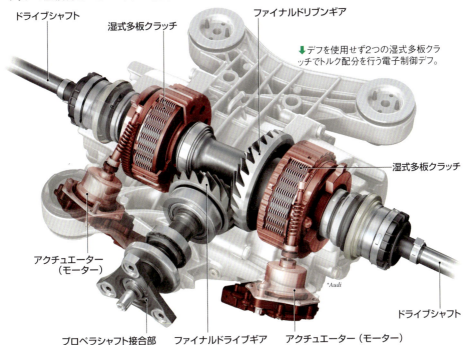

⬇デフを使用せず2つの湿式多板クラッチでトルク配分を行う電子制御デフ。

ドライブシャフト
湿式多板クラッチ
ファイナルドリブンギア
湿式多板クラッチ
アクチュエーター（モーター）
*Audi
ドライブシャフト
プロペラシャフト接合部
ファイナルドライブギア
アクチュエーター（モーター）

Propeller shaft & drive shaft
05 プロペラシャフト & ドライブシャフト

駆動装置

動力伝達装置で回転の伝達に使われるシャフトのうち、車両の前後方向に回転を伝達するものを**プロペラシャフト**という。FFのように不要なレイアウトもあるが、**FR**や**4WD**には不可欠なものだ。4WDでは前後2本が使われることもある。こうした場合、**フロントプロペラシャフト**、**リアプロペラシャフト**という。

プロペラシャフトは**トランスミッション**から**デフ**に回転を伝達するのが一般的だが、デフの位置は**サスペンション**によって移動する。そのため**ユニバーサルジョイント**（自在継手）が必要になる。**カルダンジョイント**が長く使われてきたが、現在では**等速ジョイン**トが採用されることもある。

デフから駆動輪へ回転を伝達するシャフトを**ドライブシャフト**という。実際には、車輪を装着する**ホイールハブ**に回転を伝達する。ホイールハブは**ホイールベアリング**を介して**ホイールハブキャリア**に備えられる。

独立懸架式サスペンションでは、デフと駆動輪の位置が変化し、サスペンションの形式によっては距離も変化する。前輪であれば、操舵で角度も変化する。そのため、両端に等速ジョイントが配される。**車軸懸架式サスペンション**の場合は、角度変化がないため、デフと駆動輪が1本のシャフトで連結される。

*Mitsubishi

プロペラシャフト

プロペラシャフトは英語を略して**プロップシャフト**ともいう。軽量化のために**中空構造**にされた鋼鉄製シャフトが一般的だが、さらに軽量化を図るために**炭素繊維強化樹脂（CFRP）**などの**樹脂製プロペラシャフト**や**アルミ製プロペラシャフト**が使われることもある。

プロペラシャフトは、ドライブシャフトに比べて回転数が高いため、わずかな重心の狂いでも振動を発生しやすい。そのため、トランスミッションとデフの距離が大きい場合は、2分割や3分割にされる。支持部分には**センターベアリング**を配することが多い。分割構造の場合、その位置によって**フロントプロペラシャフト**、**センタープロペラシャフト**、**リアプロペラシャフト**ということもある。

↑2分割構造のプロペラシャフト。両端に等速ジョイント、接続部にセンターベアリングを備えている。

*GKN

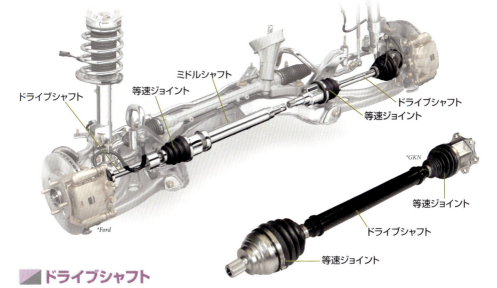

ドライブシャフト

ドライブシャフトはハーフシャフトともいい、鋼鉄製で中空構造が一般的だ。部分部分で太さや肉厚がかえられている。等速ジョイントへの接続部が細いと、それだけジョイント角（接続される2本の回転軸がなす角度）を大きくできる。

FRではリアデフを左右中央に配置できるため、左右の長さが等しいが、FFで横置きトランスミッションの場合、フロントデフを左右中央に配置することが難しい。そのままデフと車輪を接続した不等長ドライブシャフトを採用すると、左右のシャフトの運動の仕方が異なる。そのため、急加速などを行うと、クルマを旋回させようとする力が発生する。これをトルクステアという。現在では、トルクステアを抑制するために、ドライブシャフトが長くなる側に、デフから同軸上で回転するシャフトを配置することで、等長ドライブシャフトにしているクルマが多い。延長のために使われるシャフトをミドルシャフトやインターミディエイトシャフトという。また、トルクステアを避けるなどの理由で、FFでも縦置きトランスミッションにこだわっているメーカーもある。

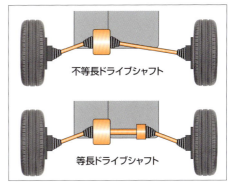

↓プロペラシャフトのユニバーサルジョイントにはラバーカップリングを採用している。

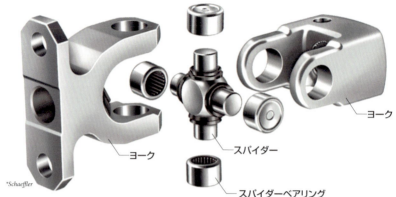

■ カルダンジョイント

　カルダンジョイントは**クロスジョイント**や**フックジョイント**、**フックスジョイント**ともいう。双方の回転軸には、二股にされた**ヨーク**が備えられる。その先端の穴に**スパイダーベアリング**を介して十字形の**スパイダー**が収められる。

　この構造により回転軸が折れ曲がっても、回転を伝達することができるが、1回転の間に**角速度**が変化する。これをカルダンジョイントの**不等速性**という。**ジョイント角**（ジョイントで接続される2本の回転軸がなす角度）によって角速度の変化の仕方が決まるため、ジョイントを2個使い、入力回転軸と最終的な出力回転軸が平行になるように配置すれば、2個のジョイントで発生する角速度の変化を打ち消すことができる。こうした配置を**ダブルカルダンジョイント**という。

　ただし、カルダンジョイントが対応可能なジョイント角は数度なうえ、**トランスミッション**と**ファイナルドライブギア**の回転軸を必ず平行にしなければならないので、サスペンションの設計に制限が加わることもある。そのため、現在では**等速ジョイント**が採用されることも増えている。また、ゴムの弾力によって回転軸の折れ曲がりに対応する**ラバージョイント**（ラバーカップリング）が採用されることもある。

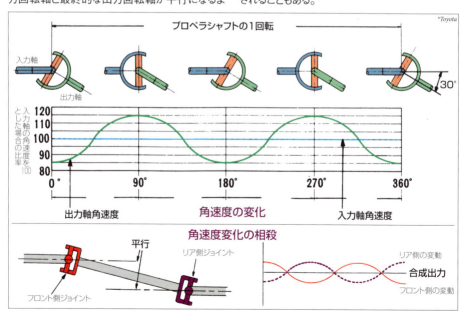

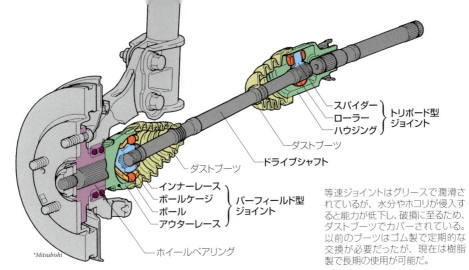

*Mitsubishi

等速ジョイント

　等速ジョイントは英語の頭文字から、**CVジョイント**や**CVJ**という。距離変化に対応できるものを**スライド式等速ジョイント（スライド式CVジョイント）**または**摺動式等速ジョイント（摺動式CVジョイント）**といい、対応できないものを**固定式等速ジョイント（固定式CVジョイント）**という。

距離変化への対応が必要な場合には、デフ側にだけスライド式が採用されるのが一般的だ。それぞれ各種構造のものがあるが、固定式では**バーフィールド型ジョイント**、スライド式では**クロスグルーブ型ジョイント**や**トリポード型ジョイント**、もしくはこれらの発展形が採用されることが多い。

等速ジョイントはグリースで潤滑されているが、水分やホコリが侵入すると能力が低下し、破損に至るため、ダストブーツでカバーされている。以前のブーツはゴム製で定期的な交換が必要だったが、現在は樹脂製で長期の使用が可能だ。

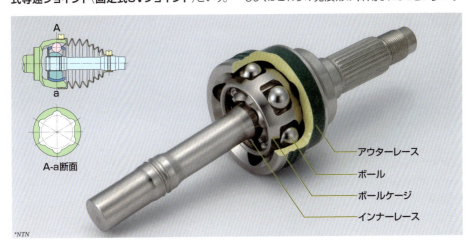

*NTN

バーフィールド型ジョイント

　バーフィールド型ジョイントは**ツェッパ型ジョイント**や**ボールフィックスト型ジョイント**ともいう**固定式等速ジョイント**だ。一方の回転軸は球面状の内側に6本の案内溝のある**アウターレース**、もう一方の回転軸は球面状の外側に6本の案内溝のある**インナーレース**に備えられる。両者の案内溝の間に6個のボールが入れられ、ボールの位置を保持するためにカゴ状の**ボールケージ**が配されている。回転の伝達はボールによって行われる。入出力の回転軸に角度がついた場合も、ボールの中心を通る面が、両軸に対して同じ角度になるため、等速性が保たれる。

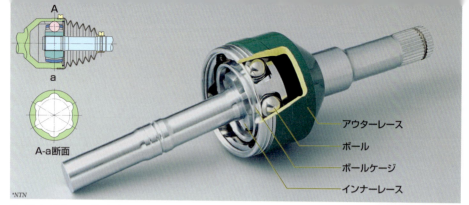

アウターレース
ボール
ボールケージ
インナーレース

クロスグルーブ型ジョイント

　クロスグルーブ型ジョイントは、バーフィールド型ジョイントの発展形といえる**スライド式等速ジョイント**だ。構成要素はほぼ同じだが、**イン**ナーレースと**アウターレース**の案内溝が交差するように配置されている。これにより角度変化だけでなく、距離変化への対応も可能になる。

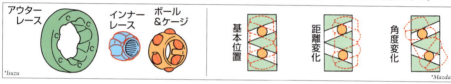

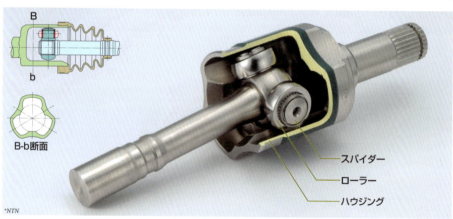

スパイダー
ローラー
ハウジング

トリポード型ジョイント

　トリポード型ジョイントには固定式もあるがスライド式が使われることが多い。一方の回転軸は中心から等間隔で3方向に腕を伸ばした**スパイダー**に備えられ、もう一方の回転軸は3本の案内溝のあるハウジングに備えられる。スパイダーの先端にはそれぞれローラーが配され、このローラーがハウジングの案内溝に収められる。入出力の回転軸に角度がついても距離が変化しても、ローラーの外周が常にハウジングの案内溝に接しているため、回転を伝達することができる。

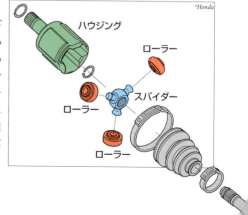

ローラータイプ
（非駆動輪）

ボールタイプ
（駆動輪）

*Mercedes-Benz

ホイールベアリング

　ホイールベアリングはハブベアリングともいい、**駆動輪**にも**非駆動輪**にも備えられる。使われるベアリング（軸受）は**転がり軸受**で、2個の円筒の間に球を配置する**ボールベアリング（玉軸受）**か円柱もしくは円錐のころを配置する**ローラーベアリング（ころ軸受）**が使われる。円錐のものを区別して**テーパードローラーベアリング（円錐ころ軸受）**ということもある。別々に製造したベアリングと**ホイールハブ**を接合することもあるが、ハブまで一体で作られるホイールベアリングが増えている。また、**ABS**などで利用される**車輪速センサー**の機能が備えられることが多い。

*NTN

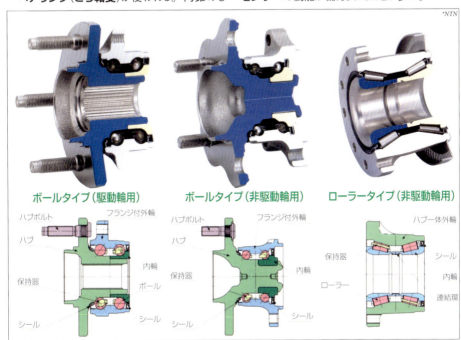

ボールタイプ（駆動輪用）　　ボールタイプ（非駆動輪用）　　ローラータイプ（非駆動輪用）

ハブボルト　フランジ付外輪　　ハブボルト　フランジ付外輪　　　　　　　　ハブ一体外輪
ハブ　　　　　　　　　　　　ハブ　　　　　　　　　　　　　保持器　　　　　シール
保持器　　　　内輪　　　　　保持器　　　　内輪　　　　　　　　　　　　　内輪
　　　　　　　ボール　　　　　　　　　　　　　　　　　　　ローラー　　　　連結環
シール　　　　　　　　　　　シール

第2章／駆動装置　プロペラシャフト＆ドライブシャフト

217

Four-wheel drive
01 4WD

クルマの4輪すべてを駆動輪にする駆動方式を4WD（4輪駆動）という。一般的なクルマは車輪数が4なので、AWD（全輪駆動）ともいう（6輪や8輪などの特殊な車両では4WD＝AWDではない）。4個の車輪のうち駆動輪が4個という意味から、4×4ともいう。

4WDというと、悪路走破性の高さをイメージする人が多い。確かに悪路では有利だが、ほかにもさまざまなメリットがある。4輪に駆動力を配分することで、大きな駆動力を発揮させたり、滑りやすい路面での駆動力を高めることができる。コーナリングが安定するというメリットもある。そのため、スポーツタイプのクルマが4WDを採用することがあるが、こうした能力は限界的な走行の時にだけ発揮されるものではない。日常的な走行の安全性を高める効果もある。しかし、2WD（2輪駆動）に比べると、部品が増えるため車重が大きくなり、燃費が悪くなりやすい。コスト高にもなる。

4WDはパートタイム4WD、フルタイム4WD、ハイブリッド4WD（P260参照）に大別され、フルタイム4WDにはセンターデフ式フルタイム4WD、トルクスプリット式4WDがある。トルクスプリット式には受動的にトルク配分を行うパッシブトルクスプリット式4WDと、電子制御で配分するアクティブトルクスプリット式4WDがある。こうした電子制御4WDには、アクティブトルクスプリット式のほかにセンターデフの制御を行う電子制御センターデフ式フルタイム4WDもある。

4WDの悪路走破性

凹凸の激しい悪路では、車輪が路面から浮き上がることがある。駆動輪が4輪ある4WDならば、どこかの車輪が浮き上がっても、接地している車輪があるから走行することができ、走破性が高くなる。この考え方は正しいのだが、駆動輪にはデフが備えられているため、片側の駆動輪が浮けば、反対側の駆動輪は停止してしまう。4WDの形式によっては、前後の関係でも同じような問題が起こる。そのため、走破性を高めるためにはデフロックやLSDの採用が不可欠で、4WDの形式もこうした事態に対応できるものである必要がある。

4WDの駆動力

クルマの**駆動力**は、**タイヤ**と路面との摩擦で発生する。氷上のように摩擦が発生しにくい場所では、駆動輪に大きなトルクを伝えても、**ホイールスピン**を起こすだけでクルマが進まないことからも、摩擦が重要であることがわかる。こうした摩擦力をタイヤの**グリップ**や**グリップ力**といい、限界がある。この限界は路面の状態やタイヤの状態、タイヤにかかっている重量で変化する。

正確な表現ではないが、イメージとして捉えると以下のようになる。たとえば、トータルで100の駆動力を発揮させられるエンジンを搭載したクルマがあり、路面のグリップ限界が30だとする。このクルマが2WDの場合、各駆動輪に50の力を伝えたのでは、ホイールスピンを起こすだけだ。エンジンの出力を抑えてトータル60の駆動力しか得られない。ところが4WDであれば、各輪に25の力を伝えてもグリップ限界以内なので100の駆動力が得られる。そのため、高出力のスポーツタイプのクルマで4WDが採用されることがある。

また、グリップ限界が10しかない路面の場合、2WDでは20の駆動力しか得られないが、4WDであれば40の駆動力が得られる。そのため、雪上のような滑りやすい路面でも、4WDは安定して駆動力を発揮することができるわけだ。

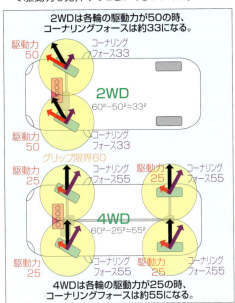

4WDのコーナリングフォース

クルマがコーナーを曲がる際には、遠心力に対抗してクルマを曲がらせようとする力である**コーナリングフォース**が必要になる。このコーナリングフォースも**タイヤ**と路面との摩擦によって発生するため、**グリップ**の限界の影響を受ける。駆動力、コーナリングフォース、グリップ限界は上右図のような関係になるため、**(グリップ限界)^2 =(駆動力)^2+(コーナリングフォース)^2**という法則が成り立つ。

たとえば、グリップ限界が60の状況で、2WDが100の駆動力を発揮させると、コーナリングフォースは約33しか得られないが、4WDであれば約55のコーナリングフォースを得ることができる。つまり、同じ駆動力を発揮させても、4WDのほうがコーナリングフォースが大きく、安定してコーナーを曲がっていくことが可能だ。高速コーナリングができるのはもちろん、速度を抑えたコーナリングであっても、4WDのほうが安全性が高くなる。

タイトコーナーブレーキ現象

　前後の**ファイナルドライブギア**を1本のシャフトでつなぎ、そこにトランスミッションの出力を伝えれば、**4WD**になる。これを**直結式4WD**という。前後の**デフ**に**LSD**や**デフロック**を加えれば、もっとも悪路走破性が高い4WDになる。

　しかし、このままでは舗装路などの走行が難しい。コーナリング時には左右輪の旋回半径が異なるため、駆動輪にはデフが必要になるが、前輪と後輪でもコーナリング時の旋回半径が異なる。そのため、直結式4WDでは後輪が空転ぎみにスリップするか前輪が引きずられるようになる。悪路では、ある程度の空転は許容されるが、**グリップ**の限界が高い舗装路では問題になる。特に小回りの際には前輪がつっかかってブレーキがかかったようになり、スムーズに走行できない。これを**タイトコーナーブレーキ現象**といい、実用的な4WDにするためには対策が必要になる。

　パートタイム4WDはドライバーが走行する場所に応じて**2WD**と**4WD**を切り替えることでタイトコーナーブレーキ現象に対応させている。**センターデフ式フルタイム4WD**では**センターデフ**によって、**トルクスプリット式4WD**は前後に**トルク配分**する機構によって回転差を吸収することで、タイトコーナーブレーキ現象に対応している。

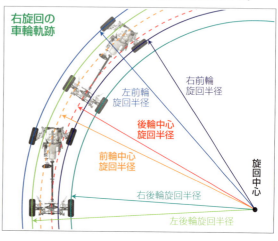

パートタイム4WD

　パートタイム4WDは**セレクティブ4WD**ともいい、悪路走破性が高いが、ドライバーによる切り替え操作が必要になる。また、通常の走行は**2WD**で行われるため、駆動力やコーナリング性能が高まることはない。他の方式の4WDでも直結状態を作り出す機構を加えることで、悪路走破性を高められるため、パートタイム4WDを採用する車種は非常に少なくなっていて、悪路走破性をとりわけ重視するクルマに限られる。

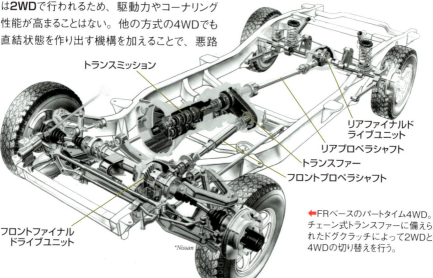

←FRベースのパートタイム4WD。チェーン式トランスファーに備えられたドグクラッチによって2WDと4WDの切り替えを行う。

4WDのレイアウト

4WDのために設計された**レイアウト**もあるが、多くの場合、FFの横置き**トランスミッション**かFRの縦置きトランスミッションがベースになっていると考えることができる。実際、FFベースといえる4WDの場合、同じ車種でFFも設定されていることが多い。FRの場合も同様だ。なお、FF縦置きトランスミッションがベースの場合は、FRベースに近い構造になる。

こうしたベースとなる動力伝達装置から、前後もう一方の駆動軸用の回転を取り出す機構を**4WDトランスファー**という。**トランスファー**には分岐を作り出す歯車やチェーンなどのほか、4WDの中心的な機構である**センターデフ**や**トルク配分**を行う機構が備えられることもある。

FF横置きトランスミッションは**ファイナルドライブユニット**を内蔵した**トランスアクスル**のことが多いが、FFベースの4WDの場合はさらにトランスファーまで内蔵したトランスアクスルにされることがある。FRベースの場合は、縦置きトランスミッションとプロペラシャフトの間か、トランスミッション後方の側面にトランスファーが配されることが多い。ケースが一体化されることもある。ここから、トランスミッションの側面に配された**フロントプロ**

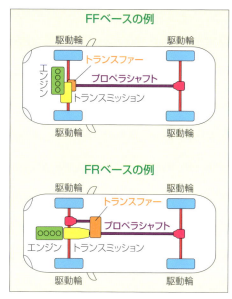

ペラシャフトで**フロントファイナルドライブユニット**に回転を伝達する。この場合、フロントプロペラシャフトは左右中央配置にならない。こうした配置を避けるために、トランスミッション内部にフロントプロペラシャフトとともにフロントファイナルドライブユニットを収めた**4WDトランスアクスル**にされることもある。

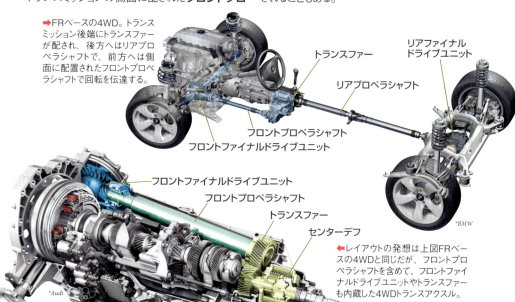

➡FRベースの4WD。トランスミッション後端にトランスファーが配され、後方へはリアプロペラシャフト、前方へは側面に配置されたフロントプロペラシャフトで回転を伝達する。

⬅レイアウトの発想は上図FRベースの4WDと同じだが、フロントプロペラシャフトを含めて、フロントファイナルドライブユニットやトランスファーも内蔵した4WDトランスアクスル。

パッシブ4WD
Passive torque split four-wheel drive

駆動装置 02

トルクスプリット式4WDとは、走行状況に応じて前後の**トルク配分**をかえる**4WD**で、**オンデマンド式4WD**ともいう。このうち、受動的にトルク配分が変化するものを**パッシブトルクスプリット式4WD**や、単に**パッシブ4WD**ということが多い。**パッシブオンデマンド式4WD**ともいう。直進走行では**2WD**だが、カーブや滑りやすい路面になると受動的に4WDに切り替わり、状況に応じてトルク配分が変化していく。2WDで待機しているため、**スタンバイ4WD**ともいう。一時期はパッシブ4WDの採用が非常に多かったが、より性能を高めやすい**アクティブトルクスプリット式4WD**の低コスト化が進んだためパッシブ式はあまり使われていない。

パッシブ4WDは**回転差感応型トルク伝達装置**を利用する。過去さまざまな**トルク伝達装置**が採用されてきたが、もっとも代表的なものは**ビスカスカップリング**で、採用する4WDを**ビスカスカップリング式4WD**いう。

回転差感応型トルク伝達装置によるトルク伝達

パッシブ4WDにはFRベースでも構成できるが、大半はFFベースだ。**フロントファイナルドライブユニット**付近に**ベベルギア**による**トランスファー**を設け、そこから**プロペラシャフト**で**リアファイナルドライブユニット**に回転を伝達するのが一般的だ。**回転差感応型トルク伝達装置**の配置場所はさまざまで、トランスファー一体、リアファイナルドライブユニット一体のほか、プロペラシャフトの中間に配置することもある。

直進走行などで前後のファイナルギアの回転数が同じ場合は、トルクの伝達が行われないため、**2WD**（FF）走行になる。カーブなどで前後に回転差が発生すると、トルクの伝達が開始され4WD走行になる。回転差が大きくなるほど後輪に伝達されるトルクが多くなる。前輪が空転するような状況でも、**直結式4WD**状態になるので脱出が可能だ。**トルク配分**は、前後で100：0〜50：50の範囲で行われる。

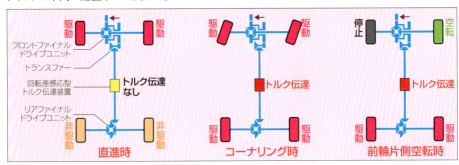

4WDの分類
パッシブ4WDは2WDで走行している時もあるため、フルタイム4WDに分類すべきではないという考え方もあり、パートタイム4WDに分類することや、フルタイムでもパートタイムでもない独立した分類にすることもある。しかし、実際の走行では直進状態であっても路面のうねりなどで前後に回転差が生まれ、4WDになっていることが多い。こうした考え方を、アクティブトルクスプリット式も含めて、トルクスプリット式全般に当てはめることもある。ただし、アクティブトルクスプリット式のなかには、2WDの状態が存在しないものもある。なお、トルクスプリット式をパートタイム式に分類する場合、ドライバーによる2WD/4WDの切り替え操作が必要なものはパートタイム4WDの一種であると考え、操作が必要なものを限定する場合はセレクティブ4WDという。

ビスカスカップリング

ビスカスカップリングは**回転差感応型トルク伝達装置**の一種で、入出力回転軸（入出力の入れ替えも可能）の回転数が等しい場合はトルクを伝達しないが、回転数に差が発生すると、回転の速い側から遅い側にトルクを伝達する。この能力が**4WD**や**LSD**に活用できる。

ビスカスカップリングでは、シャフトとケースが入出力の回転軸になる。シャフトには円板状の**インナープレート**、ケースには**アウタープレート**が備えられ、交互にわずかな隙間をあけて配置されている。両プレートはそれぞれの回転軸とともに回転するが、インナープレートは回転軸方向には移動可能だ。また、ケース内には粘度が高く温度変化による体積変化が大きいシリコンオイルと、少量の空気が入れられている。

入出力の回転数が等しい状態では、両プレ

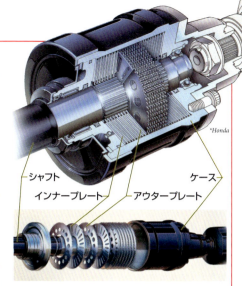

ートとオイルが一体になって回転するため、トルクの伝達が行われない。回転差が発生すると、粘性によってオイルが、回転速度の遅いプレートを引っぱって増速し、速いプレートを引き戻して減速することで、トルクの伝達が行われる。

回転差が非常に大きくなると、オイルとプレートの摩擦によって熱が発生し、オイルが膨張する。この膨張によってインナープレートが押され、アウタープレートと密着。入出力の回転軸が一体になって回転する。これをビスカスカップリングの**ハンプ現象**という。しかし、この状態が続くと、オイルとプレートの摩擦がないため、温度と圧力が低下。元の状態に戻っていく。

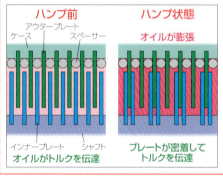

ビスカス4WD

回転差感応型トルク伝達装置に**ビスカスカップリング**を使用する**パッシブ4WD**を**ビスカスカップリング式4WD**といい、単に**ビスカス4WD**ともいう。回転差に応じてトルクの伝達が行われるのはもちろん、**ハンプ現象**によって**直結式4WD**を作り出すことができる。悪路走破性が高い4WDとはいえないが、コーナリングや雪道走行の安全性を高めることができる。

↑図はプロペラシャフトの中間にビスカスカップリングを配した例だが、トランスファー一体型やリアファイナルドライブユニット一体型もある。

駆動装置

Center differential type four-wheel drive
03 センターデフ式フルタイム4WD

　ディファレンシャルギア（デフ、差動装置）を使用すれば前後の回転差を吸収することで、常に4輪に駆動力を配分することができる。こうしたデフを**センターディファレンシャルギア（センターデフ）**といい、採用する4WDを**センターディファレンシャル式フルタイム4WD（センターデフ式フルタイム4WD、センターデフ式4WD）**という。機械的な機構で前後の差動を行うため、センターデフ式は信頼性が高い。しかし、駆動輪のデフの場合と同じように、1輪で空転が起こるような状況では走行不能になるため**差動停止装置**か**差動制限装置**の併用が一般的だ。

　センターデフには**ベベルギア式デフ、プラネタリーギア式デフ、クラウンギア式デフ**などが採用され、**多板クラッチ**が差動制限のために組み合わされる。歯車機構そのものに差動制限能力がある**トルセンLSD**が使われることもある。プラネタリーギア式デフやクラウンギア式デフ、トルセンLSDの場合は**前後不等トルク配分**も可能で、前後輪の荷重に応じて配分して走行性能を高めることが可能だ。また、差動制限を行う**湿式多板クラッチ**を電子制御して前後の**トルク配分**を行う**電子制御センターデフ式フルタイム4WD（電子制御センターデフ式4WD）**もある。

　ただし、機械的な構造が複雑になり重量も大きくなりやすいため、センターデフ式は主流を外れつつあり、**アクティブトルクスプリット式4WD**の採用が増えてきている。

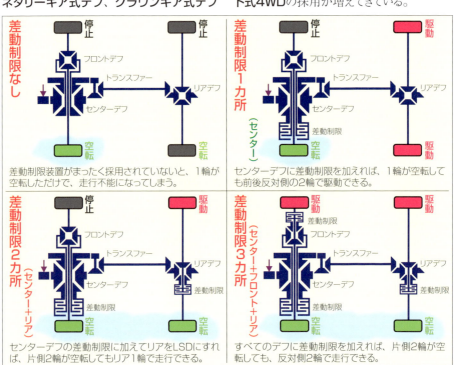

差動制限なし — 差動制限装置がまったく採用されていないと、1輪が空転しただけで、走行不能になってしまう。

差動制限1カ所（センター） — センターデフに差動制限を加えれば、1輪が空転しても前後反対側の2輪で駆動できる。

差動制限2カ所（センター＋リア） — センターデフの差動制限に加えてリアをLSDにすれば、片側2輪が空転してもリア1輪で走行できる。

差動制限3カ所（センター＋フロント＋リア） — すべてのデフに差動制限を加えれば、片側2輪が空転しても、反対側2輪で走行できる。

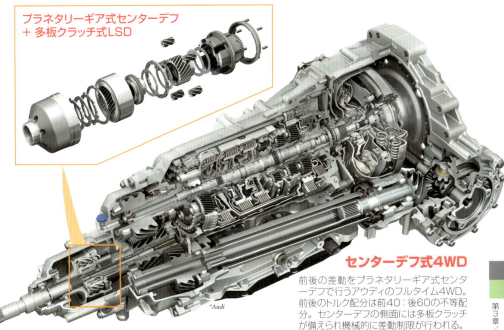

プラネタリーギア式センターデフ
＋ 多板クラッチ式LSD

*Audi

センターデフ式4WD

前後の差動をプラネタリーギア式センターデフで行うアウディのフルタイム4WD。前後のトルク配分は前40：後60の不等配分。センターデフの側面には多板クラッチが備えられ機械的に差動制限が行われる。

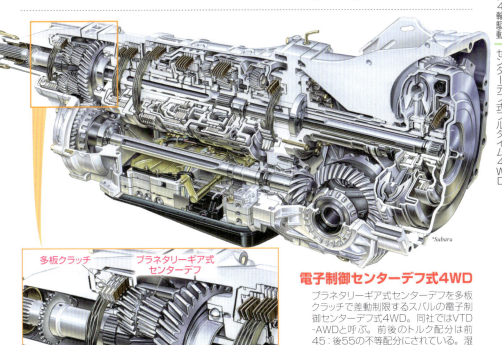

*Subaru

多板クラッチ　　プラネタリーギア式
　　　　　　　　センターデフ

電子制御センターデフ式4WD

プラネタリーギア式センターデフを多板クラッチで差動制限するスバルの電子制御センターデフ式4WD。同社ではVTD-AWDと呼ぶ。前後のトルク配分は前45：後55の不等配分にされている。湿式多板クラッチによる差動制限は油圧で制御される。

第3章／4輪駆動　センターデフ式フルタイム4WD

225

駆動装置 04 Active torque split four-wheel drive
アクティブトルクスプリット式4WD

トルクスプリット式4WD（オンデマンド式4WD）のなかでも走行状況に応じて前後の**トルク配分**を能動的にかえる4WDが**アクティブトルクスプリット式4WD（アクティブオンデマンド式4WD）**だ。最近では単に**電子制御4WD**と呼ばれることも多い。エンジンやトランスミッションの電子制御は当たり前のことであり、4輪の車輪速をはじめ駆動に関するさまざまな情報がすでに集められているため、比較的容易に電子制御化が行える。パッシブ4WDより高度な制御が可能なうえ、低コスト化も進んだため、現在の4WDシステムの主流になっている。なお、**電子制御センターデフ式4WD**も**差動制限**によって前後のトルク配分を可変しているため、アクティブトルクスプリット式の一種と考えることができるが、4WDにとって**センターデフ**は重要な存在であるため、区別して扱われることが多い。

アクティブトルクスプリット式4WD

アクティブトルクスプリット式4WDは、パッシブ4WDの回転差感応型トルク伝達装置を電子制御された**トルク伝達装置**に置き換えたものだ。トルク伝達装置には**湿式多板クラッチ**が使われ、その圧着力を油圧や電磁力、モーターなどで制御することで伝達するトルクを調整している。

FF横置きトランスミッションをベースにするものの場合、トランスアクスル内に**トランスファー**を設け、そこからプロペラシャフトで**リアファイナルドライブユニット**に回転を伝達する。トルク伝達装置の位置はさまざまに考えられるが、後輪のファイナルドライブユニット付近が多い。こうしたトルク伝達装置は**電子制御カップリング（電制カップリング）**と呼ばれることが多い。また、FRなどの縦置きトランスミッションをベースにするものの場合、トランスミッションにトランスファーとともにトルク伝達装置が内蔵されることが多い。こうした場合はトルク伝達装置とトランスファーを含めて**マルチプレートトランスファー**などということもある。

アクティブトルクスプリット式4WDの場合、ベースがFFであれば前後100：0～50：50の範囲で前後トルク配分を行うことができ、ベースがFRであれば前後0：100～50：50の範囲で前後トルク配分を行うことができる。

なお、下の図ではベースとなった駆動方法の駆動軸をプライマリーアクスル、電制カップリングでトルクが伝えられる駆動軸をセカンダリーアクスルとしている。

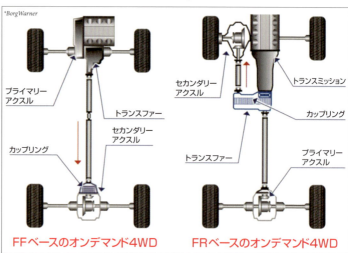

FFベースのオンデマンド4WD　　FRベースのオンデマンド4WD

アクティブトルクスプリット式4WDでは電子制御カップリングの多板クラッチを圧着することでトルクを伝達する。

電磁駆動電子制御カップリング
電磁石で駆動する電子制御カップリング。磁力でクラッチを圧着するのではなく、カムの作用を利用して圧着力にしている。

油圧駆動電子制御カップリング
油圧で駆動する電子制御カップリング。モーターで駆動される油圧ポンプが搭載されていて、そこで発生した油圧で多板クラッチを圧着する。リアファイナルドライブユニットとプロペラシャフトの間に備えられる。

第3章／4輪駆動　アクティブトルクスプリット式4WD

モーター駆動マルチプレートトランスファー

モーターの力で多板クラッチを圧着するシステム。モーターの回転を歯車で減速増トルクしている。縦置きトランスミッションの後端に備えられるもので、フロント用出力は回転方向を揃えるために外歯歯車3個で取り出されている。

圧着力発生機構
多板クラッチ
リアプロペラシャフト
トランスファー
フロントプロペラシャフト
モーター&減速機構
*BMW

多板クラッチ
圧着力発生機構
*Subaru

油圧駆動マルチプレートトランスファー

油圧で多板クラッチを圧着しているが、縦置き4WDトランスアクスルに内蔵されているため、圧着にもトランスミッションの油圧を利用している。フロントプロペラシャフトやフロントファイナルドライブユニットも内蔵したCVT。

*Mercedes-Benz

第4部 電気自動車とハイブリッド自動車

第1章　電気自動車 … 230
第2章　燃料電池自動車 … 244
第3章　ハイブリッド自動車 … 248

*Volkswagen

電気自動車 01
Types of electric vehicle
xEV

モーターを動力源に使用して走行するクルマを総称して**電気自動車**という。Electric vehicleを略して**EV**ということも多い。EVはモーターに電気を供給する方法、つまり**給電**によって分類できる。給電には電池が使われるのが一般的で、**二次電池、燃料電池、太陽電池**などがあるが、外部から給電を行うものもある。

電気自動車の主流は二次電池で給電を行う**二次電池式電気自動車**で、バッテリー（Battery）の頭文字をつけて**BEV**と略される。単に電気自動車やEVといった場合はBEVを示していることが多く、狭義のEVはBEVだといえる。対してモーターを動力源にするクルマ全般が広義のEVだが、区別するために広義のEVは**xEV**と表現することも多い。以前はBEVを**ピュアEV**と呼ぶこともあったが、現在ではEV専用に開発されたクルマをピュアEVと呼ぶことがある。

燃料電池式電気自動車は、燃料電池（Fuel Cell）の頭文字をつけて**FCEV**と略されるが、電気のEを省略して**FCV**と略されることもある。日本語でも**燃料電池自動車**や**燃料電池車**と呼ばれるのが一般的だ。燃料電池に燃料を供給することで、連続して使用することができる。**太陽電池式電気自動車**はソーラーカーと呼ばれることが多いが、現状の太陽電池の能力では実用的な市販車にするのは難しいとされる。

内燃機関とモーターという2種類の動力源を使用する現在の**ハイブリッド自動車**も電気自動車に分類される。**ハイブリッド電気自動車**（Hybrid EV）の頭文字から**HEV**と略されるが、**HV**と略されることもある。

二次電池式電気自動車

BEVで一般的なのは搭載している**二次電池**に外部から**充電**を行うものだ。プラグをさして充電を行うため**プラグインEV**（Plug-in EV）や略して**PEV**という。ただし、プラグインEVはBEVの一種である。BEVには、必要に応じて充電済みの二次電池との交換を行う**二次電池交換式電気自動車**（バッテリー交換式電気自動車）もあり、**バッテリースワッピングEV**や**バッテリースイッチングEV**ともいう。ガソリンスタンドなみに電池の交換場所を設置するのが難しいため、一般的なクルマでは実用的な給電方法にはならないが、限られた道路や地域だけで使われ走行距離も想定できる路線バスのような公共交通機関や地域配送に使われるクルマであれば、無駄な二次電池を搭載する必要がなく交換場所も確保しやすいので二次電池交換式が適している。

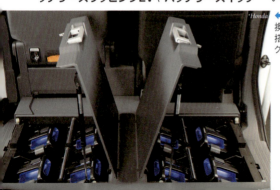

←↓ホンダが宅配業者と実証実験している二次電池交換式EV。荷室の床下に脱着可能なバッテリーパックが搭載されている。使用されているバッテリーパックは電動スクーターやポータブル電源にも対応している。

*Honda

ハイブリッド自動車

エンジンとモーターを動力源とするのが現在の一般的なハイブリッド電気自動車（HEV）だが、ハイブリッド自動車（HV）には二次電池とモーターの組み合わせ以外の方法で回生エネルギーを蓄えておき走行に使用するシステムを搭載したエンジン自動車もある。空気圧や油圧を利用する蓄圧式ハイブリッド自動車は、路線バスで実用化され一時期は運用されていた。ほかにも、フライホイールに回生エネルギーを蓄える機械式ハイブリッド自動車なども研究されている。

↓三菱ふそうが実用化した蓄圧式ハイブリッドバスMBECS。日本各地で運用されていた。

Mitsubishi Fuso

油圧ポンプ・モーター
作動油タンク
アキュムレーター（蓄圧室）

プラグインハイブリッド自動車

プラグインEVの弱点であった航続距離の短さはかなり解消されてきたが、航続距離の長いクルマは高コストで重量も大きい。また、充電スポットも限られている。こうした状況に対応して増えてきているのが充電できるHEVだ。通常のHEVより二次電池の容量を大きくしたうえで、外部から充電を行えるようにしてあるためプラグインHEV（PHEV）という。日常的な近距離走行ではBEVと同じようにモーターだけで走行でき、二次電池の電気を使い切ったらHEVとして走行できる。

同じように、航続距離を伸ばす目的でエンジンと発電機による発電システムがBEVに搭載されることもある。発電システムは航続距離を伸ばすものを意味する英語からレンジエクステンダー

発電システム

BMW

↑BMWのi3にはレンジエクステンダー仕様があった。647cc直列2気筒DOHCエンジンで発電が行われた。

（Range Extender）といい、採用するクルマをレンジエクステンダーEVといい、REEVと略される。REEVも構造上はPHEVに分類される。

外部給電式電気自動車

路線バスのように限られた道路だけを走行する公共交通機関に使用されるクルマの場合は、外部から給電することも不可能ではない。代表的なものがトロリーバスだ。路面電車と同じように道路上空に張られた架線から給電を受けて走行するが、レールは使用せず道路を走行する。過去には国内でも使われていて、海外ではまだ使われている。こうした電気自動車を架線集電式電気自動車という。

道路に給電機構を埋設し電磁誘導作用や共振作用を利用して非接触給電を受けながら走行する走行中給電の電気自動車も開発が進められて

photo AC

↑海外ではトロリーバスを今も運用している国がさまざまにある。

いる。停留所など停車する場所でのみ給電を受ける間欠給電式電気自動車も検討されている。

電気自動車

Battery electric vehicle
02 BEV

　BEVの駆動システムは、モーター、トランスアクスル、二次電池、パワーエレクトロニクスで構成される。モーターは永久磁石型同期モーターが主流だ。トランスアクスルは変速機とディファレンシャルギア(デフ)で構成される。変速機とはいっても多段のことは少なく、1段の減速機構が一般的だ。

　二次電池にはリチウムイオン電池が使われる。プラグインEVの場合、大きな容量の二次電池が必要になるため、車体のフロア下一面に敷き詰められることが増えている。パワーエレクトロニクスの中心的な存在は、走行時に二次電池の直流を、モーターの駆動するための交流に変換するインバーターだ。このインバーターは回生制動時にはモーターに生じた交流を、二次電池の充電に適した直流に変換するAC-DCコンバーターとして機能するため、インバーター/コンバーターと呼ぶべきものだが、単にインバーターということが多い。また、モーターの出力を調整するためパワーコントロールユニット(PCU)などということもある。

　BEVの実用化当初からモーターとトランスアクスルは一体化されることがほとんどだ。これをまとめてeアクスル(eAxle)などというが、現在ではインバーターも一体化されたeアクスルが多い(e-Axleの表記もある)。配線を最短距離にすることで損失を低減でき、冷却などの熱マネジメントも行いやすくなる。

　BEVの駆動方式にはFWD、RWD、4WD(AWD)がある。エンジン自動車の場合はエンジンの位置も含めてFFやFRなどと表現することもあるが、BEVでは駆動輪の位置にeアクスルが備えられるため、FWDであればモーターは前輪付近にあり、RWDであればモーターは後輪付近にある。

FWD

FWDの後輪は非駆動輪なのですっきりした構造。

RWD

車両前部には配置されているのはDC-DCコンバーターなどで、駆動を行うeアクスルは存在しない。

4WD

車両前部がRWDの写真と同じようにも見えるが、インバーターが一体化されたeアクスルがありドライブシャフトがある。

FWD、RWD、4WD

　エンジン自動車と共通のプラットフォームで設計される**BEV**の場合は、エンジンのために用意された空間に**eアクスル**などを配置するため**FWD**になることが多い。しかし、BEV専用のプラットフォームの場合、設計の自由度は高い。エンジンを車両後方に配置すると車内の空間が犠牲になるが、eアクスルはエンジンに比べると小さく、車両後方に配置することも可能だ。クルマは加速の際に後輪のほうが荷重が大きくなるため、**RWD**のほうが加速には都合がよい。さらに、RWDであれば操舵と駆動を前後輪で分担させることができる。こうしたメリットがあるため、BEVではRWDが主流になると考えられている。ただし、回生制動時には荷重が前方に移動するため、回生で得られるエネルギーはFWDのほうが大きくなる。

　また、エンジン自動車と同じようにBEVでも1つのモーターで**機械式4WD**を構成することが不可能ではないが、パワートレインの構造が複雑になるため現実的な選択ではない。前後にeアクスルを配置して4WDを構成するのが一般的だ。これにより加速や減速による荷重移動が起こっても、前後のモーターを最適な状態で使うことができる。また、機械式4WDで主流になっているアクティブトルクスプリット式4WDの前後**トルク配分**は100：0〜50：50だが、BEVの4WDでは100：0〜0：100の前後トルク配分が可能だ。

電気自動車

03 eアクスル
Electric axle

モーターとトランスアクスルを一体化したユニットはeアクスル（eAxle）やeドライブシステム（eDrive System）やeパワートレイン（ePowertrain）などと呼ばれる。現在ではeアクスルにインバーターを一体化することが多く、こうしたものを3in1のeアクスルという。また、DC-DCコンバーターや車載充電器、熱マネジメントなどさまざまなシステムの合体も始まっていて、4in1や5in1と呼ばれる。

モーターは永久磁石型同期モーターが主流だが、巻線型同期モーターやかご型誘導モーターも使われている（P60参照）。トランスアクスルの変速機は1段の減速機構が一般的だが、2段の変速機を採用するものもある。ディファレンシャルギア（デフ）はベベルギア式デフもあればプラネタリーギア式デフもある。なお、モーターの回転軸上に出力軸が存在するものを同軸配置のeアクスルといい、モーターの回転軸と出力軸の位置がずれているものをオフセット配置のeアクスルという。

減速機構

eアクスルの減速機構はリダクションギアといもいい、平行軸式と同軸式がある。平行軸式減速機構は外歯歯車を組み合わせたもので平行2軸式と平行3軸式があり、モーターの同軸配置とオフセット配置がある。同軸式減速機構ではプラネタリーギアで減速が行われる。同軸式のほうがコンパクトなeアクスルになりそうだが、モーターの直径によってeアクスルの外径が決まってしまう。平行軸式であれば、モーターをオフセット配置にすることで、周囲の設計の自由度が高まる。

減速機構に平行3軸を採用するオフセット配置のeアクスル。 *Audi

トランスアクスルにプラネタリーギアを採用する同軸配置のeアクスル。※平行2軸式の減速機構を採用する同軸配置のeアクスルの構造例はP57参照。 *Audi

2モーターeアクスル

モーターとリダクションギアのセットを2組搭載して左右の駆動輪をそれぞれに担当させるeアクスルもある。左右の駆動輪を独立して制御できるためトルクベクタリングが可能になる。1モーターの場合とトータルでの出力を同じにするのなら、モーターなどの小型化が可能になるので、スリムなeアクスルが実現できる。もちろん、トータルでの出力を大きくするためにモーターを2つ搭載するという考え方もある。

↓左右それぞれ専用のモーターにすればディファレンシャルギアが必要なくなる。減速機構にはプラネタリーギアを採用。
*Audi

2段変速式eアクスル

モーターは効率の目玉が大きく、目玉を外れても効率の低下は小さいが、多段式変速機を使えば効率の高い領域を使い続けやすくなる。とはいえ、効率の目玉は大きいので、変速機は2段程度で十分だと考えられている。変速機を採用すると、それだけ重く大きくなるが、効率が向上すれば同じ航続距離を求めても二次電池の容量が小さくでき、それだけ軽く小さくなる。

また、発進時のトルクを増大する目的で開発された2段変速式eアクスルもある。BEVの発進トルクは十分に大きいが、さらに発進加速の性能を高めるために2段変速を採用している。通常走行では1速は使われず、発進から2速が使われるが、スポーツモードなどにすると発進が1速になる。

←平行3軸式の2段変速機を備えるトランスアクスル。デフはベベルギア式を使っている。
*GKN

2段変速のためにプラネタリーギアを組み込んだeアクスル。
*Audi

第1章／電気自動車　eアクスル

235

電気自動車 04 Rechargeable battery 二次電池

　BEVの二次電池にはリチウムイオン電池が使われる。主流は三元系(NMC系)だが、一部ではリン酸鉄系(LFP系)の使用も始まっているし、全固体電池の採用も近い。単セルの公称電圧は三元系で3.6～3.7V程度、リン酸鉄系で3.2～3.3V程度しかない。そのままではモーターの駆動が難しいうえ、低圧のまま扱うと損失が大きいため、複数の単セルを直列につないで電圧を高め、並列につないで容量を大きくしている。

　単セルはバッテリーセルともいい、円筒型、角型、ラミネート型の3種類がある。個々のバッテリーセルは小さいので、扱いやすいように複数のセルをまとめたものをバッテリーモジュールといい、複数のモジュールを車載しやすい形状にまとめたものをバッテリーパックということが多いが、最近ではバッテリーパックに直接セルを配置するモジュールレス構造のものもある。

　エンジン自動車と共通のプラットフォームで設計されるBEVの場合は、複数のバッテリーパックを各所に分散して配置することもあるが、BEV専用のプラットフォームの場合は車体のフロア下一面に敷き詰められることが多い。こうすることで車体前後の重量配分が整えやすくなり、低重心にもなる。

　二次電池の電圧は300～400Vの**400V仕様**が一般的だったが、**800V仕様**のものを登場してきている。高電圧化すると配線が細くできて損失が軽減されるうえ、**急速充電**の所要時間を短縮することができる。

　1回のフル充電で走行できる航続距離は、現在では多くのBEVが400～600kmある。これだけの距離であれば、エンジン自動車と遜色のないものといえる。ただし、使い勝手を割り切って航続距離を200kmとしているBEVも一部にある。航続距離を短くすれば、バッテリーのコストを大幅に抑えることができるうえ、軽量化によって効率も高まる。

　なお、各セルの性能を最大限に発揮させるために、**バッテリーマネジメントシステム**（**BMS**）によって監視と制御が行われている。

↓ラミネート型セルで構成されたバッテリーパック。バッテリーモジュールには3種類の厚さのものが使われる。

バッテリーモジュール

ラミネート型セル

*Nissan

バッテリージャンクションボックス
アッパーカバー
↓角型セルで構成されたバッテリーパック。
BMS
フレーム
冷却システム
ロアカバー
バッテリーモジュール
*Audi

角型バッテリーセル

バッテリーマネジメントシステム

バッテリーマネジメントシステム（**BMS**）が個々のセルやパック全体の電圧、電流、温度などを測定することで状態を監視し、バッテリー残量などを算出している。また、すべてのセルの容量を無駄なく使えるようにしている。これをBMSの**セルバランス**機能という。

　リチウムイオン電池は**過充電**や**過放電**に非常に弱い。高度な品質管理下で製造されてもセルには個体差があるし、バッテリーモジュール内の位置によって温度差があると充放電の進み具合や劣化速度が異なりセルごとの実際の容量に差が生じる。こうしたセルを個別に管理せずに充放電を行うと過充電や過放電になってしまう。そのため、すべてのセルを均等に使えるようにBMSが各セルを個別に充放電制御している。

➡円筒型セルが敷き詰められたバッテリーパック。モジュールレス構造にされている。

第1章／電気自動車　二次電池

パワーエレクトロニクス

Power electronics

電気自動車 05

　BEVのパワーエレクトロニクスで中心的な存在は、モーターと二次電池の間で相互に電力変換を行うインバーター/コンバーターだが、ほかにもDC-DCコンバーターやAC-DCコンバーターが搭載されている。DC-DCコンバーターは電装品に低圧の直流を供給し、AC-DCコンバーターは普通充電の際に使用する車載充電器に搭載されている。車種によっては二次電池の電力で家電製品が使えるように、高圧の直流を100Vの単相交流に変換するインバーターも搭載されている。

　普通充電の際には電力変換が必要だが、急速充電は高圧の直流で行うためパワーエレクトロニクスは必要ない。しかし、安全に素早く充電するためには制御が必要だ。こうした電子制御に使われるエレクトロニクスが充電制御ECUだ。このほか、BEVでもエンジン自動車と同じようにさまざまなECUが使われている。当然、走行そのものを制御するECUが中心的な存在で、EV-ECUとでもいうべきものだ。こうしたECUが制動時には従来の油圧ブレーキと回生制動による回生協調ブレーキを行うために、ブレーキECUとの連携を行う。また、二次電池を制御するバッテリーECUも使われていることが多く、BMSがECUと一体化されていることもある。なお、現在では多くのECUに能力を分散させるのではなく、機能をまとめた統合型ECUの採用も始まっている。

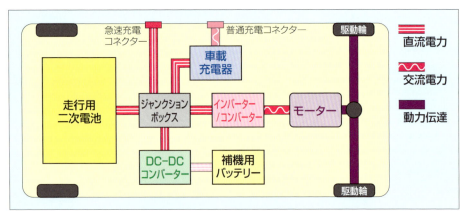

インバーター

　BEVのインバーターは、二次電池とモーターの間に配置され、走行時には二次電池の直流を交流に変換してモーターを駆動し、回生制動時にはモーターで発電された交流を直流に変換して二次電池の充電を行う。現在ではeアクスルと一体化されることが多い。インバーターのスイッチング素子の主流はシリコン製のIGBTだが、効率を高めることができる次世代半導体素子SiC-MOSFETの採用も始まっている。SiC（シリコンカーバイド）製の半導体素子は、まだ熟成された技術ではないとして採用に消極的なメーカーもあったが、800V仕様では従来のIGBTよりSiC-MOSFETのメリットが活きてくるため、今後の主流になると考えられている。

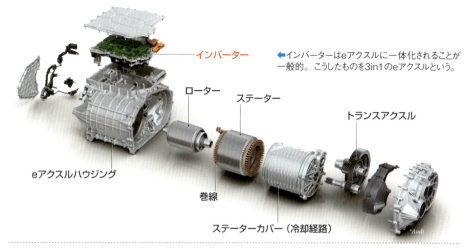

←インバーターはeアクスルに一体化されることが一般的。こうしたものを3in1のeアクスルという。

インバーター
ローター
ステーター
トランスアクスル
eアクスルハウジング
巻線
ステーターカバー（冷却経路）
Audi

車載充電器

BEVの**普通充電**には家庭にも供給されている**単相交流**の100Vか200Vが使われる。この交流で高圧の二次電池を充電するためには交流を直流に変換して昇圧しなければならない。そのため、**車載充電器**には**AC-DCコンバーター**が使われている。また、普通充電でも制御や監視が必要なので、普通充電用の**充電制御ECU**も搭載されている。

↓車載充電器。

Toyota Industries

DC-DCコンバーター

BEVにはパワーステアリングシステムやライト類などさまざまな**電装品**が搭載されている。これらの電装品はエンジン自動車と同じく**12V仕様**なので、12Vの直流が必要になる。そのために**DC-DCコンバーター**を使って**二次電池**の高圧の直流を12Vの直流に変換している。必要に応じてコンバーターで変換することも不可能ではない

が、安全性を高めるためにいったん12Vの二次電池を経由していることが多い。この二次電池を**補機用バッテリー**といい、エンジン自動車と同じ**鉛蓄電池**が使われているが**リチウムイオン電池**も提案されている。また、**48V仕様**の電装品の採用が始まっているため、今後はDC-DCコンバーターで48Vへの変換も行われることになる。

↓車載充電器とDC-DCコンバーターを一体化したパワーエレクトロニクスユニット。

Toyota Industries

Forvia Hella

↑補機用バッテリーとしての使用が検討されている12V仕様のリチウムイオン電池。

電気自動車

Thermal management
06 熱マネジメント

BEVで使われている**リチウムイオン電池、モーター、パワーエレクトロニクス**は動作に適した温度に保つ必要がある。BEVの場合は冷却だけでなく加熱が行われることもあるので、こうした温度管理を**熱マネジメント**（**サーマルマネジメント**）という。

リチウムイオン電池を動作させる最適な温度は20℃程度だが、充放電を行うと電流が流れることや化学反応によって発熱する。40℃を超えると容量の減少が始まり、80℃を超えると**熱暴走**という危険な状態になる。いっぽう、10℃を下回ると化学反応が鈍くなり、容量が減少してしまうし、充電も難しくなる。そのため、リチウムイオン電池は10〜40℃程度に保つ必要がある。おもに冷却が行われるが、外気温が低い環境ではリチウムイオン電池を温めることもある。

モーターは動作すると**銅損、鉄損、機械損**で発熱する。特に**永久磁石型同期モーター**の場合は、高温になると磁力が弱くなる**減磁**という現象が起こりモーターの能力が低下する。さらに高温になると磁石としての機能を失ってしまう**不可逆減磁**が起こる。限界は150℃程度だが、100℃程度を上限として冷却されることが多い。**電力用半導体素子**はスイッチングの際の損失によって発熱する。150℃程度を超えると特性が変化して正常に動作しなくなり、最終的には破損する。そのため**インバーター**は80℃程度を上限として冷却が行われることが多い。

BEVの熱マネジメントで使われる冷却には**空冷式、水冷式、油冷式、冷媒冷却式**がある。水冷式はエンジンの冷却と同じように冷却水の経路を設け、そこを循環させることで冷却を行い、放熱器で熱を放出する。油冷式の場合は水冷式と基本的な構造は同じで、冷却用のオイルを循環させて冷却を行うが、モーターの場合は内部に直接オイルを吹きかけることもある。冷媒冷却は家庭用のエアコンの冷房と基本的な原理は同じだ。冷媒冷却式であれば、エアコンと同じように**ヒートポンプ**として動作させて、加熱に使うこともできる。このほか、**セラミック発熱体**による**PTCヒーター**などで加熱を行うこともある。

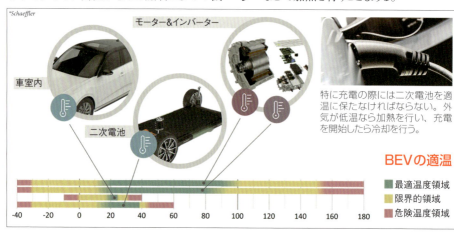

特に充電の際には二次電池を適温に保たなければならない。外気が低温なら加熱を行い、充電を開始したら冷却を行う。

BEVの適温
- 最適温度領域
- 限界的領域
- 危険温度領域

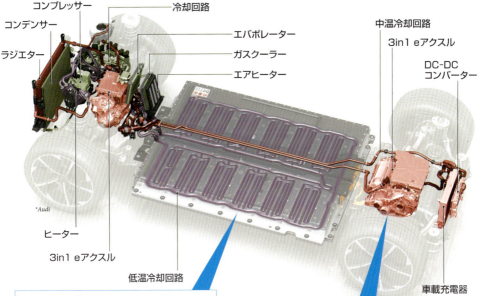

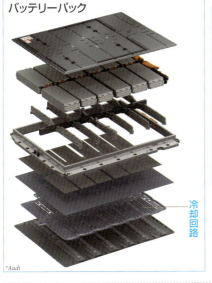

BEVの熱マネジメントシステムの一例。このシステムの冷却回路は、リチウムイオン電池のバッテリーパックを冷却する低温回路と、モーターとインバーターを含むeアクスルや、その他のパワーエレクトロニクスを冷却する中温回路に分けられている。バッテリーパックの加熱が必要な際にはヒーターで冷却回路の温度を高める。車室内の冷房には冷媒冷却システムを使用し、暖房には専用のエアヒーターを使用する。

■ 車室内の冷暖房

　車室内の冷房については、エンジン自動車ではエンジンを動力源として**コンプレッサー**を動作させて**冷媒冷却**を行なっているが、BEVの場合は**電動コンプレッサー**を使用している。いっぽう、エンジン自動車ではエンジンの**冷却装置**を車室内の暖房の熱源として使うことができるが、リチウムイオン電池やモーターが発熱するとはいっても効率が高いため暖房の熱源にすることは難しい。そのため、**PTCヒーター**などで暖房したり、電動コンプレッサーによる冷媒冷却システムを**ヒートポンプ**として機能させて暖房したりしている。こうした車室内の冷暖房も**熱マネジメント**という。車室内のエアコンとモーターや二次電池の熱マネジメントを統合したシステムも登場してきている。

電気自動車 07 Charging 充電

BEVの充電には、おもに住宅などクルマの保管場所で行われる普通充電と、おもに出先で行われる急速充電がある。普通充電は交流で給電され、車載充電器で直流に変換して充電する。急速充電は充電スポットに備えられた急速充電器が商用電源などの交流を直流に変換して充電する。

日本の住宅などでは単相交流200V・15Aのコンセントを設置して普通充電を行うのが一般的だ。クルマに付属のケーブルでコンセントと普通充電口を接続することで3kW充電が行われる。車種によっては単相交流100Vでの充電も可能だが所要時間は倍になる。こうしたコンセント型に対して、充電スポットによってはスタンド型と呼ばれる普通充電設備もあり、なかには6kW（200V・30A）で充電できるものもある。これを倍速充電ともいう。

充電スポットに備えられている急速充電器では、コネクターを急速充電口に接続すると、充電器から二次電池の状態の問い合わせが行われ充電制御ECUが二次電池の状態を確認し、充電器に充電許可信号や電流指令値を送信する。この信号を受けた充電器は指令通りに電流を流して充電を行う。現在の日本の急速充電の規格CHAdeMO 2.0（チャデモ 2.0）では、急速充電器の出力の上限は直流1000V・400A（400kW）だが、実際には直流200〜450Vで充電が行われている。最近では90kWや150kWの急速充電器の設置が進められているが、多くの充電器では最大出力が20〜50kW程度だ。

コネクターを接続せずに充電できる非接触給電の開発も盛んに行われている。ワイヤレス給電ともいう。直接充電を行うシステムではないが、非接触充電やワイヤレス充電と呼ばれることも多い。駐車中の非接触給電ばかりでなく、走行中に給電を行う走行中非接触給電の研究も行われている。走行中給電が実現すれば、BEVに搭載する二次電池の容量を小さくすることができる。

普通充電口
*Mazda

急速充電口
*Mazda

チャデモ

CHAdeMO 2.0の大きな特徴は家庭やオフィスなどへ給電するV2X（Vehicle to X）を規格に定めている点だ。デメリットには空冷式を採用しているためケーブルが太くて重いうえ、ロック機構が搭載されているためコネクターが大きいことがある。また、課金システムが規格に盛り込まれていないことも大きな弱点だ。そのため中国と共同で新しい規格ChaoJi（チャオジ）を策定していて、これがCHAdeMO 3.0（チャデモ 3.0）になる。500kW超級の出力で急速充電することができ、液冷式の採用でケーブルが細くなり、ロック機構を車両側にすることでコネクターも小さくなる。

急速充電の電圧と電流

急速充電器の能力は90kWのように電力で示されていることが多いが、実際には電圧・電流それぞれに上限がある。いっぽう、BEVの二次電池の急速充電にも電圧・電流それぞれに上限がある。急速充電を行う際には、充電器の二次電池の電圧・電流の低いほうが上限になる。たとえば、充電器が450V・200A（90kW）であってもBEVの二次電池の充電能力が300V・250A（75kW）であれば、300V・200A、つまり60kWでしか充電できない。

現在では、**800V仕様**のBEVが登場してきているが、800V以上で充電できる急速充電器はあまり普及していない。そのため、バッテリーパックを2分割して充電する方法が開発されている。2分割されたバッテリーパックはそれぞれ400Vで、通常は直列接続されている。充電器が800Vの場合はそのまま充電が行われ、充電器が400Vの場合は並列接続にして充電が行われる。

800V充電（直列）　急速充電口　ジャンクションボックス　bank A (400V)　急速充電口
bank A+B (900V)　bank B (400V)　400V充電（並列）
*Audi

非接触給電

EVに活用可能な**非接触給電**には電磁誘導式と磁気共鳴式がある。どちらも地上側の**送電コイル**とクルマ側の**受電コイル**の間で電力伝送を行う。**電磁誘導式非接触給電**では、送電コイルに電流を流すと**相互誘導作用**という**電磁誘導作用**によって**磁界**を共有する受電コイルに電流が流れる。変圧器の原理そのものだ。この給電方式はすでにスマートフォンや電動歯ブラシで実用化されているが、送受電コイル相互の位置を正確に合わせる必要があり、伝送可能な距離が短い。駐車中の非接触給電であれば実用できる技術だ。

磁気共鳴式非接触給電でも磁界を利用して電力伝送を行うが、双方のコイルにコンデンサなどを組み合わせることで**共振作用**が起こるようにしてある。この共振によって両コイルの位置が多少ずれていても伝送することができ、伝送可能な距離も大きくなる。**走行中給電**も可能だ。こうしたメリットがあるため、現在では磁気共鳴式での開発が主流になっている。

↑送電ユニットの上に駐車すると、車両側の受電ユニットに電力伝送され、充電を行うことができる。
*BMW

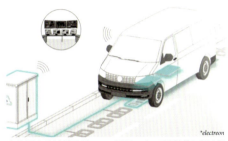

↑走行中非接触給電では、送電コイルが連続的に埋め込まれた道路上にクルマが存在すれば充電が行われる。
*electreon

燃料電池自動車
01 Fuel cell electric vehicle
FCEV

　燃料電池自動車（FCEV）の駆動システムは、モーター、トランスアクスル、燃料電池、燃料タンク、二次電池、パワーエレクトロニクスで構成される。二次電池なしでもFCEVとして成立するが、回生制動を行うために二次電池が搭載される。また、燃料電池は出力によって効率が変化する。二次電池を搭載していれば、燃料電池を効率のよい領域で使用して余った分を充電しておき、加速などで電力消費が大きくなった際に利用できる。

　モーターとトランスアクスルはBEVと同じように一体化されeアクスルにされている。燃料電池は単セルを積層したFCスタックと補機類で構成され、燃料タンクには圧縮した気体の水素を蓄える高圧水素タンクが使われる。二次電池はリチウムイオン電池で、バッテリーパックとしてまとめられている。パワーエレクトロニクスの中心的な存在は、モーターと燃料電池や二次電池の間で相互に電力変換を行うインバーター/コンバーターだが、単にインバーターやPCUということも多い。

　プラグインEVと比較するとFCEVはガソリン自動車なみの時間で燃料補給が行える点が有利だが、乗用車の場合は水素ステーションが普及しないとクルマとしては使いにくいため、開発から撤退したメーカーもある。しかし、商用車や公共交通機関の場合は限られた範囲やルートで使われることもあるため水素ステーションを設置しやすい。特に、大型トラックの場合はBEVにすると二次電池の重量によって積載重量が小さくなってしまうのでFCEVのほうが有利だ。そのため、商用車ではFCEVが盛んに研究開発されている。

バッテリーパック（二次電池）
高圧水素タンク
インバーター
FCモジュール（燃料電池）
eアクスル
*Toyota

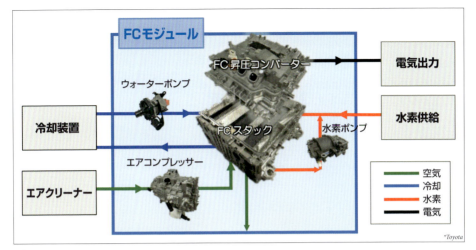

FCモジュール

　燃料電池は**単セル**を積層した**FCスタック**が発電のための化学反応を生じる場所だが、それだけでは動作できない。**水素**は**高圧水素タンク**から高圧で供給されるが、その量に見合うだけの量の酸素を供給するには空気も圧縮して供給する必要があるため**エアコンプレッサー（空気圧縮機）**が使われる。供給された水素のうち未反応でセルを通過した水素を再循環させるには圧力を高める必要があるため**水素循環ポンプ**が使われる。また、燃料電池は作動すると化学反応と通電で発熱するが、**固体高分子型燃料電池**の作動温度は60〜90℃程度の範囲だ。そのため、**冷却システム**が必要になる。ほかにも**イオン交換膜**は湿っていないとイオンの透過性が悪くなるため加湿が行われることもある。こうしたFCスタックを動作させるのに必要な機器を**補機**という。こうした補機をFCスタックに加えて燃料電池として動作できるようにしたものを**FCモジュール（燃料電池モジュール）**というが、補機を含めてFCスタックということもある。

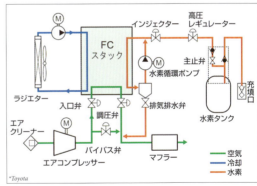

↑高圧で供給される水素に見合った量の酸素を供給するために空気を圧縮するエアコンプレッサー。

↑反応せずにFCスタックを通過して圧力が低下した水素の圧力を高めて再循環させるための水素ポンプ。

高圧水素タンク

FCモジュールを動作させるためには燃料である**水素**を蓄えておく**燃料タンク**が必要だ。水素の貯蔵方法には、極低温（−253℃）にして液化した**液体水素**を遮熱タンクに収める方法や、**水素吸蔵合金**に水素を吸蔵する方法も研究されているが、現状では気体の水素を圧縮して高圧に耐えられるタンクに収める方法が一般的に採用されている。このタンクを**高圧水素タンク**といい、70MPaの高圧で水素が蓄えられ、充填時には80MPa以上の圧力がかけられる。こうした高圧に耐えられ、同時に軽量にする必要があるため、**炭素繊維強化樹脂（CFRP）**などが使われ、内側には水素の透過を防ぐ樹脂などの**インナーライナー**が備えられる。

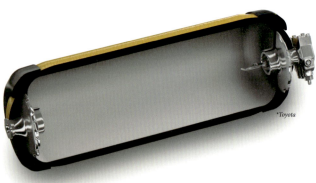

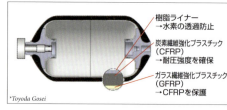
*Toyoda Gosei

樹脂ライナー
→水素の透過防止
炭素繊維強化プラスチック（CFRP）
→耐圧強度を確保
ガラス繊維強化プラスチック（GFRP）
→CFRPを保護

eアクスル

FCEVでも駆動を行うシステムには**モーター**と**トランスアクスル**を一体化した**eアクスル**が使われる。モーターは**永久磁石型同期モーター**が一般的だ。トランスアクスルの**変速機**はBEVで主流になっている1段の**減速機**で、これに**ディファレンシャルギア（デフ）**が組み合わされている。コストダウンのために既存のBEVのeアクスルを流用している例もある。なお、BEVではインバーターも一体化した3in1のeアクスルが主流になってきているが、FCEVの場合はeアクスルとインバーターが別体のこともある。

トヨタ・MIRAIに搭載されているeアクスル。

パワーエレクトロニクス

FCEVの**パワーエレクトロニクス**の中心的な存在はモーターの駆動と回生の際に電力変換を行う**インバーター**だが、**DC-DCコンバーター**も使われている。**FCモジュール**は単セルをスタックすることで電圧を高めているが、モーターの求める電圧に達していないことも多い。こうした場合、出力側にDC-DCコンバーターが備えられ昇圧したうえでモーターを駆動するインバーターや**二次電**池に電力を送っていることが多い。二次電池もさほど容量が大きくないので、やはりモーターの求める電圧に達しないことも多い。そのため、二次電池にも昇圧用のDC-DCコンバーターが備えられことがある。また、FCEVでもBEVと同様に**電装品**に直流12V（または48V）の電力を供給するためにDC-DCコンバーターが備えられ、**補機用バッテリー**が併用されていることが多い。

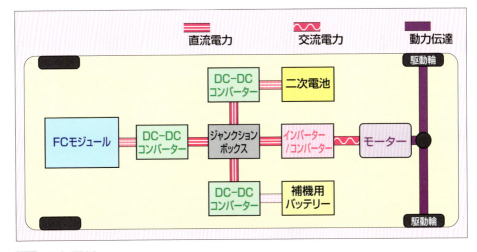

二次電池

　FCEVの二次電池にニッケル水素電池が使われたこともあるが、現在ではリチウムイオン電池が一般的だ。BEVやHEVと同じようにバッテリーパックとしてまとめられて搭載される。プラグインEVに比べれば容量は小さく、HEVのバッテリーパックに近い。実際、コストダウンのために既存のHEVのバッテリーパックを流用している例もある。二次電池の容量を大きくすればさまざまな状況に対応でき駆動システムとしての効率が高まるが、それだけ二次電池が重くなりクルマ全体としては効率が悪くなる可能性もある。

　水素ステーションの数が少ない現状でも使いやすいクルマとするために、二次電池の容量を大きくしてプラグインEVと同じように外部から充電可能にしたFCEVもある。こうしたプラグインFCEVであれば、日常的な近距離の使用ではBEVとして走行でき、長距離走行ではFCEVとして走行できる。一般的なFCEVより二次電池の容量が大きいため、燃料電池を効率の高い領域で使い続けられる可能性も高まる。

ホンダのCR-V e:FCEVはプラグインFCEV。60km以上をBEVとして走行でき、水素充填1回あたりの航続距離は600km以上ある。充電は普通充電。1500Wまでが供給可能な交流110Vのコンセントを車内に備えている。

ハイブリッド自動車 01 Hybrid electric vehicle HEV

　ハイブリッド自動車（HV）とは複数の動力源を備えるクルマのことで、現在一般的になっているものは2種類の動力源にエンジンとモーターを採用する**ハイブリッド電気自動車（HEV）**だ。システムの構造によって**シリーズ式ハイブリッド**と**パラレル式ハイブリッド**に大別され、両者を組み合わせた**シリーズパラレル式ハイブリッド**もある。いずれのハイブリッドシステムでも**回生制動**で回生したエネルギーを有効利用するために**二次電池**が搭載される。二次電池を搭載することでエンジンを効率の高い領域で使い続けられるようにもなる。また、ハイブリッドシステムに使われる電圧によって**フルハイブリッド**と**マイルドハイブリッド**に分類される。

　HEVの二次電池に外部から充電できるようにしたものを**プラグインハイブリッド自動車（プラグインHEV、PHEV）**という。HEVに**プラグインEV**の要素を加えたもので、日常の近距離走行はBEVとして走行できる。

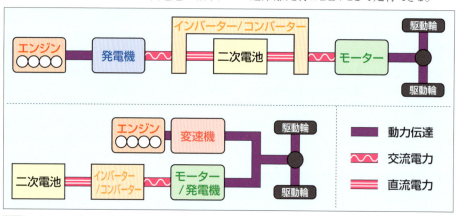

シリーズ、パラレル、シリーズパラレル

　シリーズ式ハイブリッドは、エンジンで発電機を回して発電を行い、その電力でモーターを回して走行する。エンジンは駆動に直接は使用されない。FCEVでは燃料電池という発電システムが搭載されているが、シリーズ式HEVではエンジンと発電機という発電システムが搭載されていることになる。エンジンは状況よって効率が変化するが、ある程度の容量の**二次電池**を搭載しておけば、走行に求められる電力が変化しても対応できるため、エンジンを高効率で使用できる。

　パラレル式ハイブリッドは、エンジンとモーターの双方を走行に使用するものだ。エンジンとモーターの位置関係や、モーターをクラッチなどで断続するかしないかなどによって、さまざまな構造がある。モーターだけで駆動する状態を**EV走行**、エンジンだけで駆動する状態を**エンジン走行**、両方を使用する状態を**ハイブリッド走行**という。エンジンの効率が悪くなる発進時をEV走行にしたり、加速時にハイブリッド走行にすれば、エンジンの効率を高めることができる。

　シリーズ式とパラレル式を状況によって使い分けられるようにすることで、さらに高効率を目指したシステムが**シリーズパラレル式ハイブリッド**だ。エンジンの動力を発電と駆動に振り分けて使用するため**スプリット式ハイブリッド**ともいう。パラレル式以上にさまざまな構造のものがある。

ストロング、マイルド、マイクロ

過去にはモーターの出力やEV走行の可否などで**ハイブリッドシステム**をストロング、マイルド、マイクロなどと分類していたが、現在ではシステムの電圧で分類する。世界的に直流では60V超が高電圧として扱われ厳格な安全基準が適用される。システムの電圧を60V以下にすれば走行のアシストや**エネルギー回生**の能力は低くなるが、安全対策のコストが抑えられる。こうしたシステム電圧が60V以下のシステムを**マイルドハイブリッド**という。**12V仕様**と**48V仕様**が一般的で、それぞれ**12Vマイルドハイブリッド**や**48Vマイルドハイブリッド**というが、12V仕様を区別して**マイクロハイブリッド**と呼ぶこともある。いっぽう、システムの電圧が60V超のシステムを**フルハイブリッド**や**ストロングハイブリッド**という。システムの電圧は200V以上が一般的だ。

モーター

HEVで使われる**モーター**は**永久磁石型同期モーター**が一般的で、一部で**かご型誘導モーター**が使われている。**マイルドハイブリッド**で使われる**BSG**（P160参照）は**巻線型同期モーター**が一般的だ。**シリーズ式**で駆動に使われるのはモーターだけなので、サイズや出力が大きくBEVやFCEVと同じように**トランスアクスル**と一体化された**eアクスル**が使われるが、発電機などとも一体化されることも多い。**パラレル式**や**シリーズパラレル式**の場合、システムごとにモーターの使われ方が異なるためモーターの形状はさまざまだ。モーターの駆動と回生を行う**パワーエレクトロニクス**には、BEVと同じく**インバーター/コンバーター**が使われている。

↓エンジン駆動のためのパワートレインも必要になるパラレル式ではスペースに制約を受けやすいため薄型のモーターが多い。

*Honda

二次電池

HEVの**二次電池**は**リチウムイオン電池**が一般的だ。トヨタでは**ニッケル水素電池**を使い続けていて、**バイポーラ型ニッケル水素電池**のように性能の高いものも開発しているが、現状ではリチウムイオン電池の採用例もあり、車種によって使い分けている。二次電池はBEVと同じように、複数の単セルをまとめた**バッテリーモジュール**でバッテリーパックが構成されている。BEVに比べるとHEVの二次電池の容量は小さいため、サイズも小さい。搭載場所は車種によってさまざまだ。

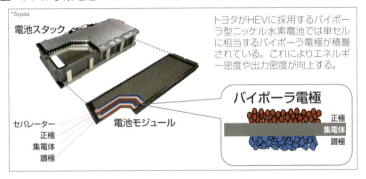

トヨタがHEVに採用するバイポーラ型ニッケル水素電池では単セルに相当するバイポーラ電極が積層されている。これによりエネルギー密度や出力密度が向上する。

ハイブリッド自動車 02

Series hybrid electric vehicle

シリーズ式ハイブリッド

シリーズ式ハイブリッドは発電機とモーターを備える**2モーター式ハイブリッド**だ。走行は常にモーターによって行われる。**効率の目玉**でエンジンを運転し、走行に必要な電力より発電電力が大きな場合は余った電力を**二次電池**に充電しておき、走行に必要な電力が発電電力より大きな場合は二次電池の電力を併用して走行する。走行に必要な電力と発電電力が等しければ二次電池の充放電は行われない。二次電池の充電量が十分にある場合にはエンジンを停止する。こうすることでエンジン自動車より**効率**を高めることが可能になる。しかし、二次電池の充放電の際には**損失**が生じる。この損失を打ち消して効率を高めるためには、エンジンを常に**効率の目玉**で運転する必要があるが、そのためには二次電池の容量を大きくしなければならない。しかし、二次電池の容量を大きくするとそれだけ重くなるため、燃費が悪化する可能性もある。コストもかかるため、エンジン自動車より車両が高額になってしまい、燃費の良さが打ち消される可能性もある。

いっぽう、シリーズ式ハイブリッドのメリットにはシステムが小型軽量なことがある。パラレル式の場合はエンジン駆動を行うために大きく重いトランスミッションが必要になるし、シリーズパラレル式の場合も機構が複雑になることが多いが、シリーズ式の場合はエンジンのほかに必要なものは**発電機**と**eアクスル**だけだ。こうした小型軽量であるメリットを活かすために、現在市販されている**シリーズ式HEV**では二次電池の容量を必要最小限に抑えているものが多い。こうした場合、効率の目玉を外れた領域でエンジンを運転する状況も生じることになるが、車両の軽さと低コストであることによって補われている。

シリーズ式を採用しているダイハツのe-SMART HYBRIDのシステム。

ダイハツのe-SMART HYBRIDのレイアウト。前後重量配分のために二次電池は車両後方に搭載されている。
*Daihatsu

シリーズ式HEV

現状の**シリーズ式HEV**ではエンジン自動車でいうところの**エンジン横置き**の**FF**を採用していることが多い。**二次電池**以外の**ハイブリッドシステム**は**インバーター**も含めてエンジンの側面に配置。**発電機**と**モーター**を同軸上に配置すればコンパクトなシステムになるが、横置きされたエンジンにある程度の幅があるため、発電機とモーターは前後に配置されていることが多い。なお、**シリーズ式PHEV**であるマツダの**e-SKYACTIV R-EV**では、回転軸方向のサイズが小さいロータリーエンジンの採用によって発電機とエンジンの同軸配置を実現している（P263参照）。

↑シリーズ式を採用している日産・e-POWERのハイブリッドシステム。
*Nissan

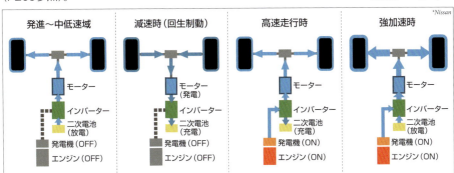

日産・e-POWERの動作：発進から中低速域では二次電池の電力でモーター駆動するのが基本だが、充電量が十分ではない場合はエンジンを始動して発電。減速時には回生制動で二次電池を充電。高速走行時にはエンジンを始動し、発電した電力でモーター駆動を行うと同時に余った電力で二次電池を充電。強加速時などモーターに大きな出力が求められる場合はエンジンにより発電された電力と二次電池の電力の双方でモーター駆動を行う。

251

ハイブリッド自動車 03　Parallel hybrid electric vehicle
パラレル式ハイブリッド

　パラレル式ハイブリッドは、エンジンからファイナルドライブユニットに至るパワートレインのどこかにモーターを備えればシステムとして成立する**1モーター式ハイブリッド**だ。もっとも一般的なモーターの配置がエンジンとトランスミッションの間だ。この位置にモーターを単純に挟み込んだものを**1モーター直結式ハイブリッド**という。ここでいう直結とはエンジンとモーターがクラッチを介さず直接つながっているという意味だ。1モーター直結式は**エンジン走行**と**ハイブリッド走行**が可能だが、モーターのみで駆動する**EV走行**はできないなど、ハイブリッドシステムの動作にバリエーションを生み出しにくい。そのため、**パラレル式HEV**ではクラッチを併用することが多い。フルハイブリッドではモーターの前後にクラッチを配した**1モーター2クラッチ式ハイブリッド**が採用されることが多い。

1モーター2クラッチ式ハイブリッド

　1モーター2クラッチ式ハイブリッドでおもに使われている**トランスミッションはATかDCT**だ。2クラッチ式というが、実際にエンジンとトランスミッションの間に追加されるのはモーターとエンジン側のクラッチだけということが多い。もう一方のクラッチはトランスミッション内のものが使われる。なお、トランスミッションがATの場合はトルクコンバーターが残されることと使われないことがある。

　1モーター2クラッチ式HEVはクラッチが2個あることで、モーターの使い方の自由度が高い。**エンジン走行**、**EV走行**、**ハイブリッド走行**（モーターアシスト）、エンジン走行中の発電、**回生制動**のほか、動力源を切り離して惰性で走行する**コースティング**や、モーターによるエンジンの**始動**ができる。ただし、各社のシステムがすべての使い方を採用しているわけではない。組み合わせているエンジンやモーターの能力、想定されるクルマの使い方に応じて制御内容は異なる。

モーター　　エンジン側クラッチ　　デュアルクラッチ（変速機側クラッチ）　　変速機（平行軸式）

↑縦置きDCTの入力側にクラッチとモーターを備えたハイブリッドトランスミッション。

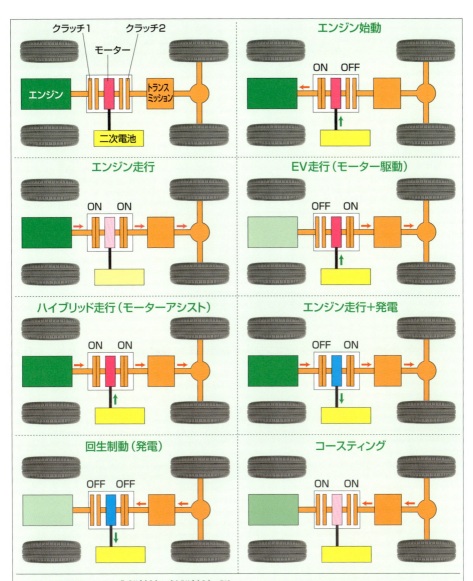

　コースティングは、**惰性走行**や**慣性走行**、**巡航モード**、**滑走モード**、**空走モード**などともいう。高速道路のゆるやかな下り坂で、駆動輪に動力を伝えなくても速度が維持できるような状況で使われる。この時のエンジンの状態はシステムによって違いがあり、停止させる場合とアイドリングを維持する場合がある。急な下坂で加速してしまうような場合は回生制動が行われる。エンジン自動車でも燃費低減のためにコースティングが行われることがある。

　図には示していないがこのほかにも、EV走行中にエンジン側のクラッチを半クラッチにしてエンジンを始動するといったシステムの使い方もある。また、駆動していない停車中やコースティング中に、エンジンを始動して発電を行うという使い方もある。

↑縦置きATのトルクコンバーター位置にクラッチとモーターを備えたハイブリッドトランスミッション。

↓横置きATのトルクコンバーターの位置にクラッチとモーターを備えたハイブリッドトランスミッション。

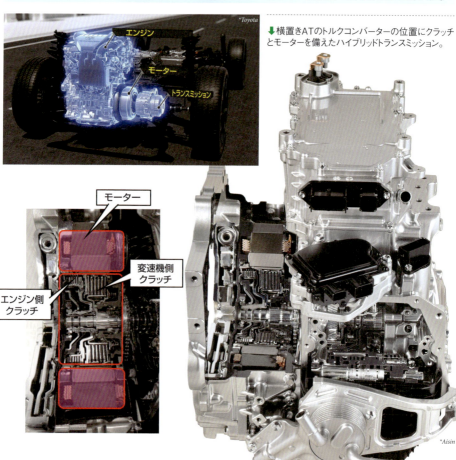

パラレルハイブリッド（モーター内蔵CVT）

スバルのe-BOXERは縦置きのCVT内にモーターを組み込んだパラレル式ハイブリッドだ。トランスミッションはトランスファーなども内蔵した4WD専用とされている。ハイブリッドシステムとしてはCVTの入力側プーリーのエンジンとは反対側にモーターが設置され、出力側プーリーの出力軸にクラッチを加えている。CVTに既存のプラネタリーギヤによる前後進切り替え機構を断続機構として利用してエンジンとトランスミッションを断続しているため、実質的には1モーター 2クラッチ式ハイブリッドに近い存在だが、内蔵されたモーターでのエンジン始動は難しい。

パラレルハイブリッド（ファイナルドライブユニット入力）

スズキのパラレル式ハイブリッドはAMTと組み合わされている。パラレル式ではエンジンとトランスミッションの間にモーターを配置することが多いが、このシステムではモーターの出力が減速機構を介してファイナルドライブユニットに伝えられている。AMTのクラッチでエンジンを切り離すことができるため、EV走行が可能だ。また、AMTは変速段がかわる際にトルク切れが生じるが、変速の瞬間にモーターによるアシストを行うことでトルク切れを解消してスムーズな変速を実現している。なお、このシステムではBSGによる12Vマイルドハイブリッドも併用されている。

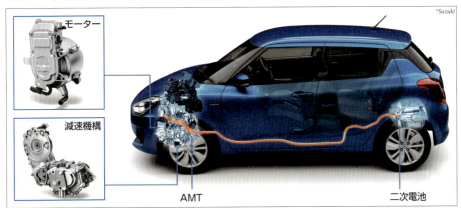

ハイブリッド自動車

Power-split hybrid electric vehicle
04 シリーズパラレル式ハイブリッド

シリーズパラレル式ハイブリッドは、シリーズ式とパラレル式双方の能力を備えたハイブリッドシステムだ。エンジンの動力を発電と駆動に分配できるため、**パワースプリット式ハイブリッド**や単に**スプリット式ハイブリッド**ともいう。**パラレル式ハイブリッド**のなかにもエンジン走行中に発電が可能なものがあり、シリーズ的な能力があるとはいえるが、モーターが1個の場合、発電とモーター駆動を同時には行えない。シリーズパラレル式は**2モーター式ハイブリッド**なので発電とモーター駆動を同時に行える。

世界初の量産型HEVに搭載されたシステムであり、**シリーズパラレル式HEV**の元祖といえるのがトヨタの**THS**だ。さまざまに改良を加えられながら現在でもトヨタのハイブリッドシステムの主流として使われている。ホンダでは、**シリーズ式ハイブリッド**の弱点をカバーするためにエンジン駆動も可能にしたシステム**e:HEV**を採用している。三菱のPHEVも類似のシステムだといえる。このほか、海外ではパラレル式が主流になっているが、ルノーが独自のシリーズパラレル式である**E-TECH**を採用している。

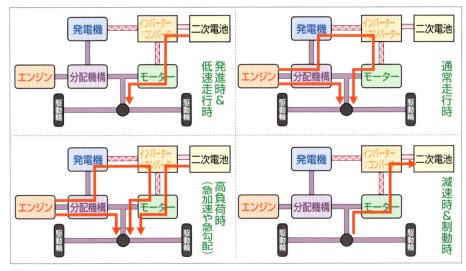

トヨタ/THS

　トヨタの**THSⅡ**では、エンジンの出力は**プラネタリーギヤ**による分配機構で駆動用と発電用に分配され、ファイナルドライブユニットと**発電機**に伝えられる。駆動用**モーター**の出力は減速用のリダクションギヤを介してファイナルドライブユニットに伝えられる。この構造によりモーターのみの**EV走行**と、エンジン＋モーターの**ハイブリッド走行**を行う。モーターは発電された電力をそのまま使用するのが基本だが、高負荷時には**二次電池**の電力も使用する。通常走行時でも充電量が不足していれば、エンジンの効率が低下しない範囲で出力を高め、余剰電力で二次電池に充電する。エンジンのみの駆動は行われないため機械的な変速機はなく、ハイブリッドシステムが**電気式無段変速機**（電気式CVT）として機能する。

　一般的な横置きのTHSⅡは、市街地走行では十分に省燃費効果を発揮できるが、高速走行では効率の高い領域でエンジンを使用できないうえ、**回生制動**もあまり行われないため、燃費がよくならない。そのため、**副変速機**を備えた縦置きのTHSも開発されている。当初登場したのは2段変速機式リダクション機構を備えたものだったが、現在ではプラネタリーギヤ2組による4段副変速機を備えた**マルチステージTHSⅡ**が使われている。ギヤレシオが広がることで高速走行時のエンジン回転数が低くなり燃費が向上している。

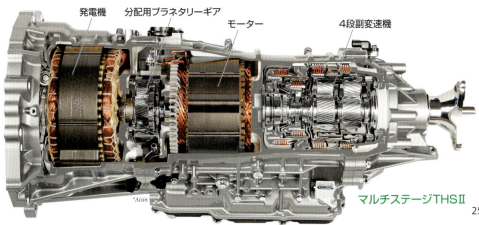

マルチステージTHSⅡ

ホンダ / e：HEV

　ホンダの**e：HEV**は**シリーズ式ハイブリッド**をベースにした**シリーズパラレル式ハイブリッド**だ。シリーズ式では効率が悪くなる領域でエンジンを使わざるをえないこともあるが、パラレル式を併用することでエンジンを常に効率が高い領域で使用できるようにしている。エンジンの出力は、**発電機**とエンジン直結クラッチを介して**ファイナルドライブユニット**にも伝えられる。ファイナルドライブユニットにはモーターも接続されている。こうした構造であるため**エンジン直結クラッチ付シリーズ式ハイブリッド**と呼ばれることもあるが、シリーズパラレル式だ。直結クラッチを解放した状態ではシリーズ式と同じように**EV走行**と**シリーズ式ハイブリッド走行**ができる。クラッチを締結すれば、**エンジン走行**と**パラレル式ハイブリッド走行**ができる。エンジンは常に効率の目玉付近で運転し、エンジンの出力が余る状況では発電によって充電が行われ、エンジンの出力が足りない状況では二次電池の電力がモーターに送られる。

　なお、三菱のPHEVは常時4輪走行を前提としたハイブリッド4WDだが、前輪のハイブリッドシステムは同様の構造が採用されている。

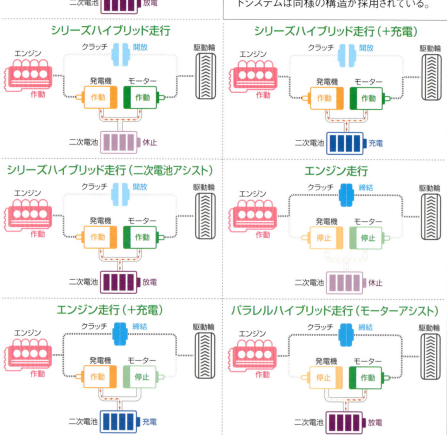

258

e：HEVではエンジンの側面に発電機とモーターの同軸配置が多いが、高出力モーターを採用する車種ではモーターが大型化するため平行軸配置にされている。これによりモーター走行での最高速度が向上している。

ルノー / E-TECH

　一般的に**パラレル式ハイブリッド**ではエンジンでも駆動を行うため**変速機**が必要になる。いっぽう、**シリーズ式ハイブリッド**の場合、**発電機**と**モーター**は同程度の出力を備えている。ルノーの**E-TECH**は、変速機を併用していることや、おもに発電を行うサブモーターの出力が走行に使用するメインモーターより小さいことなどから、**シリーズパラレル式ハイブリッド**のなかでもパラレル式に近いものだといえる。**平行軸歯車式変速機**はエンジンの側に4段、メインモーターの側に2段が用意されている。発進から低速域ではメインモーターで走行し、中速域以上ではメインモーターに加えてエンジンでも駆動する。エンジンの出力はサブモーターにも伝えられ、必要に応じて発電が行われる。回生制動はメインモーターだけでなくサブモーターが使われることもある。平行軸歯車式変速機では変速段の切り替えの際の同期に**シンクロナイザー**を使用することが多いが、E-TECHでは**ドグクラッチ**を採用することでシステムを小型化している。ドグクラッチの締結の際にはサブモーターを動作させることで回転の同期を行なっている。

> ハイブリッド自動車

Hybrid four-wheel drive
05 ハイブリッド4WD

　ハイブリッド自動車にも4WDのものがあるが、エンジン自動車と同じように**機械式4WD**を採用しているものを**ハイブリッド4WD（ハイブリッドAWD）**と呼ぶことは少ない。前後どちらの駆動輪をハイブリッドで駆動し、残る一方の駆動輪をモーターで駆動するものをハイブリッド4WDということが多く、**電気式4WD**ともいう。一般的にはFFのHEVの後輪にモーターによる駆動装置である**eアクスル**が搭載される。後輪のeアクスルには専用のインバーターが備えられ前輪のハイブリッドシステムの二次電池を使って駆動と回生を行

う。機械式4WDの主流であるアクティブトルクスプリット式4WDの場合は100：0 ～ 50：50の範囲でしか前後の**トルク配分**が行えないが、ハイブリッド4WDであれば理論上は100：0 ～ 0：100の範囲でのトルク配分も可能だ。

　このほか、2WDのエンジン自動車の非駆動輪の側にeアクスルを備えたものもハイブリッド4WDという。この場合、インバーターだけでなく二次電池も搭載する必要がある。構造的にはエンジンとモーターの双方を走行に使用するので**パラレル式ハイブリッド**に分類される。

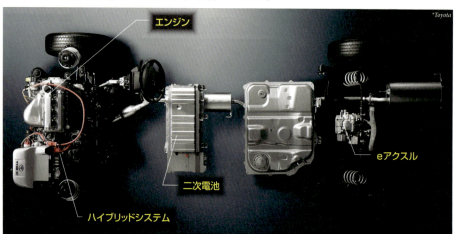

シリーズパラレル式ハイブリッドであるトヨタ・THSⅡをベースにしたハイブリッド4WD。2WD走行を基本にしてスリップを感知すると後輪でも駆動するE-Fourと、常時4WD走行を基本として状況に応じて前後にトルク配分を行うE-Four Advancedがある。

260

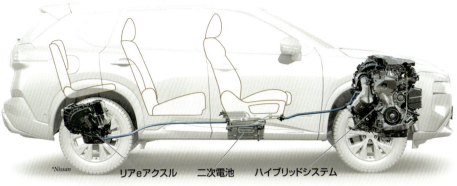

リアeアクスル　二次電池　ハイブリッドシステム

シリーズ式ハイブリッドである日産・e-POWERをベースにしたハイブリッド4WD。e-4ORCEと名付けられている。2WD走行を基本にしてコーナリング時に前後に最適にトルク配分を行ったり、滑りやすい路面でトルクを分散させてスリップを回避したりする。減速回生時には前後の回生量を制御することで車両にピッチングが発生しないようにしている。

三菱のアウトランダーやエクリプスクロスは常時4WD走行を前提としたハイブリッド4WDのPHEVだ。前輪のシステムだけで考えれば、シリーズ式ハイブリッドにエンジン直結クラッチを加えたシリーズパラレル式ハイブリッドが採用されている。エンジン直結の発電機の電力を利用して後輪のモーターが駆動されて4WD走行が行われる。効率がよい領域では前輪はエンジンで駆動されるが、その際も後輪はモーター駆動される。

エンジン　発電機　二次電池　モーター　モーター

①エンジン
②燃料タンク
③駆動用モーター
④二次電池
⑤急速充電口
⑥普通充電口

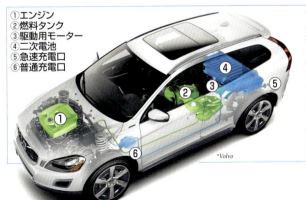

前輪をエンジン駆動、後輪をモーター駆動するパラレル式ハイブリッドの場合、モーターが使用できる電力は回生制動によるものだけなので実用的なHEVにはならない。しかし、外部から充電できるPHEVであれば実用が可能だ。比較的簡単にエンジン自動車をPHEV化できるため一時期はこうしたシステムを採用する車種もあったが、エンジン走行とEV走行で駆動輪の位置がかわるなど扱いにくさもあるため、現在ではあまり作られていない。

第3章／ハイブリッド自動車　ハイブリッド4WD

ハイブリッド自動車 06

Plug-in hybrid electric vehicle
PHEV

どんなHEVであっても、外部から充電できるようにすればプラグインハイブリッド自動車（PHEV、プラグインHEV）として成立するが、現在のPHEVは、日常的な近距離走行は充電した電力だけで走行でき、発進から高速域までEV走行できることが求められている。そのため、ハイブリッドシステムにはフルハイブリッドが採用されるのが一般的だ。

欧米ではBEVを中心に考えるメーカーが増えているが、まだまだエンジン自動車の製造販売も続いている。そんななか、PHEVは燃費規制で有利なため、従来はハイブリッドを手掛けていなかったメーカーも含めて多くのメーカーがPHEVに参入してきている。既存のエンジン自動車をベースにしてPHEV化しやすいため、欧米では1モーター2クラッチ式ハイブリッドなどのパラレル式ハイブリッドをベースにしたPHEVが主流になっている。日本ではパラレル式に加えて、シリーズパラレル式ハイブリッドをベースにしたPHEVもあり、シリーズ式ハイブリッドをベースにしたPHEVも登場してきている。

PHEVの場合、一般的なフルハイブリッドのHEVより二次電池の容量を大きくするのはもちろんだが、充電のための装備も必要だ。ただし、PHEVであれば電欠で走行不能になる心配はないうえ、電気よりガソリンなどの燃料のほうが入手しやすいので出先で急いで充電を行う必要性は低い。そのため急速充電には対応していないPHEVもある。普通充電を行うためのパワーエレクトロニクスとしてPHEVには車載充電器が搭載されている。

独自のシリーズパラレル式ハイブリッドであるTHSⅡを採用するトヨタのPHEV。右下のHEVモデルと比べてみるとPHEVのほうが二次電池が大きくされているのがわかる。エンジンはどちらも同じものを使用している。ハイブリッドシステムのモーターの出力はPHEVのほうが大きくされているが、違いはあまり感じられない。
*Toyota

*Toyota

DC-DCコンバーター
二次電池
充電口
インバーター&車載充電器
*Mercedes-Benz
エンジン
モーター
変速機

1モーター2クラッチ式などのパラレル式を採用するPHEVは数多い。左写真のようなFR及びFRベースの4WDのほか、下の組写真のようにFFベースのものもある。採用されているトランスミッションはATかDCTが一般的だ。

エンジン
フライホイール
モーター
デュアルクラッチ
変速機
電動コンプレッサー
*Audi

エンジン
車載充電器
パワーエレクトロニクス
二次電池
モーター
DCT
充電口
*Audi

ハイブリッドシステム
パワーエレクトロニクス
二次電池
*Mazda

シリーズ式ハイブリッドを採用するマツダのPHEV e-SKYACTIV R-EV。コンパクトなロータリーエンジンを採用することで発電機とモーターの同軸配置を実現している。80km以上のEV走行距離があるが、走行モードでノーマルを選択するとハイブリッド走行が行われる。

*Mazda
モーター　発電機　エンジン

第3章／ハイブリッド自動車　PHEV

263

ハイブリッド自動車 07
Mild hybrid electric vehicle
マイルドハイブリッド

マイルドハイブリッドが誕生した背景には2つの流れがある。1つが、**オルタネーター**による**エネルギー回生**だ。**発電機**であるオルタネーターに減速時の車輪の回転をエンジンを介して伝えれば発電が可能だ。こうして得られた電力は駆動には使われず、さまざまな電装品で使われていた。いっぽう、エンジンの補機には**スターターモーター**があるが、オルタネーターと同時には使われない。発電機と**モーター**は相互に代用できるので、これらを1つにまとめれば軽量化できコストも抑えられる。そのためオルタネーターを強化し始動も可能なものが開発された。これを「ベルト駆動のスターター&発電機」の英語の頭文字から**BSG**という。これがもう1つの流れだ。

BSGは始動時に大きなトルクを発せられるように一般的なオルタネーターより強化されている。これにより**回生制動**だけでなく走行のアシストも可能になり、マイルドハイブリッドが誕生した。その後、電装品の**48V化**の流れを受けてBSGも**48V仕様**が開発され、ハイブリッドシステムとしての能力が向上した。区別するために**12Vマイルドハイブリッド**と**48Vマイルドハイブリッド**と呼ばれるようになった。

BSGは従来のオルタネーターをベースにしたものだが、ベルトを使用せず直接**クランクシャフト**に接続されるスターター兼発電機も開発された。これを「統合されたスターターと発電機」の英語の頭文字から**ISG**といい、エンジンのフライホイールに接続される。48V仕様が一般的だ。強いトルクを発揮してもベルトに滑りは生じないため、48V仕様のBSGより大きな出力のものを使うことができる。なお、開発された当初は、BSGもスターターと発電機を統合したものであるためISGと呼ばれることもあり、現在でもベルト駆動のものをISGと呼称するメーカーもある。

これらのマイルドハイブリッドは、**1モーター直結式ハイブリッド**であり**パラレル式ハイブリッド**に分類される。日本ではフルハイブリッドの採用が多く、マイルドハイブリッドは少数派だが、欧米では厳しくなり続ける燃費規制を受け、効率向上はわずかでも低コストで済むマイルドハイブリッドの採用が増えている。

48V・BSG

*Audi

↑設置スペースに制約があるため48V仕様のBSGでも12V仕様のオルタネーターと大きさはあまりかわらない。

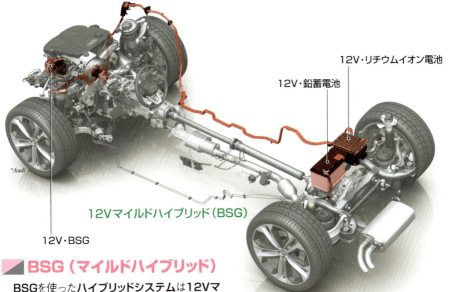

12V・BSG
12Vマイルドハイブリッド(BSG)
12V・鉛蓄電池
12V・リチウムイオン電池

■ BSG（マイルドハイブリッド）

BSGを使った**ハイブリッドシステム**は**12Vマイルドハイブリッド**と**48Vマイルドハイブリッド**が一般的だが、マツダのように**24Vマイルドハイブリッド**を採用しているメーカーもある。BSGの出力は10kW以下のものが多い。

12V仕様のBSGであっても、**回生制動**で得られるエネルギーは大きいため、大電流での充電を苦手とする**鉛蓄電池**では受け入れられない。そのため、大電流での充電が可能な**リチウムイオン電池**が備えられ、インバーターを介して充放電が行われる。**バッテリーパック**の電圧は12Vにされているので、そのまま電装品の電源として使うことも可能だが、鉛蓄電池も併用されていることが多い。電装品に電力を供給する鉛蓄電池にはリチウムイオン電池から充電が行われる。

48V仕様のBSGの場合は、バッテリーパックの電圧も48Vにされている。しかし、現在のクルマには12V仕様の電装品も多数使用されている。そのため、降圧用の**DC-DCコンバーター**が搭載されている。この場合もDC-DCコンバーターから電装品に直接電力を送ることも可能だが、鉛蓄電池が併用されていることが多い。

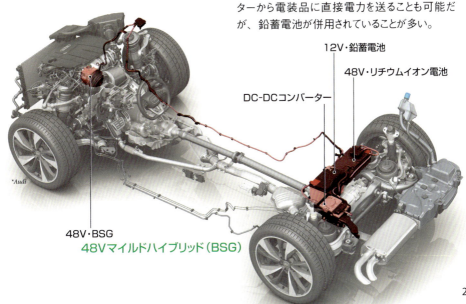

48V・BSG
48Vマイルドハイブリッド(BSG)
DC-DCコンバーター
12V・鉛蓄電池
48V・リチウムイオン電池

ISG（マイルドハイブリッド）

　ISGを使った**ハイブリッドシステム**は**48Vマイルドハイブリッド**が一般的だ。ほとんどのISGの出力は15kW以下にされている。ISGはエンジンの補機という位置付けなのでエンジンに**直結**されている。ハイブリッドシステムの構造は**1モーター直結式ハイブリッド**になり、**モーター**によるエンジンのアシストや**回生制動**が可能で、走行中の発電も行えるが、**EV走行**はできない。**リチウムイオン電池**による48Vの**バッテリーパック**が搭載され、**インバーター**を介して充放電が行われる。降圧用の**DC-DCコンバーター**も搭載されていて、12V電装品用の**鉛蓄電池**の充電を行うのが一般的だ。

　48V仕様のモーターであっても能力的にはEV走行が可能なものもある。そのため、エンジンとの**断続**が可能なクラッチを備えたシステムも登場してきている。トランスミッションのクラッチを併用することで**1モーター2クラッチ式ハイブリッド**が構成でき、EV走行をはじめ多彩な運用ができる。こうしたシステムが増えてくると、**48Vフルハイブリッド**や**ミドルハイブリッド**といった新しい呼称が生まれるかもしれない。

➡ISGはエンジンの出力軸に備えられ、そこにトランスミッションが接続される。

48V・ISG

*Mercedes-Benz

*Mazda　*Mazda

写真はどちらもマツダのシリーズ式のハイブリッドシステムに使われているモーター。写真左は、48Vマイルドハイブリッドのモーターで出力は12kW。エンジンと断続できるクラッチを備えているためISGとは呼称されていないが、出力や大きさは一般的なIGSに相当する。写真右はPHEVに採用されるフルハイブリッドシステムの129kWのモーターで355Vで駆動される。使われているトランスミッションは同じ型式のもの。モーターの直径はほぼ同じだが、厚さが異なっているのがわかる。

266

*Toyota

第5部 シャシーメカニズム

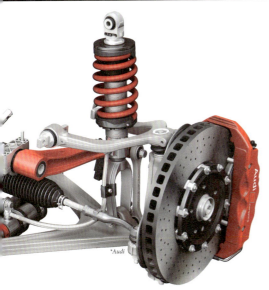
*Audi

第1章 操舵装置 … 268
第2章 制動装置 … 280
第3章 懸架装置 … 304
第4章 車輪 … 320
第5章 安全装置と自動運転 … 334

操舵装置 01

Steering system
ステアリングシステム

ステアリングシステムは日本語では操舵装置といい、乗用車では前輪で操舵を行う前輪操舵式が一般的だが、一部には後輪でも操舵を行う4輪操舵システム(4WS)を採用する車種もある。操舵の際に前輪に与える角度を操舵角や単に舵角という。舵角が与えられると、クルマが曲がっていこうとする力であるコーナリングフォースが生まれる。

ステアリングシステムは、ステアリングホイール(ハンドル)、ステアリングシャフト、ステアリングギアボックスとステアリングリンクで構成される。前輪の取付部分であるホイールハブキャリアには、ナックルアームという腕構造が備えられている。ステアリングホイールの回転はステアリングシャフトでギアボックスに伝えられる。ギアボックスやリンク機構で回転運動は直線運動に変換され、最終的にステアリングタイロッドというリンクでナックルアームを押したり引いたりして前輪に舵角を与える。ギアボックスはラック&ピニオン式ステアリングギアボックスが主流で、パワーステアリングシステムによる操舵のアシストが行われている。

なお、現在ではステアリングギアボックスとステアリングホイールの間に機械的な連携がないステアリングシステムも開発されている。

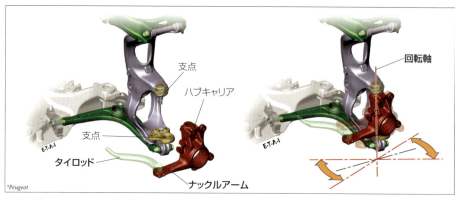

*Peugeot

ナックルアーム

ナックルアームを備えるホイールハブキャリアには、サスペンションシの構造によってさまざまな形状のものがあるが、その上下には舵角を与える際の回転軸となる支点が備えられる。ナックルアームが、この回転軸より前方に伸ばされる方式(前引き)と、後方に伸ばされる方式(後引き)がある。前引きではタイロッドが車軸より前方になり、後引きではタイロッドが車軸より後方になる。

*Nissan

ステアリングホイール

ステアリングシステムの操作部分が**ステアリングホイール**だ。ドライバーが握る部分をリム、**ステアリングシャフト**に接続される中心部分をハブ、両者を接続する部分をスポークという。リムの直径が大きいほど軽い力で操作できるが、大きすぎると操作しにくい。ステアリングホイールやシャフトの車内への取り付け部分を**ステアリングコラム**という。車種によってはコラム部にステアリングホイールの位置を調整するための**チルト機構**や**テレスコピック機構**が備えられる。

ステアリングシャフト

ステアリングホイールと**ステアリングギアボックス**は直線的に接続できるとは限らないため、**ステアリングシャフト**には**ユニバーサルジョイント**が使われることが多い。**カルダンジョイント**を採用し、3分割構造にするのが一般的で、中間のシャフトを**インターミディエイトシャフト**という。もっとも低い位置のシャフトがなく、ギアボックスの入力シャフトにカルダンジョイントが備えられることもある。また、一部では**等速ジョイント**が採用されることもある。

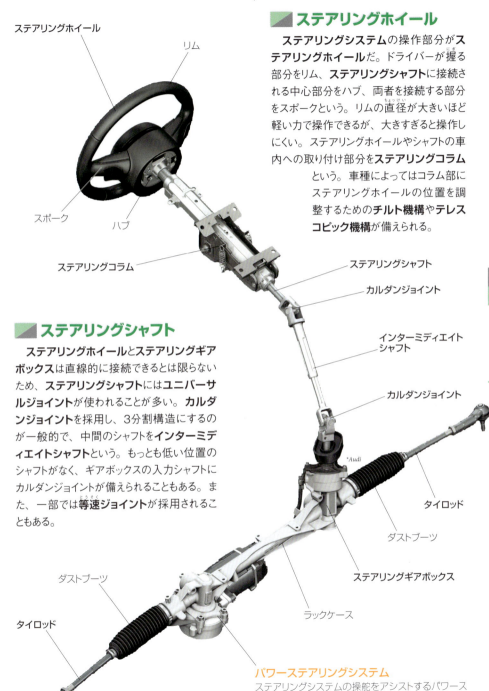

パワーステアリングシステム

ステアリングシステムの操舵をアシストするパワーステアリングシステムには、さまざまな構造のものがあり配置も異なる。図の形式はDP-EPS（P275参照）。

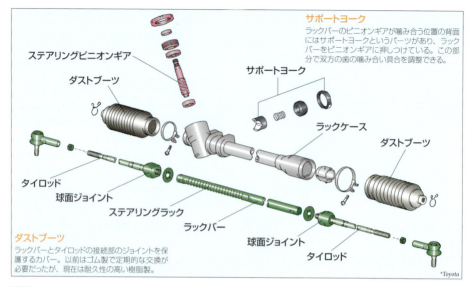

サポートヨーク
ラックバーのピニオンギアが噛み合う位置の背面にはサポートヨークというパーツがあり、ラックバーをピニオンギアに押しつけている。この部分で双方の歯の噛み合い具合を調整できる。

ダストブーツ
ラックケースとタイロッドの接続部のジョイントを保護するカバー。以前はゴム製で定期的な交換が必要だったが、現在は耐久性の高い樹脂製。

*Toyota

ラック&ピニオン式ステアリングシステム

過去には**ボールナット式ステアリングギアボックス**を採用する車種もあったが、現在ではほぼすべての乗用車が**ラック&ピニオン式ステアリングギアボックス**を採用している。**ラック**とは棒状の歯車のことで、内歯歯車を1カ所で切って直線状に伸ばしたものだといえる。これに外歯歯車のピニオンギアを噛み合わせると、回転運動を直線運動に変換できる。**ステアリングシャフト**の回転が**ステアリングピニオンギア**に伝えられると、**ステアリングラック**が刻まれた**ステアリングラックバー**が左右どちらかに移動し、その動きが**ステアリングタイロッド**を介して**ナックルアーム**に伝えられる。サスペンションシステムによって車輪の位置が移動するため、タイロッドとラックバーの接続部分には球面ジョイントが採用されている。なお、ラックバーが収められる容器は、ステアリングラックケースや単にラックケースという。

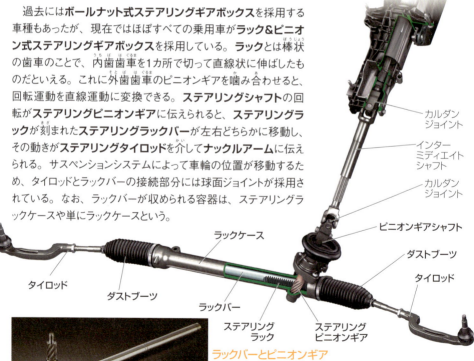

ラックバーとピニオンギア
実際のラック&ピニオン式ステアリングギアボックスでは、ラックにもピニオンギアにもヘリカルギアを採用することで耐えられる力を大きくすると同時に騒音を抑えている。また、ラックバーに歯が刻まれるのは、操舵の際に必要な範囲だけだ。

◢ ステアバイワイヤー

　従来の**ステアリングシステム**では、ドライバーが操作する**ステアリングホイール**と、**舵角**が与えられる前輪は機械的に接続されている。こうした操舵機構と、車輪の方向をかえる転舵機構の機械的な接続をなくし、電気信号によるやり取りにしたシステムを**ステアバイワイヤー**という。外観上では**ステリングシャフト**のないシステムになる。ステアリングホイールの操作は、ステアリングコラム付近に備えられた操舵機構に伝えられ、ステアリングホイールの操作が検出される。同時に、その操作に応じた操作力（操舵反力）がステアリングホイールに生じるようにされている。いっぽう、転舵機構は**電動パワーステアリングシステム**から**ステアリングピニオンギア**を取り除いたような構造にされ、操舵機構からの電気信号によって転舵を行う。当初、実用化されたシステムでは、フェイルセーフとしてステアリング

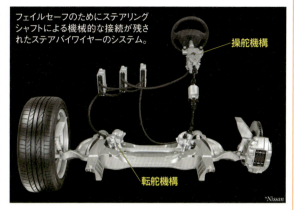

フェイルセーフのためにステアリングシャフトによる機械的な接続が残されたステアバイワイヤーのシステム。

操舵機構
転舵機構
*Nissan

シャフトによる機械的な接続が残されているが、機械的な接続を完全に排除したシステムの市販車への採用も始まる。

　また、現状ではラック＆ピニオン式のような**ステアリングギアボックス**が使われているが、今後は新たな転舵機構が開発される可能性もある。また、ステアリングホイールではなく、ジョイスティックなど従来とは異なった形状の操作機構になる可能性もある。

操舵機構
転舵機構
*Toyota

ドライバーが操作を行う操舵機構と、車輪に舵角を与える転舵機構の間の機械的なつながりを完全に排除したステアバイワイヤーのシステム。

第1章／操舵装置　ステアリングシステム

271

操舵装置 02 Power steering system
パワーステアリングシステム

ステアリングギアボックスでも多少は力の増幅が行われているが、人間の手の力だけで大きな車重がかかった車輪に**舵角**を与えるのは難しいため、**パワーステアリングシステム**によるアシストが行われている。過去にはエンジンで駆動されるポンプで発生させた油圧でアシストを行う**油圧パワーステアリングシステム**が一般的だったが、電子制御しやすいうえ燃費に悪影響を与えるポンプが不要になるため、モーターでアシスト力を発揮させる**電動パワーステアリングシステム**が採用されている。英語の頭文字から**EPS**と略される。EPSであればドライバーのステアリングホイール操作がなくても前輪に舵角を与えられる。

EPSはアシスト機構の位置によって**コラムアシストEPS**、**ピニオンアシストEPS**、**ラックアシストEPS**に分類される。さらにラックアシスト式には、**デュアルピニオンアシストEPS**、**ダイレクトドライブEPS**、**ベルトドライブEPS**などがある。

ステアリングホイール
ステアリングシャフト

EPSアシスト機構
アシスト機構はモーターと減速機構で構成される。トルクを検出するセンサーも備えられることが多い。EPS-ECUがこの位置に配置されることもある。

カルダンジョイント
インターミディエイトシャフト
カルダンジョイント
タイロッド
ピニオンギア&ラック(内蔵)
ラックケース

*NSK

コラムアシストEPS

コラムアシストEPS（C-EPS）は**ステアリングコラム**付近の**ステアリングシャフト**にアシスト力を伝える。ステアリングシャフトやステアリングギアの歯に大きな力がかかるため、アシスト力に限界があり、小型車での採用が多い。比較的スペースに余裕があるコラム付近に配置できるが、モーターの騒音が車室内に伝わりやすい。

EPSアシスト機構

EPSのアシスト機構では**直流整流子モーター**か**ブラシレスモーター**が使われる。出力を高めるために高い回転数で使用され歯車で減速が行われる。しかし、回転数が高いと**慣性モーメント**が大きくなるため切り返しの際のモーターの反転に手間取りやすい。減速機構には**ウォームギア**が使われることが多い。ウォームギアは大きな減速比が可能なうえ、**ウォームホイール**からウォームギアに回転を伝えにくい性質があるため、**キックバック**（路面の凹凸などで発生した前輪の動きがステアリングホイールに伝わること）を軽減できる。

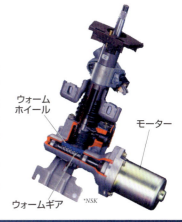

ピニオンアシストEPS

ピニオンアシストEPS（P-EPS）のアシスト機構は**ステアリングギアボックス**のピニオンギア付近に備えられ、ピニオンギアシャフトにアシスト力を伝える。コラムアシストEPSに比べると、**ステアリングシャフト**の負担は軽減されることになるが、**ステアリングピニオンギア**の歯にはやはり大きな力がかかるため、アシスト力には限界がある。設置スペースにも余裕が少ないことが多い。

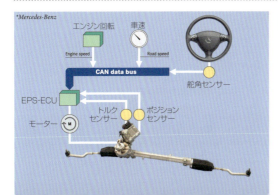

EPS電子制御

ESPでは**舵角センサー**などによって操舵方向や操舵量、アシストに必要なトルクが検出され、車速に応じた最適なアシスト力を**EPS-ECU**が決定し、モーターに指示を送る。開発された当初はアシストに違和感を覚える人もいたが、制御の熟成が進んだことで改善されている。

ダイレクトドライブEPS

ダイレクトドライブEPS（DD-EPS）は、ボールスクリュー機構でステアリングラックバーにアシスト力を伝える。同軸式ラックアシストEPSともいう。ラックバーにはスクリューが刻まれ、中空モーターに内蔵されたナットが回転すると、ラックバーにアシスト力が伝わる。ボールスクリュー機構は摩擦が少なく滑らかに力を伝えることができるため、パワーステアリングのアシストに適しているうえ、ピニオンギアやラックの負担増がないためアシスト力を高めることも可能だ。しかし、ラックケースは太くなる。中空のモーターは大径になり慣性モーメントが大きくなるので切り返しなどの制御に工夫が必要だ。

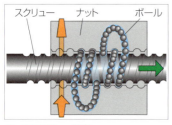

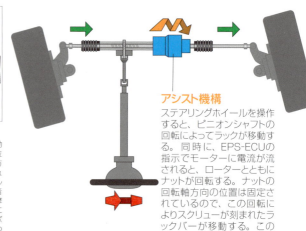

ボールスクリュー機構

スクリュー（ボルト）とナットは回転運動を直線運動に変換することができる。たとえばスクリューの位置を固定したまま回転させれば、ナットが回転軸方向に移動する。スクリューとナットの場合、スクリューにネジ山、ナットにネジ溝が刻まれるが、ボールスクリュー機構の場合は、双方に溝が刻まれ、両者の溝の間にボールが挟まれる。これにより、回転摩擦で滑らかに力を伝達できる。そのままでは回転によってボールがナットの溝の端から出てしまうが、ボールスクリュー機構ではナットの両端をチューブでつなぐことで、ボールが循環できるようにされている。

アシスト機構

ステアリングホイールを操作すると、ピニオンシャフトの回転によってラックが移動する。同時に、EPS-ECUの指示でモーターに電流が流されると、ローターとともにナットが回転する。ナットの回転軸方向の位置は固定されているので、この回転によりスクリューが刻まれたラックバーが移動する。この移動がアシスト力になる。

ベルトドライブEPS

ベルトドライブEPS（BD-EPS）はダイレクトドライブEPSと同じように**ボールスクリュー機構**でラックバーにアシスト力を伝えるが、モーターはラックケースの側面に配され、ベルトによってモーターの回転をラックに伝達する。**平行軸式ラックアシストEPS**ともいう。DD-EPS同様に滑らかなアシストが期待でき、ラックケースの大径化は避けることができるが、モーターなどが側面に張り出すことになる。

デュアルピニオンアシストEPS

デュアルピニオンアシストEPS（DP-EPS）は、**ステアリングピニオン**と噛み合うラックとは異なる位置の**ステアリングラックバー**に別のラック（**アシストラック**）を刻み、噛み合わせたピニオンギア（**アシストピニオン**）から減速したモーターの回転をアシスト力として伝える。ステアリングシステム本来のラックやピニオンの負担増がないため、大きなアシスト力を発揮させることが可能だ。モーターや減速機構はステアリングラックケースの側面に張り出すことになる。

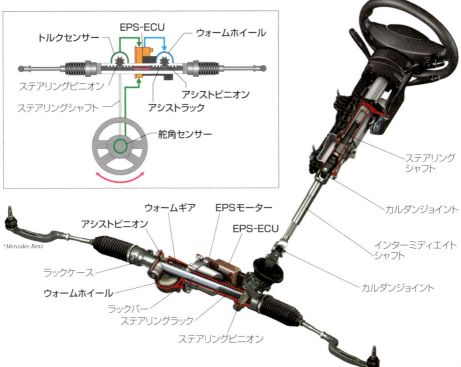

275

操舵装置

Steering gear ratio
03 ステアリングギアレシオ

ステアリングホイールを操作した角度と舵角の変化の比をステアリングギアレシオ（ステアリングギア比）という。車庫入れなどの際には大きな舵角が必要になる。こうした際に、ステアリングホイールを何周も回すのは面倒だ。**ギアレシオ（ギア比）**を小さく設定すれば、ステアリングホイールを回す回数が少なくなり操作しやすくなる。しかし、高速走行でのレーンチェンジのような状況では、繊細なステアリングホイール操作が求められることになるので、ギアレシオが大きいほうがいい。一般的には低速域ではギアレシオが小さいほうが扱いやすく、高速域ではギアレシオが大きいほうが扱いやすい。そのため、走行状況に応じてギアレシオをかえることができる**可変ギアレシオステアリングシステム**が開発されている。

A＝ステアリングホイールの操作量（角度）

ステアリングギアレシオ ＝ $\dfrac{A}{B}$

B＝舵角の変化量（角度）

*Renault

■ オーバーオール　ステアリングギアレシオ

ステアリングホイールの操作角と舵角の比は正式には**オーバーオールステアリングギアレシオ**や**トータルステアリングギアレシオ**という。**ステアリングギアレシオ**の本来の意味は**ステアリングギアボックス**の**ギアレシオ（ギア比）**だ。しかし、現在の主流であるラック＆ピニオン式ステアリングギアボックスでは回転運動が直線運動に変換されるためギアレシオが存在しない。そのため、ステアリングギアレシオをシステム全体のレシオを表わす用語として使うことが増えている。

■ バリアブルギアレシオラック

ステアリングラックの機械的な構造だけで**可変ギアレシオステアリングシステム**を実現しているのが**バリアブルギアレシオラック**だ。直進状態の時にピニオンギアが噛み合っている中立位置付近のラックの歯の間隔は狭く、両端付近は歯の間隔を広くしてある。これにより、ステアリングホイールを少ししか操作しない時には**ギアレシオ**が大きく、大きく切り込んでいくとギアレシオが小さくなってクイックな操舵が可能になる。

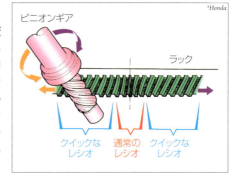

BMWの可変ギアレシオステアリングActive Steeringでは、ステアリングホイールとステアリングシャフトの間にプラネタリーギアユニットが組み込まれ、モーターの回転を加えることでステアリングギアレシオを変化させている。

高速時

*BMW　舵角小

低速時

*BMW　舵角大

ステアリングシャフト

アシスト用モーター

プラネタリーギアユニット

ピニオンギア

ラック

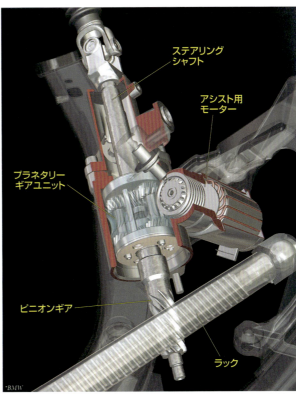

*BMW

バリアブルギアレシオステアリングシステム

ラックの歯の間隔をかえたバリアブルギアレシオラックでも十分に有効なもので、駐車の際などには便利だが、**ステアリングホイール**を大きく操作する場合でも切り始めは**ギアレシオ**が大きいし、左右に大きく切り返す時にはギアレシオが大きい部分を使用することになる。そこで開発されたのが電子制御式の**バリアブルギアレシオステアリングシステム**だ。いずれのシステムもモーターと**プラネタリーギア**や**ハーモニックドライブ**という歯車機構を利用することで、車速に応じた**ステアリングギアレシオ**になるようにステアリングホイールの回転を変換してステアリングシャフトに伝えている。なお、これらのシステムでは状況に応じてパワーステアリングのアシスト力も調整されることが多い。

ハーモニックドライブ

モーター

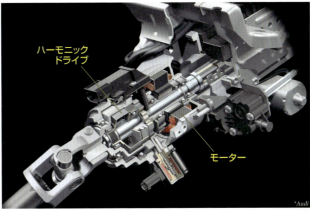

*Audi

アウディの可変ギアレシオステアリングDynamic Steeringではハーモニックドライブを介してモーターの回転を伝えることでギアレシオを変化させている。

操舵装置

Four-wheel steering system
04 4輪操舵システム

　一般的な**ステアリングシステム**では**前輪操舵式**が採用されているが、後輪にも**舵角**を与える**4輪操舵システム（4WS）**を採用する車種もある。4WSの後輪の操舵方法には、前輪とは逆方向の舵角を与える**逆位相操舵**と、前輪と同じ方向に舵角を与える**同位相操舵**がある。逆位相操舵を行うと、小回り性能が高まり、車庫入れや縦列駐車が容易になる。中高速でも逆位相操舵したほうがクルマが曲がりやすそうだが、実際には同位相操舵したほうが前後輪に**コーナリングフォース**（クルマが曲がろうとする力）が発生して回頭性が高まるうえ、安定してコーナリングできる。後輪に与える舵角は最大で数度という小さなものだ。また、前輪の舵角や車速によって後輪の舵角を変化させるのはもちろん、クルマの挙動に応じても変化させていく。

　小型のクルマの場合は4WSを採用してもあまり意味はないが、大型のクルマ、なかでも大型の電気自動車は重量が大きくて**慣性モーメント**が大きく、**ホイールベース**も長くなりがちなので4WSにすると扱いやすいクルマにすることができる。

　なお、4WSには**パッシブ4WS**というものもある。走行状況によって生じる外部からの力で後輪に舵角が与えられるシステムのことで、サスペンションアームの配置やブッシュのたわみなどによって実現されている。対して、専用のアクチュエーターを備えたものは**アクティブ4WS**という。

20世紀の4WS

　4WSは1980年代に誕生し、1990年代の日本ではほとんどのメーカーが開発採用していたが、21世紀になると一気に採用が減っていき、ほとんど使われなくなった。原因は独特の挙動に違和感があったためだ。低速で逆位相操舵を行うと、クルマが自分を中心にして回るのではなく、自分より前を中心にして回るように感じやすい。遊園地の遊具の動きからこの感覚はコーヒーカップフィーリングなどと呼ばれた。なお、現在の4WSはセンサー技術や制御技術の向上によって、違和感を感じさせないように動作してくれる。

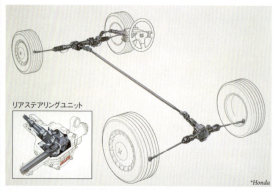
*Honda
↑シャフトによって前輪操舵の動きを後輪に伝え、プラネタリーギア機構などで後輪の舵角に変換したホンダの舵角応動タイプ4WS。

*Honda
↑モーターによるアクチュエーターで後輪の操舵を行ったホンダのハイパー4WS。

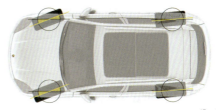

■ リアステアリング　アクチュエーター

4WSで後輪に舵角を与える機構は**リアステアリングアクチュエーター**などと呼ばれる。過去には前輪の動きをシャフトなどで機械的に後輪に伝達するものや、前輪の油圧パワーステアリングシステムの油圧を利用して後輪に舵角を与えるものなどさまざまなシステムが開発されてきたが、現在のアクチュエーターはモーターで駆動されるものが一般的だ。モーターの回転を各種の歯車機構によって直線運動に変換して後輪に舵角を与えている。

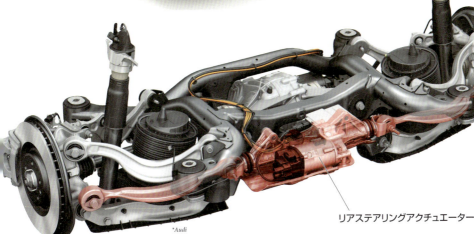

第1章／操舵装置　4輪操舵システム

279

制動装置 01 Brake system
ブレーキシステム

ブレーキシステムは日本語では**制動装置**といい、走行中の減速と停止に使用する**サービスブレーキ**と、駐車中のクルマの位置を保持する**パーキングブレーキ**がある。サービスブレーキは足で操作するため**フットブレーキ**ということが多い。

ブレーキシステムは摩擦を発生させることで**運動エネルギー**を**熱エネルギー**に変換して減速を行う**摩擦ブレーキ**が中心だったが、**電気自動車**や**ハイブリッド自動車**では**回生制動**も使われ、両者をまとめて制御する**回生協調ブレーキ**が重要な存在になっている。摩擦ブレーキで実際に摩擦を発生させる部分をブレーキ本体といい、**ディスクブレーキ**と**ドラムブレーキ**がある。

フットブレーキは操作力の伝達を油圧で行う**油圧式ブレーキ**で、ブレーキブースターでアシストが行われる。また、**ABS**によって急ブレーキの際の安全性が高められている。ABSの発展形として、**駆動力**を安定させる**TC**やクルマの挙動を安定させる**ESC**も標準装備化し、ブレーキシステムは制動する装置から、駆動や安定を制御する装置へと発展していて、ステアリングシステムなど他の装置との協調制御も盛んに行われている。

パーキングブレーキは機械的に力を伝達する**機械式ブレーキ**が一般的だが、電動化が進んでいる。フットブレーキについても電気信号でブレーキ本体を動作させる**ブレーキバイワイヤー**の研究開発が進められている。

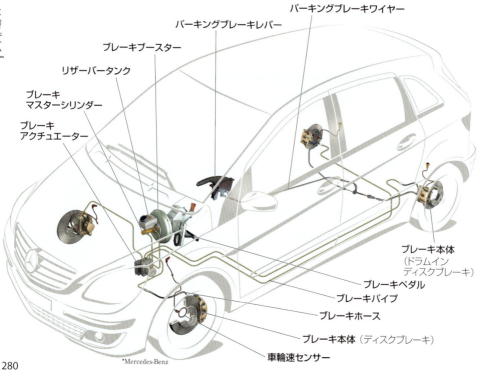

*Mercedes-Benz

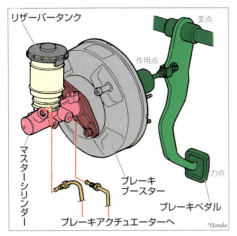

油圧式ブレーキ

油圧式ブレーキの制動のための油圧はブレーキマスターシリンダーで作られる。使用する液体はブレーキフルードといい、ブレーキフルードリザーバータンクに予備の分が蓄えられている。ブレーキペダルを踏むとマスターシリンダーのピストンが押され油圧が発生する。ブレーキペダルとマスターシリンダーとの間には力のアシストを行うブレーキブースターが備えられる。マスターシリンダーで発生した油圧はブレーキアクチュエーターを経由して各輪のブレーキ本体に送られる。

油圧経路は4系統もしくは2系統にされる。2系統の場合は、前後輪で独立させる前後系統式と、右前輪と左後輪で1系統、左前輪と右後輪で1系統を構成するX字型系統式がある。油圧配管には金属製のブレーキパイプとゴム製のブレーキホースが使われる。なお、回生協調ブレーキではマスターシリンダーの油圧が、直接ブレーキ本体に送られないことも多い（P298参照）。

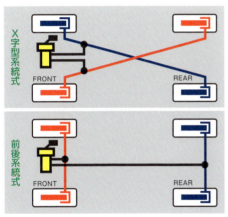

油圧のメリット

油圧では力の増幅や分配が簡単に行える。ブレーキ本体のピストンの面積を、マスターシリンダーのピストンの面積の2倍にすれば、力が2倍になる（移動距離は半分）。前後輪のブレーキ本体でピストンの面積をかえれば、制動力の配分がかわる。また、経路が複雑でも油圧なら問題なく力を伝達できる。距離が変化する場合でもゴム製の配管をたるませておけば対処可能だ。

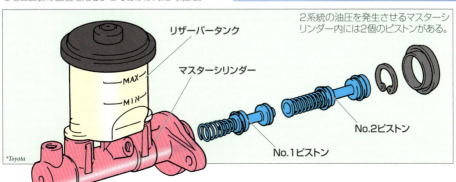

2系統の油圧を発生させるマスターシリンダー内には2個のピストンがある。

制動装置

Disk Brake
02 ディスクブレーキ

ディスクブレーキは車輪とともに回転する円板状の**ディスクローター**（ブレーキディスクともいう）の両側に、**摩擦材**を備えた**ブレーキパッド**を押しつけて制動を行う。パッドは、ローターにまたがるように配置された**ブレーキキャリパー**という部品内に備えられる。**キャリパー**にはシリンダーとなる円筒の空間があり、そこにピストンが収められている。**ブレーキペダル**を踏んで**ブレーキマスターシリンダー**からの油圧がキャリパーのシリンダーに送られるとピストンが押し出される。この力によってパッドがローターに押しつけられる。キャリパーの構造には、**フローティングキャリパー**と**対向ピストンキャリパー**があり、それぞれ複数のピストンが使用されることもある。

ブレーキ本体は熱の影響を受けやすいが、ディスクブレーキは摩擦の発生する部分が露出しているので放熱性が高く影響を受けにくい。また、摩擦面に水や泥などの異物が付着しても、遠心力によって飛ばされてしまうため、安定した性能を発揮することができる。

Akebono Brake

ブレーキパッド

ブレーキパッドの**摩擦材**は、おもに摩擦を発生させる金属粉と、骨格となる金属繊維やアラミド繊維などの結合材を、樹脂とともに成型したもので、これが鋳鉄製の台座に備えられている。その形状や大きさにはさまざまなものがあり、**フェード現象**や異音などの対策のために、溝が設けられたものや、角をなくし面取りされたものもある。ブレーキを使用するたびに摩擦材は削れて摩耗し、薄くなっていく。欧米では**ブレーキ粉塵規制**も始まりつつある。

Toyota

ブレーキと熱

ブレーキは、クルマが動いている運動エネルギーを、摩擦熱という熱エネルギーに変換することで減速を行っているため、大量の熱が発生する。この熱でブレーキ本体は高温になりやすい。**ブレーキパッド**などの**摩擦材**は一定以上の高温になると、摩擦力が極端に低下する。これを**フェード現象**といい、ブレーキがきかなくなってしまう。

また、ブレーキ本体の熱が油圧経路に伝わって**ブレーキフルード**が一定以上の高温になると沸騰して気化する。気体は圧縮されやすいため、油圧経路に気泡が発生すると、油圧を伝達できなくなる。これを**ベーパーロック現象**といい、ブレーキが使えなくなる。スポーツタイプのクルマなどでは冷却能力を高めるために、専用のダクトやガイドでブレーキ裏側に空気を送り込むこともある。

↑ベンチレーティッドディスクのハット部の内側に空気を送り込むことで効率よくブレーキの冷却が行える。

ディスクローター

ディスクローターは摩擦を発生させる**ディスク部**と中央の**ハット部**で構成される。ハット部は**ホイールハブ**を収めるために突出していることが多い。ディスク部が1枚の板で作られた**ソリッドディスク**のほか、2枚構造にして間に放射状の空気の通路を設け冷却能力を高めた**ベンチレーティッドディスク**もある。素材は鋳鉄が一般的だが、軽量化と熱対策のためにカーボンやセラミックなどの複合材が採用されることもある。こうしたものを**カーボンセラミックディスクブレーキ**などという。性能が高いがコストも高い。

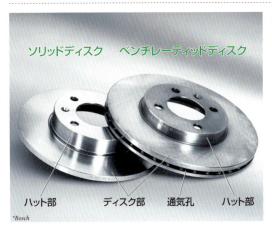
↓ベンチレーティッドディスク内の空気の通路の形状にはさまざまなものがある。右端のディスクはセラミック複合材製。

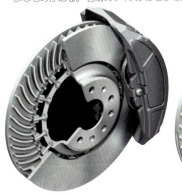

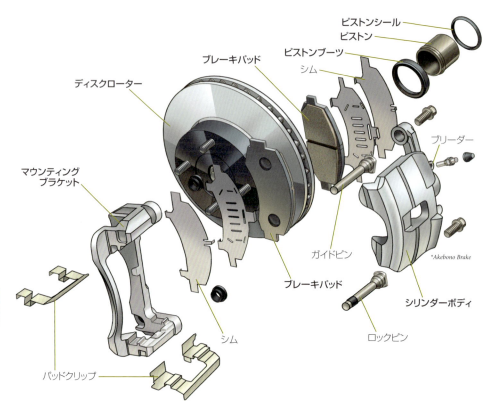

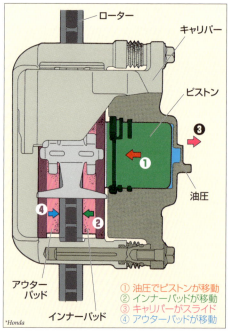

① 油圧でピストンが移動
② インナーパッドが移動
③ キャリパーがスライド
④ アウターパッドが移動

フローティングキャリパー

もっとも多用されている**ブレーキキャリパー**が**フローティングキャリパー（浮動型キャリパー）**だ。**片押し型キャリパー**や**ピンスライドキャリパー**ともいう。**キャリパー**はシリンダーを備えるシリンダーボディと、パッドを保持するマウンティングブラケットで構成され、ガイドピンに沿って**ディスクローター**の回転軸方向にスライドできるようにされている。シリンダーとピストンは通常は1組で、内側の**ブレーキパッド**を押す位置にある。**ブレーキマスターシリンダー**からの油圧でピストンが押し出されると、インナー側パッドが前進してローターに押しつけられるが、パッドがローターに密着すると、それ以上は進めなくなるため、キャリパーが逆方向にスライドする。この動きによってアウター側パッドがローターに押しつけられる。これにより双方のパッドに均等に力が伝えられる。なお、一部には複数のピストンを使用するフローティングキャリパーもある。

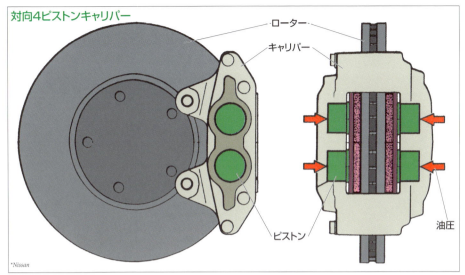

Nissan

対向ピストンキャリパー

対向ピストンキャリパーは両側のパッド背面にそれぞれピストンが備えられる。キャリパーの位置はローターに対して固定されているので**固定型キャリパー**ともいう。固定により剛性が高まるためブレーキのタッチがよくなる。**ディスクブレーキ**はパッドの面積を大きくすれば**制動力**を高められるが、1個のピストンでは安定して押しつけられないし、押せる面積にも限界がある。しかし、ピストンの数を増やせば、大きな力で安定してパッドを押すことができるため、対向ピストンキャリパーでは複数組のピストンを使うことが多い。ピストンの数によって**対向4ピストンキャリパー**や**対向6ピストンキャリパー**という。構造が複雑で高コストになり、放熱性の面でも不利だが、制動力を高めることができ、タッチもよいため、スポーツタイプのクルマで採用されることが多い。

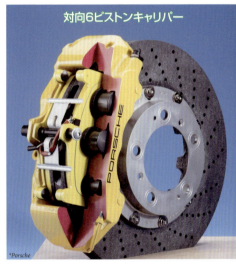

Porsche

パッドとローターの隙間

パッドは摩耗によって薄くなるが、作動していない時のローターとの隙間が大きくなると、ペダルを踏んでからブレーキが作動するまでの時間が長くなってしまう。ディスクブレーキでは、ピストンシールによってこの隙間が一定に保たれている。ピストンシールはピストンとの隙間をふさぐためにシリンダーに配されたゴム製のリングで、油圧によってピストンが前進する際に変形する。油圧がなくなると、変形から元の形状に復元する際にピストンを引き戻す。パッドが摩耗によって薄くなった場合、油圧によってピストンがシールの変形の限界を超えて押し出されるが、油圧がなくなった時にはシールの変形分しかピストンが戻されないため、一定の隙間を保つことができる。

制動装置 03 Drum Brake ドラムブレーキ

ドラムブレーキは車輪とともに回転する円筒状の**ブレーキドラム**の内側に、**摩擦材**を備えた**ブレーキシュー**を押しつけて制動を行う。内部には**ブレーキホイールシリンダー**があり、**ブレーキマスターシリンダー**からの油圧で押し出されるピストンによってシューをドラムに押しつける。**ホイールシリンダー**の構造や数、シューの支点の配置などによってさまざまな形式のものがあるが、現在乗用車に使われるのは**リーディングトレーリングシュー式ドラムブレーキ**がほとんどだ。

ドラムブレーキには**自己倍力作用**というものがあり、大きな摩擦力によって制動能力を高めることができる。主流がディスクブレーキに移ったため、ドラムブレーキのほうが**制動力**が劣っているように思われやすいが、同じスペースに収まるサイズで比較した場合、ドラムブレーキのほうが制動力が高い。しかし、ドラムブレーキは摩擦面がドラム内部にあるため放熱性が悪く、水が内部に浸入した際に乾燥しにくいといった弱点がある。現在では**ブレーキブースター**によるアシストが可能なため、安定して性能を発揮できるディスクブレーキが主流になった。ただ、**パーキングブレーキ**では現在でもドラムブレーキが採用されることがある。

ブレーキシュー（リーディングシュー）
ホイールシリンダー
ブレーキシュー（トレーリングシュー）
進行方向
ブレーキドラム
*Akebono Brake

ブレーキシュー

ブレーキシューは円筒状の**ブレーキドラム**の内側に密着させる必要があるため、断面形状が円弧状にされた鉄製の台座に**摩擦材**が張られている。摩擦材の部分を**ブレーキライニング**という。**ライニング**の素材はディスクブレーキのブレーキパッドと同様で、金属粉やさまざまな繊維が樹脂で成型されている。

*Delphi

リーディングトレーリングシュー式ドラムブレーキ

リーディングトレーリングシュー式ドラムブレーキは、ブレーキシュー上端(トー部)の間にホイールシリンダーを配置する。進行方向側のシューをリーディングシュー、反対側のシューをトレーリングシューという。それぞれのシューの下端をピンで固定して支点にするアンカーピン型もあるが、現在では両側のシューをアンカーで連結し、スプリングで位置を保持するアンカーフローティング型が多い。ホイールシリンダーは両側にピストンが押し出される構造のもので、両側のシューをドラムに押しつける。油圧がなくなるとリターンスプリングの力で元の位置にシューが戻る。

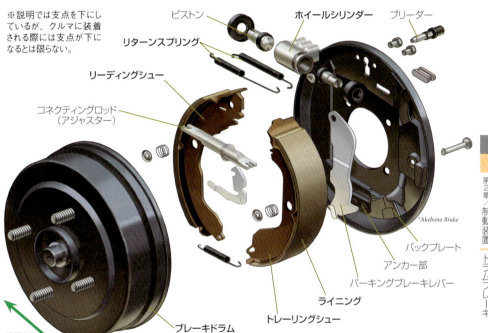

※説明では支点を下にしているが、クルマに装着される際には支点が下になるとは限らない。

自己倍力作用

ドラムブレーキはいずれの形式でも自己倍力作用(セルフサーボ)がある。リーディングトレーリングシュー式の場合、リーディングシューは押しつけられて摩擦を発生すると同時に、ドラムに引きずられて回転しようとする。しかし、回転方向前方が固定されているため、回転しようとする力によってシューがさらに強くドラムに押しつけられる。これにより、制動力が大きくなる。トレーリングシューでは回転しようとする力でシューがドラムから離れようとするが、ホイールシリンダーからの力が強いため影響は小さい。

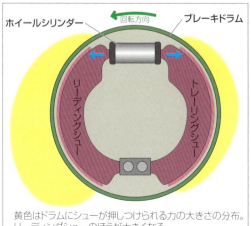

黄色はドラムにシューが押しつけられる力の大きさの分布。リーディングシューのほうが大きくなる。

制動装置 04

Brake booster
ブレーキブースター

ブレーキペダルのテコの作用や油圧システムで力が増幅されているとはいえ、高速で走行する重いクルマを人間の力だけで減速するのは難しい。そのため、**ブレーキシステムにはアシストを行うブレーキブースター**が備えられている。日本語では**倍力装置**という。

従来から多用されてきたのは大気圧と負圧の圧力差でアシストする**真空式ブレーキブースター（バキュームブレーキブースター、真空式倍力装置**）だが、現在ではモーターによって発生させた油圧でアシストする**電動ブレーキブースター**もある。電動ブースターは油圧でアシストを行うため**ハイドロリックブレーキブースター**ともいう。

ブレーキブースターでアシストされているとはいえ、緊急時のパニックブレーキではブレーキペダルを強く長く踏み続けられない人が多いことが実験等で判明しているため、急ブレーキの際のアシストを行う**ブレーキアシスト**も搭載されるようになっている。ブレーキアシストには、真空式ブレーキブースターの機能を高めた**機械式ブレーキアシスト**と、ブレーキアクチュエーターで発生させた油圧を利用する**電子式ブレーキアシスト**がある。

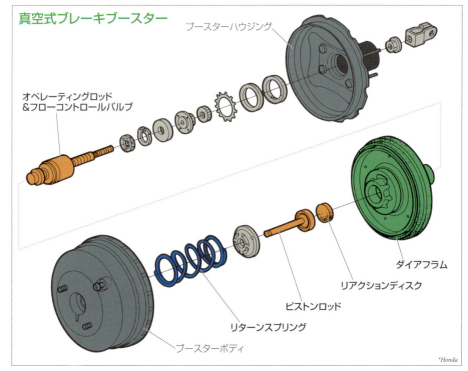

真空式ブレーキブースター
- ブースターハウジング
- オペレーティングロッド&フローコントロールバルブ
- ダイアフラム
- リアクションディスク
- ピストンロッド
- リターンスプリング
- ブースターボディ

*Honda

ブレーキブースターの名称
ブレーキブースター（倍力装置）はさまざまな名称で呼ばれることがある。ブレーキサーボ、サーボブースター、ブレーキアシスターなどというほか、ブレーキシステム全体を含めてパワーブレーキやサーボブレーキともいう。

真空式ブレーキブースター

ガソリンエンジン車では、エンジンの**吸入負圧**によって**真空式ブレーキブースター**を作動させるのが一般的だ。**ブレーキブースター**は平たい円筒形で、内部にピストンのように機能する**ダイアフラム**がある。ブレーキペダルからのシャフトはオペレーティングロッドに接続され、リアクションディスクを介して**ブレーキマスターシリンダー**のピストンロッドを押すことができる。リアクションディスクにはダイアフラムが備えられる。ダイアフラムのペダル側の空間を大気室、マスターシリンダー側の空間を負圧室といい、ブレーキが作動していない状態では両室に負圧が導かれているが、ペダルを踏み込むとオペレーティングロッドに備えられたフローコントロールバルブが作動し、大気室側への負圧を停止して大気を導入する。すると負圧と大気圧の差によってダイアフラムがマスタ

ーシリンダー側に押され、アシスト力が発揮される。
　ダイアフラムの面積を大きくすればアシスト力が大きくなるが、エンジンルーム内への配置が難しくなる。そのため、作動軸方向に2層に重ねた**タンデム型真空式ブレーキブースター**もある。

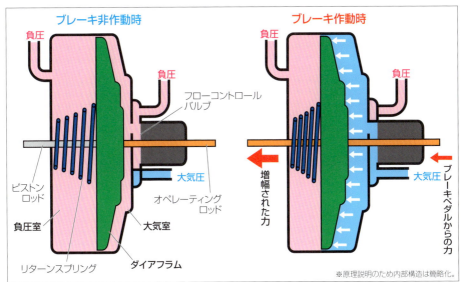

電動真空式ブレーキブースター

　ディーゼルエンジン車でも真空式ブレーキブースターが多用されているが、吸入負圧が利用できないためモーター駆動の**電動バキュームポンプ**で負圧を発生させている。これを**電動真空式ブレーキブースター**という。また、エンジンを停止してEVモードで走行するハイブリッド自動車や、**アイドリングストップ**でエンジンを停止することがあるクルマでは吸入負圧を常時利用できない。スロットルバルブによる吸入負圧が発生しにくいエンジンを採用するクルマもある。これらのクルマで真空式ブレーキブースターを採用する場合にも、電動バキュームポンプを利用している。

電動ブレーキブースター

電動真空式ブレーキブースターであれば、電気自動車をはじめどんなクルマにも搭載できるが、そもそも真空式ではある程度の大きさの**ダイアフラム**が必要になるため、装置が大型化しやすい。そこで開発されたのが**電動ブレーキブースター**だ。電動ブレーキブースターには蓄圧式とオンデマンド式がある。

蓄圧式電動ブレーキブースターはその名の通り蓄えておいた油圧を利用してアシストを行う。モーター駆動のポンプで油圧を発生させ、**アキュムレーター**（蓄圧室）に蓄えている。ブレーキペダルを踏むと**ブレーキマスターシリン**

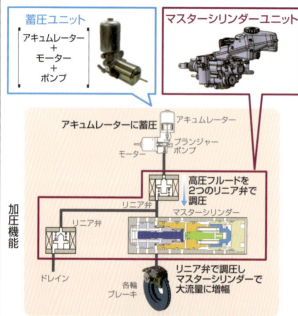

ダーのピストンが押されるが、同時にアキュムレーターからの油圧も**マスターシリンダー**に作用させることでアシストが行われる。アキュムレーターの油圧が低下するとモーターが作動して油圧が高められる。蓄圧式には、全体を一体化したブレーキブースターもあれば、油圧発生機構を別体にしたものもある。

オンデマンド式電動ブレーキブースターもモーター駆動のポンプで油圧を発生させることにかわりはないが、ブレーキペダルが踏まれた時にだけ油圧を発生させ、マスターシリンダーに作用させる。そのためには、蓄圧式よりレスポンスがよく吐出能力の高いポンプが必要になる。オンデマンド式では全体を一体化したものが一般的で、アキュムレーターが必要ないため蓄圧式よりユニットを小型できる。

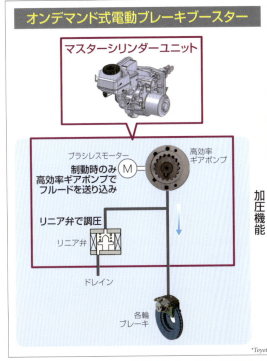

Anti-lock braking system
05 ABS

制動装置

　駆動力の場合と同じように、**制動力**も**タイヤ**と路面との摩擦によって発生していて、限界を超えると摩擦が発生しなくなり車輪が回転を停止する。これを**ホイールロック**という。4輪ホイールロック状態のほうが短距離で止まれることもあるが、ホイールロックとはタイヤが路面の上を滑っている状態。どのように滑るか想定できないし、ステアリングホイールを操作してもタイヤと路面の間に摩擦がないので操舵は不可能だ。また、路面の状態は均一ではなく、かかっている車重も車輪ごとに違うため、摩擦の限界が各輪で異なる。一部の車輪だけがホイールロックすると、クルマの挙動が極端に乱れ、スピンすることもある。

　こうした危険な状態に陥るのを防ぎ、急ブレーキの際にも安全に短距離で停止でき、ステアリングホイール操作でも危険を回避できるようにするのが**アンチロックブレーキシステム（ABS）**だ。各輪のブレーキ本体の油圧を制動に適した状態に保ち続けてくれる。

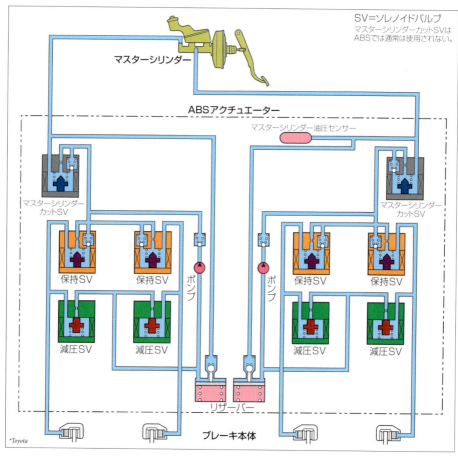

*Toyota

アクチュエーターとECU

ABSによる油圧の調整は**ABSアクチュエーター**で行われる。**ブレーキマスターシリンダー**からの2系統の油圧はABSアクチュエーターで4系統に分離され、各輪のブレーキ本体に送られる。ユニット内は、油圧を制御する**ソレノイドバルブ**（**電磁バルブ**）、増圧用の油圧を作り出す油圧ポンプ、余分な**ブレーキフルード**を蓄えておくリザーバーなどで構成される。ソレノイドバルブには**減圧ソレノイドバルブ**と**保持ソレノイドバルブ**があり、各輪ごとに備えられる。このバルブが、状況に応じて油路の開閉行う。

アクチュエーターは**ABS-ECU**の指示によって動作する。ECUは各輪に備えられた**車輪速センサー**に加えて**加速度センサー**（**Gセンサー**）や**舵角センサー**などの情報によって車輪を監視する。**ホイールロック**が起こりそうだと判断すると、アクチュエーターに指示を送り、油圧を最適な状態

↓油圧回路図ではポンプが小さく描かれることが多いが、実際のユニットでは電動ポンプが大きなスペースを占める。

バルブユニット　ABS-ECU
電動ポンプ（モーター部）
*ADVICS

に制御する。ECUは車内に設置されるほか、アクチュエーターに一体化されることもある。

なお、現在ではABS単機能のアクチュエーターやECUは使われていない。次ページ以降で説明する各種機能が統合された**ブレーキアクチュエーター**と**ブレーキECU**によって制御される。

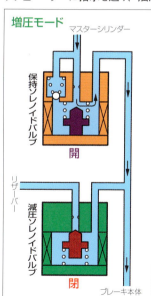
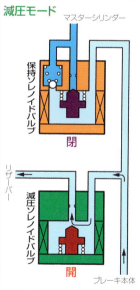

増圧モード ／ 減圧モード ／ 保持モード

通常は保持ソレノイドバルブが開き、減圧ソレノイドバルブは閉じた状態にされている。これを増圧モードといい、マスターシリンダーの油圧がそのままブレーキ本体に送られる。ホイールロックが発生しそうになると、減圧モードに切り替わり、保持ソレノイドバルブが閉じ、減圧ソレノイドバルブが開く。これによりマスターシリンダーからの油圧が止められ、ブレーキ本体側の油圧がリザーバーに送られることで油圧が低下する。この制御によって車輪の回転速度が最適な状態になると、保持モードに切り替わり、両バルブとも閉じた状態になり、油圧が保持される。この状態では車輪の回転速度が速くなりすぎると、増圧モードに戻り、ブレーキ本体の油圧が高められる。マスターシリンダーからの油圧だけでは油圧が不足する場合には、増圧モードでポンプが作動して油圧が高められる。こうした動作を繰り返すことで、制動にとってベストな油圧が維持される。

第2章／制動装置　ABS

293

制動装置

Electronic stability control and more
06 ESC等ブレーキ制御

　ABSのためにブレーキの油圧系統に増圧用のポンプを備えられたことにより、クルマの制御の可能性が広がった。ポンプの油圧を利用すれば、ドライバーのブレーキペダル操作に関係なく、4輪それぞれのブレーキ本体を独立して作動させることができる。クルマの基本機能は「走る」、「止まる」、「曲がる」だが、**ブレーキシステム**によって「走る」や「曲がる」ことの制御も実現されている。

　ABSは「止まる」を制御するものであり、**電子式ブレーキアシスト**のほかさまざまな走行状況で制動力を高める**EBD**（**電子制御制動力配分システム**）なども「止まる」を制御するものだ。また、発進や加速時などの**駆動力**を確保する**TC**（**トラクションコントロール**）などは「走る」を制御するものであり、コーナリング中などのクルマの挙動を安定させる**ESC**（**電子制御スタビリティコントロール**）などは「曲がる」を制御するものだ。機能に応じてセンサー類の付加や他の装置との情報共有が必要になるものの、ブレーキを独自に作動させることが可能だからこそ実現したものだ。**先進運転支援システム**として注目が高い**衝突被害軽減ブレーキ**や、車間距離を維持する能力を備えた**追従機能付クルーズコントロール**、坂道発進時の後退を防止する**ヒルスタートアシスト**なども、ブレーキアクチュエーターでブレーキを作動させている。

*ADVICS
ブレーキECU
電動ポンプ（モーター部）　バルブユニット
← ABSアクチュエーターとブレーキアクチュエーターで外観上の違いはほとんどない。

ブレーキアクチュエーター

　ABSが単機能の時代からさまざまに機能が追加されていく過程では、油圧を制御するユニットを**ABS/TC/ESC/BAアクチュエーター**とすべての能力を表示していったり、略して**ESCアクチュエーター**といったりもしたが、現在では**ブレーキアクチュエーター**と呼ぶのが一般的だ。ABS単機能に比べると、圧力センサーやソレノイドバルブが追加されることも多いが、基本的な構造は同じで、サイズにも大きな変化はない。ECUについても同様で、**ブレーキECU**という呼称が一般的だ。

油圧配管（右前輪へ）
ブレーキブースター
マスターシリンダー
ブレーキペダル
油圧配管（左前輪へ）
油圧配管（後輪へ）
ブレーキアクチュエーター
*BMW

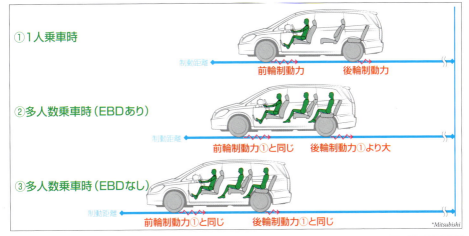

EBD

現在の**ABS**には、走行状況に応じて各輪への油圧の配分を変化させる**EBD**という機能が備えられているのが一般的で、**EBD付ABS**という。路面との摩擦の限界は、**タイヤ**にかかっている重量によっても変化する。ブレーキをかけると、慣性によって前輪にかかる重量が大きくなる。そのため前輪の油圧を高めたほうが、全体としての**制動力**を高めることができる。また、乗車人数や荷物の量、位置によってタイヤにかかる重量は変化するし、コーナリング中は左右輪の重量配分が変化する。EBDはこうしたさまざまな状況に応じて、各輪のブレーキ本体に配分する油圧を変化させて、常に最大の制動力が発揮できるようにしている。

電子式ブレーキアシスト

電子式ブレーキアシストでは、**ブレーキペダル**に備えられたセンサーによって踏み込み速度などが検出されることもあるが、アクチュエーター内にマスターシリンダーの油圧センサーを備えることでも実現できる。こうしたセンサーの情報により、緊急ブレーキだと判断された場合は、増圧モードでポンプを作動させてアシストを行い、通常より制動力を高める。もちろん、**ホイールロック**の監視も行われ、必要に応じて**ABS**が作動して、減圧や保持が行われる。

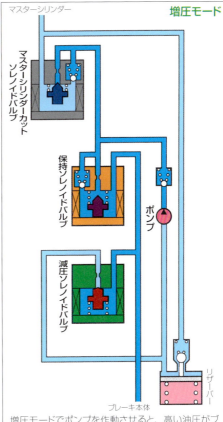

増圧モードでポンプを作動させると、高い油圧がブレーキ本体に送られる。マスターシリンダーカットソレノイドバルブはポンプの作動による急激な油圧変化を抑えるために必要に応じて開度が調整される。

トラクションコントロール

発進や加速の際に、駆動輪の片側だけが濡れた路面に乗っていると、摩擦の限界が低いため瞬間的に片側だけが空転ぎみになる。すると、デフの作用で反対側の駆動輪は回転速度が低下し、全体として**駆動力**が低下する。こうした事態を防ぐ装置が**トラクションコントロール**（TC）だ。**TRC**や**TCL**、**TCS**と略されることもある。

過去には、エンジンだけで制御を行うTCもあったが、現在では**ブレーキアクチュエーター**でブレーキ制御も行うTCが一般的だ。駆動輪の空転が感知されると、ブレーキアクチュエーターがその車輪のブレーキだけをわずかに作動させて、その車輪の空転を抑え、反対側の駆動輪の回転速度の低下を防ぐ。同時に瞬間的にエンジンの出力を低下させて駆動輪の空転を防ぐようにすることもある。こうした制御によって、滑りやすい路面での発進や加速の際の微妙なアクセルワークが不要になり、操縦性や安定性が向上する。コーナリング中の加速も安定して行えるようになる。

制御なし：発進直後の加速の際に、右側の駆動輪だけが滑りやすい路面に乗った状況。左駆動輪は回転速度が低下して、加速が悪くなる。

ブレーキ制御：空転ぎみで回転速度が速くなった右駆動輪のブレーキを作動させて回転速度を落とし、左右駆動輪の回転速度を揃えて駆動力を安定させる。

ブレーキLSD

TCでの動作からわかるように、**ブレーキアクチュエーター**を利用すれば、駆動輪のデフの**差動制限**が行えることになる。つまり、**LSD**として機能させることができるので、これを**ブレーキLSD**と呼ぶ。オフロード走行を前提としているクルマではブレーキLSDでスタックからの脱出が可能にされているものもある。

また、ブレーキアクチュエーターを利用することで、**電子制御ディファレンシャル**と同じように左右輪の**トルク配分**をかえる、つまり**トルクベクタリング**が行えると考えることもできる。ただし、**電子制御デフ**では**駆動力**の配分をかえるだけなので発生する損失はわずかだが、ブレーキアクチュエーターを利用する場合はブレーキが作動した車輪の駆動力は失われるので損失が発生する。しかし、既存のブレーキアクチュエーターを流用できるため、低コストで高度なトルク配分機能を搭載することができる。

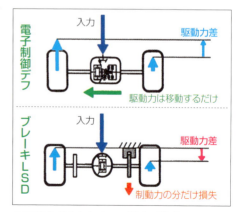

スタビリティコントロール

　クルマを曲がらせのに必要な力である**コーナリングフォース**は、**タイヤ**がわずかに横滑りすることで発生する摩擦力などによって得ている。しかし、路面の状態や**駆動力**の変化によって必要以上に横滑りすることがある。前輪の横滑りが大きいとクルマは本来のコーナリングラインより膨らむ**アンダーステア**になり、最悪の場合、コーナーから飛び出す。後輪の横滑りが大きいと想定以上に曲がり込む**オーバーステア**になり、最悪の場合、スピンを起こす。こうした事態を防ぐ装置が**スタビリティコントロール**だ。日本語では**横滑り防止装置**という。各社で名称が異なっていたが、現在では**電子制御スタビリティコントロール**を略した**ESC**が一般的だ。

　ESCは**舵角センサー**からの**舵角**の情報や車速から想定されるコーナリングラインと、クルマが回転しようとする力である**ヨー**を検出する**ヨーレイトセンサー**からの情報を比較してオーバーステアやアンダーステアを監視。**ブレーキアクチュエーター**で特定の車輪のブレーキを作動させることで逆方向に回転しようとする力を発生させて、オーバーステアやアンダーステアを打ち消している。

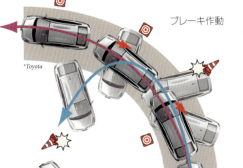
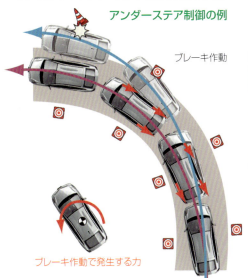

　たとえば、オーバーステアの際にコーナー外側の前輪のブレーキだけを作動させれば、コーナーに曲がり込もうとする力が弱まり、オーバーステアが回避される。実際の制御では、状況に応じて複数の車輪のブレーキを作動させることもある。右のアンダーステア制御の例では3輪に作動させているが、コーナー内側の後輪がもっとも制動力が大きい。

車両運動統合制御

　ブレーキアクチュエーターによって**ブレーキシステム**は「止まる」を制御するだけでなく、「走る」や「曲がる」も制御できるようになった。しかし、「走る」を担当するのは**エンジン**と**動力伝達装置**もしくは**モーター**であり、「曲がる」を担当するのは**ステアリングシステム**だ。実際、「走る」を制御するTCでは、エンジン制御も同時に行うことで制御の能力を高めているように、ブレーキによるさまざまな制御と他のシステムを**協調制御**することで、さらに高度に車両の動きを制御できる。たとえば、**ESC**の制御と協調して、**電動パワーステアリングシステム（EPS）**の制御を行うことでコーナリングを安定させる制御も実用化されている。今後も協調制御は発展していく可能性が高い。

> 制動装置

Regenerative brake system
07 回生協調ブレーキ

電気自動車やハイブリッド自動車で、減速から停止のすべてを回生制動で行えば、もっとも効率が高くなるが、回生制動は減速度のきめ細かい制御が難しいため油圧式ブレーキの併用が必要になる。これを回生協調ブレーキといい、回生制動の効率を高めつつ、ドライバーの要求に応じた制動を行う。

回生協調ブレーキでは、ブレーキペダルからブレーキ本体に至る油圧や機械的なつながりを、どこかで切り離す必要がある。現在のブレーキアクチュエーターは独自に油圧を発生できるので、この部分で切り離すことが可能だ。ブレーキマスターシリンダーの油圧は直接ブレーキ本体に送らず、その油圧やブレーキペダルの動きをセンサーで検出

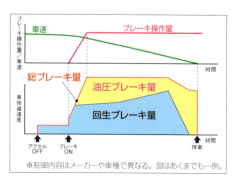

※制御内容はメーカーや車種で異なる。図はあくまでも一例。

してドライバーの要求を感知。回生制動の作動と、アクチュエーターがブレーキ本体に送る油圧を調整する。ペダルに対してはシミュレーターによって踏み応えを作り出す。こうした考え方をベースにさまざまな回生協調用のブレーキシステムが開発されている。

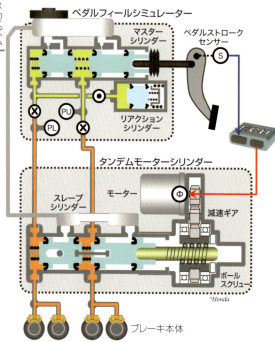

*Honda

電動サーボブレーキシステム

ホンダが開発した回生協調ブレーキは電動サーボブレーキシステムという。操作部（ペダルフィールシミュレーター）と、油圧発生部（タンデムモーターシリンダー）を独立させている。操作部のマスターシリンダーは、ブレーキペダルを踏み込むと油圧を発生させるが、通常はこの油圧はブレーキ本体に送られない。油圧は内部のリアクションシリンダーに送られ、ペダルの踏み応えがシミュレートされる。ペダル操作はペダルストロークセンサーによって検出される。これらの情報から、ブレーキ本体の作動に必要な油圧をECUが算出。タンデムモーターシリンダーのブラシレスモーターに指示を送る。モーターは減速ギアを介してボールスクリュー機構を動かしスレーブシリンダーのピストンを押す。ここで発生した油圧がブレーキ本体に送られる。

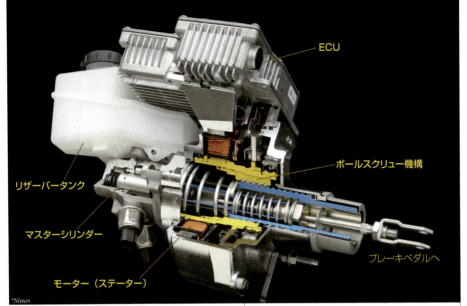

ECU
ボールスクリュー機構
リザーバータンク
マスターシリンダー
モーター（ステーター）
ブレーキペダルへ
*Nissan

電動型制御ブレーキ

　日産が開発した**回生協調ブレーキ**は**電動型制御ブレーキ**という。このシステムでは、ブレーキペダルとブレーキ本体の切り離しを、ブレーキペダルとマスターシリンダーの間で行っている。構造図からはブレーキペダルを踏み込むとマスターシリンダーのピストンロッドを押し込むように見えるが、実際にはロッドの動きはピストンに伝えられていない。通常はブレーキブースターが配置される位置に備えられたモーターと**ボールスクリュー機構**によってピストンが動作する。

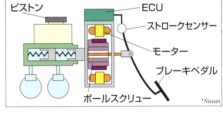

ピストン　ECU　ストロークセンサー　モーター　ブレーキペダル　ボールスクリュー
*Nissan

ECB

　トヨタが開発した**回生協調ブレーキ**は**ECB（電子制御ブレーキシステム）**という。同社の電動ブレーキブースターをベースにしている。蓄圧式とオンデマンド式がある。ブレーキペダルを踏むとブースターシリンダーに油圧が発生するが、この油圧は通常はブレーキ本体に送られず、ペダルの踏み応えを担当するストロークシミュレーターに送られる。ブレーキ本体の作動に必要と判断された油圧は、蓄圧式であればあらかじめアキュムレーターに蓄えられたもの、オンデマンド式であればモーター駆動のポンプで作られたものが、制御を行うバルブユニットを介して送られる。

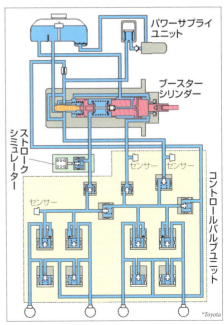

パワーサプライユニット　ブースターシリンダー　ストロークシミュレーター　センサー　コントロールバルブユニット
*Toyota

第2章／制動装置　回生協調ブレーキ

制動装置 08

Parking brake
パーキングブレーキ

　駐車中のクルマの位置を保持するのが**パーキングブレーキ**(駐車ブレーキ)だ。機械的に力を伝達する**機械式パーキングブレーキ**と、モーターによって動作させる**電動パーキングブレーキ**がある。

　機械式ブレーキでは**パーキングブレーキレバー**を手で操作するものが一般的だが、**パーキングブレーキペダル**を足で操作する**足踏み式パーキングブレーキ**もある。レバーを使う場合、その操作方法や位置から**ハンドブレーキ**や**サイドブレーキ**とも呼ばれる。レバーやペダルの操作は**パーキングブレーキワイヤー**でブレーキ本体に伝えられる。部分的にはワイヤーではなくロッド(棒)が使われることもある。電動パーキングブレーキでは操作機構とブレーキ本体は電気信号をやり取りするだけなので、**ブレーキバイワイヤー**が実現されている。非力な人でも確実にブレーキを作動させることができる。

　ブレーキ本体はフットブレーキとの共用が多いが、4輪が**ディスクブレーキ**のクルマではパーキングブレーキ専用の**ドラムブレーキ**を**ドラムインディスクブレーキ**としてディスクブレーキに内蔵させることもある。

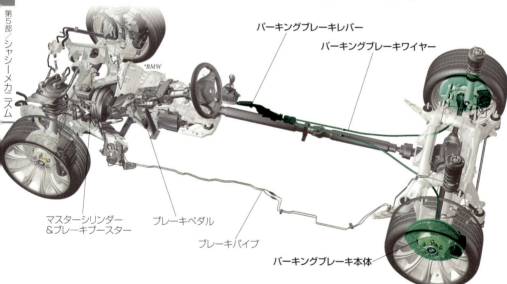

*BMW

マスターシリンダー＆ブレーキブースター
ブレーキペダル
ブレーキパイプ
パーキングブレーキレバー
パーキングブレーキワイヤー
パーキングブレーキ本体

■ パーキングブレーキレバーとラチェット機構

　パーキングブレーキレバーを引いたり**パーキングブレーキペダル**を踏み込むと、**パーキングブレーキワイヤー**が引かれてブレーキ本体が作動する。この作動状態を保持するために**ラチェット機構**が使われる。必要な位置で操作を止めると、ブレーキ本体のリターンスプリングの力で元の位置に戻ろうとするが、フックがラチェットプレートに引っかかるため、その位置が保持される。解除ボタンを操作すると、フックがラチェットプレートから離されるため、元の位置に戻る。ペダルを再度踏み込むことで解除するパーキングブレーキの場合はさらに構造が複雑になる。

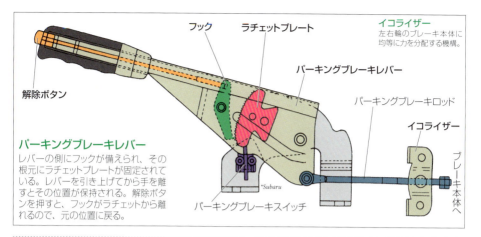

パーキングブレーキレバー

レバーの側にフックが備えられ、その根元にラチェットプレートが固定されている。レバーを引き上げてから手を離すとその位置が保持される。解除ボタンを押すと、フックがラチェットから離れるので、元の位置に戻る。

ブレーキ本体（機械式）

　ドラムブレーキやディスクブレーキを**パーキングブレーキ**のために**機械式ブレーキ**として作動させる構造にはさまざまなものがあるが、テコやクランク機構を採用したシンプルな構造のものが多い。いずれの場合も解除された状態を維持するためにリターンスプリングが備えられている。

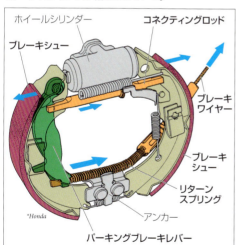

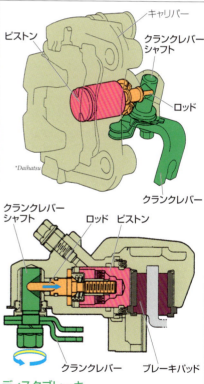

ドラムブレーキ

上図の例の場合、テコとして機能するパーキングブレーキレバーの一端にブレーキワイヤーが接続され、もう一端がブレーキシューに接続される。ブレーキワイヤーが引かれると、コネクティングロッドの部分が支点となって、接続されたブレーキシューがドラムに押しつけられる。同時にコネクティングロッドが反対側のシューをドラムに押しつけることになる。

ディスクブレーキ

上図の例ではブレーキワイヤーはクランクレバーに接続される。ワイヤーが引かれると、レバーとともにクランクレバーシャフトが回転。シャフトにはカムとして機能する溝があり、この溝によって押されたロッドがピストンを押してブレーキパッドをディスクローターに押しつける。この動きによって反対側のパッドもローターに押しつけられる。

301

キャリパー
ブレーキドラム（ハット部）
ブレーキシュー
ディスクローター
*Mercedes-Benz

ドラムインディスクブレーキ

ドラムインディスクブレーキでは、**ディスクブレーキのハット部**が**ブレーキドラム**として使用され、内部に**ブレーキシュー**や**ホイールシリンダー**などが収められる。フットブレーキにドラムブレーキを採用する場合に比べるとドラムブレーキ自体が小径で摩擦を起こす面積も小さくなるが、**自己倍力作用**があるため、クルマの静止を十分に維持できる。

*Mitsubishi

電動パーキングブレーキ

パーキングブレーキの電動化は、操作力の軽減が主目的とされるが、駐車時の制動が確実なものになり安全性も高まる。また、坂道発進時の後退を防止する**ヒルスタートアシスト**などへの応用も可能だ。**電動パーキングブレーキ**には従来の機械式ブレーキの機構を応用したものと、ブレーキ本体にパーキングブレーキ用のアクチュエーターを備えるものがある。機械式ブレーキを利用するものでは、レバーやペダルのかわりに**パーキングブレーキワイヤー**をモーターの力で巻き上げることでブレーキを作動させる。専用のアクチュエーターの場合はモーターによってブレーキを作動させる**ブレーキバイワイヤー**が実現されている。実用化され始めた当初はディスクブレーキへの採用が多かったが、現在ではドラムブレーキにも適用されている。アクチュエーターによってブレーキ本体の構造は多少複雑になるが、制御の高度化が可能だ。電動パーキングブレーキの制御はブレーキECUで行われることが多い。操作の方法は、作動と解除をスイッチで行うもののほか、セレクトレバーをPにすると作動しDやRにしてアクセルペダルを踏むと自動的に解除されるものや、解除だけはスイッチ操作が必要なものなどさまざまだ。

パーキングブレーキは後輪に備えられることが多かったが、電動パーキングブレーキでは前輪に備えられることもある。

*ZF

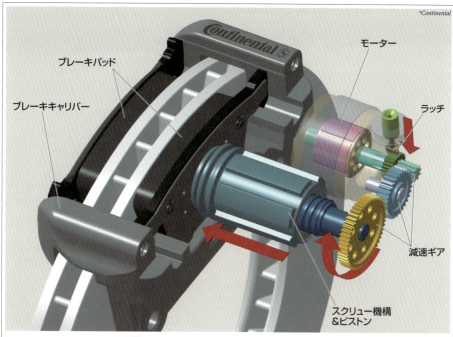

*Continental

- ブレーキパッド
- ブレーキキャリパー
- モーター
- ラッチ
- 減速ギア
- スクリュー機構 &ピストン

*Continental

*Continental

ブレーキキャリパーにモーターを備えるタイプの場合、モーターの回転は減速ギアを介してスクリュー機構などに伝えられる。このスクリューの回転によってピストンを移動させて制動を行う。図のシステムでは、駐車中に減速ギアが逆回転しないように、歯車の歯にツメ（ラッチ）を噛ませて固定している。

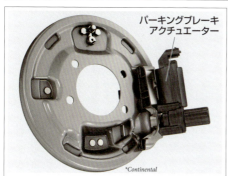

*Continental

- パーキングブレーキアクチュエーター

ドラムブレーキの場合も基本的な考え方はディスクブレーキの場合と同じだ。アクチュエーターは減速ギアなどでモーターの回転をゆっくりしたものにかえたうえで、ブレーキシューを動かしている。

*ADVICS

- パーキングブレーキワイヤー
- ワイヤー引き上げ機構
- モーター

ブレーキワイヤーをモーターの力で引くタイプの電動パーキングブレーキユニット。左右輪のブレーキ本体を1個の装置で操作するため、2本のブレーキワイヤーが導かれている。

第2章／制動装置　パーキングブレーキ

サスペンションシステム
Suspension system

車輪と車体を連結するのが**サスペンションシステム**だ。日本語では**懸架装置**という。路面には凹凸があるし、コーナリングの遠心力のようにクルマに力が作用することもある。車体に対して車輪の位置が固定されていると、タイヤが路面から浮き、クルマ本来の性能を発揮できず、危険でもある。**サスペンション**はさまざまな走行状況でも常にタイヤの接地を確保するのが役割だ。振動や揺れを抑えることで乗り心地を向上させる役割もある。

基本となるのは**サスペンションスプリング**だ。スプリングで車重を支えると同時に車輪に作用するさまざまな力に対処する。これに車輪の動く方向や範囲を決める**サスペンションアーム**や、無駄な動きを規制する**ショックアブソーバー**が加えられるのが一般的だ。

サスペンションは、左右輪を連結する**車軸**をまとめて支える**車軸懸架式サスペンション**と、車軸を左右輪で独立させた**独立懸架式サスペンション**に大別される。それぞれにさまざまな構造のものがあるが、現在の主流は独立懸架式だ。また、走行状況に応じてサスペンションの性能を変化させることができる**電子制御サスペンション**もある。

■ サスペンションの構成要素

コイルスプリングで車体と**車軸**を連結すれば力を受け止められるが、受け止められる力の方向はコイルの中心を貫く方向に限られる。それ以外の方向の力には強くないので車輪が不用意に傾いたりする。そこで限られた範囲しか車輪が動けないように**サスペンションアーム**で制限する。また、スプリングには振動を続けようとする性質があり、無駄に車輪が動き続けることもあるため、スプリングの振動を抑制する**ショックアブソーバー**が加えられる。

コイルスプリングのみ

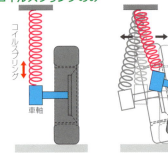

コイルスプリングが垂直方向の力を受け止めてくれるが、それ以外の方向からの力に耐えることができない。

+サスペンションアーム

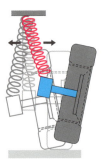

一定の方向にしか首振り（回転）できないサスペンションアームで車輪の動く方向を制限すれば、スプリングが本来の機能を果たせる。

+ショックアブソーバー

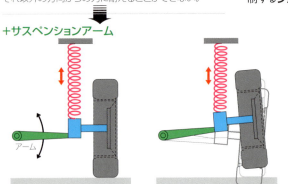

スプリングの振動をショックアブソーバーで吸収して動きを安定させる。

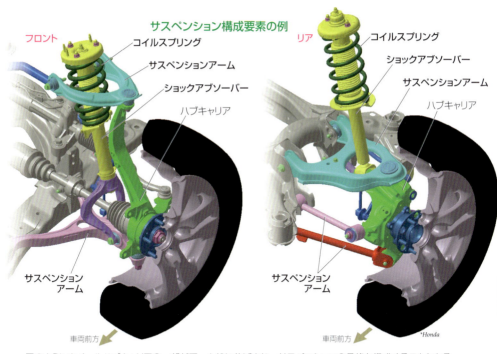

図のようにホイールハブキャリアの一部がアーム状に伸ばされ、サスペンションの骨格を構成することもある。

車軸懸架式サスペンションと独立懸架式サスペンション

車軸懸架式サスペンションでは、左右輪の回転軸を支える部分が**車軸**（**アクスル**）で連結されている。車軸はドライブシャフトと混同されることが多いが、回転軸を意味するものではなく**非駆動輪**にも存在する。こうした車軸の形式を**リジッドアクスル**というため、車軸懸架式サスペンションは**リジッドアクスル式サスペンション**ともいう。また、両輪が相互に依存（dependent）しているため、**ディペンデントサスペンション**ともいう。

独立懸架式サスペンションの場合、左右輪を連結する構造がない。こうした車軸の形式を**ディバイデッドアクスル**や**インディペンデントアクス**ルというため、独立懸架式サスペンションのことを**ディバイデッドアクスル式サスペンション**や**インディペンデントアクスル式サスペンション**ともいう。単に、**インディペンデントサスペンション**ということもある。

車軸懸架式は左右輪の動きが連動する。たとえば、片輪だけが路面の凹みに入ると、反対側の車輪も傾いて接地が偏ってしまう。独立懸架式であれば、こうした事態にならない。左右輪が個別に動くことができる独立懸架式のほうが、さまざまな状況に対応できる性能の高いサスペンションにしやすいため、現在の主流になっている。

独立懸架式

 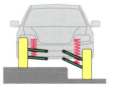

車軸懸架式

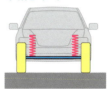 

独立懸架式であれば左右輪が独立して動くことができるが、車軸懸架式では反対側の車輪に影響が出てしまう。

Suspension arm & suspension spring
サスペンションアーム&スプリング

懸架装置 02

　サスペンションアームは、サスペンションの形式や設計によってさまざまな形状や構造のものがある。ここではアームと総称しているが、**サスペンションリンク**や**サスペンションロッド**ということもある。呼称に厳密な規定はないが、支点の回転軸が1本で円弧を描いて動くものをアーム、支点にボールジョイントを備えて上下左右さまざまな方向に首振りできるものをリンク、軸方向に力が作用するものをロッドということが多い。

　サスペンションスプリングは、つる巻状の**コイルスプリング**が多用されているが、ほかにもねじれる力に対してスプリングとして作用する**トーションバー**や、振動を吸収する能力がある**リーフスプリング**、また空気の弾力を利用する**エアスプリング**などが採用されることがあり、それぞれの特徴を生かしたサスペンションを構成している。

Mazda

サスペンションアームにはさまざまな形状、製造方法のものが使われる。

Honda

軽量化のためにアルミで鍛造されたサスペンションアーム。

サスペンションアーム

　サスペンションアーム類には、鋼板を成型溶接したものや、鋼材で鋳造したもの、鋼管などが採用されることが多いが、**ばね下重量**（P330参照）軽減のためにアルミニウム素材を鍛造したものもある。単純な棒状のものもあれば、A字形やV字形といったものもある。

サスペンションブッシュ

　サスペンションアームの支点の回転軸が1本の場合、アームは円弧を描くようにしか動けないが、現在では**サスペンションブッシュ**によって可動範囲の自由度を高めていることが多い。ブッシュはゴム製のパーツで、回転軸とそれを支える円筒との間に配されている。このゴムがたわむことで、回転軸による本来の円弧以外の方向にもアームが動くことができる。また、ゴムによってアームにかかった衝撃も緩和される。

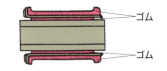

コイルスプリング

コイルスプリングは棒状のばね鋼をつる巻状に巻いたもの。構造がシンプルで低コストで製造できる。さまざまな状況に対応できるように、巻きの間隔を部分部分でかえた**不等ピッチコイルスプリング**や、線の太さを変化させた**非線形コイルスプリング**などもあるが、一般的な傾向として、大きな力に耐えられるようにすると、走行振動のような小さく細かな動きには反応しにくくなってしまう。

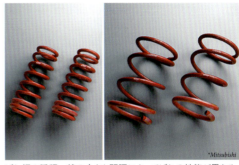

ばね鋼の種類、線の太さや間隔によってばねの性能が異なる。

トーションバー

トーションバーはばね鋼の棒で、ねじられると元に戻ろうとすることでスプリングとして作用する。構造が非常に簡単だが、重量当たりの振動吸収能力が高い。**トーションビーム式サスペンション**(P313参照)で非常に重要な役割を果たす。

トーションバーが車軸の鋼管内に配されたサスペンション。 *Honda

リーフスプリング

複数枚の細長いばね鋼の板を重ねたものが**リーフスプリング**(板ばね)だ。重ねた方向に力がかかると、全体としてたわむことでスプリングとして機能する。元に戻る際に板と板の間で摩擦が起こることで力が吸収されるため、コイルスプリングのように振動を続けることが少ない。また、アームのようにサスペンションの骨格としても利用できるが、細かく小さな力には反応しにくいため主流を外れている。

リーフスプリングを採用するサスペンション。アームに相当するものがない。 *Mitsubishi

エアスプリング

空気の弾力をスプリングとして使用するものが**エアスプリング**(空気ばね)だ。内部の圧力をかえることでばねの能力を可変とすることができる。これによりスプリングを電子制御することが可能になる。車高の調整をスプリングで行うこともできる。また、エアスプリングは大きな力に対しては硬いばねとして反応し、小さな力に対しては軟らかいばねとして反応するため、理想的なサスペンションのスプリングになる。しかし、構造が複雑で高コストになる。

ゴム製の容器に収められた高圧空気がスプリングとして機能する。

懸架装置 03 Shock absorber ショックアブソーバー

サスペンションで使われるサスペンションスプリング、特にコイルスプリングには振動を続けようとする性質がある。その力を吸収してサスペンションの不要な振動を収めるのがショックアブソーバーの役割だ。ダンパーということも多い。

ショックアブソーバーは粘性の高いオイルのような液体が、細い穴を通過する際に発生する摩擦によって力を吸収する。吸収された運動エネルギーは熱エネルギーに変換される。こうした変換でショックアブソーバーが抑えることができる力を減衰力という。ショックアブソーバーはスプリングが縮む時（縮み行程）にも、伸びる時（伸び行程）にも減衰力を発揮する構造になっているが、縮み行程と伸び行程で減衰力の大きさが異なる複動型ショックアブソーバーが一般的に使われている。実際に採用されているショックアブソーバーは構造によってツインチューブ式ショックアブソーバーとモノチューブ式ショックアブソーバーに大別される。また、減衰力の大きさを切り替えることができる減衰力可変式ショックアブソーバーもあり、電子制御サスペンションなどに採用されている。

オリフィスとバルブ

オイルで満たされた円筒形のシリンダーに、ピストンロッドを備えたピストンを収めたものがショックアブソーバーの基本構造だ。ピストンには上下を貫通するオリフィスという小さな穴がある。縮み行程でピストンロッドが押し込まれると、ピストン下側のオイルの圧力が上昇、逆に上側の圧力が低下。オイルがオリフィスを通って下から上へ移動しようとするが、細い穴を通る際に抵抗が発生して、ピストンロッドを押す力が吸収される。これが減衰力だ。オリフィスが細いほど減衰力が大きくなる。伸び行程では、逆の圧力変化で減衰力が発揮される。

オリフィスだけでは縮み行程と伸び行程の減衰力が同じだが、バルブを併用すれば複動型になる。ピストンに太さの異なる2個のオリフィスを設けて、それぞれに縮み行程だけで開くバルブと伸び行程だけで開くバルブを備えれば、行程ごとに減衰力がかわる。

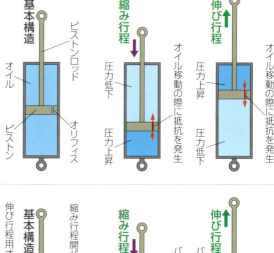

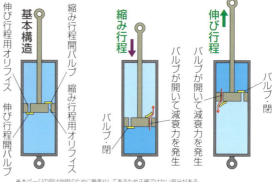

※本ページの図は説明のために簡素化してあるため正確ではない部分がある。厳密にはピストンロッドが出入りすることで変化するシリンダー内の容積変化に対応する必要がある。

- ピストンロッド
- アッパーガイド＆オイルシール
  ピストンロッドをガイドすると同時に外部へのオイル漏れを防ぐ。
- アウターシェル
- インナーシェル
- リザーバー室
  インナーシェルとアウターシェルの間の空間。低い位置にはオイル、高い位置には低圧ガスがある。
- リバウンドストップ
  伸び行程での伸びすぎを防止するためにピストンの上昇を止めるパーツ。リバウンドスプリングが加えられることもある。
- ピストンバルブ
- オイル
- ボトムバルブ

*ZF

ツインチューブ式ショックアブソーバー

ピストンロッドの出入りによるシリンダー内容積の変化に対応するために、シリンダーを二重にしたものが**ツインチューブ式ショックアブソーバー**だ。内側のシリンダー（**インナーシェル**）はオイルで満たされ、**ピストンバルブ**を備えたピストンが収められている。インナーチューブの底には**ボトムバルブ**があり、外側のシリンダー（**アウターシェル**）とオイルのやりとりができる。アウターシェルにはオイルとともに低圧の不活性ガス（窒素）が封入されている。両バルブともに、下から上にはオイルが流れやすく**減衰力**を発揮しないが、上から下にはオイルが流れにくく減衰力を発揮する構造が採用されている。

ツインチューブ式では、**縮み行程**ではボトムバルブが、**伸び行程**ではピストンバルブが減衰力を発揮する。二重構造なのでショックアブソーバーの大径化が難しく、放熱性の面でも不利だが、2つのバルブで役割を分担することで、安定した性能が発揮されるため、もっとも多用されている。

縮み行程

伸び行程

縮み行程ではピストンが下降するが、ピストンバルブはオイルをスムーズに通過させる。この時、インナーシェルに入ったピストンロッドの容積分だけ、オイルがアウターシェルに移動する。その際にボトムバルブで減衰力が発揮される。アウターシェルのオイル量が増加した分だけ、低圧ガスは圧縮される。伸び行程では、ピストンが上昇する際にオイルがピストンバルブを通過して減衰力を発揮する。減少したピストンロッドの容積分だけ、オイルがボトムバルブを通ってインナーシェルにスムーズに移動する。

■モノチューブ式ショックアブソーバー

ピストンロッドの出入りによるシリンダー内容積の変化に高圧ガス室で対応するのが**モノチューブ式ショックアブソーバー**だ。シリンダー内にピストンが収められるシンプルな構造だが、内部を**フリーピストン**で区切り、オイルと高圧ガスを分離している。ピストンには**縮み行程**用のバルブ&**オリフィス**と**伸び行程**用のバルブ&オリフィスが備えられる。

ツインチューブ式では、ピストンが激しく動くと気泡が発生（キャビテーション）して、本来の性能が発揮できなくなることがあるが、オイルとガスが分離されているモノチューブ式は、その心配がなく、激しい走行にも対応できる。放熱性に優れるため大径化して大きな**減衰力**を発揮させることも可能だ。しかし、高圧ガスに耐えられるようにされたオイルシールは摩擦が大きくなるので、ソフトな乗り心地にすることが難しい。また、**ピストンバルブ**ですべての減衰力を発揮させるため、ピストンとシリンダー内壁の高い加工精度が求められ、高コストになる。そのため、スポーツタイプのクルマに採用されることが多い。

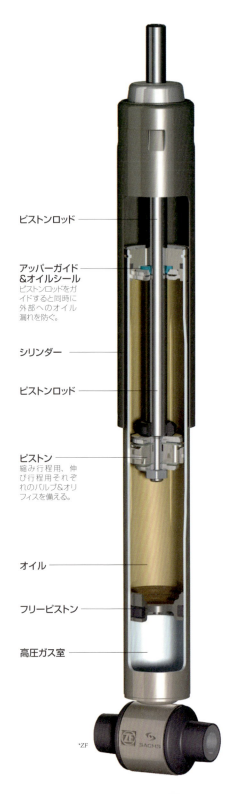

ピストンロッド

アッパーガイド&オイルシール
ピストンロッドをガイドすると同時に外部へのオイル漏れを防ぐ。

シリンダー

ピストンロッド

ピストン
縮み行程用、伸び行程用それぞれのバルブ&オリフィスを備える。

オイル

フリーピストン

高圧ガス室

*ZF

縮み行程

伸び行程

縮み行程ではピストンが下降。ピストンバルブの縮み行程用バルブが開いてオイルが通過する際に減衰力が発揮される。この時、シリンダーに入ったピストンロッドの容積分だけ高圧ガスが圧縮され、フリーピストンが下方に移動する。伸び行程では、ピストンが上昇する際にオイルが伸び行程用バルブを通過して減衰力を発揮する。ピストンロッドの容積減少によってフリーピストンは上方に移動する。

減衰力可変式ショックアブソーバー

減衰力を切り替えることができるショックアブソーバーが**減衰力可変式ショックアブソーバー**だ。乗用車では、ハードやソフトなどサスペンションの設定をスイッチ操作で切り替えられるようにするために採用されたり、走行状況に応じて自動的に切り替わる**電子制御サスペンション**のために採用されたりする。

減衰力可変式ショックアブソーバーは、ピストンに複数のバルブが備えられ、ピストンロッドを回転させることなどで**減衰力**の切り替えを行う構造のもののほか、減衰力を連続可変できるものもある。シリンダー内部に切り替えアクチュエーターを備えるものや、シリンダー内に別の油路を設けるものがある。また、従来のショックアブソーバーとは異なり、内部の流体に磁性流体を使用することで減衰力の可変を実現しているものもある。

*Porsche

ピストンバルブにバイパスバルブを備え、内蔵の電磁ソレノイドで開閉を行う。バイパスバルブが閉じると流路が細くなって減衰力が大きくなり、開くと流路が大きくなって減衰力が小さくなる。バイパスバルブの構造を工夫することで、連続可変を可能にしている。

伸び行程 / 縮み行程
減衰力小 / 減衰力大

*Toyota

流路を切り替える機構がシリンダー側面などに備えられることもある。

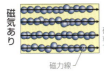

磁気あり / 磁気なし
磁気によって粒子が連鎖して硬くなる。
磁力線

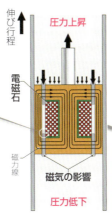

伸び行程 / 圧力上昇 / 電磁石 / 磁力線 / 磁気の影響 / 圧力低下

*Audi

オイルのかわりに磁気に反応する磁性流体を使用する減衰力可変式ショックアブソーバー。ピストンに設けたオイルの流路の周囲に電磁石を配置。磁気がない状態では、磁性流体がスムーズに流れるため減衰力が小さいが、電磁石に磁気を発生させると、流れる際の抵抗が大きくなって減衰力が大きくなる。反応速度が速く瞬時に減衰力を変化させられるうえ、磁気の強さで減衰力を調整することも可能だ。

第3章／懸架装置　ショックアブソーバー

Dependent suspension
04 車軸懸架式サスペンション

車軸懸架式サスペンションにはリーフスプリング式サスペンション、リンク式サスペンション、トーションビーム式サスペンションなどがある。このうちトーションビーム式は、左右輪が**車軸**のようなビーム(梁)によって接続されているが、このビームがたわむことによって左右輪がある程度は独立して動くことができる。そのため、独立懸架式に分類されることもある。また、**半独立懸架式サスペンション**という別の分類にされることもある。

車軸懸架式は構造が簡単で低コストというメリットがあるが、独立懸架式に比べると性能で劣ってしまうため、リーフスプリング式とリンク式が乗用車に採用されることはほとんどない。しかし、半独立懸架式であるトーションビーム式は、ある程度の性能を確保できるうえ、低コストで省スペースが可能であるため、小型で軽量なクルマには多用されている。その場合でも、駆動にも操舵にも使われないFF車のリアサスペンションに限られる。

リーフスプリング式サスペンション

リーフスプリング式サスペンションは**平行リーフスプリング式サスペンション**ともいい、車両の進行方向と平行に配した2本の**リーフスプリング**で**車軸**を支える。スプリングが**減衰力**を発揮するため、これだけでも**サスペンション**として機能するが、乗り心地がハードになりやすい。そのためリーフ間の摩擦が少ないスプリングに**ショックアブソーバー**が併用されることが多い。

リーフスプリング式サスペンション
リーフスプリング
ショックアブソーバー
車軸
*Nissan

リンク式サスペンション

リンク式サスペンションはリンクの本数で分類される。**3リンク式サスペンション**は、車両の進行方向に沿って2本の**コントロールリンク**を左右に配し**車軸**が上下動できるようにし、さらに横方向の力に対抗できるように車軸とボディを**ラテラルロッド**で接続している。コントロールリンクを左右それぞれ上下に2本配することで横方向の力に対抗するのが**4リンク式サスペンション**で、さらにラテラルロッドも加えたものが**5リンク式サスペンション**だ。

5リンク式サスペンション
ショックアブソーバー
車軸
コイルスプリング
アッパーコントロールリンク
コントロールリンク
*Toyota

トーションビーム式サスペンション

トーションビーム式サスペンションは、**トレーリングツイストビーム式サスペンション**などともいう。めったに使われないが日本語では**可撓梁懸架式サスペンション**という。

車両の進行方向に2本の**トレーリングアーム**を配して**車軸**が上下動できるようにしたうえで、内部に**トーションバー**を収めた**トーションビーム**という構造で左右輪を連結。左右を**コイルスプリング**と**ショックアブソーバー**で支えている。さらに横方向の力に対抗するために車軸の一端と左右反対側の車体が**ラテラルロッド**で接続される。

左右輪が同時に押し上げられたり下げられたりした場合は、そのまま上下に動き、コイルスプリングが力を受け止める。左右輪が逆方向に動こうとすると、トーションバーにねじれが生じるため、両輪の逆方向への動きが抑えられる。これにより、コイルスプリングの柔らかな乗り心地を確保しつつ、過度な車体の**ロール**を抑えることができる。

車軸の位置をビームで連結するのがトーションビーム式の基本形で**アクスルビーム式サスペンション**というが、トレーリングアームの途中をビームで連結する**カップルドビーム式サスペンション**もある。横方向の力に対処しやすくなるため採用が増えている。ほかにアームの回転軸部分で接続する**ピボットビーム式サスペンション**もある。

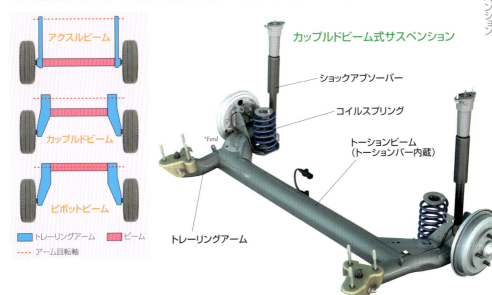

Independent suspension
05 独立懸架式サスペンション

独立懸架式サスペンションは車軸懸架式に比べると設計の自由度が高く、**サスペンション**の性能を高めやすい。乗用車に採用される形式には、**トレーリングアーム式サスペンション、ストラット式サスペンション、ダブルウィッシュボーン式サスペンション、マルチリンク式サスペンション**などがある。列記した順に構造が複雑になり、性能を高められる傾向があるが、それだけにコスト高になり、大きなスペースも必要になる。そのため、車種の性格などに応じてさまざまな形式が採用されている。なお、前項で説明したようにトーションビーム式サスペンションは独立懸架式に分類されることもある。

トレーリングアーム式サスペンション

前方に**車軸**と平行な**回転軸**を備える**トレーリングアーム**で車軸を支えたうえで、**コイルスプリング**と**ショックアブソーバー**で車体と連結するのが**トレーリングアーム式サスペンション**だ。車輪が上下動しても、路面に対して垂直な状態を保つことができ、接地性を確保しやすいが、前後方向の力で**ピッチング**しやすく、制動時の**ノーズダイブ**（車体の前傾）や発進加速時の**スクウォート**（車体の後傾）が起こりやすい。また、操舵時の回転軸の角度に影響を与えるため、前輪への採用は難しい。アームの回転軸が進行方向に直交する**フルトレーリングアーム式サスペンション**が基本形だが、横方向の力が回転軸にかかるため、回転軸を少し斜めにした**セミトレーリングアーム式サスペンション**もある。

トレーリングアーム式は独立懸架式の他の形式に比べるとデメリットが多いため、現在ではほとんど採用されない。ただ、**トーションビーム式サスペンション**は、トレーリングアーム式の左右輪をトーションビームで接続したものと考えられるため、進化した形で今も採用されているといえる。

セミトレーリングアーム式サスペンション

コイルスプリング
トレーリングアーム
車軸
ショックアブソーバー

*Mitsubishi

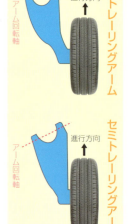

フルトレーリングアーム
セミトレーリングアーム
進行方向
アーム回転軸

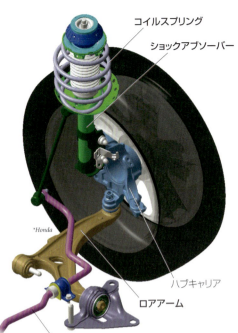

ストラット式サスペンション

ストラットとは支柱という意味で、**ストラット式サスペンション**では**コイルスプリング**と**ショックアブソーバー**を一体化したものを支柱としてサスペンションの骨格に使用する。開発者の名前をつけて**マクファーソンストラット式サスペンション**ともいう。**車軸**は進行方向と平行な回転軸を備える**ロアアーム**で支えられ、ストラットで車軸と車体が連結される。アームが横方向の力を受け止めるが、その回転軸で前後方向の力を受け止めることにもなる。

車輪の上下動によってタイヤの傾きが変化するが、ストラットとアームを長くすることで傾きの変化を小さくすることができる。**ばね下重量**が小さく、構造がシンプルなためフロントサスペンションでの採用が多い。リアサスペンションに採用されることもある。最近ではロアアームを2本のリンクに分割する例も増えている。

①マウンティングキャップ、②アッパーサポートインシュレーター、③アッパーマウント、④ベアリング&スプリングアッパーシート、⑤バンプストッププラバー、⑥コイルスプリング、⑦スプリングインシュレーター、⑧フレキシブルカバー、⑨スプリングシート、⑩アンチロールバーリンク取付部、⑪ショックアブソーバー、⑫ハブキャリア結合部

ストラット式サスペンション

ダブルウィッシュボーン式サスペンション
（インホイールタイプ）

ダブルウィッシュボーン式サスペンション

車両の進行方向と平行な回転軸を備える2本のアームで車軸を支えたうえで、コイルスプリングとショックアブソーバーで車体と連結するのがダブルウィッシュボーン式サスペンションだ。2本のアームはアッパーアームとロアアームといい、V字形やA字形にされることが多い。その形状が鳥の胸骨（wishbone）に似ているため、この名で呼ばれる。単にウィッシュボーン式サスペンションということも多い。アームが2本あるため、ストラット式に比べて前後方向の力にも対抗しやすい。2本のアームの長さや取りつけ位置をかえることで車輪の動き方に違いが出るため、設計の自由度が高く、大半のレーシングマシンで採用されているサスペンションだ。しかし、乗用車でホイール内に上下のアームを収めるインホイールタイプでは、アームに十分な長さが確保できず、本来の性能を発揮させにくいことも多い。そのため、ホイールハブキャリアを上方にアーム状に伸ばしてアッパーアームとの接続点を設けたハイマウントタイプも増えている。最近では各アームを2本のリンクに分割する構造も多い。

ダブルウィッシュボーン式サスペンション（ハイマウントタイプ）

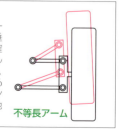

等長アームと不等長アーム

上下のアームの長さと取りつけ位置が同じものを等長アーム、異なったものを不等長アームという。等長アームは垂直状態を保ったまま車輪が上下動するので、常に接地を確保できそうだが、実際には車体にロールが起こる。ロール状態では不等長アームのほうが接地が良好なこともある。また、等長アームではタイヤが横にずれて路面に擦られるが、不等長アームはずれが少ない。実際のサスペンション設計では、想定されるクルマの挙動に対して、最適な接地が常に得られるようにアームの長さや位置が選択される。

マルチリンク式サスペンション

マルチリンク式サスペンションに明確な構造の定義はない。複数のリンクで車輪の動き方を規制し、上下動に応じて接地状態など最適な車輪の状態にすることを目指している。基本的な構造はダブルウィッシュボーン式やストラット式をベースにしたものが多く、これらのアームを複数のリンクに分割したり、トー方向の動き（車輪に舵角を与える動き）を制限する**トーコントロールリンク**を加えたりしている。非常に自由度が高いが、それだけに設計が難しい**サスペンション**でもある。

マルチリンク式サスペンション

↑上下のアームをともに2分割したダブルウィッシュボーン式にトーコントロールリンクを加えたサスペンションといえる。

↑マルチリンク式サスペンションの元祖メルセデス・ベンツのサスペンション。5本のリンクで構成されている。

マルチリンクという名称

たとえば、ダブルウィッシュボーン式のロアアームを2本のリンクに分割した場合、リンク2本でもアーム1本の場合と車輪の動きが同じなら、ダブルウィッシュボーン式だ。しかし、1本のアームでは不可能な動きを実現していればマルチリンク式といえるが、こうした場合でもマルチリンク式とは呼称せず、発展形としてダブルウィッシュボーンの呼称を使用するメーカーもある。トーコントロールリンクを加えた場合にも、旧来の形式の呼称をそのまま使用するメーカーもある。マルチリンクの呼称を使うか使わないかはメーカー次第だ。

アンチロールバー

サスペンションスプリングを軟らかくすると乗り心地がよくなるが、クルマが過度に**ロール**する。これを防ぐ目的で**サスペンション**に加えられるのが**アンチロールバー**だ。**スタビライザー**ということも多い。基本形状がコの字の**トーションバー**で左右輪を接続する。両輪が同じ方向に上下動する際にはアンチロールバーには力が加わらず、基本のスプリングだけが対応する。車体のロールで左右輪が上下逆方向に動くと、アンチロールバーにねじれが生じるため、トーションバーのスプリングの作用で逆方向の動きが抑えられる。

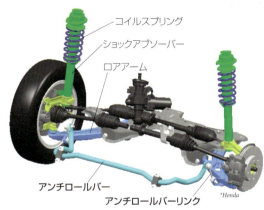

317

Electronic controlled suspension
06 電子制御サスペンション

　電子制御サスペンションは車両の姿勢やタイヤの接地を最適な状態に保てるように電子制御されるサスペンションだ。**減衰力可変式ショックアブソーバー**によるもの、**エアスプリング**によるもの、これら双方を採用するもののほか、**アンチロールバー**を制御するものもある。車速や制動状態、操舵状態はもちろん、**Gセンサー**で車両の挙動を感知したり、車高を検出することで、制御のための情報を得ている。その情報をもとに**サスペンションECU**が制御内容を決定している。ドライバーがスポーツモードとノーマルモードなどサスペンションの動作を選択できるものも多い。

　また、**アクチュエーター**を備えて何らかの力を加えることでクルマの挙動を制御するシステムを**アクティブサスペンション**という。対して減衰力だけを制御するものは**セミアクティブサスペンション**ということもある。

　従来の電子制御サスペンションは、路面からの入力があってから反応するものだったが、現在のアクティブサスペンションではカメラなどで前方の路面状況を監視し、車輪の動きを予測したうえでサスペンションを制御するシステムもある。こうしたものを**プレディクティブアクティブサスペンション**（予測型アクティブサスペンション）などという。

Subaru　Gセンサー　コントロールバルブ

電子制御サスペンション（減衰力可変式ショックアブソーバー）

　現在もっとも多用されている電子制御サスペンションは**ショックアブソーバー**を**減衰力可変式ショックアブソーバー**にしたものだ。基本となるサスペンションの性能を十分に高めたうえで、対応が難しい領域を**減衰力**の可変で対応することになる。無段階で減衰力が可変できるショックアブソーバーが使用され、路面からの入力に応じて即座に適した減衰力に調整される。1000分の1秒単位で減衰力の可変が可能なショックアブソーバーもある。こうした素早い減衰力の調整によってクルマの挙動が制御される。減衰力可変式でも通常のショックアブソーバーと大きなサイズ差がないため、オプション設定にしやすい点もメリットといえる。

電子制御サスペンション（エアスプリング）

　サスペンションに適したスプリングとしての能力があるうえ、スプリングの能力を可変することができ、車高調整にも利用できるため、電子制御サスペンションでは早くからエアスプリングが採用されてきた。電子制御エアサスペンションや単にエアサスペンションともいう。ただし、瞬時には能力をかえるのが難しいため、車高調整やモードの変更に使われることが多いが、減衰力可変式ショックアブソーバーと組み合わせて、制御の幅を広げていることもある。

プレディクティブアクティブサスペンション

　アクティブサスペンションでは瞬時にタイヤの位置を変化させる必要がある。従来は油圧によって行われることが多かったが、現在ではモーター駆動も採用されるようになっている。大きな出力が必要なので48V仕様のモーターが使われる。

　下図はアウディのプレディクティブアクティブサスペンション。カメラから得られた情報によって路面の凹凸を検出し、それに応じて車輪の位置を変化させる。車輪の位置は各輪のスタビライザーリンクに備えられたモーターで調整される。モーターはマイルドハイブリッド用の48V電源で駆動される。また、このシステムでは減衰力可変式ショックアブソーバーも併用されている。

車輪	Tire

01 タイヤ

タイヤはクルマのなかで唯一路面と接している部分だ。タイヤと路面の摩擦があるからこそ、**駆動力や制動力、コーナリングフォース**を得ることができる。その際に発揮される摩擦力をタイヤの**グリップやグリップ力**ということが多い。現在のクルマに使われているタイヤは**空気入りゴムタイヤ**で、内部の空気圧を高めることで形状を維持し、車重を支えている。同時に**エアスプリング**としても機能するため衝撃をやわらげることができる。

タイヤは路面に接する部分を**トレッド**、側面の部分を**サイドウォール**、両者を接続する部分を**ショルダー**、ホイールに接する部分を**ビード**という。タイヤは**タイヤコンパウンド**といわれるゴム質で作られているが、ゴム以外にも骨格となる**カーカスコード**や、トレッドを補強する**ベルト**、ビードを補強する**ビードワイヤー**などさまざまな部材が使われている。実際の製造では、カーカスコードにさまざまな部材を配置し、ゴム質でおおったうえで**加硫成型**している。加硫成型とは、硫黄を加えたゴムを加熱成型する製造方法だ。硫黄を加えることでゴムの弾力を高めることができる。トレッドには排水性を高めるために**トレッドパターン**という溝が刻まれる。溝は必要不可欠なものだが、騒音の原因にもなる。

タイヤコンパウンド

タイヤコンパウンドのおもな成分はゴムだが、ゴムには**天然ゴム**もあれば、さまざまな**合成ゴム**も使われる。これらのゴムに、補強剤や硫黄、オイル類、老化防止剤、加硫促進剤などが配合される。従来一般的に使われてきた補強剤は**カーボンブラック**（工業用の炭素微粒子）で、タイヤの黒い色はこの成分に由来する。最近では柔軟で結合力の高い補強剤として**シリカ**が併用されたり、単独で使われたりする。こうしたさまざまな成分の配合でゴム質の性質が変化する。

全体が同じ**コンパウンド**で作られているように見えるタイヤだが、実際には求められる性能に応じて部分部分で異なるゴム質が使われている。路面に触れる**トレッド**にはグリップや耐摩耗性を重視したゴム質、路面からの衝撃によって伸びたり縮んだりを繰り返す**サイドウォール**には屈曲性が高く耐疲労性の高いゴム質、ホイールと密着する必要がある**ビード**には強度の高いゴム質が採用される。

①カーボンブラック、②天然ゴム、③促進剤、④合成ゴム、⑤菜種油、⑥シリカ、⑦活性剤、⑧スチレンブタジエンゴム（合成ゴム）、⑨鉱物油、⑩ステアリン酸（加硫促進助剤）、⑪老化防止剤、⑫安定用ワックス、⑬硫黄、⑭酸化亜鉛

*Continental

❶ トレッド
❷ サイドウォール
❸ ショルダー
❹ ビード
❺ カーカスコード
❻ ベルト
❼ オーバーレイヤー
❽ インナーライナー

※各部位の構造の詳細は次ページ以降で説明。

*Goodyear

タイヤの性格

タイヤには**グリップ**や快適性、燃費などさまざまな性能が求められるが、そのすべてを同時に高めることが難しい。**グリップ力**の高い**タイヤコンパウンド**にすると、摩耗しやすく、燃費が悪化。燃費を高められる構造や**コンパウンド**にすると、乗り心地が悪くなり、グリップ力も低下。そのため、グリップ重視の**スポーツタイヤ**や、乗り心地重視の**コンフォートタイヤ**、燃費重視の**エコノミータイヤ**など性格が付与されたタイヤが多い。**低騒音タイヤ**のように特定の性能を強調したものもある。ほかにも、重心が高くふらつきやすいミニバン向きのタイヤといったものもある。なお、すべての面で平均的な性能にしたものは**スタンダードタイヤ**という。

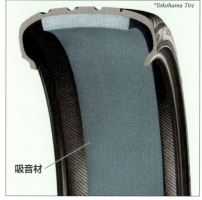

*Yokohama Tire

吸音材

↑騒音を低減するために、従来には使われていない部材である吸音材をタイヤ内に加えた低騒音タイヤ。

カーカスコードとベルト

カーカスコードは**タイヤ**の骨格になる強度部材で、ポリエステルやナイロンなどの繊維をゴムで包んだものを何層にも重ねてある。繊維の方向がタイヤの回転中心から放射状にしたタイヤを**ラジアルタイヤ**という。乗用車に採用されることはほとんどないが、繊維の方向を斜めにして、交互に交わるように重ねる**バイアスタイヤ**もある。

バイアスタイヤは、カーカスコードがパンタグラフのように伸縮するので乗り心地がよいが、**トレッド**が変形しやすい。ラジアルタイヤはトレッドの変形が少なく、操縦性や走行安定性、燃費に優れ、発熱も少なく耐摩耗性が高い。そのため、現在のタイヤの主流だが、タイヤ自体の強度がバイアスタイヤより劣りやすいので、外周に**ベルト**を備えて補強する必要がある(バイアスタイヤでも**ブレーカー**という層で補強することがある)。ベルトには金属繊維やアラミド繊維が使用される。この素材を含めて**スチールベルト**などともいう。

また、現在ではベルトが遠心力で浮き上がるのを防ぐために、**オーバーレイヤー**という層で保護することが多い。オーバーレイヤーにはアラミド繊維などが使われる。

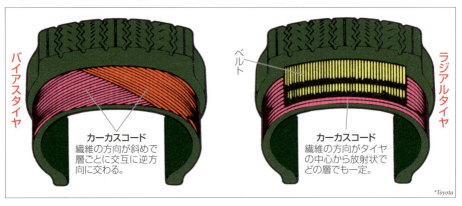

バイアスタイヤ / ラジアルタイヤ
カーカスコード 繊維の方向が斜めで層ごとに交互に逆方向に交わる。
カーカスコード 繊維の方向がタイヤの中心から放射状でどの層でも一定。
*Toyota

インナーライナーとチューブレスタイヤ

タイヤには**チューブタイヤ**と**チューブレスタイヤ**がある。チューブタイヤはタイヤ内部にドーナツ状のチューブを入れて**タイヤ空気圧**を保持するのに対して、チューブレスタイヤはタイヤ自体で空気圧を保持する(一部は**ホイール**が保持を担当)。空気の保持能力を高めるために、タイヤの内側には空気を通しにくいブチルゴムが配合された**インナーライナー**という層が張られている。

チューブレスタイヤは、チューブを介さず内部の空気が直接ホイールに触れるため放熱性が高い。また、チューブタイヤの場合はクギなどが刺さるとチューブが裂けてしまいパンクするが、チューブレスタイヤではインナーライナーが刺さった異物に密着することで、一気に空気が抜けるのを防いでくれる。部品点数が少なく、ホイールへの装着が容易になるといったメリットもあるため、乗用車ではチューブレスタイヤが主流になっている。ただし、パンクに気づきにくいことや、ホイールを傷めただけで空気が抜けるといった弱点がある。

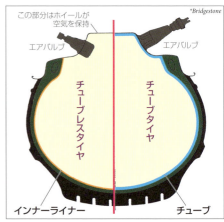

*Bridgestone
この部分はホイールが空気を保持
エアバルブ
チューブレスタイヤ / チューブタイヤ
インナーライナー / チューブ

サイドウォールとショルダー

サイドウォールはタイヤがエアスプリングとして機能する際に伸縮するため、この部分のゴム質によってタイヤの性格が変化する。柔軟なほうが乗り心地がよくなるが、軟弱すぎるとコーナリングなどで横方向からの力が加わった際にたわんでしまい、グリップ力を十分に発揮できなくなる。

ショルダーには、路面との摩擦によってトレッドに発生した熱を逃がす役割がある。また、路面から強い衝撃を受けることがあるうえ、トレッドとサイドウォールという異なる性質のゴム質をしっかりつなぐ必要があるため、放熱性が高く、強靭なゴム質が採用される。

ビード

ビードはホイールを確実に保持する必要があるうえ、チューブレスタイヤの場合は密着も重要だ。そのためビードワイヤーで補強される。また、圧力や遠心力によるカーカスコードの引っぱりもビードワイヤーによって受け止められている。ビードワイヤーはピアノ線を束ねたもので、その本数や太さはメーカーや製品によってさまざまだ。

ビードワイヤーに加えて、ビードはチェーファーとビードフィラーで補強される。チェーファーはビードワイヤーを包み込むように配される強度の高いゴム層で、ホイールとの摩耗損傷を防ぐ。ビードフィラーは硬質のゴムで、サイドウォール側に伸ばされる。ビードフィラーはタイヤの剛性に影響を与えるため、スチールの薄い板を加えるなど、さまざまな工夫がなされている。ビードフィラーのさらに外側に補強の層を設けることもある。

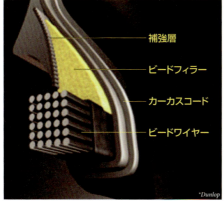

↑ビードフィラーの外側に補強の層を加えている例。

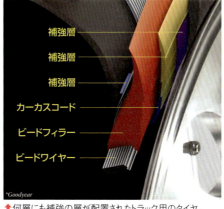

↑何層にも補強の層が配置されたトラック用のタイヤ。

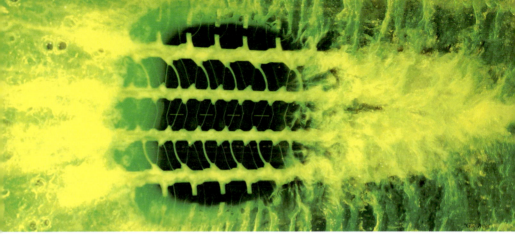

↑タイヤに踏まれた水は近くの溝まで移動。以降は溝を通って排出されるため、タイヤが水に乗ることがない。

トレッドパターン

　濡れた路面を走行しても、**タイヤ**が水を押し出すことで、路面と接して**グリップ力**が得られる。しかし、車速が高くなると水の排出が間に合わなくなり、タイヤが水に乗った状態になる。これを**ハイドロプレーニング現象**という。タイヤは滑っている状態なので路面との間に摩擦が発生せず、ブレーキ操作にもステアリングホイール操作にも反応しなくなり非常に危険。そのため、**トレッド**には排水のための溝が刻まれている。タイヤに踏まれた水の移動距離が短くなるため、素早く排水でき、タイヤが水に乗るのが防がれる。

　トレッドの溝が描く模様を**トレッドパターン**とい

い、**リブ型**、**ラグ型**、**リブラグ型**、**ブロック型**に大別される。それぞれに排水性能、グリップ力、騒音などの特徴が異なるが、乗用車用タイヤはリブ型を基本としたものが多い。一般的なタイヤは、回転方向や装着方向の指定はないが、トレッドパターンの性能をさらに高めるために、回転方向を指定した**回転方向指定パターン**（**ユニディレクショナルパターン**）や、さらに装着時の内側と外側を定めた**非対称パターン**を採用するタイヤも増えている。なお、レーシングマシンでは路面との接触面積を増やしてグリップ力を高めるために、溝のない**スリックタイヤ**が使われることが多い。

スリックタイヤ

溝のないスリックタイヤは、路面との接触面積を最大限にしたものだ。同じように、トレッドが摩耗して溝がなくなったタイヤ、いわゆる坊主タイヤも、乾燥した舗装路面であれば優れた性能を発揮しそうだが、トレッド本来とは異なるゴム質が表面に現れているため、グリップ力は低い。タイヤ全体で考えてもゴムが薄くなっているので非常に危険だ。

↓低速走行ではタイヤ下の水が排出されているが、高速走行ではタイヤと路面の間に水が入りハイドロプレーニング現象が起こっている。

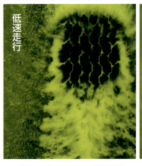
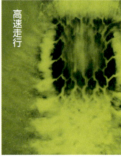

ハイドロプレーニング現象

ハイドロプレーニング現象は、トレッドが摩耗して溝が浅くなった状態で起きやすいのはもちろん、適正空気圧よりも低い状態でも起きやすい。空気圧が低いと、タイヤが本来の形状を保てないため、溝もゆがみ、本来の排水能力を発揮できなくなるためだ。

リブ型	ラグ型	リブラグ型	ブロック型
タイヤの円周方向の溝。横滑りに強く、直進安定性に優れる。排水性が高く、舗装路に適している。	タイヤの円周方向に直角の溝。駆動力や制動力が高く悪路に適する。騒音が大きく乗り心地も悪い。	リブ型とラグ型の双方の特長を備えたトレッドパターン。舗装路にも悪路にも対応できる。	ブロック同士が独立する島状のパターン。駆動力や制動力が高く、滑りやすい路面にも対応。

回転方向指定パターンと非対称パターン

回転方向と装着方向が指定される非対称パターンタイヤは、その名の通りトレッドパターンが左右非対称になる。回転方向指定パターンタイヤの場合は左右対称だ。装着にまったく指定のないタイヤの場合、左右中央の特定の点を中心として点対称のパターンになる。

左右非対称　左右対称　点対称
*Bridgestone

スタッドレスタイヤ

凍結路や雪上の走行が可能な**タイヤ**を**ウインタータイヤ**という。過去には、金属製の鋲をトレッドに備えた**スパイクタイヤ**が使われていたが、舗装を傷め、粉塵公害を発生させるため、全世界的に禁止傾向にある。かわって開発されたのが鋲を備えない**スタッドレスタイヤ**だ。現状ではスタッドレスタイヤ＝ウインタータイヤといえる。

タイヤのゴム質は、低温になると硬化する性質があり、摩擦を発生しにくくなる。そのため、スタッドレスタイヤには低温でも硬化しにくいゴム質が採用される。トレッドはブロックパターンが基本で、さらに**サイプ**という細かな切り込みが入れられる。

このサイプの角で氷雪にツメをたてるようにして**グリップ力**を得ている。また、サイプの細かな切り込みは、滑りの原因になる路面上の水を吸い込んでもくれる。同じようにタイヤの吸水能力を高めるために、微細な凹凸があるコンパウンドや微細な気泡を備えたコンパウンドが使われることが多い。こうしたゴムは吸水ゴムと呼ばれたりする。

なお、ウインタータイヤに対して、一般的に使われるタイヤは**サマータイヤ**という。また、日本ではあまり使われていないが、欧米では**オールシーズンタイヤ**もある。ウインタータイヤとサマータイヤの中間的な特性を備えたタイヤだ。

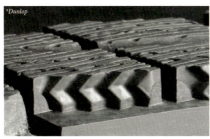

↑トレッドの表面にはサイプと呼ばれる非常に細かい切れ込みがある。各社がその形状を工夫をこらしている。

↑トレッドが路面上の水を吸い込んだ状態のイメージ図。こうした気泡や凹凸が滑りの原因になる路面上の水を吸着する。

偏平率

偏平率（アスペクトレシオ）とは、**タイヤ**の断面の高さと幅の比率のこと。偏平率70〜30%のタイヤが乗用車では使われ、60%以下のものを**ロープロファイルタイヤ**ということが多い。

トレッドの断面は円弧を描いているが、偏平率が小さいほど円弧の半径が大きくなり、直線に近づくため、接地面積が大きくなり、**グリップ力**が高くなる。また、コーナリングなどで横方向から力を受けると、タイヤの断面形状が変化して、接地面積が減り、**サイドウォール**が横にずれる際にクルマに不要な動きが発生する。偏平率が小さいほど、サイドウォールが低くなるため、接地面積の変化が小さく、コーナーでもしっかりと踏ん張ることができる。ただし、振動を吸収する能力が低下するため、乗り心地が悪くなる。

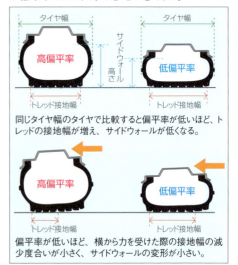

同じタイヤ幅のタイヤで比較すると偏平率が低いほど、トレッドの接地幅が増え、サイドウォールが低くなる。

偏平率が低いほど、横から力を受けた際の接地幅の減少度合いが小さく、サイドウォールの変形が小さい。

タイヤサイズ

タイヤのサイズなどの表記は、国際標準化機構が定めたISO表示が一般的に使われている。乗用車用タイヤの場合、以下のように表記される。最初の数字がタイヤの幅、/の次の数字が**偏平率**を表わす。Rは**ラジアルタイヤ**を表わす記号で、次の数字が適合する**ホイール**の直径（**リム径**）を表わしたものだ。さらに、**ロードインデックス**（**荷重指数**）の数値と**速度記号**のアルファベットが続く。ロードインデックスはどの程度の重量に耐えられるかを示す数値で、速度記号は許容される最高速度を示すものだ。

速度記号
速度記号はアルファベット1文字で表記されるが、アルファベット2文字で表記される速度カテゴリーが表示されることもある。

ロードインデックス
ロードインデックスは指数なので数値が特定の荷重を表わすわけではない。空気圧によっても耐えられる荷重が変化する。

タイヤ空気圧

タイヤは空気圧によって形状を維持し、さまざまな性能を発揮している。その本来の性能が発揮できるように、**タイヤ空気圧**には適正値が定められている。現在の主流である**チューブレスタイヤ**では空気を通しにくい**インナーライナー**によって空気が保持されているが、窒素より分子が小さい酸素はゴムを透過して抜けていく。そのため、パンクなどが起こっていなくても、空気圧は低下していく。めったに起こることはないが、タイヤ内に水分が含まれていると、走行による温度上昇によって水が気化して膨張し、タイヤ内部の圧力が高くなることもある。もちろん、整備の際に間違えて空気圧を高めてしまうこともある。

空気圧が適正値よりも高いと、**トレッド**の左右中央部分だけが接地するようになり、**グリップ力**が低下するうえ、衝撃や損傷にも弱くなる。空気圧が適正値よりも低い場合は、トレッドがたわんで左右中央付近が接地しなくなるので、やはりグリップ力が低下する。また、走行中の変形が大きいので、燃費が悪くなり、乗り心地が悪化する。タイヤの発熱が大きくなり、タイヤのゴムとコードが剥離を起こしやすくなる。最悪の場合、高速走行で**スタンディングウェーブ現象**を起こし、タイヤが**バースト**する。

スタンディングウェーブ現象

タイヤは路面に接すると車重によって変形し、グリップ力を得るための接地面積が生まれる。回転によって路面から離れると、空気圧とゴムの弾力によって元の形状に戻る。この変形と復元が、タイヤの転がり抵抗のおもな原因だ。空気圧が低いと、復元に時間がかかるため、高速走行では復元できないまま再び変形することを繰り返し、変形が増幅される。発熱も大きくなるため、ゴムが軟らかくなって、さらに変形しやすくなり、最終的にタイヤが破損し、バーストに至る。

窒素充填

自然に起こる空気圧低下は酸素がゴムを透過するために起こる。そのため、タイヤ内の空気をすべて窒素にすることがある。航空機用タイヤで火災防止のために採用された技術で、それがレーシングマシンにも採用されるようになり、一般のクルマにも広がったものだ。空気圧低下を防ぐことができる。エアスプリングとしての能力が変化し、走行性能に好影響が出るという意見もある。

▼スタンディングウェーブ現象によって極端に変形したタイヤ。

スペアタイヤとランフラットタイヤ

　空気入りゴムタイヤにはパンクする可能性がある。そのため、過去には交換用の**スペアタイヤ**が搭載されてきた。スペース効率が高い**テンパータイヤ**(テンポラリータイヤやTタイプ応急用タイヤともいう)がおもに使われてきたが、さらなる燃費や環境負荷低減のためにスペアタイヤレスのクルマも増えてきている。

　スペアタイヤにかわるパンク対策には**パンク修理キット**と**ランフラットタイヤ**がある。パンク修理キットはその名の通りパンクを補修する装備一式のことで、スペアタイヤより軽量コンパクトだ。ランフラットタイヤ(**RFT**)は、パンクして空気圧が低下しても一定距離を走行できるタイヤのことで、サイド補強式と中子式に大別される。**サイド補強式ランフラットタイヤ**は、**サイドウォール**の内側に設けた強固なゴム層によってパンク時の車重を支える。**中子式ランフラットタイヤ**は、タイヤ内に収めた樹脂の枠や金属板を折り曲げたものでパンク時の車重を支えるが、重量が大きくなるため採用例は少ない。いずれの場合も、最高速度80km/h、走行距離80kmといった制限が設けられている。なお、ランフラットタイヤの装着に際しては、**タイヤ空気圧モニタリングシステム**との併用が基本とされている。

中子式RFT

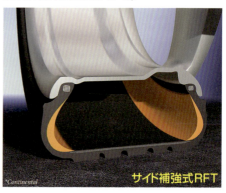
サイド補強式RFT

タイヤ空気圧モニタリングシステム

　タイヤ空気圧モニタリングシステム(TPMS)は、**ランフラットタイヤ**との併用ばかりでなく、**タイヤ空気圧**の管理が容易になるため、燃費低減による環境保護の観点からも期待が高い。間接式と直接式に大別される。**間接式タイヤ空気圧モニタリングシステム**は、4輪の回転速度の差からパンクを検出する。ABSの**車輪速センサー**のデータを利用できるため、低コストでシステムを構築できるが、走行状況に影響を受けるため、信頼性が低い。**直接式タイヤ空気圧モニタリングシステム**は、4輪それぞれに電波によるデータ送信機能がある空気圧センサーを備えることでパンクを監視する。高コストだが、信頼性が高く、4輪の空気圧を確認できる。

↑エアバルブと一体化した空気圧センサーが主流。

サステナブルタイヤ

タイヤは環境省が適正処理困難物に指定していることからもわかるように廃棄処分が難しいものだが、9割もの廃タイヤがリサイクルされている。おもな用途は燃料であり、燃え残った灰も活用されている。しかし、タイヤメーカーはさらに一歩前進してサステナブル素材を用いたタイヤの開発を始めている。サステナブル素材には、天然由来などの再生が可能なリニューアブル素材や、すでに何らかのかたちで使用したものを再利用したリサイクル素材などが使われる。すでに一部ではサステナブル素材50%程度の**サステナブルタイヤ**が市販されているが、研究開発は続いていてサステナブル素材90%というコンセプトタイヤも発表されている。

↑グッドイヤーのデモタイヤはサステナブル素材90%使用。

↑トーヨータイヤのコンセプトタイヤはサステナブル素材90%。

エアレスタイヤ

クルマでは100年以上にわたって空気入りゴムタイヤが使われてきたが、空気入りの構造を使わない**エアレスタイヤ**の研究開発が続いている。エアレスタイヤであればパンクというトラブルから解放されるのはもちろん、空気圧の管理も不要になる。エアレスタイヤでは、車重を支えながら路面からの衝撃を吸収し、さらに接地面を確保するという**エアスプリング**の役割を、合成樹脂などによる特殊な構造で実現する。すでに海外では実証実験が行われているし、国内でも公道を走行しないゴルフカートや農機などではエアレスタイヤの採用が始まっている。

↑ダンロップが開発中のエアレスタイヤ Gyroblade。

↑ミシュランが開発中のエアレスタイヤ アプティス。

車輪

Wheel rim
02 ホイール

タイヤとともに車輪を構成するのが**ホイール**だ。**空気入りゴムタイヤ**だけでは車重が支えられないし、細いシャフトからはゴム製のタイヤに回転を確実に伝えることができないため、金属製のホイールが使用される。英語ではホイールは車輪を意味するため、正式には**ディスクホイール**や**ホイールリム**という。

ホイールはタイヤが装着される**リム部**と、ホイールハブへの取りつけを行う**ディスク部**で構成されるのが一般的で、リム部のうちタイヤに直接触れる部分を**フランジ**という。リム部とディスク部を一体で製造したものを**1ピース構造（1ピースホイール）**、リム部とディスク部を別々に製造して合体したものを**2ピース構造（2ピースホイール）**、さらにリム部を2分割にしたものを**3ピース構造（3ピースホイール）**という。一般的には単純な構造ほど強固なホイールにできる。素材に鋼板を使用する**スチールホイール**が一般的だったが、軽量化による**ばね下重量**や燃費の低減、さらにはデザイン性の高さから**アルミホイール**などの**軽合金ホイール**の採用も増えている。

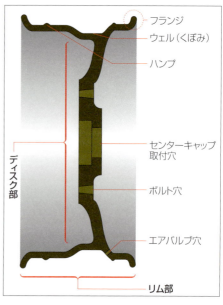

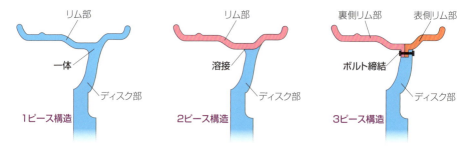

ばね下重量

クルマを空中に持ち上げた際に、サスペンションによって車体からぶら下がり、スプリングを伸ばすように作用する重量を、ばね下重量という。タイヤ&ホイールや、ブレーキ本体、ハブキャリア、ホイールベアリング、サスペンションの一部などが含まれる。ばねにぶら下がっている重量が大きいほど、慣性によって動き始めるのに大きな力が必要で、いったん動き始めると止めにくくなる。サスペンションの場合、ばね下重量が大きいほど、車輪の動き始めが遅れ、振動が収まるのにも時間がかかることになる。つまり、ばね下重量を小さくすれば、反応がよいサスペンションになる。もちろん、車体全体の軽量化にもつながるため、燃費の低減も可能だ。

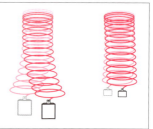

スチールホイール

スチールホイールは低コストなことが大きなメリットで、軟鋼板をプレス成型したものを溶接で組み立てる**2ピース構造**や**3ピース構造**のものが大半だ。乗用車でも標準仕様として長く使われていて、外側の見栄えをよくするために樹脂製の**ホイールカバー**（**ホイールキャップ**ともいう）を装着することが多い。最近では、ホイールカバーを使わず装飾塗装されたものやデザインに配慮したものも登場してきている。こうした場合は、軽合金ホイール同様に中央部分が**センターキャップ**で装飾される。

↑ホイールカバーを使用しないスチールホイール。 *Mazda

軽合金ホイール

軽合金ホイールはアルミニウム合金を使用する**アルミホイール**が一般的で、さらに軽量化が可能なマグネシウム合金を使用する**マグネシウムホイール**もあるが非常に高コストだ。**1ピース構造**のほか、溶接またはボルト締結で合体する**2ピース構造**や**3ピース構造**もある。鋳造で作られることが多いが、鍛造や圧延による**スピニング製法**によって強度を高め、軽量化が目指されることもある。軽量化のためにアルミホイールの採用が増えたといわれるが、鋳造で作られる肉厚なもののなかにはスチールホイールより重いアルミホイールもある。デザイン重視で選ぶのであれば問題ないが、運動性能や燃費の面では不利だ。

*Lancia

鋳造、鍛造、スピニング製法

鋳造は高温にして溶かしたアルミ合金などを型に流し込んで成型する。大量生産が容易でコストが抑えられるが、薄くすることが難しい。組成の結合も弱いため軽量化の面では不利。鍛造は圧力をかけて成型していくため、強度を高めることができ、薄くすることが可能だが、複雑な形状にはしにくいため、デザインには制約がある。最近ではローラーで圧力をかけながら伸ばしていくスピニング製法がリム部に使われることがあり、非常に薄く仕上げることが可能になっている。

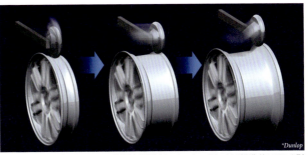

↑スピニング製法を発展させた製法も開発されている。イラストは鍛造後にリムを引き伸ばしながら鍛えていくエンケイのMUT DURA製法。 *Dunlop

第4章／車輪　ホイール

331

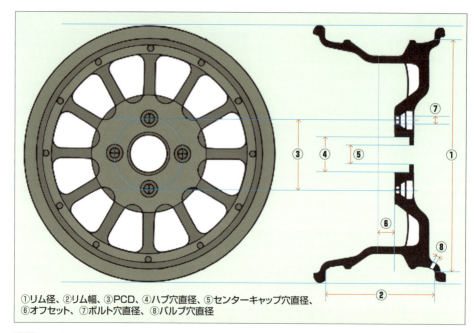

①リム径、②リム幅、③PCD、④ハブ穴直径、⑤センターキャップ穴直径、⑥オフセット、⑦ボルト穴直径、⑧バルブ穴直径

ホイールサイズ

　ホイールのサイズなどは右のような表記が一般的だが、並び順が異なっていることもある。最初の数字は**リム部**の直径をインチで表わした**リム径**で、×の次の数字はリムの幅をインチで表わしたものだ。ここでいう**リム幅**とは、ホイール全体の幅ではなく、タイヤを装着する部分の幅を意味する。次のアルファベットを**フランジ形状**といい、リムの端の部分の形状を表わす。JのほかにJJやB、Kがあるが、実用上の差はほとんどない。続いて**ホイールボルト**の穴の数と**PCD**が表示される。「-」ではなく「/」

15×6.5J 5-114.3 44

リムの直径(inch) / フランジ形状 / PCD
リムの幅(inch) / ボルト穴の数 / ホイールオフセット

でつながれることもある。ボルト穴は4穴か5穴が一般的だが、一部に6穴がある。PCDとは**ナット座ピッチ直径**のことで、すべてのボルト穴の中心を通る円の直径を意味する。国産車では100mm、114.3mm、139.7mm、150mmが一般的だ。最後の数字は**ホイールオフセット**で、リム幅の中央からハブ取りつけ面までの距離を意味する。

リム形状

　リム部の断面形状にはさまざまなものがあるが、乗用車用の**ホイール**では、**広幅深底リム**という形状が採用されている。リムの一部に**ウェル**という深いくぼみがあり、タイヤ着脱の際にいったん**ビード**を収めることができるので、作業が容易になる。また、ビードが触れる**ビードシート**の内側に**ハンプ**という突出部があり、タイヤに横方向の力が加わっても外れにくくしてある。

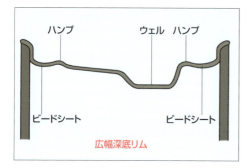

広幅深底リム

ホイールナットとハブボルト

ホイールのホイールハブへの装着は、**ホイールナット**を使う方法が国産車では一般的だ。ホイールの**ディスク部**にはボルト穴があり、この穴にホイールハブの**ハブボルト**(**ホイールボルト**)を通してホイールナットで固定する。海外では、ホイールハブ側にネジ穴があり、ホイールボルトをその穴にねじ込んで固定する方法もある。

ホイールナットには**平面ナット座**(**平面座**)と**テーパードナット座**(**テーパー座**)、**球面ナット座**(**球面座**)などがある。平面座はおもに純正の**軽合金ホイール**に採用されている。ホイールに接する面が平面で、この面でディスク部をホイールハブに押しつけて固定する。テーパー座は**スチールホイール**で採用されている。ナットの先端が円錐状で先端に近づくほど細くされている。この先端部分がホイールのボルト穴に侵入することで、ディスク部の面方向へも力を加えることが可能になり、確実にホイールを固定できる。球面座も見た目はテーパー座に似ているが、テーパー座はホイールに接する面が円錐状なのに対して球面座では球面状にされている。

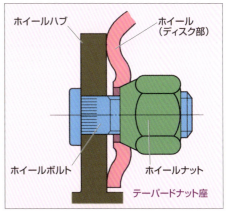

⬆日本で販売される国産車でもボルト固定を採用するクルマが登場してきている。

インチアップ

クルマに装着されている**タイヤ**をそれまでより**偏平率**の低いもの交換する場合、全体の外径はかえられないので、**ホイール**の**リム部**の径を大きくする必要がある。**リム径**はインチで表わすため、こうした交換を**インチアップ**という。同時に、タイヤ幅も大きくすることが多い。偏平率を低くすると走行性能を高めることができるためチューニングの一環として行われていたが、現在ではドレスアップ目的で行われることも多い。インチアップすると、クルマを横から見た際に無骨な黒いタイヤの面積が減り、デザイン性の高いホイールを目立たせることができる。

195/65R15

205/55R16

205/50R17

⬆偏平率が低くなるほどホイールが目立つようになるので、クルマの印象が大きくかわることもある。

安全装置と自動運転

Automotive safety
01 安全対策

　クルマにはさまざまな**安全対策**が施されている。こうした安全対策は**パッシブセーフティ**と**アクティブセーフティ**に大別される。パッシブセーフティは**衝突安全**ともいい、事故が起こった際に乗員の安全を確保する対策だ。**シートベルト**や**エアバッグ**が代表的なもので、クルマのボディそのものも衝突安全に重要な役割を果たしている。

　アクティブセーフティは**予防安全**ともいい、事故を未然に防ぐ安全対策だ。**ABS**に始まり**TC**や**ESC**に発展していったブレーキの制御が代表的なものだといえる。技術の進歩によって次々に新しい安全装置が搭載されている。先進技術を利用して安全運転を支援するシステムを搭載したクルマを**先進安全自動車**と呼び、**高度道路交通システム**（ITS）の一分野として、関係省庁、自動車メーカー、大学が連携して1991年から研究開発が進められている。そこから誕生してきたものを**先進運転支援システム**（ADAS）ということが多い。先進運転支援システム開発の目指す先には**自動運転**（AD）がある。

シートベルト

　前面衝突などの際に乗員の身体をシート上に保持して、周囲にぶつかったり車外に飛び出したりすることを防ぐ安全装備が**シートベルト**だ。腰と胸部の双方を支える**3点式シートベルト**が使われている。ベルトで身体を固定してしまうと、身動きできず不快であるし、ドライバーは運転操作が行いにくいため、ベルトを急激に引き出したり、急ブレーキをかけたり車体が衝撃を受けたりすると巻き取り装置がロックされ、それ以上はベルトが引き出せなくなる**ELR式シートベルト**が採用されている。ELRは**緊急時ロック式巻き取り装置**というが、衝撃よりわずかに遅れてロックされるため、それまでに多少はベルトが引き出される。ベルトをゆるめに装着していたら、身体を確実に保持できないこともあるため、緊急時にベルトを自動的に巻き取る**プリテンショナー**を備えたシートベルトが多い。また、プリテンショナーではベルトが強く引かれるので、そのままでは乗員の胸部を圧迫して傷害に至ることもある。そのため、プリテンショナーの作動後にベルトを少しゆるめる機構が備えられることも多い。こうした機構を**ロードリミッター**や**フォースリミッター**という。

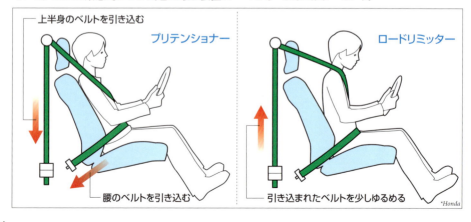

エアバッグ

エアバッグはガスで膨らんだ袋をクッションとして利用して乗員を保護する安全装置だ。エアバッグは折りたたまれたバッグ（袋）とインフレーターで構成され、エアバッグECUによって制御される。インフレーター内には点火剤とガス発生剤が収められている。加速度センサー（Gセンサー）などによって事故の衝撃を感知しECUがエアバッグの作動が必要と判断すると、点火剤に着火が行われる。点火剤は一種の火薬で、燃焼によって発生した火炎と高熱がガス発生剤に広がり、大量の窒素ガスが発生してバッグを膨らませる。

ハンドルに備えられる運転席エアバッグとダッシュボード付近に備えられる助手席エアバッグが一般的だが、側面からの衝撃に対応して乗員の上半身を保護するサイドエアバッグや、同様に側面からの衝撃を受けた際に乗員の頭部を保護するカーテンシールドエアバッグ、ドライバーの脚部を保護するニーエアバッグといったものもある。

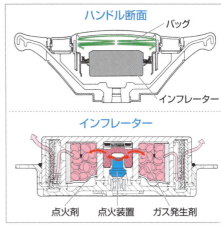

衝突安全ボディ

現在のクルマのボディ構造の主流はモノコック構造だ。1枚の鋼板では強度を作り出せないが、折り曲げたり箱状にすると、全体としての強度を高められ、軽量化することもできる。現在のボディは衝撃を受けた際に変形することで衝撃のエネルギーを吸収している。しかし、ボディ全体が変形したのでは乗員を守れないため、事故の際につぶれて衝撃を吸収するクラッシャブルゾーンと、変形せずに乗員を守る空間であるセーフティゾーンで構成されている。

安全装置と自動運転 02
Advanced driver-assistance systems
先進運転支援システム

人間がクルマを運転する際には、**認知**、**判断**、**操作**の3つのプロセスを行なっている。目や耳などの感覚器官で認知し、脳で判断し、手足で操作を行う。このプロセスのいずれか、もしくは複数をアシストするのが**先進運転支援システム**だ。英語の頭文字から**ADAS**と略されることも多い。運転席からは見えない死角の情報や見落としやすい情報をドライバーに提供して認知をアシストしたり、潜在的な危険を警告して判断をアシストしたりする。さらには、先進運転支援システムがブレーキやステアリングなどを作動させることで操作を代行して危険を回避したり、安全な運転の継続をアシストしたりする。

先進運転支援システムの認知プロセスでは車速や舵角といったクルマの基本情報に加えて、カメラなどさまざまな**センシングシステム**（P348参照）によって情報を収集する。収集した情報がそのままドライバーに提供されることもあれば、情報によって**ADAS-ECU**が判断プロセスを行い、警告を発したり、操作プロセスの指示を出したりする。指示を受けて**エンジンECU**や**EV-ECU**がクルマを加減速させる**アクセル制御**をしたり、**ブレーキECU**が減速から停止に向かわせる**ブレーキ制御**をしたり、EPS-ECUが進行方向をかえる**ステアリング制御**を行なったりする。

なお、先進運転支援システムはメーカーごとに名称が違っていることが多い。名称が似ていてもアシストの内容が違っていたりする。

リアモニター

*Honda

後退駐車時には予想進路が表示される。左右の周囲の安全も確認しやすいようにワイド表示にできるものもある。

カメラ＆モニター

カメラ＆モニターは運転席からの**死角**を含めて安全運転に必要な視覚情報を提供してくれる。もっとも採用が多いのが**リアモニター**だ。クルマ後方の死角に加えて、後退の際の進行方向の状況も確認できる。このほか、ドアミラー下に備えられたカメラによって車両感覚がつかみにくいクルマの側面近くを表示してくれる**サイドモニター**や、クルマの最前部に備えられたカメラによって見通しが悪い路地から広い道路に合流するような際に左右の道路の状況を確認できる**フロントモニター**もある。これら各種のモニターを統合発展させたものが**アラウンドモニター**だ。画像処理によって合成することでクルマを真上から見たような映像が表示される。ドライバーの位置からボディを透かして見ているような映像を表示できるものもある。モニターの基本的な役割は視覚情報の提供だが、ハンドル操作に応じて**予想進路**などが表示されるものも多いため、車庫入れや縦列駐車の安全性が向上する。また、映像内に動く物体があると警告を発してくれるものもある。

アラウンド表示だけでなく。状況に応じてさまざまなカメラの表示に切り替えられるものが多い。

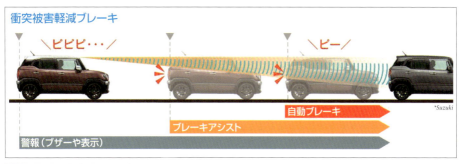

衝突被害軽減ブレーキ

　先進運転支援システムのなかでもっとも早く普及し、現在では搭載が義務化されているのが**衝突被害軽減ブレーキ**だ。プリクラッシュブレーキと呼ばれることあるが、最近では海外での呼称である**アドバンスドエマージェンシーブレーキングシステム**（**AEBS**）が使われることも増えている。**センシングシステム**からの情報で追突事故が起こりそうだと判断されると、**車間距離警報**が発せられドライバーに減速を促す。警報によってドライバーがブレーキペダルを踏むと、**ブレーキアシスト**が作動することもある。ブレーキペダル操作が行われない場合は、システムが**ブレーキ制御**を行いクルマを減速停止させる。

　開発された当初は高速走行を対象としていて、速度を落として事故の被害を軽減させることを目的とした**パッシブセーフティ**だったが、センシングシステムの能力の向上によって遠くの障害物も検知できるようになり、完全にクルマを停止させることも可能になり、**アクティブセーフティ**へと発展した。現在では市街地走行のような比較的低速の走行にも対応したものも増えていて、対象が歩行者や対向車にも広がっている。ブレーキ制御だけでは回避できない場合、ハンドルに振動を発生させて操舵を促すシステムや、周囲に余裕があれば**ステアリング制御**によって衝突を回避する**緊急操舵支援システム**も登場している。

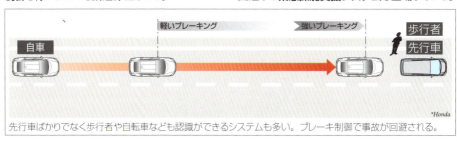

先行車ばかりでなく歩行者や自転車なども認識ができるシステムも多い。ブレーキ制御で事故が回避される。

追従機能付クルーズコントロール

クルーズコントロール自体は古くからあるクルマの装備で、高速走行などでクルマを一定速度に保つことを目指すものだ。過去にはアクセル制御だけだったため、遅い先行車に追いついたらドライバーがブレーキを操作する必要があり、長い下り坂では設定速度より速くなることもあった。そこで開発されたのが、**追従機能付クルーズコントロール**だ。先行車の**センシング**とブレーキ制御を加えることで、先行車に追い付いても走行速度に応じた安全な車間距離を保って追従走行でき、先行車がいなくなれば設定速度に戻る。

アダプティブクルーズコントロール（ACC）ということも多い。**レーダークルーズコントロール**と総称されることもあるが、センシングシステムにレーダーではなくカメラを使用するものもある。高速走行を前提として設定可能速度範囲が定められているものもあるが、現在では低速でも追従できるシステムが増えている。渋滞時には非常に重宝なもので、先行車が停止すれば自車も停止し、先行車が発進すれば自車も発進する。なお、停止状態からの発進についてはアクセルペダルなど特定の操作が必要なシステムもある。

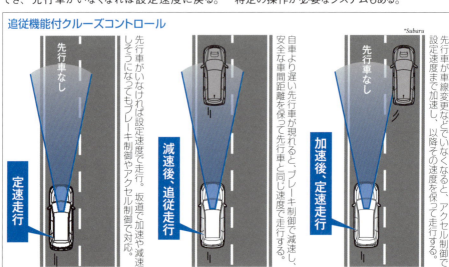

車線維持支援システム

単調になりがちな高速走行では集中力が散漫になったり居眠りしそうになってカーブなどで車線をはみ出しそうになることもある。**レーンデパーチャーワーニング（LDW）**と呼ばれることも多い**車線逸脱警報システム**は、カメラなどで車線両側の白線を認識し、クルマが白線に近づくと音や表示、ハンドル振動などで警報を発してくれる。このシステムに**ステアリング**制御を加えたものが**車線逸脱防止システム**だ。**レーンキーピングアシスト（LKA）**とも呼ばれ、車線逸脱警報が発せられるような状況になると**ステアリング**制御が行われる。作動内容はシステムによって異なるが、操舵が必要な方向へのアシスト力を高めて軽い力で車線内に復帰できるようにするものや、実際に操舵を行って車線内に戻すものがある。

さらに発展したシステムが**レーンセンタリングアシスト（LCA）**と呼ばれることも多い**車線維持支援システム**だ。常時ステアリング制御を行うことで、高速道路のように白線が認識しやすく急カーブのない道路であれば、車線の中央付近を安定して走行し続けることができる。車線が認識しにくい状況でも先行車の走行軌跡を利用して、追従するようにステアリング制御が行われるシステムもある。

車線逸脱警報システムと車線逸脱防止システム

車線の逸脱を防止するシステムでは、車線を越えそうになると警告音やハンドルの振動で警報が発せられる。その状態でもドライバーが回避しない場合はステアリング制御で回避する制御が実施される。ウインカーの操作がない状態で白線を越えそうになるとドライバーが回避しない場合はステアリング制御が実施される。

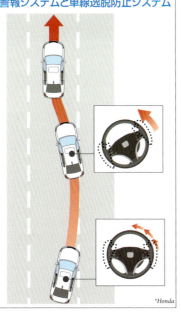

*Honda

車線維持支援システム

車線維持支援システムでは常にステアリング制御が行われ、車線中央をキープしながら走行する。ドライバーはハンドルに手を添えて、アクセルとブレーキを操作するだけでよい。

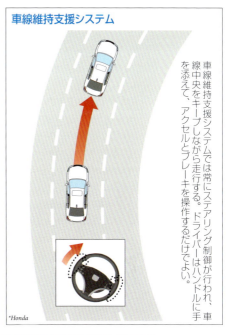

*Honda

同一車線連続走行支援システムと車線変更支援システム

　アクセル制御とブレーキ制御で安全な車間距離を維持して走行できる追従機能付クルーズコントロールと、常時ステアリング制御を行う車線維持支援システムを同時に運用すれば、高速道路などの同一車線を連続して走行できる。こうしたシステムを本書では同一車線連続走行支援システムと呼ぶ。センシングシステムによって先行車や車線を認識するだけでなく、地図データなども使用するシステムもある。システムが支援する内容もさまざまで、ドライバーはハンドルに手を添え進行方向を監視する必要があるもの、ハンドルから手を放してもよいが進行方向の監視は必要なもの、手放しで前方を監視する必要もないがシステムから要請されたら即座にドライバーが操作しなければならないものがある（支援内容の違いについては次項で説明）。

　また、車線変更支援システムも実用化されている。レーンチェンジアシスト（LCA）と呼ばれることが多いもので、ドライバーがウインカーを操作すると、変更先の車線の前後を確認したうえで、車線変更のための加減速と操舵が自動的に行われる。高度なシステムのなかには、遅い先行車が現れると自動的に車線変更をして追い越すものもある。

車線変更支援システム

① ドライバー自身による安全確認後、ウインカー操作でレーンチェンジを指示。

② システムが周囲の安全を確認しながら、ステアリング制御で車線変更を実施。

③ 車線変更が終了すると車線維持に移行。ウインカーを消灯。

*Toyota

駐車支援システム

リモート操作が可能な駐車支援システムであれば、ドアを開けるスペースがあまりない場所でも、先にクルマを降りてから駐車したり、出庫してから乗り込むことができる。

　縦列駐車や車庫入れが苦手な人は多いうえ接触事故も起こりやすい。リアモニターやアラウンドモニターでも予想進路などを表示することで駐車をアシストしてくれるが、ハンドル、アクセル、ブレーキ、シフトと行うべき操作は多く、同時に周囲の安全確認も欠かせない。そこで開発されたのが駐車時のハンドル操作をアシストする**駐車支援システム**だ。**パーキングアシスト**と呼ばれることも多い。支援する内容もさまざまで、駐車位置を設定する必要があるシステムもあれば、自動認識できるシステムもある。支援はステアリング制御だけで前後進の切り替えや速度調整をドライバーが行うものもあれば、スイッチ操作だけで完了するものもあり、駐車だけでなく出庫が行えるものもある。なかにはリモコンやスマートフォンのアプリで車外からのリモート操作で駐車と出庫が可能なシステムも登場している。

駐車支援システム

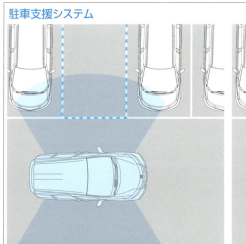
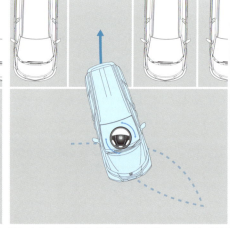

駐車位置を自動で認識できるシステムもあれば、ドライバーが指定するシステムもある。また、駐車位置をメモリーできるシステムも登場してきている。

ドライバーに求められる操作はさまざま。ハンドル操作が求められることはないが、ブレーキ操作やシフト操作はドライバーが行うシステムもある。

後側方確認支援システム

　車線変更を行う際にはドアミラーで変更先の車線の状況を確認するが、隣の車線のクルマが近くまで迫っていると見えないことがある。こうしたドアミラーの**死角**を監視してくれるのが**後側方確認支援システム**だ。**センシングシステム**が隣の車線の後続車を感知すると、ドアミラー上もしくはその周囲のインジケーターなどで表示を行う。死角（Blind Spot）を監視するため、**ブラインドスポットモニター（BSM）**と呼ぶことも多い。インジケーターが表示された状態で、ウインカーを操作したりハンドルを操作し始めたりすると、警告が発せられたりするシステムもある。さらに、車線を越えそうになると**ブレーキ制御**または**ステアリング制御**で車線変更が回避されるシステムもある。

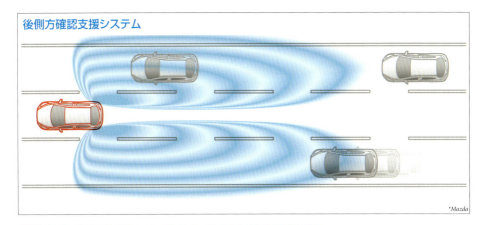

後側方確認支援システム

後退出庫支援システムと前方交差車両警報

　前向き駐車した駐車スペースから後退で出る際は見通しが悪く、後方を横切ろうとするクルマや歩行者はよく見えない。こうした後方の状況を幅広く監視して安全に出庫できるようにしてくれるのが**後退出庫支援システム**だ。**リアクロストラフィックアラート（RCTA）**ということも多く、後退時に後方を横切りそうな障害物があると、警告を発してくれる。警告にも関わらず後退しようとすると**ブレーキ制御**によって衝突を回避してくれるシステムもある。

　いっぽう、路地からから広い道路に合流する際や車庫から前進で出庫するような際は、見通しが悪く左右から来るクルマはよく見えない。こうした前方左右の状況を幅広く監視して警告を発してくれるのが**前方交差車両警報**だ。クルマの前方を横切りそうなものを警告してくれるため**フロントクロストラフィックアラート（FCTA）**ということも多い。後退出庫支援システムと同じように、ブレーキ制御によってクルマを停止させて衝突を回避してくれるシステムもある。

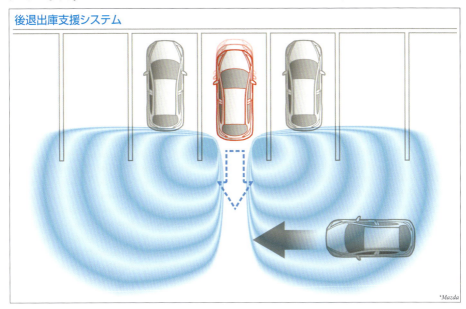

後退出庫支援システム

ハイビームサポート

ハイビームのほうが前方が明るく走行しやすいが、対向車や先行車に迷惑がかかる。そこで開発されたのが**ハイビームサポート**だ。ハイビームで走行中は前方を監視し、対向車や先行車が現れると自動的に**ロービーム**に切り替わる。さらに進化したものが**可変配光ヘッドランプ**だ。ハイビームの状態を保ったまま、対向車や先行車にはヘッドランプの光が当たらないようにしてくれる。**アダプティブハイビーム**や**アダプティブドライビングビーム**、**グレアフリーハイビーム**などとも呼ばれる。ヘッドランプユニット内に遮光板を備え、その位置を動かすことで照射したくない範囲を遮光する構造のものと、多セグメントで構成されるLEDヘッドランプのセグメントを個別に点灯消灯させる構造のものなどがある。

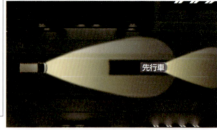

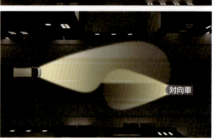

可変配光ヘッドランプ　*Toyota

対向車や先行車がいる範囲には配光されない。

ドライバーモニタリングシステム

先進運転支援システムの支援内容はさまざまだが、ハンドルから手を放してもよいが前方の監視する必要がある時に監視していないと危険だ。そのためドライバーの状態をカメラを使って確認し、必要に応じて警告を行うのが**ドライバーモニタリングシステム**だ。支援システム使用中以外でも脇見や居眠りなどドライバーが不適切な運転をしている場合には、警告が発せられる。もちろん、ドライバーの体調急変の場合も同様だ。警告を発してもドライバーが正常な状態に戻らない場合は、同一車線で減速して停車したり、さらには救援要請が行うシステムもある。

このほか、カメラではなくハンドル操作を連続して確認し、進行方向にふらつきが生じていると警告を発することでドライバーに注意を促すシステムもあり、**ふらつき警報**などと呼ばれる。

ドライバーモニタリングシステム

ドライバーをモニタリングするカメラはダッシュボードやインパネに備えられる。顔認証が行われることもある。

*Nissan

ドライバーの状態はおもに顔の映像によって確認される。脇見や居眠りをしていると警告が発せられる。

誤発進抑制システム

　セレクトレバーの操作ミスで発進時に思っていたのとは逆方向に進んでしまって生じる事故や、ブレーキペダルとアクセルペダルの踏み間違いによる事故は数多い。そこからパニックにおちいってアクセルペダルを踏み続け、事態を悪化させてしまうこともある。こうした発進時の誤操作による事故を防止してくれるのが**誤発進抑制システム**だ。アクセルペダルの踏み込み速度なども検出し、警告を発したうえで、エンジンの出力を抑えて急発進を防ぐシステムや、**ブレーキ制御**を行なってクルマを停止させるシステムがある。前進時を対象にした**前方誤発進抑制システム**が多いが、後退時を対象にした**後方誤発進抑制システム**も登場してきている。

前方誤発進抑制システム　　*Honda

後方誤発進抑制システム　　*Honda

お知らせシステム

　先進運転支援システムでは、**センシングシステム**の活用によって運転に必要なさまざまな情報を提供してくれる。多くのクルマに搭載されているのが**先行車発進お知らせ**だ。先行車が発進し一定距離を走行してもなお自車が停止し続けていると警報などで知らせてくれる。信号が青に切り替わっても停車を続けていると同じように警告してくれる**青信号お知らせ**といったものもある。
　また、道路標識を読み取ってディスプレイに見やすく表示してくれる**標識認識システム**もある。読み取る標識は一時停止、車両進入禁止、最高速度、はみ出し通行禁止などだ。車両進入禁止の道路に入ろうとしたり、制限速度を超えたりすると、警告を発してくれるシステムもある。

標識認識システム　　*Honda

先行車発進お知らせ　　*Honda

安全装置と自動運転

Levels of driving automation
03 自動運転のレベル

　自動運転（AD）は段階を踏んで技術が進化していくと考えられている。こうした段階については、アメリカのSAE（自動車技術会）が2016年に改訂したレベル0～5の6段階の自動運転レベルが一般的に使われている。レベル0は加速・減速・操舵の**運転支援**がまったく行われていない従来のクルマのレベルだ。表の説明欄にある「特定の条件下」とは、高速道路だけや特定のエリア内だけといった条件がつくということで、霧など視界が悪いと使えないといったことが条件になることもある。

　自動運転に関しては、**フットフリー、ハンズフリー、アイズフリー、ドライバーフリー**といった説明が使われることがある。それぞれ**フットオフ、ハンズオフ、アイズオフ、ド**ライバーオフともいう。フットフリーは足で行うアクセルペダル操作やブレーキペダル操作が必要ないこと、ハンズフリーは手で行うハンドル操作が必要ないこと、アイズフリーとは目で行う前方などの監視が必要ないことを意味する。ドライバーフリーは**ブレインフリー**や**ブレインオフ**ともいい、ドライバーはなにもしなくてよいことになる。

　なお、国交省でもSAEのレベル設定に準じたものを示しているが、レベル2については**部分運転自動化**ではなくレベル1と同じく運転支援としている。これはレベル2に自動運転という呼称を使うと、ドライバーは何もしなくてよいという誤解が生じてしまい、監視を怠ることで危険な状態になることを避けるためだ。

自動運転レベル1

　レベル1は特定の条件下で加減速だけで**運転支援**を行うシステムか、操舵だけで運転支援を行うシステムだ。つまり、**アクセル制御**と**ブレーキ制御**のどちらか一方もしくは双方を行うシステムか、**ステアリング制御**だけを行うシステムのことで、多くの**先進運転支援システム**が該当していて、**追従機能付クルーズコントロール**や**車線維持支援システム**が代表的なものだ。追従機能付クルーズコントロールでは**フットフリー**が実現されているわけだ。

自動運転レベル2

　レベル2は特定の条件下で加減速と操舵の双方を実行して**運転支援**を行うシステムで、**先進運転支援システム**の**同一車線連続走行支援システム**が該当する。同一車線連続走行支援システムのうち、ドライバーはハンドルに手を添え進行方向を監視する必要があるシステムは**フットフリー**だけが実現されている。ハンドルから手を放してもよいが進行方向の監視が必要なシステムもレベル2に該当する。手放し運転の実現はレベル2のなかでは高度な技術なので、**ハンズフリー**が可能なシステムは**レベル2.5**や**レベル2+**、または**高度レベル2**と区別されることもある。

↑自動運転レベル2の先進運転支援システムのなかにはハンズフリーが実現されているシステムもある。レベル3になるとハンズフリーに加えてアイズフリーも実現されている。

自動運転のレベル（SAE）

レベル	名称	説明	加速・減速・操舵 操作の主体	走行環境 の監視	バックアップ の主体
0	手動運転	ドライバーが常時、すべての運転操作を行う。	ドライバー （人間）	ドライバー （人間）	ドライバー （人間）
1	運転支援	特定の条件下において、システムが前後方向（加速・減速）もしくは左右方向（操舵）の操作を行い、システムが補助していない部分の操作はドライバーが行う。	ドライバー （人間） ＋システム	ドライバー （人間）	ドライバー （人間）
2	部分 運転自動化	特定の条件下において、システムが前後方向（加速・減速）と左右方向（操舵）の操作を連携して行い、システムが補助していない部分の操作はドライバーが行う。	システム	ドライバー （人間）	ドライバー （人間）
3	条件付 運転自動化	特定の条件下において、自動運転モードの時はシステムがすべての運転操作を行うが、自動運転の継続が困難になった時は、システムがドライバーに運転操作の引き継ぎを要請できる。	システム	システム	ドライバー （人間）
4	高度 運転自動化	特定の条件下において、自動運転モードの時は、システムがすべての運転操作を行い、引き継ぎの要請にドライバーが応じなかった場合でも、システムが適切に対処する。	システム	システム	システム
5	完全 運転自動化	ドライバーが対応可能ないかなる道路や走行環境条件においても、常時、システムがすべての運転操作を行う。ドライバーが引き継ぎを要請されることはない。	システム	システム	システム

自動運転レベル3

　同一車線連続走行支援システムのなかには、手放しで前方を監視する必要がないものもある。こうした**フットフリー**、**ハンズフリー**、**アイズフリー**が実現されているものは**レベル3**の**条件付運転自動化**だ。ただし、システムから要請されたら即座にドライバーが操作しなければならない。こうした要請を**テイクオーバーリクエスト**といい、操作が戻される場合に備えてドライバーは運転席に

いる必要があり、いつ運転を託されても大丈夫なようにドライバーは意識レベルを高い状態に保っている必要がある。こうした状態にあることを確認するために**ドライバーモニタリングシステム**が必要になる。ただし、**遠隔操作型レベル3**というものもあり、車内がドライバーがいない状態で走行することが可能で、テイクオーバーリクエストには遠隔地にいるオペレーターが応えることになる。

自動運転レベル4＆5

　レベル4になると、高速道路や特区のような限定エリアという条件がつくものの、システムが自動運転の主体として責任をもつため、自動運転モードにある時はドライバーは何をしていてもよい、つまり**ドライバーフリー**が実現される。緊急時にもシステムが安全を確保しつつ、停車するなどの対応をしてくれる。ただし、条件が満たされない場合は自動運転ができないため、アクセル、ブレーキ、ハンドルなどは備えておく必要がある。

しかし、特定のルートやエリア内だけで使われるバスやタクシーのような公共交通機関であれば運転席のないレベル4車両で運用できる。

　レベル5は完全な自動運転だ。普通のドライバーが運転できる場所であれば、どこでも自動運転で走行できる。乗員は何をしていてもよく、ハンドルなどの操作機構も必要ないため、車内の空間デザインの自由度も格段に増す。乗員の出迎えなどのための**無人運転**も可能になる。

安全装置と自動運転 04

Process of autonomous driving
自動運転のプロセス

　自動運転のシステムは人間がクルマを運転する場合と同じように**認知、判断、操作**の3つのプロセスで運転を行う。**認知プロセス**は、**位置特定技術と認識技術**で構成される。位置特定技術は**ローカライゼーション**や**マッピング**ともいい、クルマの現在位置を確認する技術だ。GPSなどを使った**衛星測位**と高精度の**デジタル地図データ**が基本になる。認識技術は**パーセプション**ともいい、クルマ周囲の現在の状況を確認する技術だ。さまざまな**センシングシステム**が使われるが、ハードウェアはあくまでも入力装置であり、**画像認識**などのプログラムも必要になる。

　判断プロセスは、**予測技術**と**プランニング技術**で構成され、**自動運転用ECU**に搭載された**人工知能（AI）**がおもに使われる。予測技術は**プレディクション**ともいい、周囲のクルマや歩行者などの今後の動きの予想を行う。それをもとに、どのようにクルマを走らせたらよいかを決定するのがプランニング技術だ。複数の予測や複数のプランが存在する際にも、AIが最適なプランを選択する。なお、センシングシステムの画像認識でもAIが活用される。

　操作プロセスは、それぞれのECUに電気信号を送ることで**アクセル制御、ブレーキ制御、ステアリング制御**を行う。これらの制御技術は確立されているといえる。

　このほか、**移動通信技術**も自動運転には不可欠だ。自動運転を実現するためには外部と**通信ネットワーク**でつながることで交通情報など最新の情報を得る必要がある。こうした情報の受信はもちろん、走行中の車両が得たさまざまな情報を送信すれば**ビッグデータ**を作ることができ、そこから自動運転に有益な情報を抽出し、車両にフィードバックすることもできる。通信を行うのであれば**セキュリティ技術**も欠かせない。

自動運転のプロセス　認知プロセス　判断プロセス　操作プロセス
*Denso

人工知能（AI）

　自動運転の根幹をなすともいえる技術が**人工知能（AI）**だ。AIとは人間の思考プロセスを再現するような**コンピュータプログラム**のことをいう。従来のコンピュータは問題解決までの手順がプログラムされていて、そのプログラムに沿って問題を解決する。だが、クルマの周囲の状況は刻々と変化するので、起こりうるすべての状況をプログラムすることは不可能であり、自動運転の実行は難しい。いっぽう、AIは膨大なデータを学習して、それらのパターンや特徴を見つけ出すことで未知の事象に対しても、状況に応じた判断や対応ができるので自動運転が可能になる。

　AIは定義が定まっていないものであり、方法論もさまざまなうえ、猛烈な勢いでその分野が広が

っているので簡単には説明できない。とりあえずは、自動運転に使われるAIは学習することで賢くなっていくものだといえる。

人間の場合、運転の教則本を読んだだけで運転免許が取れる人は少ない。多くの場合、教習所で運転を習ってある程度のレベルに達すると運転免許が取れる。免許が取得できても初心者のうちは運転が下手だが、走行距離が伸びるに従って運転が上手くなっていく。自動運転のAIの場合も同じだ。最初はコンピュータ内のシミュレーションで運転を学び始め、運転が上達すると閉鎖された安全な空間で実験車を操縦し、さらには公道で経験を積んで

AIを搭載した自動運転用ECU。AIだからといって特殊な構造をしているわけではない。素人目には他のさまざまなECUと大差ない。

いく。各社の実験車の公道走行距離は膨大なものになっている。しかも、AIであれば複数のAIで経験を共有することができる。結果、人間のドライバーよりAIのほうが運転の経験値が高くなり、運転も上手くなると考えることができるわけだ。

移動通信技術

現在でも**コネクテッドカー**のつながる技術に注目が集まっているが、自動運転では**移動通信技術**が重要性を増す。こうした車両が行う通信は**VtoX**や**V2X**と総称されることが多い。Vはクルマを意味するVehicleの頭文字であり、Xは未知数を意味する。2はtoと音が似ているために使われる。

V2N（VtoN）のNはネットワークの頭文字で、現状ではスマートフォン同様に**第5世代移動通信システム（5G）**が使われているが、**Beyond 5G**とも呼ばれる**第6世代移動通信システム（6G）**の実用化が待たれる。6Gになれば、5G以上の高速大容量化や低遅延、多数同時接続といった

通信の高度化が実現されるはずだ。

また、**V2V（VtoV）**は**車車間通信**を示すほか、**V2I（VtoI）**のIはインフラの頭文字で**路車間通信**を示し、**V2P（VtoP）**のPは歩行者の頭文字で**歩車間通信**を示す。VtoVで他車の位置やそのカメラの情報、VtoIによって路上や路肩に備えられたカメラなどの情報、VtoPで歩行者の位置情報などが受信できれば、自車から見通せない場所の状況も把握したり、車間距離を適正に保ったりすることができる。こうした近距離の通信は現状では**DSRC**という無線技術が**ETC**や**VICS**に使われているが、自動運転でもそのまま使われるか新たな通信技術が使われるかは定かでない。

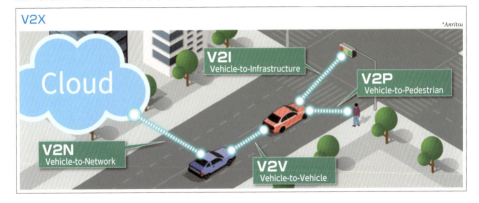

安全装置と自動運転

05 自動運転の認識技術
Autonomous car perception

　自動運転や先進運転支援システムの認知プロセスの認識技術で使われているセンシングシステムには、超音波ソナー、カメラ、ミリ波レーダー、レーザーレーダー、ライダー（LiDAR）などがある。複数のシステムを使ってそれぞれのデメリットを補い合うことで認識性を高めている。以前は自動運転にはライダーが不可欠といわれていたが、AIの能力向上によってライダーを使わない自動運転システムの開発も始まっている。

超音波ソナー　　ステレオカメラ　　ミリ波レーダー　　ライダー　　*Denso

超音波ソナー

　超音波の反射を利用して障害物までの距離を検出するのが超音波ソナーだ。最大でも数m程度しか検出できず、悪天候にも弱いが、明暗の影響は受けない。ガラスのような透明な物体でも検出できるのが大きなメリットだ。検出できるのは距離だけだが、複数のセンサーを使うことで方向が検出できるようにしたものもある。古くから使われているものでシステムは低コストだ。

カメラの映像のままでは意味がない。画像認識によって初めて意味をもつ。さらにはAIが動きまでをも予測する。

カメラ

　センシングシステムのカメラには、単眼カメラと2眼のステレオカメラがある。カメラの映像を利用すれば、AIによる画像認識技術によってクルマや歩行者などを認識でき、道路の白線や先行車のブレーキランプも検知することが可能だ。カメラを2台使ったステレオカメラであれば両カメラの見え方の違いから距離も計測できるが、現在では単眼カメラでも距離が計測できるようになってきている。ただし、霧や土砂降りのような悪天候、逆光でカメラに太陽光がさしこむような状況には弱い。また、夜間はヘッドランプの照射エリア以外は検知できないが、ヘッドランプとともに赤外線を投光することで、夜間の認識能力を高めたシステムも開発されている。

ミリ波レーダー

波長が1〜10mmの**ミリ波**という電波を発射し戻ってきた電波を測定することで障害物までの距離を検出するのが**ミリ波レーダー**だ。77GHz帯の電波を使用する**77GHz帯レーダー**が一般的で、100〜200mの長距離の検知ができ相対速度も検出できる。悪天候や明暗の影響を受けることがないが、障害物の形や大きさを識別することは難しく、歩行者のように電波を反射しにくい障害物の検知も難しい。こうした弱点は使用できる周波数の幅(帯域幅)が狭いために生じているため、帯域幅を広く使える**79GHz帯レーダー**も開発されている。79GHz帯では帯域を広く使えるため、歩行者のような小さな対象物も検知できるようになり、100m未満の中短距離では計測の精度も高くなる。ヨーロッパではすでに79GHz帯の使用が可能であり、現在国際的に標準化が進められている。

後側方確認支援システムなどでは**24GHz帯レーダー**も使われている。ミリ波レーダーに分類されることが多いが、厳密には波長が10mmを超えているので**準ミリ波レーダー**とも呼ばれる。短中距離の検知に優れているが、今後はクルマだけでなく歩行者の検知にも優れている79GHz帯レーダーに置き換わっていく可能性が高い。

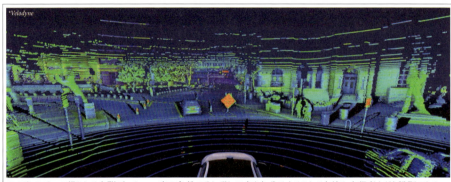

ライダーによって得られる点群データ。一定の条件でそれぞれの点を色分けすることで白線や歩行者なども識別できる。

レーザーレーダーとライダー

レーザーレーダーは、**赤外線レーザーレーダー**や**赤外線レーダー**ということもある。指向性の高い赤外線レーザーの反射を利用して障害物までの距離を検出する。システムがコンパクトで安価だが、距離が検知できる範囲は50m程度だ。悪天候には弱いが、夜間でも距離を測定できる。

いっぽう、**ライダー**は**LiDAR**または**LIDAR**と表記され、略される前の英語を翻訳すると「光による検出と測距」または「レーザーによる画像検出と測距」になるもので、従来の赤外線レーザーレーダーを高機能化したものだといえる。開発された当初は、多数のセンサーを垂直方向に重ね、それを地面に垂直な軸で回転させて周囲360°をスキャンするものが主流だった。得られる情報は**点群データ**といい、カメラの画像のようにも見えるが、すべての点の座標データがあるため、視点をかえることができる。それぞれの点の反射率の違いから白線なども見分けられる。これにより見通し範囲の物体までの距離はもちろん形状も認識できる。夜間でも使用できるが、悪天候の場合は精度が低下する。このように周囲を立体的に認識できるライダーを**3Dライダー**という。また、周囲をスキャンするため**スキャンライダー**や**走査型ライダー**ともいう。現在では機械的な機構をなくした**ソリッドステート式ライダー**が主流になっている。視野角が限定されるため360°全方位の検知は難しいが、複数のライダーを搭載することで全方位検知が可能になる。なお、ライダーをレーザーレーダーと呼ぶこともあるので、注意が必要だ。

自動運転の位置特定技術
Autonomous car localization

安全装置と自動運転 06

カーナビゲーション（カーナビ）でもデジタル地図データとGPSによる**衛星測位**で自車位置を特定しているが、**自動運転の認知プロセス**の**位置特定技術**でも地図データと衛星測位が使われる。ただし、カーナビで使われている地図データは平面的な2次元の地図情報であり情報量も少ない。自動運転では高精度の3次元情報を備えたデジタル地図が必要になる。こうしたデジタル地図を**高精度3次元地図**や**3次元HDマップ**、単に**HDマップ**といい、道路や周囲の建物はもちろん、道幅や車線、勾配、停止線、横断歩道、道路標識などさまざまな情報が数cmの誤差で記録されている。高速道路とその高架下の一般道の識別や立体交差の識別などのために、高さの情報も含まれる。しかし、道路交通状況は刻々と変化するため、実際には自動走行などをサポートするために必要な各種の付加的地図情報を層状に重ねたものが使われる。これを**ダイナミックマップ**という。ダイナミックマップは常に最新のものである必要があるため、**移動通信技術**によって更新が行われる。

いっぽう、衛星からの電波を受信して位置を特定するシステムを**全地球航法衛星システム（GNSS）**という。日本のカーナビではおもにGPSを使用しているが、現状のGPSでは位置特定の誤差が10mを超えることもある。これほど誤差が大きいと自動運転は難しくなる。衛星測位は自動運転ばかりでなくさまざまな産業でも利用できるため、日本では国家戦略として独自の衛星「**みちびき**」の運用している。GPSとみちびきの併用によって位置特定の精度向上する。また、みちびきでは誤差を抑えるサービスも新たに始まっている。さらに、衛星の電波が受信できない場所でも自車位置を特定できるようにするさまざまな技術も開発されている。

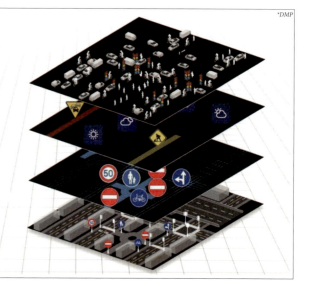

ダイナミックマップ *DMP
高精度3次元地図情報の上に付加的地図情報が層状に重ねられる

動的情報
ITS先読み情報（周辺車両、歩行者、信号情報 など）

準動的情報
事故情報、渋滞情報、狭域気象情報 など

準静的情報
交通規制情報、道路工事情報、広域気象情報 など

静的情報
高精度3次元地図情報

高精度3次元地図の生成

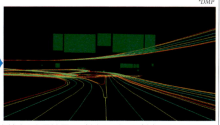

カメラやライダーで収集した3次元の点群データ(左)から高精度3次元地図のベクトルデータ(右)が生成される。

ダイナミックマップ

現在日本で運用されている**ダイナミックマップ**は、更新頻度に応じて静的、準静的、準動的、動的の4層の情報が重ねられている。**静的情報**は、道路や道路上の構造物、車線情報、路面情報、恒久的な規制情報など、1カ月以内の更新頻度が求められる情報で、**高精度3次元地図**が基礎的なデジタル地図データとして使われる。**準静的情報**は、道路工事やイベントなどによる交通規制情報、広域気象予報情報、渋滞予測など、1時間以内での更新頻度が求められる情報が含まれる。**準動的情報**は、1分以内での更新頻度が求められる情報で、渋滞状況や一時的な走行規制、落下物や故障車など一時的な走行障害状況、事故情報、狭域気象情報などが含まれる。**動的情報**は、1秒単位での更新頻度が求められる情報で、交通信号の情報、周囲のクルマの情報、見通せない位置のクルマや歩行者の情報、交差点内歩行者や交差点直進車情報などが含まれる。こうした短期間で更新が必要な情報は**車車間通信**や**路車間通信**で提供される可能性が高い。

高精度3次元地図は自動運転以外にもさまざまに活用できるので社会基盤ともいえる。そのため官民が一体となって設立したダイナミックマッププラットフォーム株式会社(DMP社)が整備を行っている。すでに国内すべての高速道路と自動車専用道路には対応しており、国道についての整備が始まっている。

高精度3次元地図提供路線

全国の高速道路・自動車専用道路と一部の一般道
上下線合計約35000km(2024年4月1日時点)

高精度3次元地図のデータ

区画線や道路標識など現実世界に存在する物のデータによって自己位置推定の精度向上などをサポートする。

地図データには自動運転をサポートするために車線中心線など現実世界に存在しないデータも含まれる。

みちびきは、8の字を描く準天頂軌道上の3機と、赤道上空の静止軌道上の1機の合計4機が運用されている。東京付近から1機の準天頂軌道の衛星を見た場合、仰角70度以上には8時間、仰角50度以上には12時間、仰角20度以上では16時間留まる。

衛星測位

全地球航法衛星システム（**GNSS**）による**衛星測位**ではアメリカが運用する**GPS**が日本では有名だが、ほかにもEUの**Galileo**、ロシアの**GLONASS**、中国の**BeiDou**（北斗）といったものがある。GNSSでは衛星からの電波を受信して位置を特定するが、そのためには4機の衛星からの電波を受信する必要があり、高精度の測位では8機以上が望ましいとされる。現在、約30機のGPS衛星が運用されているが、日本では理想的に空がひらけていても6機からしか受信できないこともある。さらに、日本は山地が多く人の住んでいる地域にも山が近いうえ、都市部にはビルが建ち並ぶため、低仰角（見上げた時の水平面からの角度が小さい）にある衛星の電波が受信できないことも多い。また、都市部ではビルでの反射によって電波の到達に遅れが生じることで位置特定の精度が低下することもある。

GPS以外のGNSSの電波も受信できるようにすることで受信できる衛星の数を増やす**マルチGNSS**技術というものもあるが、やはり低仰角にある衛星の電波は受信できない。そのため、日本では独自の**準天頂衛星**「**みちびき**」の配備を進めている。みちびきはGPSと互換性をもつ衛星だ。日本のほぼ真上に滞在する時間が長い軌道に、4機の衛星が打ち上げられている。これにより、少なくとも1機以上のみちびきが常に仰

GPSだけだと受信できる衛星の数が少ない。

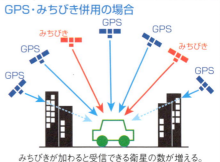

みちびきが加わると受信できる衛星の数が増える。

角70度以上の天頂付近に位置することになる。結果、受信できる衛星の数が増える。さらに、高仰角になるとビルなどの反射の影響も受けにくくなるため、位置特定の精度が向上する。

また、GNSSでは上空の電離層を通過する際に電波の速度が遅くなって誤差が生じる。みちびきではこの誤差を抑えるために**サブメータ級測位補強サービス**（SLAS）の運用も開始されている。基準局が電離圏誤差を抽出し、誤差を抑えるための補強データをみちびきに配信する。この補強データを処理できる受信機を使えば、誤差を1m以下に抑えることできる。

デッドレコニングとSLAM

GNSSの電波が受信できない場所でも測位を継続する技術を**デッドレコニング**といい、現在のカーナビでは**自律航法**システムが使われているが、自動運転でも使われる可能性が高い。自律航法は**推測航法**ともいい、**車輪速センサー**や**加速度センサー**（Gセンサー）、**ジャイロセンサー**などの情報から、どの方向にどれだけの距離進んだかによって地図上の位置を特定する。ただし、移動距離が長くなるほど誤差が積み重なって精度が落ちていく。

デッドレコニングには自律航法以外にも、**高精度3次元地図**上のデータとセンシングシステムから得られたデータを照合して自車位置を確認する方法や、位置の特定と地図作成を同時に行う**SLAM**技術がある。SLAMは略される前の英語を翻訳すると「位置推定と地図作成の同時実行」になる。産業用ロボットなどにも使われている技術で、たとえば掃除ロボットは走行しながら地図を作って自己位置を特定し、完成した地図を使って全面をくまなく掃除する。自動運転の場合は、センシングシステムの情報から自車周辺の地図を作ることができ、その地図上の自車位置を特定できる。ライダーの情報によって地図を作成するものを**ライダーSLAM**（LiDAR SLAM）、カメラの情報によって地図を作成するものを**ビジュアルSLAM**（Visual SLAM）という。さらに、SLAMで得られた地図と高精度3次元地図を照合すれば自車の位置特定の精度が高まる。

将来的には高精度3次元地図が整備されていない道路ではSLAM技術で走行する可能性がある。同時にSLAMで得られた地図データを自動運転車が発信すれば、さまざまなクルマからのデータの蓄積によって高精度な地図データが整っていくことになる。

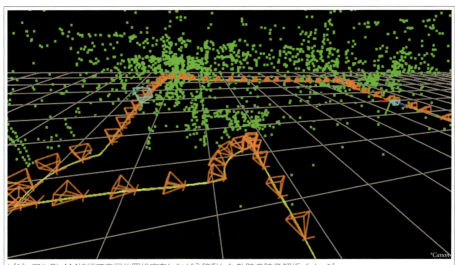

ビジュアルSLAM技術で自己位置推定をしながら移動した軌跡の映像解析イメージ。

安全装置と自動運転

Prospects for autonomous driving
07 自動運転の展望

　高速道路や自動車専用道路に限られるとしても、**レベル2.5**ともいわれる**ハンズフリー**が実現された**同一車線連続走行支援システム**に**車線変更支援システム**が備わっていれば、ドライバーの満足度はかなり高い。**アイズフリー**も実現された**レベル3**であれば、さらに運転が楽になるが、そのシステムにどれだけの費用を払うかは人それぞれだ。レベル4になると、事故の際の責任問題といったことも生じてくるため、当面、一般向けの乗用車ではレベル3が主流になる可能性が高い。

　いっぽうで、公共交通機関であるバスやタクシー、物流業界のトラックではドライバー不足が深刻なため、**レベル4**の**自動運転**への期待が大きい。バスであればルートは定まっているし、タクシーもエリアを限定しての運用は難しくない。**遠隔操作型レベル3**で運行するという考え方もあるが、複数の無人車両からの同時多発的な**テイクオーバーリクエスト**に対応することは難しいため、車両台数と同じだけのオペレーターが必要になる。やはりレベル4の自動運転が必要になる。実際、海外ではレベル4タクシーの運用が一部で始まっている。

　大型トラックでは高速道路の**隊列走行**が望まれる。レベル2や3による隊列走行も考えられるが、この場合は2台目以降にもドライバーが必要になる。やはり、レベル4で2台目以降は**無人運転**にする必要があるため乗用車より先にレベル4が実用化される可能性が高い。

　このようにレベル4の幅広い実用化には近づいているといえるが、**レベル5**へのハードルはかなり高い。すべての道路について**高精度3次元地図**の整備し更新していくことは難しいため、可能な限りセンシングシステムとAIで自動運転を行うことになると推定される。しかし、一般向けの生成AIが誕生すると、すぐさま多くの人が使うようになり、性能は日々向上しているように、AIの進化のスピードはすさまじい。レベル5の実用化も夢ではなくなっている。なお、本書では自動運転の技術面だけを説明してきたが、自動運転は技術だけでは実用化できない。責任の所在や、道交法との兼ね合い、免許制度など法律面の整備も欠かせないし、トロッコ問題で説明されることが多い倫理面での検討も必要だ。なにより、社会が無人運転車を受け入れてくれる土壌作りも重要になる。

レベル3の自動運転を搭載した世界初の市販車、ホンダ・レジェンドのセンシングシステムは5台のライダー、5台のレーダー、2台のカメラ、12台の超音波ソナーで構成される（写真ではソナーは省略）。

*Honda

ダイムラーとボッシュが描いた近未来の自動運転の姿。①スマートフォンから指示を与えると、②駐車場所から無人走行で、③迎えにくる。移動は自動運転でも自分で操作してもいい。④目的地に到着後、クルマは駐車場所に無人で向かう。カーシェアであればもっとも近い場所にいる自動運転車が迎えにくるので待ち時間は短い。

　レベル5の自動運転が実現して普及すれば、交通事故が減少するのはもちろんのこと、クルマのあり方や社会にも大きな影響を与える。運転から解放されることで移動中に仕事をしたり仮眠したり、時間を有効に使うことができるようになる。クルマの流れがスムーズになり渋滞も起こりにくくなるので、交通の効率が高まる。安全性が高まるので法定速度を上げることでも交通の効率が高まる。結果、人間が使うことができる時間が増え、エネルギーの無駄がなくなる。物流コストを抑えることも可能だ。

　そもそもクルマは所有するものではなくなり、カーシェアやタクシーというサービスにかわる可能性が高い。タクシーに付加価値をつけて、移動中にさまざまなサービスを受けられるかもしれない。高齢者でも外出しやすくなり、過疎地でも無人バスなら走らせることができる。クルマを所有することは贅沢になり、ましてや自分で運転することは趣味の世界になる。人間が公道を運転すること自体、認められなくなるかもしれない。

↑アメリカでは商業利用が始まっているレベル4の自動運転タクシー。ロボタクシーとも呼ばれる。当初はセーフティドライバーが同乗していたが、現在はドライバーレスの運行もある。ルーフ上には360°をカバーするライダーを備えている。

↑大型トラックによる隊列走行の実証試験。レベル4の自動運転によって2台目以降のドライバーレスが可能になれば、ドライバー不足解消に貢献する。2台目以降のドライバーはインターチェンジ近くのSAやPAで乗り降りすることになる。

索引

表示のページ数はおもに本文を対象とし、頻出用語は重要なページのみを抽出。左右ページに用語がある場合は左ページのみを記載。
並び順は、〈記号〉→〈数字〉→〈英字アルファベット〉→〈かな〉の順を採用。

数字

1ピース構造 ・・・・・・・・・ 330
1ピースホイール ・・・・・・・ 330
1モーター 2クラッチ式HEV ・・・・ 252
1モーター 2クラッチ式ハイブリッド ・・ 252
1モーター式ハイブリッド ・・・・ 252
1モーター直結式ハイブリッド ・ 252, 264, 266
1レンジ ・・・・・・・・・・ 185
2WD ・・・・・・・・・・ 32, 218
2ウェイターボチャージャー ・・・ 124
2極機 ・・・・・・・・・・・ 46
2サイクルエンジン ・・・・・・ 10
2ステージターボチャージャー ・・ 124
2ストロークエンジン ・・・・・ 10
2段減速式タイミングチェーン ・・ 97
2段変速式アクスル ・・・・・・ 235
2バルブ式 ・・・・・・・・ 89, 94
2ピース構造 ・・・・・・・・ 330
2ピースホイール ・・・・・・・ 330
2ペダルMT ・・・・・ 167, 170, 195
2ホールインジェクター ・・・ 130, 132
2モーター式ハイブリッド ・・・ 250, 256
2葉ローター ・・・・・・・・ 126
2輪駆動 ・・・・・・・・ 32, 218
2レンジ ・・・・・・・・・・ 185
3Dライダー ・・・・・・・・ 349
3次元HDマップ ・・・・・・・ 350
3点式シートベルト ・・・・・・ 334
3ピース構造 ・・・・・・・・ 330
3ピースホイール ・・・・・・・ 330
3リンク式サスペンション ・・・・ 312
4×4 ・・・・・・・・・・ 218
4WD ・・・・・・・・ 32, 218, 232
4WDトランスアクスル ・・・・・ 221
4WDトランスファー ・・・・・・ 221
4WS ・・・・・・・・・・ 268, 278
4カム ・・・・・・・・・・・ 96
4極機 ・・・・・・・・・・・ 46
4行程 ・・・・・・・・・ 10, 12
4サイクルエンジン ・・・・・ 10, 12
4ストロークエンジン ・・・・・ 10
4バルブ式 ・・・・・・ 88, 95, 96
4葉ローター ・・・・・・・・ 126
4リンク式サスペンション ・・・・ 312
4輪駆動 ・・・・・・・・ 32, 218
4輪操舵システム ・・・・・ 268, 278
5G ・・・・・・・・・・・ 347
5バルブ式 ・・・・・・・・・ 89
5リンク式サスペンション ・・・・ 312
6G ・・・・・・・・・・・ 347
12V仕様 ・・・・・・ 157, 161, 265
12V電装 ・・・・・・・・・ 157
12Vマイルドハイブリッド ・・ 249, 264
24GHz帯レーダー ・・・・・・ 349
24Vマイルドハイブリッド ・・・・ 265
48V仕様 ・・・・ 157, 161, 265, 266
48V電装 ・・・・・・・・・ 157
48Vフルハイブリッド ・・・・・ 266
48Vマイルドハイブリッド ・ 161, 249, 264, 266
77GHz帯レーダー ・・・・・・ 349
79GHz帯レーダー ・・・・・・ 349
120度通電 ・・・・・・・・・ 55
400V仕様 ・・・・・・・・・ 236
800V仕様 ・・・・・ 236, 238, 243

A・B・C

A/F ・・・・・・・・・・・ 18
A/Fセンサー ・・・・・・ 113, 139
ABS ・・・・・・・ 280, 292, 334
ABS-ECU ・・・・・・・・ 293
ABSアクチュエーター ・・・・・ 293
AC ・・・・・・・・・・・ 41
AC-ACコンバーター ・・・・・ 70
ACC ・・・・・・・・・・ 338
AC-DCコンバーター ・・・ 70, 72, 238
AD ・・・・・・・・・ 334, 344
ADAS ・・・・・・・・ 334, 336
ADAS-ECU ・・・・・・・ 336
AdBlue ・・・・・・・・・ 115
AEBS ・・・・・・・・・ 337
AGMバッテリー ・・・・・・・ 159
AGS ・・・・・・・・・・ 195
AI ・・・・・・・・・・・ 346
AMT ・・・・・ 167, 168, 194, 196
AMT-ECU ・・・・・・・・ 194
AT ・・・・・・・ 166, 168, 182
AT-ECU ・・・・・・・・ 185
AWD ・・・・・・ 32, 218, 232
BeiDou ・・・・・・・・・ 352
BEV ・・・・・・・・ 230, 232
Beyond 5G ・・・・・・・・ 347
BMS ・・・・・・・・・・ 236
BSG ・・・・・ 160, 162, 249, 264
BSM ・・・・・・・・・・ 340
Bレンジ ・・・・・・・・・ 193
C-EPS ・・・・・・・・・ 272
CFRP ・・・・・・・ 212, 246
CHAdeMO ・・・・・・・・ 242
ChaoJi ・・・・・・・・・ 242
CNG ・・・・・・・・・ 10, 30
CNG自動車 ・・・・・・・・ 30
CN燃料 ・・・・・・・・・ 30
CO ・・・・・・・・・・・ 112
CO₂ ・・・・・・・・・・ 112
CVJ ・・・・・・・・・・ 215
CVT ・・・・・・・ 166, 188, 190
CVT-ECU ・・・・・・・・ 191
CVジョイント ・・・・・・・ 215

D・E・F

DC ・・・・・・・・・・・ 40
DC-DCコンバーター ・・・・ 70, 72, 238
DCT ・・・・・・・ 167, 168, 196
DCT-ECU ・・・・・・・・ 198
DCモーター ・・・・・・・・ 52
DD-EPS ・・・・・・・・・ 274
DHT ・・・・・・・・・・ 167
DI ・・・・・・・・・ 19, 134
DOHC式 ・・・・・・・ 94, 96
DP-EPS ・・・・・・・・・ 275
DPF ・・・・・・・・ 112, 114
DSRC ・・・・・・・・・ 347
Dレンジ ・・・・・・・ 185, 193
e-4ORCE ・・・・・・・・ 261
e-Axle ・・・・・・・・・ 232
e-BOXER ・・・・・・・・ 255
E-Four ・・・・・・・・・ 260
E-Four Advanced ・・・・・・ 260
e-fuel ・・・・・・・・・・ 30

G・H・I

e-POWER ・・・・・・・・ 251
e：HEV ・・・・・・・ 256, 258
e-SKYACTIV R-EV ・・・・ 251, 263
eAxle ・・・・・ 57, 232, 234
EBD ・・・・・・・・・・ 294
EBD付ABS ・・・・・・・・ 295
ECB ・・・・・・・・・・ 299
ECU ・・・・・・・・・・ 138
eDrive System ・・・・・・ 234
EGR ・・・・・・・・・・ 116
EGRクーラー ・・・・・・・ 117
EGRバルブ ・・・・・・・・ 116
ELR式シートベルト ・・・・・ 334
ePowertrain ・・・・・・・ 234
EPS ・・・・・・・・・・ 272
EPS-ECU ・・・・・・・・ 273
ESC ・・・・・ 280, 294, 297, 334
ETC ・・・・・・・・・・ 347
E-TECH ・・・・・・・ 256, 259
EV ・・・・・・・・・・ 230
EV-ECU ・・・・・・・・・ 238
EV走行 ・・・・・・・・・ 248
eアクスル ・・・・・ 57, 58, 232, 234, 238, 244, 246, 249, 250, 260
eドライブシステム ・・・・・・ 234
eパワートレイン ・・・・・・・ 234
FC ・・・・・・・・・・・ 69
FCEV ・・・・・・・・ 230, 244
FCTA ・・・・・・・・・ 341
FCV ・・・・・・・・・・ 230
FCスタック ・・・・・・ 69, 244
FCモジュール ・・・・・ 245, 246
FF ・・・・・・・・・・・ 32
FR ・・・・・・・・・・・ 32
FT反応 ・・・・・・・・・・ 31
FWD ・・・・・・・・ 32, 232

G・H・I

Galileo ・・・・・・・・・ 352
GLONASS ・・・・・・・・ 352
GNSS ・・・・・・・ 350, 352
GPF ・・・・・・・・ 112, 114
GPF触媒 ・・・・・・・・・ 114
GPS ・・・・・・・ 346, 350, 352
Gセンサー ・・・・ 293, 318, 335, 353
H₂O ・・・・・・・・・・ 112
HC ・・・・・・・・・・・ 112
HCCI ・・・・・・・・・・ 20
HDマップ ・・・・・・・・・ 350
HEV ・・・・・・・・ 230, 248
HLA ・・・・・・・・・・ 92
HV ・・・・・・・・・・ 230
ICレギュレーター ・・・・・・ 160
IGBT ・・・・・・ 70, 74, 238
IPM型複合ローター ・・・・・・ 49
IPM型ローター ・・・・・・・ 48
ISG ・・・・・・・・ 264, 266
ITS ・・・・・・・・・・ 334

L・M・N

LCA ・・・・・・・・ 338, 339
LDW ・・・・・・・・・・ 338
LFP系 ・・・・・・・・ 66, 236
LiDAR ・・・・・・・・・ 348
LiDAR SLAM ・・・・・・・ 353

LKA ・・・・・・・ 338	VICS ・・・・・・ 347	アルミニム線 ・・・・ 157

LKA ・・・・・・・ 338
LLC ・・・・・・ 150
LPG ・・・・・・ 10, 30
LPG自動車 ・・・・・ 30
LSD ・・ 206, 208, 218, 220, 223, 296
L型 ・・・・・・・ 77
Lレンジ ・・・・ 185, 193
MFバッテリー ・・・・ 159
MIVEC ・・・・・・ 102
MOSFET ・・・・ 70, 74
MR ・・・・・・ 32
MT ・・・・ 166, 168, 170
Multiair ・・・・・ 103
N_2 ・・・・・・ 112
NAエンジン ・・・・ 23
NCA系 ・・・・・ 66
NMC系 ・・・・ 66, 236
NO_x ・・・・・・ 112
NO_x後処理装置 ・・・ 112, 115
NO_x吸蔵触媒 ・・・・ 115
NO_xトラップ触媒 ・・・ 115
Nレンジ ・・・・ 185, 193

O・P・R・S

O_2センサー ・・・ 113, 139
OD ・・・・・・ 168
ODオフスイッチ ・・・ 185
OHC式 ・・・・・ 94
OHV式 ・・・・・ 94
PCD ・・・・・・ 332
PCI ・・・・・・ 21
PCU ・・・・ 232, 244
P-EPS ・・・・・ 273
PEV ・・・・・・ 230
PFI ・・・・・ 19, 132
PHEV ・・・ 231, 248, 262
PM ・・・・・ 112, 114
PTCヒーター ・・・・ 160
PWM方式 ・・・ 71, 164
Pレンジ ・・・・ 185, 193
RCTA ・・・・・・ 341
REEV ・・・・・・ 231
RFT ・・・・・・ 328
RR ・・・・・・ 32
RWD ・・・・ 32, 232
Rレンジ ・・・・ 185, 193
SiC ・・・・・ 74, 238
SiC-MOSFET ・・・ 74, 238
SLAM ・・・・・・ 353
SLAS ・・・・・・ 353
SOHC式 ・・・・・ 94
SPCCI ・・・・・ 21
SPM型ローター ・・・ 48
Sレンジ ・・・・・ 193

T・V・X・Y

TC ・・・・ 280, 294, 296, 334
TCL ・・・・・・ 296
TCS ・・・・・・ 296
THSII ・・・・・ 257
TRC ・・・・・・ 296
Tタイプ応急用タイヤ ・・・ 328
V2I ・・・・・・ 347
V2N ・・・・・・ 347
V2P ・・・・・・ 347
V2V ・・・・・・ 347
V2X ・・・・・・ 347
VALVEMATIC ・・・・ 102
Valvetronic ・・・・ 102
VCターボ ・・・・・ 87
VGターボチャージャー ・・ 123

VICS ・・・・・・ 347
Visual SLAM ・・・・ 353
VTEC ・・・・・・ 100
Vtol ・・・・・・ 347
VtoN ・・・・・・ 347
VtoP ・・・・・・ 347
VtoV ・・・・・・ 347
VtoX ・・・・・・ 347
VVEL ・・・・・・ 102
VVL ・・・・・・ 98
VVT ・・・・・・ 98
VVTL ・・・・・・ 98
VVVFインバーター ・・・ 74
V角 ・・・・・・ 77
V型 ・・・・・ 76, 78
Vリブベルト ・・・・ 86
xEV ・・・・・・ 230
X字型系統式 ・・・・ 281
Y字ロッカーアーム ・・ 91

あ

アイズオフ ・・・・・ 344
アイズフリー ・・・・ 344
アイドリング ・・・・ 14
アイドリング回転数 ・・・ 14
アイドリングストップ ・・ 158, 162
アイドリングストップ対応スターターモーター
・・・・・・・・・ 162
アウターシェル ・・・・ 309
アウタープレート ・・・ 223
アウターレース ・・・ 215, 216
アウターローター型モーター ・・ 45
青信号お知らせ ・・・・ 343
アキュムレーター ・・ 103, 136, 290
アクスルビーム式サスペンション ・ 313
アクセルペダル ・・・ 106, 139
アクセルポジションセンサー ・・ 107, 139
アクティブ4WS ・・・・ 278
アクティブLSD ・・・・ 210
アクティブオンデマンド式4WD ・・ 226
アクティブサスペンション ・・ 318
アクティブセーフティ ・・・ 334
アクティブディファレンシャル ・・ 210
アクティブデフ ・・・・ 210
アクティブトルクスプリット式4WD ・ 218, 226
アクティブプレチャンバー ・・ 21, 143
アシストピニオン ・・・ 275
アシストラック ・・・・ 275
足踏み式パーキングブレーキ ・・ 300
アスペクトレシオ ・・・ 326
アダプティブクルーズコントロール ・ 338
アダプティブドライビングビーム ・・ 342
アダプティブハイビーム ・・ 342
圧縮行程 ・・・・ 11, 12
圧縮着火 ・・・・・ 20
圧縮天然ガス ・・・ 10, 30
圧縮比 ・・・・ 24, 28
圧電素子 ・・・・・ 131
アッパーアーム ・・・・ 316
アッパーバルブスプリングシート ・・ 89
アッパーラジエターホース ・・ 152
アトキンソンサイクル ・・・ 28
アドバンスドエマージェンシーブレーキングシス
テム ・・・・・・・ 337
アドブルー ・・・・・ 115
アフターグロー ・・・・ 164
アフター噴射 ・・・・ 19
アラウンドモニター ・・・ 336
アラゴの円板 ・・・・ 50
アルミ製プロペラシャフト ・・ 212

アルミニム線 ・・・・ 157
アルミホイール ・・・・ 330
アンカーピン型 ・・・・ 287
アンカーフローティング型 ・・・ 287
アンシメトリックLSD ・・ 208
アンダーステア ・・・ 210, 297
アンチノック性 ・・・・ 25
アンチロールバー ・・ 317, 318
アンチロックブレーキシステム ・・ 292
アンモニア ・・・・・ 115

い

イオン交換膜 ・・・ 69, 245
イグナイター ・・・・ 141
イグニッションコイル ・・ 140
イグニッションシステム ・・ 140, 142
異径入れ子配置 ・・・・ 197
位相 ・・・・・・ 41
位相式VVT ・・・・ 99
位相式可変バルブタイミングシステム
・・・・・・・ 98, 100
板ばね ・・・・・ 307
一次コイル ・・・・ 45, 141
一次電池 ・・・・・ 62
位置特定技術 ・・・ 346, 350
一酸化炭素 ・・・ 112, 114
一体型シリンダーライナー ・・・ 79
移動通信技術 ・・・ 346, 350
イナーシャロック式シンクロメッシュ機構 ・ 177
イリジウムプラグ ・・・ 142
インジェクションポンプ ・・ 134
インジェクター ・・ 11, 12, 76, 80, 128, 130, 132, 134, 136
インタークーラー ・・ 23, 119
インターミディエイトシャフト ・・ 213, 269
インダクションモーター ・・ 50
インタンク式フューエルポンプ ・ 129
インチアップ ・・・・ 333
インディペンデントアクスル ・・ 305
インディペンデントアクスル式サスペンション
・・・・・・・・ 305
インディペンデントサスペンション ・ 305
インテークカムシャフト ・・・ 96
インテークシステム ・・・ 104
インテークバルブ ・・・ 88
インテークポート ・・・ 81
インテークマニホールド ・・ 105
インテークマニホールドガスケット ・・ 105
インナーシェル ・・・・ 309
インナープレート ・・・ 223
インナーライナー ・・ 246, 322, 327
インナーレース ・・・ 215, 216
インナーローター型モーター ・・ 45
インバーター ・・ 70, 73, 74, 238, 244
インパルスパワー ・・・ 179
インフレーター ・・・ 335
インペラー ・・・・ 178, 180
インペラー式ポンプ ・・・ 151
インホイールタイプ ・・・ 316
インラインバイパス式 ・・ 155

う

ウィッシュボーン式サスペンション ・・ 316
ウインタータイヤ ・・・ 325
ウエイストゲートバルブ ・・ 122
ウェットサンプ ・・・・ 144
ウェットライナー ・・・ 79
ウェル ・・・・・ 332
ウォーターアウトレット ・・ 152
ウォーターインレット ・・ 152
ウォーターギャラリー ・・ 150

ウォータージャケット・・・・・79, 150
ウォーターポンプ・・・・・・・150
ウォームギア・・・・・・・・35
ウォームギア式LSD・・・・・209
ウォームホイール・・・・・・35
ウォールガイデッド・・・・・20
ウォールフロー型DPF・・・・114
後引き・・・・・・・268
渦電流・・・・・44, 50, 59
渦電流損・・・・・・59
渦巻きポンプ・・・・・151
内歯歯車・・・・・34, 36
埋込磁石型ローター・・・・48
運転支援・・・・・・344
運転席エアバッグ・・・・335
運動エネルギー
　・・・16, 34, 45, 58, 68, 280, 308

え

エアクリーナー・・・・・104
エアクリーナーエレメント・・・104
エアコンプレッサー・・・・245
エアスプリング・・306, 318, 320, 323
エアダクト・・・・・・104
エアバッグ・・・・・334
エアバッグECU・・・・335
エアフューエルレシオ・・・18
エアフローセンサー・・・107, 139
エアレスタイヤ・・・・329
永久磁石・・・・・42
永久磁石型直流整流子モーター・・52
永久磁石型同期発電機・・・160
永久磁石型同期モーター・・46, 48, 60
衛星測位・・・346, 350, 352
液化石油ガス・・・・10, 30
液式バッテリー・・・・159
エキセントリックシャフト・・・13
エキゾーストカムシャフト・・・96
エキゾーストシステム・・・108
エキゾーストノイズ・・・・110
エキゾーストノート・・・・110
エキゾーストパイプ・・・・108
エキゾーストバルブ・・・・88
エキゾーストポート・・・・81
エキゾーストマニホールド・・・109
エキゾーストマニホールドガスケット・・109
エキゾーストマフラー・・・・110
液体水素・・・・・246
エネルギー回生・・・58, 125, 160, 264
エネルギー保存の法則・・・・16
エネルギー密度・・・・62, 64
エネルギー容量・・・・64
エレクトロニックコントロールユニット・・138
遠隔操作型レベル3・・・345
エンジン・・・・・10
エンジンECU・・・・138
エンジン入口側制御式・・・154
エンジンオイル・・79, 80, 144, 146, 148
エンジンオイルポンプ・・・148
エンジン回転数・・・・14
エンジンカバー・・・・80
エンジンコントロールユニット・・138
エンジン走行・・・・248
エンジン直下コンバーター・・・113
エンジン直結クラッチ付シリーズ式ハイブリッド
　・・・258
エンジン出口側制御式・・・154
エンジン電装品・・・156
エンジン補機・・・・45
エンジン本体・・・13, 76
円錐ころ軸受・・・・217

円筒型・・・・・65, 236

お

オイルギャラリー・・・79, 144
オイルクーラー・・・144, 147
オイルサクションポンプ・・・148
オイルジェット・・・・148
オイルスカベンジポンプ・・・145, 148
オイルストレーナー・・・144, 146
オイルパン・・・76, 144, 146
オイルフィードポンプ・・・148
オイルフィルター・・・144, 146
オイルフィルターエレメント・・146
オイルプレッシャーポンプ・・・148
オイルプレッシャーレギュレーター・・148
オイルポンプ・・・・・144, 146, 148,
　　　　　　　　　　185, 191, 199
オイルリザーバータンク・・・145
オイルリング・・・・83
オートギアシフト・・・195
オートマチックトランスミッション・・166, 182
オートメーテッドMT・・・167, 194
オートメーテッドマニュアルトランスミッション
　・・・194
オーバーオールステアリングギアレシオ・・276
オーバークール・・・150
オーバーステア・・・210, 297
オーバードライブ・・・168, 191
オーバーヒート・・・150
オーバーフローホース・・・155
オーバーヘッドカムシャフト式・・・94
オーバーヘッドバルブ式・・・94
オーバーラップ・・・・26
オーバーランニングクラッチ・・・163
オーバーレイヤー・・・322
オープンデッキ・・・・79
オールシーズンタイヤ・・・325
オクタン価・・・・25
遅閉じミラーサイクル・・・28
オリフィス・・・308, 310
オルタネーター・・46, 156, 158, 160, 264
オンデマンド式4WD・・・222, 226
オンデマンド式電動ブレーキブースター
　・・・291

か

カーカスコード・・・320, 322
加圧式冷却・・・・154
カーテンシールドエアバッグ・・・335
カーナビゲーション・・・350
カーボンセラミックディスクブレーキ・・・283
カーボンニュートラル・・・30
カーボンニュートラル燃料・・・30
カーボンブラック・・・320
改質器・・・・・69
回生協調ブレーキ・・・238, 280, 298
回生制動・・・59, 70, 232, 238,
　　　　　244, 248, 280, 298
回生ブレーキ・・・・59
外接式ギアポンプ・・・148
回転型モーター・・・・45
外転型モーター・・・・45
回転差感応型LSD・・・206
回転差感応型トルク伝達装置・・・222
回転子・・・・・45
回転磁界・・・・・46
回転数・・・14, 45, 46, 56
回転方向指定パターン・・・324
外部EGR・・・116
火炎伝播・・・・18
化学エネルギー・・・16, 62, 68

化学電池・・・・・62
過給・・・・・23, 118
過給圧・・・120, 122
過給圧制御・・・120, 122
過給エンジン・・・・23
過給機・・・13, 22, 118, 120, 126
過給ダウンサイジング・・・23
角型・・・・・65, 236
かご型誘導モーター・・・50, 61
かご型ローター・・・・50
傘歯歯車・・・・・35
下死点・・・・・10, 22
荷重指数・・・・326
過充電・・・64, 237
架線集電式電気自動車・・・231
画像認識・・・346, 348
加速度センサー・・293, 335, 353
ガソリン・・・10, 18, 25, 30
ガソリンエンジン・・10, 18, 20, 24, 112, 128
ガソリンタンク・・・128
ガソリンパティキュレートフィルター・・114
片押し型キャリパー・・・284
滑車・・・・・37
滑走モード・・・・253
活物質・・・63, 65, 66
カップリングポイント・・・180
カップリングレンジ・・・180
カップルドビーム式サスペンション・・313
可動側プーリー・・・190
可撓梁懸架式サスペンション・・313
可動ベーン・・・・123
可変圧縮比エンジン・・・24, 87
可変インテークシステム・・・118
可変ギアレシオステアリングシステム・・276
可変吸気システム・・・104, 118
可変ジオメトリーターボチャージャー・・123
可変式マフラー・・・110
可変速運転・・・・70
可変電圧可変周波数電源・・・74
可変ノズルターボチャージャー・・123
可変配光式ヘッドランプ・・・342
可変バルブシステム・・・22, 26, 98, 100
可変バルブタイミング&リフトシステム・・98
可変バルブタイミングシステム・・26, 98, 100
可変バルブリフトシステム・・26, 98, 102
可変溝幅プーリー・・・190, 192
可変容量オイルポンプ・・・148
可変容量ターボ・・・123
可変容量ターボチャージャー・・123
過放電・・・・237
噛み合いクラッチ・・・39
カム・・・・・90
カム間ギア駆動・・・97
カム間チェーン駆動・・・97
カムジャーナル・・・・97
カムシャフト・・・90, 92, 94, 96
カムシャフトタイミングスプロケット・・・93, 97
カムシャフトタイミングプーリー・・・93, 97
カムスライド式可変バルブシステム・・・101
カムノーズ・・・・90
カムフェーザー・・・・99
カムフォロワー・・・・91
カムプロフィール・・・・90
カムポジションセンサー・・・139
カムリフト・・・・90
カムロブ・・・・92
カメラ・・・・・348
ガラスマットバッテリー・・・159
渦流・・・80, 134
渦流室・・・・・18
加硫成型・・・320

カルシウムバッテリー ・・・・・・・159
カルダンジョイント・・・・・212, 214, 269
間欠給電式電気自動車・・・・・・・231
乾式エアクリーナー・・・・・・・・104
乾式クラッチ ・・・・・・・・・・38
乾式多板クラッチ ・・・・・・・・38
乾式単板クラッチ ・・・・・・・・38
乾式ライナー・・・・・・・・・・・79
緩衝作用・・・・・・・・・・・・・145
慣性・・・・・14, 26, 89, 91, 94, 295, 330
慣性過給・・・・・・・・・・・・・118
慣性走行・・・・・・・・・・・・・253
慣性モーメント・・・・ 12, 86, 273, 274, 278
間接式タイヤ空気圧モニタリングシステ ・328
間接噴射式・・・・・・・・・・・・18

き

ギア比・・・・・・・・・・・・・・35
ギアレシオ ・・・・・・・・・・・35
ギアレシオカバレッジ・・・・・・・168
キー式シンクロメッシュ機構・・・・177
機械式クラッチ・・・・・・・170, 172
機械式スーパーチャージャー・・・・118
機械式スロットルシステム・・・・・106
機械式パーキングブレーキ・・・・・300
機械式ハイブリッド自動車・・・・・231
機械式ブレーキ・・・・・・・280, 300
機械式ブレーキアシスト・・・・・・288
機械損・・・・・・・・・・・・58, 240
機械抵抗損失・・・・・・・・・・・17
機械的な損失・・・・・・・・・16, 23
擬似サイン波・・・・・・・・・73, 74
擬似正弦波・・・・・・・・・・・・73
希少金属・・・・・・・・・・・・・66
気体燃料・・・・・・・・・・・・・30
キックバック・・・・・・・・・・・273
気筒当たり排気量・・・・・・・・・22
気筒休止エンジン ・・ 22, 26, 98, 100, 102
希土類・・・・・・・・・・・・・・42
希土類磁石・・・・・・・・・・・・42
希薄燃焼・・・・・・・・・・18, 20
気密作用・・・・・・・・・・・・・145
逆位相操舵・・・・・・・・・・・・278
キャタライザー・・・・・・・・・・113
キャタリティックコンバーター・・・113
キャパシター・・・・・・・・・・・41
キャビティ・・・・・・・・・・・・82
キャリパー・・・・・・・・・282, 284
吸音式消音・・・・・・・・・・・・110
吸気温センサー・・・・・・・・・・139
吸気カムシャフト・・・・・・・・・96
吸気行程・・・・・・・・・・・11, 12
吸気システム ・・・・・・104, 116, 118
吸気装置・・・・・・・・・・・13, 104
吸気バルブ ・・・・10, 26, 80, 88, 90
吸気ポート ・・・・・10, 19, 76, 80, 132
吸気マニホールド ・・・・・・81, 104
吸気量センサー・・・・・・・・・・139
急速充電・・・・・・・・・・・・・242
急速充電器・・・・・・・・・・・・242
急速充電口・・・・・・・・・・・・242
給電・・・・・・・・・・・・230, 242
吸入負圧・・・・・・・・・・・16, 289
吸排気バルブ・・・・・11, 12, 88, 94
球面座・・・・・・・・・・・・・・333
球面ナット座・・・・・・・・・・・333
強磁性体・・・・・・・・・・・・・42
共振作用・・・・・・・・・・・・・243
強制通風・・・・・・・・・・・・・152
協調制御・・・・・・・・・・・・・138
共鳴過給・・・・・・・・・・・・・118

共鳴式消音・・・・・・・・・・・・110
切り替え式可変バルブシステム・・ 98, 100
希硫酸・・・・・・・・・・・・・・158
緊急時ロック式巻き取り装置・・・・334
緊急操舵支援システム・・・・・・・337
均質燃焼・・・・・・・・・18, 20, 132
均質予混合圧縮着火・・・・・・・・20

く

空気圧式ウエイストゲート・・・・・122
空気圧縮機・・・・・・・・・・・・245
空気入りゴムタイヤ ・・・320, 328, 330
空気極・・・・・・・・・・・・・・69
空気抵抗・・・・・・・・・・・・・14
空気ばね・・・・・・・・・・・・・307
空走モード・・・・・・・・・・・・253
空燃比・・・・・・・・・・・・18, 20
空燃比センサー・・・・・・・・113, 139
クーラント・・・・・・・・・・・・150
クーリングシステム・・・・・・・・150
クーリングファン・・・・・・・・・152
クールEGR・・・・・・・・・・・117
クールドEGR・・・・・・・・・・117
空冷式・・・・・・・・・・・150, 240
空冷式インタークーラー・・・・・・119
空冷式オイルクーラー・・・・・・・147
矩形波・・・・・・・・・・・・40, 72
矩形波駆動・・・・・・・・・・55, 74
矩形波交流変換・・・・・・・・・・72
駆動輪・・・・・・・・・・・・・・32
組立カムシャフト・・・・・・・・・92
クラウンギア式デフ・・・・・・・・224
グラスマットバッテリー・・・・・・159
クラッシャブルゾーン・・・・・・・335
クラッチ・・・・・38, 170, 172, 194, 196
クラッチカバー・・・・・・・・・・170
クラッチケーブル・・・・・・・・・172
クラッチスレーブシリンダー・・・・172
クラッチディスク・・・・・・・170, 172
クラッチペダル・・・・・・・・170, 172
クラッチポイント・・・・・・・・・180
クラッチマスターシリンダー・・・・172
クラッチレリーズシリンダー・・・・172
クランクアーム・・・・・・・・・・85
クランクケース・・・・・・・・・・78
クランクジャーナル・・・・・・・・85
クランクシャフト・・・ 10, 12, 78, 82, 84, 86, 90
クランクシャフトスラストベアリング・・85
クランクシャフトタイミングスプロケット
・・・・・・・・・・・・84, 93, 97
クランクシャフトタイミングプーリー・・84, 93
クランクシャフトプーリー・・・・84, 86
クランクシャフトメインベアリング・・85
クランクピン・・・・・・・・・・・85
クランクポジションセンサー・・・・139
クリーピング・・・・・178, 182, 188, 196
グリップ・・・・・・・・・・219, 320
グリップ力・・・・・・・・・219, 320
クルーズコントロール・・・・・・・338
グレアフリーハイビーム・・・・・・342
クローズドデッキ・・・・・・・・・79
グロープラグ・・・・・・・76, 80, 164
クロスグループ型ジョイント・・215, 216
クロスジョイント・・・・・・・・・214

け

軽合金ホイール・・・・・・・・・・330
経済空燃比・・・・・・・・・・・・18
軽油・・・・・・・・・・・・10, 18, 30
減圧ソレノイドバルブ・・・・・・・293
減磁・・・・・・・・・・・・・・・240

減衰力・・・・・・・・・・・・・・308
減衰力可変式ショックアブソーバー
・・・・・・・・308, 311, 318
減速比・・・・・・・・・・・・・・34

こ

コイル ・・・・・・・・・・・41, 43
コイルスプリング ・・ 89, 304, 306, 308
高圧EGR ・・・・・・・・・・・117
高圧水素システム・・・・・・244, 246
降圧チョッパ回路・・・・・・・・・72
高圧燃料ポンプ・・・・・・・・・・135
高圧フューエルポンプ・・・・・・・135
光化学スモッグ・・・・・・・・・・112
公称電圧・・・・・・・64, 66, 158, 236
合成ゴム・・・・・・・・・・・・・320
合成粗油・・・・・・・・・・・・・31
高精度3次元地図・・・・・・350, 353
合成燃料・・・・・・・・・・・・・30
後退出庫支援システム・・・・・・・341
高度道路交通システム・・・・・・・334
後方誤発進抑制システム・・・・・・343
効率・・・・・・・・・・・・・・・16
効率等高線・・・・・・・・・・17, 58
効率の目玉・・・・・・・・・・16, 58
交流・・・・・・・・・・・・・・・40
交流モーター ・・・・・・46, 50, 70
後輪駆動・・・・・・・・・・・・・32
コースティング・・・・・・・・・・252
コーナリングフォース ・・219, 268, 278, 297
黒鉛・・・・・・・・・・・・・・・66
コグドベルト・・・・・・・・・37, 93
後側方確認支援システム・・・340, 349
固体高分子型燃料電池・・・・・69, 245
固体酸化物型燃料電池・・・・・・・69
固体電解質・・・・・・・・・・・・67
固定型キャリパー・・・・・・・・・285
固定側プーリー・・・・・・・・・・190
固定子・・・・・・・・・・・・・・45
固定式CVジョイント・・・・・・・215
固定式等速ジョイント・・・・・・・215
コネクティングロッド・・・・・・・82
コネクティングロッドベアリング・・83
コネクティングロッドボルト・・・・83
コネクテッドカー・・・・・・・・・347
誤発進抑制システム・・・・・・・・343
コバルト酸リチウム・・・・・・・・66
コモンレール式・・・・・・・128, 136
コラムアシストEPS・・・・・・・272
コルゲート型フィン・・・・・・・・152
コレクター・・・・・・・・・・・・105
転がり軸受・・・・・・・・・・・・217
転がり抵抗・・・・・・・・・・・・14
ころ軸受・・・・・・・・・・・・・217
混合気・・・・・・・・・・・・11, 18
コンセント型・・・・・・・・・・・242
コンデンサー・・・・・・・・・・・41
コントロールリンク・・・・・・・・312
コンバーターレンジ・・・・・・・・180
コンプレッサー・・・・・・・・・・121
コンプレッサーハウジング・・・・・121
コンプレッサーブレード・・・・・・121
コンプレッサーホイール・・120, 125, 127
コンプレッサーローター・・・・・・121
コンプレッションリング・・・・・・83
コンロッド・・・・・・・10, 13, 82, 84
コンロッドベアリング・・・・・・・83
コンロッドボルト・・・・・・・・・83

さ

サージタンク・・・・・・・・・・・105

サービスブレーキ	・・・・・・・・・	280
サーマルマネジメント	・・・・・・・	240
サーモスタット	・・・・・・・・・	154
サイクル	・・・・・・・・・・・・	41
最高回転数	・・・・・・・・・・・	56
最高出力	・・・・・・・・・	14, 56
最終減速装置	・・・・・・・・・	203
再生可能エネルギー	・・・・・・・	30
最大効率	・・・・・・・・・・	16, 58
最大トルク	・・・・・・・・・	14, 56
最大熱効率	・・・・・・・・・・	16
最低燃料消費率	・・・・・・・・	14
サイドウォール	・・・ 320, 323, 326, 328
サイドエアバッグ	・・・・・・・	335
サイドブレーキ	・・・・・・・・	300
サイド噴射	・・・・・・・・	19, 134
サイド補強式ランフラットタイヤ	・	328
サイドモニター	・・・・・・・・	336
サイプ	・・・・・・・・・・・	325
サイレンサー	・・・・・・・・・	110
サイレントチェーン	・・・・・・・	93
サインカーブ	・・・・・・・・・	41
サイン波	・・・・・・・・・	41, 73
サイン波駆動	・・・・・・・	55, 74
サステナブルタイヤ	・・・・・・・	329
サスペンション	・・・・・・・・	304
サスペンションECU	・・・・・・・	318
サスペンションアーム	・・・ 304, 306
サスペンションシステム	・・・・・	304
サスペンションスプリング	・・・ 304, 306
サスペンションブッシュ	・・・・・	306
サスペンションリンク	・・・・・・	306
サスペンションロッド	・・・・・・	306
差動	・・・・・・・・・・・	204, 206
差動制限	・・・・ 207, 208, 211, 224, 226
差動制限装置	・・・・・・ 206, 224
差動装置	・・・・・・・・ 204, 224
差動停止	・・・・・・・・・・	207
差動停止装置	・・・・・・ 206, 224
差動歯車	・・・・・・・・・・	204
サブサイレンサー	・・・・・・・	111
サブマフラー	・・・・・・・・・	111
サブメータ級測位補強サービス	・・・	353
サマータイヤ	・・・・・・・・・	325
サマリウムコバルト磁石	・・・・・	42
酸化触媒	・・・・・・・・・・	114
サンギア	・・・・・・・・・・	36
三元系	・・・・・・・・・	66, 236
三元触媒	・・・・・・・・	18, 112
三相インバーター	・・・・・・・	74
三相回転磁界	・・・・・・・・・	46
三相交流	・・・・・・・・・・	41
三相交流モーター	・・・・・・・	46
三相同期発電機	・・・・・・・・	160
三相同期モーター	・・・・・・・	46
三相誘導モーター	・・・・・・・	50
酸素極	・・・・・・・・・・・	69
酸素濃度センサー	・・・・・ 113, 139

し

シーケンシャルターボチャージャー	・・・	124
シーケンシャルツインターボ	・・・	124
シーケンシャルツインターボチャージャー	124
シーケンシャルトリプルターボチャージャー	
		124
シーケンシャルモード	・・185, 193, 194, 196
シートベルト	・・・・・・・・・	334
シールドバッテリー	・・・・・・・	159
ジェットイグニッション	・・・・・	21
ジェット噴流	・・・・・・・	21, 143
ジェネレーター	・・・・・・・・	160

磁化	・・・・・・・・・・・	42
磁界	・・・・・・・・・・・	42
磁気共鳴式非接触給電	・・・・・・	243
磁気抵抗	・・・・・・・・	42, 48
磁極	・・・・・・・・・・・	42
仕事率	・・・・・・・・・	14, 40
仕事量	・・・・・・・・・・	40
自己倍力作用	・・・・・・・・・	286
自己誘導作用	・・・・・・・・・	45
自在継手	・・・・・・・・・・	212
自浄作用	・・・・・・・・・・	143
磁性体	・・・・・・・・・・・	42
自然給気エンジン	・・・・・・・	23
自然着火	・・・・・・ 12, 20, 25
自然通風	・・・・・・・・・・	152
自然発火	・・・・・・・・・・	12
湿式クラッチ	・・・・・・・・・	38
湿式多板クラッチ	・・・・・・・	38
湿式単板クラッチ	・・・・・・・	38
湿式ライナー	・・・・・・・・・	79
湿潤式エアクリーナー	・・・・・・	104
自動運転	・・・ 334, 344, 346, 348, 350, 354
自動運転用ECU	・・・・・・・・	346
始動装置	・・・・・・・ 13, 86, 156
自動変速機	・・・・・・・・・	166
磁場	・・・・・・・・・・・	42
シフトケーブル	・・・・・・・・	177
シフトパドル	・・・・・・・・・	185
シフトフォーク	・・・・・・ 177, 194
シフトレバー	・・ 170, 177, 182, 193, 195
シフトロッド	・・・・・・ 177, 194
ジャイロセンサー	・・・・・・・	353
車載LAN	・・・・・・・・・・	138
車載充電器	・・・・・ 238, 242, 262
シャシー電装品	・・・・・・・・	156
車軸懸架式サスペンション	・・ 212, 304, 312
車車間通信	・・・・・・・ 347, 351
車線維持支援システム	・・・ 338, 344
車線逸脱警報システム	・・・・・・	338
車線逸脱防止システム	・・・・・・	338
車線変更支援システム	・・・ 339, 354
車内LAN	・・・・・・・・・・	138
車輪速センサー	・・ 211, 217, 293, 328, 353
周期	・・・・・・・・・・・	41
終減速装置	・・・・・・・・・	203
集中巻	・・・・・・・・・	46, 61
充電始動装置	・・・・・・・・・	156
充電スポット	・・・・・・・・・	242
充電制御	・・・・・・・ 158, 160
充電制御ECU	・・・・・ 238, 242
充電装置	・・・・・・ 13, 156, 160
集電体	・・・・・・・ 63, 65, 159
充電池	・・・・・・・・・・・	62
集電箔	・・・・・・・・・	65, 66
摺動式CVジョイント	・・・・・・	215
摺動式等速ジョイント	・・・・・・	215
従動輪	・・・・・・・・・・・	32
周波数	・・・・・・・・・・・	41
周波数制御	・・・・・・・ 56, 70
重量エネルギー密度	・・・・・・	64
重量出力密度	・・・・・・・・・	64
ジュール熱	・・・・・・・・・	59
主運動系	・・・・・・・・ 13, 76
樹脂製インテークマニホールド	・・・・	105
樹脂製燃料タンク	・・・・・・・	128
樹脂製フューエルタンク	・・・・・	128
樹脂製プロペラシャフト	・・・・・	212
出力	・・・・・ 14, 34, 45, 56, 64, 66
出力曲線	・・・・・・・・・・	14
出力空燃比	・・・・・・・・・	18
出力密度	・・・・・・・・ 64, 66

受電コイル	・・・・・・・・・	243
受動素子	・・・・・・・・・・	41
手動変速機	・・・・・・・・・	166
主燃焼室	・・・・・・・・・・	21
シュラウド	・・・・・・・・・	153
潤滑	・・・・・・・・・・・	144
潤滑作用	・・・・・・・・・・	145
潤滑装置	・・・・・・ 13, 144, 148
巡航モード	・・・・・・・・・	253
準静的情報	・・・・・・・・・	351
準天頂衛星	・・・・・・・・・	352
準動的情報	・・・・・・・・・	351
準ミリ波レーダー	・・・・・・・	349
ジョイント角	・・・・・・ 213, 214
昇圧	・・・・・・・・・・・	140
昇圧チョッパ回路	・・・・・・・	72
条件付運転自動化	・・・・・・・	345
昇降圧チョッパ回路	・・・・・・	72
常時噛み合い式スターターモーター	・・・	163
常時噛み合い式変速機	・・・・・・	173
上死点	・・・・・・・・・	10, 22
衝突安全	・・・・・・・・・・	334
衝突安全ボディ	・・・・・・・・	335
衝突被害軽減ブレーキ	・・・・・・	337
触媒	・・・・・・・・・	69, 113
触媒コンバーター	・・・・・ 109, 112
助手席エアバッグ	・・・・・・・	335
ショックアブソーバー	・・・ 304, 308
ショルダー	・・・・・・・ 320, 323
シリーズ式HEV	・・・・・・・・	250
シリーズ式PHEV	・・・・・・・	251
シリーズ式ハイブリッド	・・・ 248, 250
シリーズ式ハイブリッド走行	・・・	258
シリーズパラレル式HEV	・・・・・	256
シリーズパラレル式ハイブリッド	
		248, 256, 258
シリカ	・・・・・・・・・・・	320
シリコン	・・・・・・・・	74, 238
シリコンカーバイド	・・・・・ 74, 238
自律航法	・・・・・・・・・・	353
磁力	・・・・・・・・・・・	42
磁力線	・・・・・・・・・・・	42
シリンダー	・・・・・ 10, 12, 76, 79
シリンダーオンデマンド	・・・・・	102
シリンダースリーブ	・・・・・・・	79
シリンダー配列	・・・・・・・・	77
シリンダーブロック	・・・ 13, 76, 78
シリンダーヘッド	・・・ 13, 76, 79, 80
シリンダーヘッドガスケット	・・・・	76
シリンダーヘッドカバー	・・・ 76, 80
シリンダーヘッドカバーガスケット	・・・	80
シリンダー容積	・・・・・・ 22, 24
シリンダーライナー	・・・・・・・	79
進角	・・・・・・・・・・・	99
真空式倍力装置	・・・・・・・・	288
真空式ブレーキブースター	・・・・・	288
シングルオーバーヘッドカムシャフト式	・・	94
シンクロナイザー	・・・・・・・	177
シンクロナスモーター	・・・・・・	46
シンクロメッシュ機構	・・ 170, 173, 177
人工知能	・・・・・・・・・・	346

す

水温センサー	・・・・・・・・・	139
水素	・・・・・ 10, 30, 68, 244, 246
水素エンジン	・・・・・・・・・	31
水素エンジン自動車	・・・・・・・	30
水素吸蔵合金	・・・・・・・・・	246
水素極	・・・・・・・・・・・	69
推測航法	・・・・・・・・・・	353
水素循環ポンプ	・・・・・・・・	245

水素ステーション ・・・・・・ 244, 247
スイッチャブルバルブリフター ・・・・ 101
スイッチャブルピボット ・・・・・・ 101
スイッチャブルラッシュアジャスター ・ 101
スイッチャブルローラーロッカーアーム ・・ 101
スイッチング作用 ・・・・・・ 41, 74
スイッチング周期 ・・・・・・・・ 71
スイッチング周波数 ・・・・・・・ 71
スイッチング素子 ・・・・ 41, 70, 74
水平対向型 ・・・・・・・・ 76, 78
水冷式 ・・・・・・・・・ 150, 240
水冷式インタークーラー ・・・・・ 119
水冷式オイルクーラー ・・・・・・ 147
スイングアーム ・・・・・・・・ 95, 96
スイングアーム式 ・・・・・・ 95, 96
スイングカム ・・・・・・・・・ 102
スーパーLSD ・・・・・・ 206, 208
スキッシュ ・・・・・・・・・・ 81
スキッシュエリア ・・・・・・・・ 81
スキャンライダー ・・・・・・・ 349
スクロール式スーパーチャージャー ・ 126
スクロール部 ・・・・・・・ 121, 122
スターターモーター ・ 53, 156, 160, 162, 264
スターティングデバイス ・・・ 14, 38, 156
スタッドレスタイヤ ・・・・・・ 325
スタビライザー ・・・・・・・・ 317
スタビリティコントロール ・・・・ 297
スタンディングウェーブ現象 ・・・・ 327
スタンド型 ・・・・・・・・・ 242
スタンバイ4WD ・・・・・・・ 222
スチールベルト ・・・・・ 192, 322
スチールホイール ・・・・・・・ 330
ステアシト ・・・・・・・ 185, 193
ステアバイワイヤー ・・・・・・ 271
ステアリングギア比 ・・・・・・ 276
ステアリングギアボックス ・・ 268, 270, 276
ステアリングギアレシオ ・・・・・ 276
ステアリングコラム ・・・・・ 269, 272
ステアリングシステム ・・・・・・ 268
ステアリングシャフト ・・・ 268, 270, 272
ステアリングタイロッド ・・・ 268, 270
ステアリングピニオンギア ・・・ 270, 273
ステアリングホイール ・・・・・・ 268
ステアリングラック ・・・・・ 270, 276
ステアリングラックバー ・・ 270, 274, 275
ステアリングリンク ・・・・・・ 268
ステーター ・・・・・・・ 45, 178
ステップAT ・・・・・・・・・ 167
ステップ式変速機 ・・・・・・・ 166
ステレオカメラ ・・・・・・・・ 348
ストイキオメトリー A/F ・・・・・・ 18
ストイキオメトリー燃焼 ・・・・・・ 18
ストイキ燃焼 ・・・・・・・・・ 18
ストラット ・・・・・・・・・ 315
ストラット式サスペンション ・・・・ 314
ストレート式マフラー ・・・・・・ 110
ストローク ・・・・・・・・・・ 10
ストロングハイブリッド ・・・・・ 249
スパーギア ・・・・・・・・・・ 35
スパークプラグ ・・・・・・・・ 142
スパークプラグキャップ ・・・・・ 141
スパイクタイヤ ・・・・・・・・ 325
スパイダー ・・・・・・・ 214, 216
スパイダーベアリング ・・・・・・ 214
スパイラルベベルギア ・・・・・・ 203
スピードレシオ ・・・・・・・・・ 35
スピードレシオカバレッジ ・・・・ 168
スピニング製法 ・・・・・・・・ 331
スプリット式ハイブリッド ・・ 248, 256
スプレーガイデッド ・・・・・・・ 20
スプロケット ・・・・・・・・・ 37

スペアタイヤ ・・・・・・・・・ 328
すべり ・・・・・・・・・・・ 51
スポーツモード ・・・ 185, 193, 194, 196
スモールエンド ・・・・・・・・ 83
スライド式CVジョイント ・・・・・ 215
スライド式等速ジョイント ・・・ 215, 216
スライドプーリー ・・・・・・・ 190
スリーブ ・・・・・・・・ 173, 177
スリックタイヤ ・・・・・・・・ 324
スリッピング ・・・・・・・・・ 49
スロットル開度 ・・・・・・ 16, 106
スロットルシステム ・・・・・・ 106
スロットルバルブ ・・・・ 104, 106, 139
スロットルバルブ開度 ・・・・ 16, 106
スロットルバルブレスエンジン ・・ 26, 98
スロットルポジションセンサー ・・ 107, 139
スロットルボディ ・・・・・・・ 106
スロットルレス ・・・・・・ 27, 102
スワール ・・・・・・・・・・ 81
スワール渦 ・・・・・・・・・・ 81
スワールポート ・・・・・・・・ 81
スワール流 ・・・・・・・・・・ 81

せ

正極 ・・・・・・・・・・・ 63
正極活物質 ・・・・・・・・ 65, 66
制御弁式バッテリー ・・・・・・ 159
正弦曲線 ・・・・・・・・・・ 41
正弦波 ・・・・・・・・・・・ 41
清浄作用 ・・・・・・・・・ 145
成層燃焼 ・・・・・・・・・・ 20
静的情報 ・・・・・・・・・ 351
制動装置 ・・・・・・・・・ 280
整流 ・・・・・・・・・・ 40, 71
整流回路 ・・・・・・・・ 71, 160
整流作用 ・・・・・・・・ 41, 71
整流子 ・・・・・・・・・・・ 52
整流素子 ・・・・・・・・ 41, 70
整流平滑回路 ・・・・・・・・ 71
セーフティゾーン ・・・・・・・ 335
セカンダリープーリー ・・・・ 189, 190
赤外線レーザーレーダー ・・・・・ 349
赤外線レーダー ・・・・・・・ 349
絶縁体 ・・・・・・・・・・・ 40
接地電極 ・・・・・・・・・ 142
セパレーター ・・・・ 63, 65, 69, 159
セミAT ・・・・・・・・・・ 195
セミアクティブサスペンション ・・ 318
セミトレーリングアーム式サスペンション ・ 314
セラミックグロープラグ ・・・・・ 164
セラミック発熱体 ・・・・・ 164, 240
セル ・・・・・・・・ 64, 66, 68
セルスタック ・・・・・・・・・ 69
セルバランス ・・・・・・・・ 237
セルフサーボ ・・・・・・・・ 287
セルモーター ・・・・・・・・ 162
セレクター ・・・・・・・ 182, 193
セレクティブ4WD ・・・・・・ 220
セレクトケーブル ・・・・・・・ 177
セレクトレバー ・・・・・ 182, 185, 193, 199
先行車発進お知らせ ・・・・・・ 343
前後系統式 ・・・・・・・・・ 281
前後進切り替え機構 ・・・・・ 188, 191
全固体電池 ・・・・・・・・ 67, 236
全固体リチウムイオン電池 ・・・・・ 67
前後不等トルク配分 ・・・・・・ 224
センサー ・・・・・・・・・ 138
先進安全自動車 ・・・・・・・・ 334
先進運転支援システム ・・ 334, 336, 344
センシングシステム ・・・ 336, 346, 348
センターキャップ ・・・・・・・ 331

センターコア ・・・・・・・・ 121
センターディファレンシャルギア ・・・ 224
センターディファレンシャル式フルタイム4WD
・・・・・・・・・・・・・ 224
センターデフ ・・・・・・・・ 224
センターデフ式4WD ・・・・・・ 224
センターデフ式フルタイム4WD
・・・・・・・・・ 218, 220, 224
センターハウジング ・・・・・・ 121
センタープロペラシャフト ・・・・ 212
センター噴射 ・・・・・ 19, 134, 136
センターベアリング ・・・・・・ 212
選択式還元触媒 ・・・・・・・ 115
全段ロックアップ ・・・・・・・ 183
全地球航法衛星システム ・・・ 350, 352
前方交差車両警報 ・・・・・・・ 341
前方誤発進抑制システム ・・・・・ 343
前輪駆動 ・・・・・・・・・・ 32
全輪駆動 ・・・・・・・・ 32, 218
前輪操舵式 ・・・・・・・・・ 268

そ

掃気効果 ・・・・・・・・・・ 26
走行中給電 ・・・・・・・ 231, 242
走行抵抗 ・・・・・・・・・・ 14
相互誘導作用 ・・・・・・・・・ 45
走査型ライダー ・・・・・・・ 349
操舵角 ・・・・・・・・・・ 268
操舵装置 ・・・・・・・・・ 268
送電コイル ・・・・・・・・・ 243
総排気量 ・・・・・・・・・・ 22
増幅作用 ・・・・・・・・ 41, 141
ソーラーカー ・・・・・・・・ 230
速度記号 ・・・・・・・・・ 326
素子 ・・・・・・・・・・・ 41
外歯車型 ・・・・・・・・ 34, 36
ソリッドステート式ライダー ・・・ 349
ソリッドディスク ・・・・・・・ 283
ソレノイドインジェクター ・ 130, 132, 134, 136
ソレノイドスイッチ ・・・・・・ 162
ソレノイドバルブ ・・・ 103, 185, 293
ソレノイドフューエルインジェクター ・ 131
損失 ・・・・・・・・・・ 16, 58

た

タービン ・・・・・・・・・ 121
タービン式ポンプ ・・・・・・・ 129
タービンハウジング ・・ 108, 117, 121, 122
タービンブレード ・・・・・・・ 121
タービンホイール ・・・・・ 120, 122
タービンランナー ・・・・・ 178, 180
タービンローター ・・・・・・・ 121
ターボ ・・・・・・・・ 118, 120
ターボチャージャー ・ 23, 118, 120, 122, 124
ターボラグ ・・・・・・・・・ 120
第5世代移動通信システム ・・・・ 347
第6世代移動通信システム ・・・・ 347
ダイアフラムスプリング ・・・・・ 170
ダイオード ・・・・・・・・ 70, 72
ダイオードブリッジ ・・・・・・・ 71
大気汚染物質 ・・・・・・・・ 112
台形状駆動 ・・・・・・・・・ 55
対向4ピストンキャリパー ・・・・ 285
対向6ピストンキャリパー ・・・・ 285
対向ピストンキャリパー ・・ 282, 285
体積エネルギー密度 ・・・・・・・ 64
体積出力密度 ・・・・・・・・・ 64
タイトコーナーブレーキ現象 ・・・ 220
ダイナミックマップ ・・・・・・ 350
ダイナモ ・・・・・・・・・ 160
タイミングチェーン ・・・・ 90, 93, 97

361

タイミングベルト ・・・・・・ 90, 93, 97
タイヤ ・・・ 320, 322, 324, 326, 328, 330
タイヤ空気圧 ・・・・・・ 322, 327, 328
タイヤ空気圧モニタリングシステム ・・・ 328
タイヤコンパウンド ・・・・・・・ 320
太陽電池 ・・・・・・・・・・・・62
太陽電池式電気自動車 ・・・・・・ 230
ダイレクトイグニッションシステム ・・ 140
ダイレクトインジェクション ・・・・ 19
ダイレクト型スターターモーター ・・・ 163
ダイレクトコントロール式 ・・・・・ 177
ダイレクトドライブEPS ・・・ 272, 274
隊列走行 ・・・・・・・・・・・ 354
タイロッド ・・・・・・・・ 268, 270
ダウンサイジング ・・・・・・ 22, 120
舵角 ・・・・・・・・・・・ 268, 276
舵角センサー ・・ 211, 273, 293, 297
多岐管 ・・・・・・・・・・ 105, 109
多気筒エンジン ・・・・・・・ 12, 77
多室式マフラー ・・・・・・・・ 111
惰性走行 ・・・・・・・・・・・ 253
多段式AT ・・・・・・・・ 167, 168
多段式変速機 ・・・・・ 166, 168, 235
多段式マフラー ・・・・・・・・ 110
多段点火 ・・・・・・・・・・・ 141
多段噴射 ・・・・・・・ 19, 20, 136
縦置き ・・・・・・・・・・・・ 32
縦流れ式ラジエーター ・・・・・・ 152
多点点火 ・・・・・・・・・・・ 141
多板クラッチ ・・・・・・・・・・ 38
多板クラッチ式LSD ・・・・・・・ 206
ダブルウィッシュボーン式サスペンション
・・・・・・・・・ 314, 316
ダブルオーバーヘッドカムシャフト式 ・・ 94
ダブルカルダンジョイント ・・・・・ 214
タペット ・・・・・・・・・・・・ 94
玉軸受 ・・・・・・・・・・・・ 217
炭化水素 ・・・・・・・・ 112, 114
単眼カメラ ・・・・・・・・・・ 348
暖機 ・・・・・・・・・・・・ 154
単気筒エンジン ・・・・・・・・・ 12
単セル ・・・・ 64, 69, 159, 236, 244
鍛造カムシャフト ・・・・・・・・ 92
鍛造クランクシャフト ・・・・・・・ 85
単相交流 ・・・・・・・・・・・ 41
鍛造ピストン ・・・・・・・・・・ 82
炭素系材料 ・・・・・・・・・・ 66
炭素繊維強化樹脂 ・・・・・ 212, 246
タンデム型真空式ブレーキブースター ・ 289
タンデムソレノイド式スターターモーター ・ 163
ダンパー ・・・・・ 86, 170, 181, 308
単板クラッチ ・・・・・・・・・・ 38
タンブル ・・・・・・・・・・・ 81
タンブル渦 ・・・・・・・・・・・ 81
タンブルポート ・・・・・・・・・ 81
タンブル流 ・・・・・・・・・・・ 81

ち

チェーファー ・・・・・・・・・ 323
チェーン＆スプロケット ・・・・ 34, 37
チェーン駆動 ・・・・・・・・ 37, 93
チェーン式CVT ・・・・・・ 188, 192
チェーンドライブ ・・・・・・・・ 37
迸角 ・・・・・・・・・・・・・ 99
蓄圧式電動ブレーキブースター ・・・ 290
蓄圧式ハイブリッド自動車 ・・・・・ 231
蓄圧室 ・・・・・・・ 103, 136, 290
蓄電池 ・・・・・・・・・・・・ 62
チタン酸リチウム ・・・・・・・・ 66
縮み行程 ・・・・・・・・・・・ 308
窒素 ・・・・・・・・・・・・ 112

窒素酸化物 ・・・・・・・・ 112, 114
窒素充填 ・・・・・・・・・・・ 327
チャオジ ・・・・・・・・・・・ 242
チャデモ ・・・・・・・・・・・ 242
中空カムシャフト ・・・・・・・・ 92
駐車支援システム ・・・・・・・ 340
駐車ブレーキ ・・・・・・・・・ 300
中心電極 ・・・・・・・・・・ 142
鋳造カムシャフト ・・・・・・・・ 92
鋳造クランクシャフト ・・・・・・・ 85
鋳造ピストン ・・・・・・・・・・ 82
チューブタイヤ ・・・・・・・・・ 322
チューブレスタイヤ ・・・・・ 322, 327
超音波ソナー ・・・・・・・・・ 348
直接型燃料電池 ・・・・・・・・ 69
直接式タイヤ空気圧モニタリングシステム
・・・・・・・・・・・・ 328
直接噴射式 ・・・・・・・ 12, 128
直動式 ・・・・・・・ 90, 95, 96
直噴式 ・・ 12, 18, 82, 128, 130, 134, 136
直流 ・・・・・・・・・・・・ 40
直流整流子モーター ・・・ 52, 129, 273
直流直巻モーター ・・・・・・ 53, 162
直流モーター ・・・・・・・・・ 52
直列型 ・・・・・・・・・・・・ 76
直結式4WD ・・・・・・・ 220, 222
チョッパ回路 ・・・・・・・・・ 72
チョッパ制御 ・・・・・・・・ 71, 72
チルト機構 ・・・・・・・・・・ 269

つ

追従機能付クルーズコントロール ・ 338, 344
ツインカム ・・・・・・・・・・・ 96
ツインクラッチ ・・・・・・・・・ 172
ツインスクロールターボ ・・・・・・ 122
ツインスクロールターボチャージャー ・・ 122
ツインターボ ・・・・・・・・・ 124
ツインターボチャージャー ・・・・・ 124
ツインチャージャー ・・・・・・・ 126
ツインチューブ式ショックアブソーバー ・ 308
ツインディスククラッチ ・・・・ 170, 172
ウェッジ型ジョイント ・・・・・・ 215

て

低圧EGR ・・・・・・・・・・ 117
ディーゼルエンジン ・・・ 10, 12, 18, 24,
112, 114, 128, 136
ディーゼルノック ・・・・・・・・ 25
ディーゼルパティキュレートフィルター ・ 114
テイクオーバーリクエスト ・・・ 345, 354
抵抗 ・・・・・・・・・・・・ 40
抵抗器 ・・・・・・・・・・・ 41
定出力特性 ・・・・・・・・・・ 56
ディスク部 ・・・・・・・・ 283, 330
ディスクブレーキ ・・・・・・ 280, 282
ディスクホイール ・・・・・・・・ 330
ディスクローター ・・・・・・ 282, 284
定トルク特性 ・・・・・・・・・ 56
ディバイデッドアクスル ・・・・・・ 305
ディバイデッドアクスル式サスペンション ・ 305
ディファレンシャルギア ・・ 32, 57, 202, 204,
206, 224, 232, 234, 246
ディファレンシャルギアケース ・・ 203, 205
ディファレンシャルサイドギア ・・・・ 205
ディファレンシャルピニオンギア ・・・・ 205
ディファレンシャルピニオンシャフト ・・ 205
ディファレンシャルロック ・・・・・ 206
ディペンデントサスペンション ・・・・ 305
テーパー座 ・・・・・・・・・・ 333
テーパードナット座 ・・・・・・・ 333
テーパードローラーベアリング ・・・・ 217

テーパーリング式LSD ・・・・・・・ 208
テールパイプ ・・・・・・・・・ 111
デジタル地図データ ・・・・・ 346, 350
鉄心 ・・・・・・・・・・・・ 43
鉄損 ・・・・・・・・・・・ 58, 240
デッドレコニング ・・・・・・・・ 353
デフ ・・ 202, 204, 206, 210, 232, 234, 246
デフエレメントギア ・・・・・・・ 209
デフケース ・・・・・・・・・・ 205
デフサイドギア ・・・・・・・・ 205
デフピニオン ・・・・・・・・・ 205
デフピニオンシャフト ・・・・・・ 205
デフロック ・・・・・・ 206, 218, 220
デュアルインジェクター ・・・・・ 132
デュアルエキゾーストシステム ・・・ 108
デュアルクラッチトランスミッション ・・ 167, 196
デュアルピニオンアシストEPS ・・ 272, 275
デューティ比 ・・・・・・・ 71, 72
テレスコピック機構 ・・・・・・・ 269
電圧 ・・・・・・・・・・・・ 40
電解液 ・・・・・・・・・ 63, 66
点火時期 ・・・・・・・・・・ 140
点火順序 ・・・・・・・・・・ 84
点火装置 ・・・・・・・・ 13, 140
点火タイミング ・・・・・・・・ 140
点火プラグ ・・・ 11, 76, 80, 140, 142
点火プラグキャップ ・・・・・ 140, 142
電気 ・・・・・・・・・・・・ 40
電気エネルギー ・・・・ 45, 58, 62, 68
電気化学反応 ・・・・・・ 62, 68
電気式4WD ・・・・・・・・・ 260
電気式CVT ・・・・・・ 57, 167, 257
電気式無段変速機 ・・・・ 57, 167, 257
電気自動車 ・・・・・・・・・ 230
電気抵抗 ・・・・・・・・・・ 40
電気二重層キャパシタ ・・・・・ 161
電気分解 ・・・・・・・・・・ 68
点群データ ・・・・・・・・・ 349
電磁クラッチ ・・・・・・ 38, 126, 188
電子式ブレーキアシスト ・・・・ 288, 294
電磁石 ・・・・・・・・・・・ 43
電子制御4WD ・・・・・・ 218, 226
電子制御エアサスペンション ・・・・ 319
電子制御カップリング ・・・・・・ 226
電子制御サスペンション ・・・・ 304, 318
電子制御式スロットルシステム ・・・ 106
電子制御スタビリティコントロール ・・ 294, 297
電子制御制動力配分システム ・・・ 294
電子制御センターデフ式4WD ・・ 224, 226
電子制御センターデフ式フルタイム4WD
・・・・・・・・・・ 218, 224
電子制御ディファレンシャル ・・ 210, 296
電子制御デフ ・・・・・・ 210, 296
電子制御ブレーキシステム ・・・・ 299
電磁バルブ ・・・・・ 103, 185, 293
電磁誘導作用 ・・・・・・・・ 44
電磁誘導式非接触給電 ・・・・・ 243
電磁力 ・・・・・・・・・・・ 43
電制カップリング ・・・・・・・・ 226
電槽 ・・・・・・・・・・・・ 159
電装品 ・・・・・・・・・・・ 156
電動アシストターボ ・・・・・・ 125
電動アシストターボチャージャー ・・・ 125
電動ウォーターポンプ ・・・・・・ 150
電動型制御ブレーキ ・・・・・・ 299
電動クーリングファン ・・・・・・ 153
電動コンプレッサー ・・・・・ 126, 241
電動サーボブレーキシステム ・・・・ 298
電動式ウエイストゲート ・・・・・ 122
電動式過給機 ・・・・・・・・ 118
電動式可変バルブタイミングシステム ・・・ 99

電動真空式ブレーキブースター・・・289
電動スーパーチャージャー・・・118, 126
電動スロットルバルブ・・・・・107
電動燃料ポンプ・・・・・129
電動パーキングブレーキ・・・300, 302
電動バキュームポンプ・・・289
電動パワーステアリングシステム・・・272
電動フューエルポンプ・・・・129
電動ブレーキブースター・・・288, 290
電動冷却ファン・・・152, 153
天然ガス・・・・・68
天然ゴム・・・・・320
テンパータイヤ・・・・328
テンポラリータイヤ・・・328
電流・・・・・40
電力・・・・・40
電力変換装置・・・・70
電力用半導体素子・・・41, 70, 240
電力容量・・・・64
電力量・・・・・40

と

同位相操舵・・・・278
同一車線連続走行支援システム
・・・339, 344, 354
同期噛み合い式変速機・・・170, 173
同期機構・・・173, 177
同期速度・・・・・46
同期発電機・・・46, 160
同期モーター・・・46, 55
同径縦列配置・・・197
同軸式減速機構・・・234
同軸式ラックアシストEPS・・・274
透磁率・・・・・42
銅線・・・59, 61, 157
等速ジョイント・・・212, 214, 216, 269
銅損・・・58, 61, 240
導体・・・・・40
等長アーム・・・316
等長エキゾーストマニホールド・・・109
等長ドライブシャフト・・・213
動的情報・・・351
筒内噴射式・・・・12, 134
動弁系・・・13, 94
動弁機構・・・13, 94
動弁装置・・・13, 94
動力伝達装置・・・32
トーコントロールリンク・・・317
トーションスプリング・・・86, 170, 181
トーションバー・・・306, 313, 317
トーションビーム・・・313, 314
トーションビーム式サスペンション・・・312, 314
トータルステアリングギアレシオ・・・276
ドグクラッチ・・・・39
独立懸架式サスペンション・・・212, 304, 314
突極・・・・・48
突極鉄心型同期モーター・・・48
トップ噴射・・・19, 134, 136
ドライサンプ・・・144, 148
ドライバーオフ・・・344
ドライバーフリー・・・344
ドライバーモニタリングシステム・・・342, 345
ドライブシャフト・・・32, 204, 205, 212
ドライブバイワイヤー・・・107
ドライブプレート・・・86, 162, 178
ドライライナー・・・79
トラクションコントロール・・・294, 296
ドラムインディスクブレーキ・・・300, 302
ドラムブレーキ・・・280, 286
トランス・・・・・45
トランスアクスル・・・32, 185, 202
トランスファー・・・221, 222, 226

トランスミッション・・・14, 32, 34, 38, 166, 168
トリポード型ジョイント・・・・・215, 216
トルク・・・・・14, 56
トルク感応型LSD・・・・・206
トルク曲線・・・・・14, 17, 58
トルク切れ・・・194, 196, 198, 255
トルクコンバーター・・・38, 166, 178, 180
トルクコンバーターカバー・・・178, 180
トルクコンバーターハウジング・・・178
トルクステア・・・213
トルクスプリット式4WD・・・222, 226
トルク抜け・・・194
トルク配分・・・210, 218, 220, 222,
224, 226, 233, 260, 296
トルクベクタリング・・・210, 235, 296
トルセンLSD・・・206, 209, 224
トレーリングアーム・・・313, 314
トレーリングアーム式サスペンション・・・314
トレーリングシュー・・・287
トレーリングツイストビーム式サスペンション
・・・313
トレッド・・・320, 322, 324, 326
トレッドパターン・・・320, 324
トロイダルCVT・・・166
トロイダル式CVT・・・188
トロイダル式変速機・・・166
トロコイドポンプ・・・148
トロリーバス・・・231

な

内接式ギアポンプ・・・148
内転型モーター・・・・45
内燃機関・・・10, 30, 230
内部EGR・・・116
中子式ランフラットタイヤ・・・328
ナックルアーム・・・268, 270
ナット座ピッチ直径・・・332
ナトリウム封入バルブ・・・88
鉛・・・158
鉛アンチモン系・・・159
鉛カルシウム系・・・159
鉛蓄電池・・・62, 64, 156, 158

に

ニーエアバッグ・・・335
ニードルバルブ・・・131
二酸化炭素・・・30, 112, 114, 116
二酸化窒素・・・114
二酸化鉛・・・158
二次コイル・・・45, 141
二次電池・・・62, 64, 66, 158, 230,
232, 236, 244, 248
二次電池交換式電気自動車・・・・230
二次電池式電気自動車・・・230
ニッケル系・・・・66
ニッケル合金・・・142
ニッケル酸リチウム・・・・66
ニッケル水素電池・・・62, 64, 249
尿素SCR・・・115
認識技術・・・346, 348
認知プロセス・・・346, 348, 350

ね

ネオジム磁石・・・・42
ねじ歯車・・・・35
熱エネルギー・・・16, 34, 58, 64, 68, 154, 280
熱暴走・・・240
熱マネジメント・・・232, 240
燃圧・・・130, 132, 134, 136
燃圧センサー・・・135
燃圧レギュレーター・・・132

燃焼ガス・・・・・11, 108
燃焼室・・・10, 12, 76, 80, 82
燃焼室容積・・・22, 24
燃焼膨張行程・・・11, 12
燃費の目玉・・・16, 58
燃料・・・10, 16, 18, 20, 30
燃料供給ポンプ・・・129
燃料極・・・・・69
燃料消費率・・・14, 16
燃料消費率等高線・・・16, 58
燃料装置・・・128
燃料タンク・・・128, 246
燃料電池・・・62, 68, 230, 244
燃料電池式電気自動車・・・230
燃料電池自動車・・・230, 244
燃料電池車・・・230
燃料電池スタック・・・69
燃料電池モジュール・・・245
燃料パイプ・・・128
燃料フィルター・・・129
燃料噴射装置・・・13, 128
燃料噴射ポンプ・・・135
燃料ホース・・・128

の

能動素子・・・・41
ノーマルアスピレーション・・・23
ノズルベーン・・・123
ノッキング・・・24
ノッキングセンサー・・・139
ノックス・・・112
ノックセンサー・・・139
伸び行程・・・308
ノンスロットル・・・27
ノンスロットルバルブ・・・27

は

パーキングアシスト・・・340
パーキングブレーキ・・・280, 300
パーキングブレーキペダル・・・300
パーキングブレーキレバー・・・300
パーキングブレーキワイヤー・・・300, 302
パーキングロック・・・185
パーセプション・・・346
パートタイム4WD・・・218, 220
バーフィールド型ジョイント・・・215
ハーフシャフト・・・213
ハーフトロイダルCVT・・・166
ハーモニックドライブ・・・277
バイアスタイヤ・・・322
背圧・・・108, 110, 120
ハイオクガソリン・・・24
ハイオクタン価ガソリン・・・25
バイオ燃料・・・30
排気温センサー・・・113, 139
排気ガス・・・11, 108, 110, 112, 114, 116
排気ガス還元・・・116
排気ガス再循環・・・116
排気ガス浄化装置・・・108, 112
排気カムシャフト・・・96
排気管・・・108
排気干渉・・・108, 120, 122, 124
排気駆動式過給機・・・120
排気行程・・・11, 12
排気システム・・・108, 110, 112, 116
排気装置・・・13, 108
排気損失・・・16
排気タービン式過給機・・・120
排気バルブ・・・10, 26, 80, 88, 90
排気ポート・・・10, 76, 80
排気マニホールド・・・81, 108

排気マニホールド内蔵シリンダーヘッド ・・81
排気量・・・・・・・・・・・・・・・22
排出ガス浄化装置・・・・・・・・・112
倍速充電・・・・・・・・・・・・・242
配電・・・・・・・・・・・・・・・140
ハイドロプレーニング現象・・・・・324
ハイドロリックブレーキブースター・・288
ハイドロリッククラッシュアジャスター・・92
バイパスバルブ・・・・・・・・・・146
ハイビーム・・・・・・・・・・・・342
ハイビームサポート・・・・・・・・342
バイフューエル自動車・・・・・・・・30
ハイブリッド4WD・・・・・・218, 260
ハイブリッドAWD・・・・・・・・・260
ハイブリッド自動車・・・・・・230, 248
ハイブリッドスーパーチャージャー・・126
ハイブリッド専用トランスミッション・・167
ハイブリッド走行・・・・・・・・・248
ハイブリッドターボチャージャー・・125
ハイブリッド電気自動車・・・・230, 248
ハイプレッシャーEGR・・・・・・・117
ハイポイドギア・・・・・・・・・・203
バイポーラ型二次電池・・・・・・・・66
バイポーラ型ニッケル水素電池・・66, 249
バイポーラ電極・・・・・・・・・・・66
ハイマウントタイプ・・・・・・・・316
倍力装置・・・・・・・・・・・・・288
パイロット噴射・・・・・・・・・・・19
バキュームバルブ・・・・・・・・・155
バキュームブレーキブースター・・・288
歯車装置・・・・・・・・・・・・・・34
歯車比・・・・・・・・・・・・・・・35
斜歯歯車・・・・・・・・・・・・・・35
バタフライバルブ・・・・・・・・・106
歯付プーリー・・・・・・・・・・37, 93
歯付ベルト・・・・・・・・・・・37, 93
白金プラグ・・・・・・・・・・・・143
パッシブ4WD・・・・・・・・・・・222
パッシブ4WS・・・・・・・・・・・278
パッシブオンデマンド式4WD・・・・222
パッシブセーフティ・・・・・・・・334
パッシブトルクスプリット式4WD・・218, 222
パッシブプレチャンバー・・・・・21, 143
バッテリー・・・・・・・・156, 158, 236
バッテリーECU・・・・・・・・・・238
バッテリー液・・・・・・・・・・・158
バッテリー交換式電気自動車・・・・230
バッテリースイッチングEV・・・・・230
バッテリースワッピングEV・・・・・230
バッテリーセル・・・・・・・・・・236
バッテリーパック・・236, 244, 247, 249
バッテリーマネジメントシステム・・236
バッテリーモジュール・・・・・236, 249
発電機・・・・・・・・・・・・・45, 58
ハット部・・・・・・・・・・・283, 302
パドルシフト・・・・・・・・・185, 193
ばね下重量・・・・・・・・・・・・330
ハブベアリング・・・・・・・・・・217
ハブボルト・・・・・・・・・・・・333
早閉じミラーサイクル・・・・・・・・28
パラレル式HEV・・・・・・・・・・252
パラレル式ハイブリッド
　　　　　　・・248, 252, 255, 260, 264
パラレル式ハイブリッド走行・・・・258
パラレルツインターボチャージャー・・124
バランスウェイト・・・・・・・・・・85
バランスシャフト・・・・・・・・84, 86
バリアブルギアレシオステアリングシステム
　　　　　　・・・・・・・・・・・277
バリアブルギアレシオラック・・・・276
バリエーター・・・・・・・・189, 190

バリエーターユニット・・・・・・・189
パルス波・・・・・・・・・・・・・・40
パルス幅変調方式・・・・・・・・・・71
パルセーションダンパー・・・・・・132
バルブオーバーラップ・・・・・・・・26
バルブガイド・・・・・・・・・・・・89
バルブクリアランス・・・・・・・・・92
バルブコッター・・・・・・・・・・・89
バルブサージング・・・・・・・・・・89
バルブシート・・・・・・・・・・・・89
バルブシステム・・・13, 76, 80, 88, 90, 94
バルブステム・・・・・・・・・・・・88
バルブステムエンド・・・・・・・・・89
バルブステムガイド・・・・・・・・・89
バルブスプール・・・・・・・・185, 191
バルブスプリング・・・・・・・・・・88
バルブスプリングシート・・・・・・・89
バルブタイミング・・・・・・・・26, 98
バルブタイミングダイアグラム・・・・26
バルブフェース・・・・・・・・・・・88
バルブヘッド・・・・・・・・・・・・88
バルブボディ・・・・・・185, 191, 199
バルブリセス・・・・・・・・・・・・82
バルブリフター・・・・・・・・91, 101
バルブリフター切り替え式可変バルブシステム
　　　　　　・・・・・・・・・・・101
バルブリフト・・・・・・・・26, 90, 98
パワーエレクトロニクス・・・70, 232, 238,
　　　　　　　　　244, 246, 249
パワーコントロールユニット・・・・238
パワーステアリングシステム・・268, 272
パワースプリット式ハイブリッド・・256
パワーデバイス・・・・・・・・・・・41
パワートレイン・・・・・・・・・・・32
バンク・・・・・・・・・・・・・・・77
バンク修理キット・・・・・・・・・328
半クラッチ・・・・・・・・・・・・・38
半湿式エアクリーナー・・・・・・・104
ハンズオフ・・・・・・・・・・・・344
ハンズフリー・・・・・・・・・・・344
半導体素子・・・・・・・・・40, 70, 74
半独立懸架式サスペンション・・・・312
ハンドブレーキ・・・・・・・・・・300
ハンドル・・・・・・・・・・・・・268
ハンプ・・・・・・・・・・・・・・332
ハンプ現象・・・・・・・・・・・・223

ひ

ビード・・・・・・・・320, 323, 332
ビードシート・・・・・・・・・・・332
ビードフィラー・・・・・・・・・・323
ヒートポンプ・・・・・・・・・・・240
ビードワイヤー・・・・・・・・320, 323
ピエゾインジェクター・・・130, 134, 136
ピエゾ素子・・・・・・・・・・・・131
ピエゾフューエルインジェクター・・131
光ファイバー・・・・・・・・・・・157
引きずり抵抗・・・・・・・・・・・・60
非駆動輪・・・・・・・・・・・・・・32
非磁性体・・・・・・・・・・・・・・50
ビジュアルSLAM・・・・・・・・・353
ビスカス4WD・・・・・・・・・・・223
ビスカスLSD・・・・・・・・・・・206
ビスカスカップリング・・・・・・・222
ビスカスカップリング式4WD・・・・222
ヒステリシス損・・・・・・・・・・・59
ピストン・・・・・・・10, 12, 82, 84
ピストンクラウン・・・・・・・・・・82
ピストンクリアランス・・・・・・・・83
ピストンスカート・・・・・・・・・・82
ピストンバルブ・・・・・・・・309, 310

ピストンピン・・・・・・・・・・・・82
ピストンヘッド・・・・・・・・・・・82
ピストンボス・・・・・・・・・・・・82
ピストンリング・・・・・・・・・・・83
ピストンリンググルーブ・・・・・・・82
ピストンリング溝・・・・・・・・・・82
非接触給電・・・・・・・・・231, 242
非接触充電・・・・・・・・・・・・242
非線形コイルスプリング・・・・・・307
非対称パターン・・・・・・・・・・324
ビッグエンド・・・・・・・・・・・・83
非同期モーター・・・・・・・・・・・51
ピニオンアシストEPS・・・・・・・272
ピニオンギアキャリア・・・・・・・・36
火花着火・・・・・・・11, 21, 25, 140
火花点火制御圧縮着火・・・・・・・・21
火花放電・・・・・・・・・・53, 140
ピボットビーム式サスペンション・・・313
ピュアEV・・・・・・・・・・・・230
標識認識システム・・・・・・・・・343
表面磁石型ローター・・・・・・・・・48
平角線・・・・・・・・・・・・・・・61
平歯歯車・・・・・・・・・・・・・・35
広幅深底リム・・・・・・・・・・・332
ピンスライドキャリパー・・・・・・284

ふ

ファイナルギア・・・・・・32, 202, 204
ファイナルドライブギア・・・・・203, 220
ファイナルドライブピニオン・・・・203
ファイナルドライブユニット・・・32, 202
ファイナルドリブンギア・・・・203, 205
ファンシュラウド・・・・・・・・・153
フィックスプーリー・・・・・・・・190
フィッシャートロプシュ反応・・・・・31
フィッシュテール・・・・・・・・・206
フィン・・・・・・・・・・・・・・152
風損・・・・・・・・・・・・・・・・59
プーリー・・・・・・・・・・・・・・37
フェード現象・・・・・・・・・・・282
フェライト磁石・・・・・・・・・・・42
フォーカム・・・・・・・・・・・・・96
フォースリミッター・・・・・・・・334
負荷角・・・・・・・・・・・・・・・47
不可逆減磁・・・・・・・・・・・・240
不完全燃焼・・・・・・・・17, 112, 116
負極・・・・・・・・・・・・・・・・63
負極活物質・・・・・・・・・・65, 66
複合スプリング・・・・・・・・・・・89
副室ジェット燃焼・・・・・・・・・・21
輻射・・・・・・・・・・・・・・・・17
輻射損失・・・・・・・・・・・・・・17
複数回噴射・・・・・・・・・・・・・19
複動型ショックアブソーバー・・・・308
副燃焼室・・・・・・・・・18, 21, 143
副変速機・・・・・・・・・182, 257
普通充電・・・・・・・・・・・・・242
普通充電口・・・・・・・・・・・・242
フックジョイント・・・・・・・・・214
フックスジョイント・・・・・・・・214
プッシュ・・・・・・・・・・・・・306
プッシュ式クラッチ・・・・・・・・171
プッシュロッド・・・・・・・・90, 94
フットオフ・・・・・・・・・・・・344
フットフリー・・・・・・・・・・・344
フットブレーキ・・・・・・・・・・280
物理電池・・・・・・・・・・・・・・62
不液・・・・・・・・・・・・・・・150
浮動型キャリパー・・・・・・・・・284
不等速性・・・・・・・・・・・・・214
不等長アーム・・・・・・・・・・・316

不等長ドライブシャフト・・・・・・・213
不等ピッチコイルスプリング・・・・89, 307
部分運転自動化・・・・・・・・・・344
フューエルインジェクションシステム・・・128
フューエルインジェクションポンプ・・・134
フューエルインジェクター・・・・・・130
フューエルインレットパイプ・・・・・128
フューエルゲージユニット・・・・・・129
フューエルサプライポンプ・・・・・・130
フューエルシステム・・・・・・・128, 130
フューエルタンク・・・・・・・・・・128
フューエルデリバリーシステム・・・・128
フューエルデリバリーパイプ・・132, 134, 137
フューエルパイプ・・・・・・・・128, 137
フューエルフィードポンプ・・・・129, 132
フューエルフィルター・・・・・・・・128
フューエルプレッシャーレギュレーター
・・・・・・・・・・・・・・129, 132
フューエルベーパーバルブ・・・・・・128
フューエルホース・・・・・・・・・・128
フューエルポンプ・・・・・・・・・・128
フューエルポンプユニット・・・・129, 132
フューエルレール・・・・・・132, 134, 136
フライホイール・・84, 86, 162, 170, 231
プライマリープーリー・・・・・・189, 190
ブラインドスポットモニター・・・・・340
プラグインEV・・・・・・・・・230, 232
プラグインFCEV・・・・・・・・・・247
プラグインHEV・・・・・・231, 248, 262
プラグインハイブリッド自動車・231, 248, 262
ブラシ・・・・・・・・・・・・・49, 52
ブラシ付DCモーター・・・・・・・・52
ブラシ付直流モーター・・・・・・・・52
ブラシレスACモーター・・・・・・・54
ブラシレスDCモーター・・・・・・・54
ブラシレスモーター・・・・・・・54, 273
プラチナプラグ・・・・・・・・・・142
ふらつき警報・・・・・・・・・・・342
フラットエンジン・・・・・・・・・・77
プラネタリーギア・・・・・・・・34, 36
プラネタリーギア式ディファレンシャルギア
・・・・・・・・・・・・・・204, 206
プラネタリーギア式デフ
・・・・・204, 206, 211, 224, 234
プラネタリーギア式変速機
・・・・・・166, 168, 182, 184
プラネタリーピニオンギア・・・・・・・36
フランジ・・・・・・・・・・・・・330
フランジ形状・・・・・・・・・・・332
プランジャーポンプ・・・・・・135, 137
プランニング技術・・・・・・・・・346
ブリーザーチューブ・・・・・・・・128
フリーピストン・・・・・・・・・・310
プリクラッシュブレーキ・・・・・・・337
プリグロー・・・・・・・・・・・・164
プリサイレンサー・・・・・・・・・111
プリテンショナー・・・・・・・・・334
プリマフラー・・・・・・・・・・・111
フルードカップリング・・・・・・・・38
プル式クラッチ・・・・・・・・・・171
フルタイム4WD・・・・・・・・・・218
フルトレーリングアーム式サスペンション
・・・・・・・・・・・・・・・・314
フルハイブリッド・・・・・・・・・248
ブレイグニッション・・・・・・・・・24
ブレインオフ・・・・・・・・・・・344
ブレインフリー・・・・・・・・・・344
ブレーカー・・・・・・・・・・・・322
ブレーキECU・・・・・・・・293, 294
ブレーキLSD・・・・・・・・・・296
ブレーキアクチュエーター

・・・・・・・281, 293, 294, 298
ブレーキアシスト・・・・・・・・・288
ブレーキキャリパー・・・・・・282, 284
ブレーキシステム・・・・・・・・・280
ブレーキシュー・・・・・・・・・・286
ブレーキディスク・・・・・・・・・282
ブレーキドラム・・・・・・・・・・286
ブレーキパイプ・・・・・・・・・・281
ブレーキワイヤー・・・・・・280, 300, 302
ブレーキパッド・・・・・・・・282, 284
ブレーキバンド・・・・・・・・184, 191
ブレーキブースター・・・・・・280, 288
ブレーキフルード・・・・・・・・・281
ブレーキフルードリザーバータンク・・・281
ブレーキペダル・・・・・・・・281, 288
ブレーキホイールシリンダー・・・・・286
ブレーキホース・・・・・・・・・・281
ブレーキマスターシリンダー・・・・・281
ブレーキライニング・・・・・・・・286
プレート型フィン・・・・・・・・・152
プレチャンバー・・・・・・・・21, 143
プレチャンバーイグニッション・・・・21
プレチャンバープラグ・・・・・・・・21
フレックスロックアップ・・・・181, 183
プレッシャーバルブ・・・・・・・・155
プレッシャープレート・・・・・・・170
プレッシャーレギュレーター・・・・・132
プレディクション・・・・・・・・・346
プレディクティブアクティブサスペンション・318
プレ噴射・・・・・・・・・・・・・19
プレミアムガソリン・・・・・・・・・25
フレミングの左手の法則・・・・・・・43
フレミングの右手の法則・・・・・・・44
フローティングキャリパー・・・・282, 284
ブロック型・・・・・・・・・・・・324
プロップシャフト・・・・・・・・・212
プロペラギア・・・・・・・・・32, 212
プロペラシャフト・・・・・・・・・212
フロントクロストラフィックアラート・・・341
フロントディファレンシャルギア・・・202, 204
フロントデフ・・・・・・・202, 204, 213
フロントファイナルドライブユニット
・・・・・・・・・・202, 221, 222
フロントプロペラシャフト・・・・212, 221
フロントミッドシップ・・・・・・・・33
フロントモニター・・・・・・・・・336
分布巻・・・・・・・・・・・・46, 61
分離型シリンダーライナー・・・・・・79

へ

ベアリングキャップ・・・・・・・・・85
ベアリングハウジング・・・・・・・121
平滑回路・・・・・・・・・・・・・71
平行2軸式・・・・・・173, 174, 198, 234
平行3軸式・・・・・・173, 174, 198, 234
平行軸式減速機構・・・・・・・・・234
平行軸式ラックアシストEPS・・・・・275
平行歯車式変速機・・・166, 168, 170,
173, 194, 196, 198
平行リーフスプリング式サスペンション・312
平面座・・・・・・・・・・・・・333
平面ナット座・・・・・・・・・・・333
ベースサークル・・・・・・・・・・90
ベーパーロック現象・・・・・・・・283
ベーンポンプ・・・・・・・・・・・148
ベベルギア・・・・・・・・・・35, 203
ベベルギア式ディファレンシャルギア
・・・・・・・・・・・・・・204, 206
ベベルギア式デフ
・・・・204, 206, 208, 211, 224, 234
ヘリカルギア・・・・・・・・・・・35
ベルト・・・・・・・・・・・・320, 322

ベルト&プーリー・・・・・・・・34, 37
ベルト駆動・・・・・・・・・・37, 93
ベルト駆動式冷却ファン・・・・・・152
ベルト式CVT・・・・・・・・188, 192
ベルトドライブ・・・・・・・・・・37
ベルトドライブEPS・・・・・・272, 275
変圧器・・・・・・・・・・・・・・45
変速機・・・・・・・・・・・・14, 166
変速ショック・・・・・・・・・138, 169
変速比・・・・14, 34, 35, 37, 166, 168
ベンチレーティッドディスク・・・・・283
ベント式バッテリー・・・・・・・・159
ペントルーフ型燃焼室・・・・・・・・80
偏平率・・・・・・・・・・・・・・326

ほ

ホイールオフセット・・・・・・・・332
ホイールカバー・・・・・・・・・・331
ホイールキャップ・・・・・・・・・331
ホイールシリンダー・・・・・・・・286
ホイールスピン・・・・・・・・・・219
ホイールナット・・・・・・・・・・333
ホイールハブ・・212, 217, 283, 330, 333
ホイールハブキャリア・・・212, 268, 316
ホイールベアリング・・・・・・212, 217
ホイールボルト・・・・・・・・332, 333
ホイールリム・・・・・・・・・・・330
ホイールロック・・・・・・・・・・292
方形波・・・・・・・・・・・・・・40
方形波駆動・・・・・・・・・・・・55
放射・・・・・・・・・・・・・・・17
放射損失・・・・・・・・・・・・・16
防錆作用・・・・・・・・・・・・・145
膨張式消音・・・・・・・・・・・・110
膨張比・・・・・・・・・・・・24, 28
放熱・・・17, 88, 119, 145, 147, 150, 152
放熱器・・・・・・・・・・・・・152
ポートフューエルインジェクション・・・19
ポート噴射式・・・11, 18, 128, 130, 132, 134
ボールケージ・・・・・・・・・・・215
ボールスクリュー機構・・・・・274, 298
ボールナット式ステアリングギアボックス・270
ボールフィックスト型ジョイント・・・215
ボールベアリング・・・・・・・・・217
補機・・・・・・・・・・・・13, 244
補機駆動損失・・・・・・・・・・・16
補機駆動ベルト・・86, 151, 152, 160, 162
補機用バッテリー・・・・・・239, 246
ボクサーエンジン・・・・・・・・・77
北斗・・・・・・・・・・・・・・352
保持ソレノイドバルブ・・・・・・・293
歩車間通信・・・・・・・・・・・347
ポスト噴射・・・・・・・・・・・・19
ホットEGR・・・・・・・・・・・117
ボディ電装品・・・・・・・・・・・156
ボトムバイパス式・・・・・・・・・155
ボトムバルブ・・・・・・・・・・・309
ポペットバルブ・・・・・・・・・・88
ポンピングロス・・・・・・・・・・16
ポンプインペラー・・・・・・・178, 180
ポンプ損失・・・・・・・・・・・・16

ま

マイクロハイブリッド・・・・・・・249
マイルドハイブリッド・・・・・248, 264
前引き・・・・・・・・・・・・・268
巻き掛け式CVT・・・・・・・・167, 188
巻き掛け伝動式変速機・166, 188, 191, 192
巻き掛け伝動装置・・・・・・・34, 37
巻線・・・・・・・・・・・・・・59
巻線型直流整流子モーター・・・52, 162

365

巻線型同期発電機・・・・・・ 46, 160
巻線型同期モーター・・・・ 46, 49, 60
マグネシウムホイール・・・・・ 331
マグネットスイッチ・・・・・・ 162
マグネットトルク・・・・・・・・ 49
マクファーソンストラット式サスペンション・ 315
摩擦クラッチ・・・・・・・・ 38, 166
摩擦材・・・・・・・・ 170, 282, 286
摩擦損・・・・・・・・・・・・ 59
摩擦損失・・・・・・・・・・・ 17
摩擦ブレーキ・・・・・・ 59, 280
マスターシリンダー・・・・・・ 281
マッピング・・・・・・・・・ 346
マニホールド・・・・・・ 105, 109
マニュアルトランスミッション・ 166, 170
マニュアルモード・ 185, 188, 193, 194, 196
マフラー・・・・・・・・・ 108, 110
マフラーカッター・・・・・・・ 111
丸線・・・・・・・・・・・・・ 61
マルチGNSS・・・・・・・・ 352
マルチコーン式シンクロメッシュ機構・・ 177
マルチステージTHSII・・・・・・ 257
マルチスパーク・・・・・・・ 141
マルチホールインジェクター・ 130, 132, 134
マルチリンク式サスペンション・ 314, 317
マンガン酸リチウム・・・・・・ 66

み

右ネジの法則・・・・・・・・ 43
水・・・・・・・・・・・ 68, 112
みちびき・・・・・・・ 350, 352
ミッドシップ・・・・・・・・ 32
ミッドプレート・・・・・・・ 172
密閉式バッテリー・・・・・・ 159
ミドルシャフト・・・・・・・ 213
ミドルハイブリッド・・・・・・ 266
未燃損失・・・・・・・・・ 16
脈流・・・・・・・・・・ 40, 71
ミラーサイクル・・・・・・・ 28
ミリ波レーダー・・・・・・・ 348

む

無人運転・・・・・・・・・ 354
無段式AT・・・・・・・・・ 167
無段式変速機・・・・・ 166, 168, 188

め

メインサイレンサー・・・・・ 111
メイン噴射・・・・・・・・・ 19
メインマフラー・・・・・・・ 111
メカニカルスーパーチャージャー
・・・・・・・・ 23, 118, 126
メタノール・・・・・・・・ 68
メタルグロープラグ・・・・・ 164
メンテナンスフリーバッテリー・・ 159

も

モーター・・・・・・・・・ 45
モジュールレス・・・・・・・ 236
モノコック構造・・・・・・・ 335
モノチューブ式ショックアブソーバー
・・・・・・・・ 308, 310
モノリス型触媒コンバーター・・・ 113

や

屋根型燃焼室・・・・・・・・ 80

ゆ

油圧式可変バルブタイミングシステム・・・ 99
油圧式クラッチ・・・・・・ 170, 172

油圧式ブレーキ・・・・・・ 280, 298
油圧式ラッシュアジャスター・・・・ 92
油圧バルブシステム・・・・ 98, 103
油圧パワーステアリングシステム・・ 272
遊星歯車・・・・・・・・ 34, 36
遊星歯車式変速機・・・・・・ 166
誘導起電力・・・・・・・・ 44
誘導体・・・・・・・・・・ 51
誘導電流・・・・・・・・・ 44
誘導モーター・・・・・・ 50, 60
床下コンバーター・・・・・・ 113
ユニディレクショナルパターン・・ 324
ユニバーサルジョイント・・ 212, 269
油膜・・・・・・・・・・ 145
油冷式・・・・・・・・・ 240

よ

溶射・・・・・・・・・・ 79
溶射ライナー・・・・・・・ 79
揺動カム・・・・・・・・ 102
溶融炭酸塩型燃料電池・・・・・ 69
容量・・・・・・・・・・ 44
ヨーク・・・・・・・・・ 214
ヨーレイトセンサー・・・・ 211, 297
横置き・・・・・・・・・ 32
横滑り防止装置・・・・・・ 297
横流れ式ラジエーター・・・・・ 152
予混合圧縮着火・・・・・・・ 20
予測型アクティブサスペンション・ 318
予測技術・・・・・・・・ 346
予熱装置・・・・・・・・ 164
予燃焼室・・・・・・・・ 18
予防安全・・・・・・・・ 334

ら

ライダー・・・・・・・・ 348
ライダーSLAM・・・・・・ 353
ライナーレス・・・・・・・ 79
ライニング・・・・・・・ 286
ラグ型・・・・・・・・・ 324
ラジアル型プランジャーポンプ・・ 137
ラジアルタイヤ・・・・・・ 322
ラジエター・・・・・・ 152, 154
ラジエターアッパータンク・・・ 152
ラジエター液・・・・・・・ 150
ラジエターキャップ・・・・ 152, 155
ラジエターコア・・・・・・ 152
ラジエターサイドタンク・・・・ 152
ラジエターシュラウド・・・・ 153
ラジエターリザーバータンク・・ 154
ラジエターロアタンク・・・・ 152
ラダーフレーム・・・・・・ 78
ラチェット機構・・・・・・ 300
ラック・・・・・・・・・ 270
ラック&ピニオン・・・・・ 35
ラック&ピニオン式ステアリングギアボックス
・・・・・・・・ 268, 270
ラックアシストEPS・・・・ 272, 274
ラックバー・・・・・・ 270, 274
ラッシュアジャスター・・・・ 92
ラテラルロッド・・・・・・ 312
ラバーカップリング・・・・ 214
ラバージョイント・・・・・ 214
ラビニョ型プラネタリーギア・・ 184
ラミネート型・・・・・ 65, 236
ラミネートパック・・・・・ 65
ランナー・・・・・・ 178, 180
ランフラットタイヤ・・・・ 328

り

リアクションパワー・・・・・ 179

リアクロストラフィックアラート・・・・ 341
リアステアリングアクチュエーター・・・ 279
リアディファレンシャルギア・・・ 202, 204
リアデフ・・・・・・ 202, 204, 213
リアファイナルドライブユニット・ 202, 222, 226
リアプロペラシャフト・・・・ 212
リアモニター・・・・・・・ 336
リーディングシュー・・・・・ 287
リーディングトレーリングシュー式ドラムブレーキ
・・・・・・・・・ 286
リーフスプリング・・・・ 306, 312
リーフスプリング式サスペンション・ 312
リザーバータンク・・・・・・ 155
リジッドアクスル・・・・・・ 305
リジッドアクスル式サスペンション・ 305
リショルム式スーパーチャージャー・ 126
リダクション型スターターモーター・ 163
リダクションギア・・・・・・ 234
リチウムイオン・・・・・・ 64
リチウムイオン電池・ 62, 64, 66, 236
リニアモーター・・・・・・ 45
リブ型・・・・・・・・・ 324
リブラグ型・・・・・・・ 324
リミテッドスリップディファレンシャル・ 206
リミテッドスリップデフ・・・・ 206
リム径・・・・・・・ 326, 332
リム幅・・・・・・・・ 332
リム部・・・・・・・ 330, 332
リモートコントロール式・・・・ 177
粒子状物質・・・・・・ 112, 114
流体クラッチ・・・・・・・ 38
リラクタンス・・・・・・ 42, 48
リラクタンス型同期モーター・ 46, 48
リラクタンストルク・・・・・ 48
理論空燃比・・・・・ 18, 20, 113
リングギア・・・・・・ 36, 203
リンク式サスペンション・・・・ 312
リン酸型燃料電池・・・・・・ 69
リン酸鉄系・・・・・・ 66, 236
リン酸鉄リチウム・・・・・・ 66

る

ルーツ式スーパーチャージャー・・・ 126
ルブリケーティングシステム・・・・ 144

れ

レアアース・・・・・・・・ 42
レアアース磁石・・・・・ 42, 60
レアメタル・・・・・・・・ 66
冷却液・・・・・ 79, 80, 150, 152
冷却作用・・・・・・・・ 145
冷却水・・・・・・・・ 150
冷却装置・・・・・ 13, 150, 154
冷却損失・・・・・・・・ 16
冷却ファン・・・・・・ 150, 152
冷媒冷却式・・・・・・・ 240
レーザーレーダー・・・・・ 348
レーダークルーズコントロール・・・ 338
レーンキーピングアシスト・・・ 338
レーンセンタリングアシスト・・・ 338
レーンチェンジアシスト・・・・ 339
レーンデパーチャーワーニング・・・ 338
レギュラーガソリン・・・・・ 25
レクティファイアー・・・・・ 160
レシオカバレッジ・・・・・・ 168
レシプロエンジン・・・・ 10, 12
レスシリンダー・・・・・・ 104
レゾネーター・・・・・・・ 104
列型インジェクションポンプ・・・ 136
レリーズフォーク・・・・ 171, 172, 194
レリーズベアリング・・・・・ 171

レリーズレバー ・・・・・・・・・ 172	ロータリーエンジン ・・・・・ 10, 13	ロッカーアーム切り替え式可変バルブシステム
レンジエクステンダー ・・・・・・ 231	ロータリーモーター ・・・・・・・・ 45	・・・・・・・・・・・・・・・・ 100
レンジエクステンダー EV ・・・・ 231	ロードインデックス ・・・・・・・ 326	ロッカーアーム式 ・・・・ 90, 95, 96
連続式VVL ・・・・・・・・・・ 102	ロードリミッター ・・・・・・・・ 334	ロッキングディファレンシャル ・・・・ 206
連続式可変バルブリフトシステム	ロービーム ・・・・・・・・・・・ 342	ロッキングデフ ・・・・・・・・・ 206
・・・・・・・・ 27, 98, 102, 106	ローブレッシャー EGR ・・・・・ 117	ロックアップクラッチ ・・・ 178, 180, 182, 188
	ローブロファイルタイヤ ・・・・・ 326	ロングライフクーラント ・・・・・ 150
ろ	ローラーカムフォロワー ・・・・・・ 91	
ロアアーム ・・・・・・・・ 315, 316	ローラーチェーン ・・・・・・・・ 37	**わ**
ロアシリンダーブロック ・・・・・・ 78	ローラーベアリング ・・・・・・・ 217	ワイヤーハーネス ・・・・・・・・ 156
ロアバルブスプリングシート ・・・・ 89	ローラーロッカーアーム ・・・・・・ 91	ワイヤレス給電 ・・・・・・・・・ 242
ロアラジエターホース ・・・・・・ 152	ローレンツ力 ・・・・・・・・・・ 43	ワイヤレス充電 ・・・・・・・・・ 242
ローカライゼーション ・・・・・・ 346	路車間通信 ・・・・・・・ 347, 351	ワックスベレット式サーモスタット ・・・・ 155
ローター ・・・・・・・・・・ 13, 45	ロストモーション ・・・・・・・・ 102	ワンウェイクラッチ ・・・・・・・ 39
ローターハウジング ・・・・・・・ 13	ロッカーアーム ・・・・・・・ 90, 91	

取材協力 (順不同)

●ADVICS：株式会社アドヴィックス　●Aisin：株式会社アイシン　●Akebono Brake：曙ブレーキ工業株式会社　●Alfa Romeo：Alfa Romeo Automobiles S.p.A.／Stellantisジャパン株式会社　●Anritsu：アンリツ株式会社　●Audi：Audi AG／フォルクスワーゲン グループ ジャパン 株式会社　●Beru：BorgWarner Inc.（BorgWarner BERU Systems GmbH）　●BMW：Bayerische Motoren Werke AG／ビー・エム・ダブリュー株式会社　●BorgWarner：BorgWarner Inc.／ボルグワーナー・モールスシステムズ・ジャパン株式会社　●Bosch：Robert Bosch GmbH／ボッシュ株式会社　●Bridgestone／株式会社ブリヂストン　●BYD：BYD Auto Industry Company Limited／比亜迪汽車有限公司　●Canon：キヤノン株式会社　●Citroen：Stellantis N.V.／Stellantisジャパン株式会社　●Continental：Continental AG／コンチネンタル・オートモーティブ株式会社／コンチネンタルタイヤ・ジャパン株式会社　●Clarios：Clarios, LLC.　●Daihatsu：ダイハツ工業株式会社　●Dana：Dana Incorporated／デーナ・ジャパン株式会社　●Delphi：Aptiv PLC（Delphi Automotive PLC）／日本アプティブ・モビリティサービス株式会社　●Denso：株式会社デンソー　●DMP：ダイナミックマッププラットフォーム株式会社　●DS：Stellantis N.V.／Stellantisジャパン株式会社　●Dunlop：住友ゴム工業株式会社　●electreon：Electreon Wireless Ltd.　●Federal Mogul Champion：Tenneco, Inc.（Federal-Mogul Corporation）　●Fiat：Fiat Automobiles S.p.A.／Stellantisジャパン株式会社　●Ford：Ford Motor Company　●Forvia Hella：Hella GmbH & Co. KGaA／ヘラージャパン株式会社　●GKN：GKN Automotive Limited／GKNドライブライン ジャパン株式会社　●GM：General Motors Company／ゼネラルモーターズ・ジャパン株式会社　●Goodyear：Goodyear Tire & Rubber Company／日本グッドイヤー株式会社　●Honda：本田技研工業株式会社　●Isuzu：いすゞ自動車株式会社　●Jaguar：Jaguar Land Rover Automotive PLC／ジャガー・ランドローバー・ジャパン株式会社　●Lancia：Lancia Automobiles S.p.A.　●Magna：Magna International Inc.　●Mahle：MAHLE GmbH／マーレジャパン株式会社　●Mazda：マツダ株式会社　●Mercedes-Benz：Mercedes-Benz AG／メルセデス・ベンツ日本合同会社　●Michelin：Compagnie Générale des Établissements Michelin SCA／日本ミシュランタイヤ株式会社　●Mitsubishi：三菱自動車工業株式会社　●Mitsubishi Fuso：三菱ふそうトラック・バス株式会社　●NGK：日本特殊陶業株式会社　●Nissan：日産自動車株式会社　●NSK：日本精工株式会社　●NTN：NTN株式会社　●Nvidia：Nvidia Corporation　●Opel：Opel Automobile GmbH　●Peugeot：Stellantis N.V.／Stellantisジャパン株式会社　●Porsche：Dr. Ing. h.c. F. Porsche AG／ポルシェジャパン株式会社　●Renault：Renault S.A.／ルノー・ジャポン株式会社　●Schaeffler：Schaeffler Technologies AG & Co. KG／シェフラージャパン株式会社　●Subaru：株式会社SUBARU　●Suzuki：スズキ株式会社　●Tesla：Tesla, Inc.／Tesla Japan合同会社　●Toshiba：株式会社 東芝　●Toyo Tire：TOYO TIRE株式会社　●Toyoda Gosei：豊田合成株式会社　●Toyota：トヨタ自動車株式会社／Toyota Motor Corporation Australia Limited　●Toyota Industries：株式会社豊田自動織機　●Valeo：Valeo S.A.／ヴァレオジャパン株式会社　●Valeo：Valeo／ヴァレオカペックジャパン株式会社　●VDO：Continental AG／コンチネンタル・オートモーティブ株式会社　●Velodyne：Velodyne Acoustics GmbH　●Volkswagen：Volkswagen AG／フォルクスワーゲン グループ ジャパン 株式会社　●Volvo：Volvo Personvagnar AB／ボルボ・カー・ジャパン株式会社　●Waymo：Waymo LLC　●Yokohama Tire：横浜ゴム株式会社　●ZF：ZF Friedrichshafen AG／ゼット・エフ・ジャパン株式会社　●資源エネルギー庁　●内閣府　●写真AC

参考文献 (順不同、敬称略)

●自動車メカニズム図鑑（出射忠明 著、グランプリ出版）　●続自動車メカニズム図鑑（出射忠明 著、グランプリ出版）　●図解くるま工学入門（出射忠明 著、グランプリ出版）　●エンジン技術の過去・現在・未来（瀬名智和 著、グランプリ出版）　●エンジンの科学入門（瀬名智和／桂木洋二 著、グランプリ出版）　●クルマのメカ&仕組み図鑑（細川武志 著、グランプリ出版）　●パワーユニットの現在・未来（熊野 学 著、グランプリ出版）　●エンジンはこうなっている（GP企画センター 編、グランプリ出版）　●クルマのシャシーはこうなっている（GP企画センター 編、グランプリ出版）　●自動車のメカはどうなっているか エンジン系（GP企画センター 編、グランプリ出版）　●自動車のメカはどうなっているか シャシー／ボディ系（GP企画センター 編、グランプリ出版）　●エンジンの基礎知識と最新メカ（GP企画センター 編、グランプリ出版）　●自動車メカ入門 エンジン編（GP企画センター 編、グランプリ出版）　●自動車用語ハンドブック（GP企画センター 編、グランプリ出版）　●小辞典・機械のしくみ（渡辺 茂 監修、講談社）　●ガソリン・エンジンの構造（全国自動車整備専門学校協会 編、山海堂）　●ジーゼル・エンジンの構造（全国自動車整備専門学校協会 編、山海堂）　●シャシの構造［I］（全国自動車整備専門学校協会 編、山海堂）　●シャシの構造［II］（全国自動車整備専門学校協会 編、山海堂）　●自動車電装品の構造（全国自動車整備専門学校協会 編、山海堂）　●自動車の特殊機構（全国自動車整備専門学校協会 編、山海堂）　●徹底図解・クルマのエンジン（浦栃重夫 著、山海堂）　●絵で見てナットク! クルマのエンジン（浦栃重夫 著、山海堂）　●自動車用語辞典（畠山重信／押川裕昭 編、山海堂）　●トコトンやさしい電気自動車の本（廣田幸嗣 著、日刊工業新聞社）　●ハイブリッドカーはなぜ走るのか（御堀直嗣 著、日経BP社）　●自動車のメカニズム（原田 了 著、日本実業出版社）　●機械工学図鑑事典（西川兼康／高田 勝 監修、理工学社）　●図解入門よくわかる最新電気自動車の基本と仕組み（玉田雅士／藤原敬明 著、秀和システム）　●図解入門よくわかる最新電気自動車の基本と仕組み（御堀直嗣 著、秀和システム）　●TOYOTAサービススタッフ技術修得書（トヨタ自動車サービス部）　●図解雑学 自動車のしくみ（水木新平 監修、ナツメ社）　●図解雑学 自動車のメカニズム（古川 修 監修、ナツメ社）　●史上最強カラー図解 最新モーター技術のすべてがわかる本（赤津 観 監修、ナツメ社）　●最新! 自動車エンジン技術がわかる本（畑村耕一 著、ナツメ社）　●モーターファン・イラストレーテッド各誌（三栄書房）

367

著者略歴

青山元男（あおやま もとお）

1957年東京生まれ。慶應義塾大学卒業。出版社および編集プロダクションにて音楽雑誌、オーディオ雑誌、モノ雑誌の編集に携わった後、フリーライターとして独立。自動車雑誌、モノ雑誌など幅広いジャンルの雑誌や単行本で執筆。自動車関連では構造、整備、ボディケアをはじめカーライフ全般をカバー。自動車保険にも強くファイナンシャルプランナー（CFP）資格者である。著作に『カラー徹底図解 クルマのメカニズム大全』、『史上最強カラー図解 クルマのすべてがわかる事典』、『オールカラー版 クルマのメンテナンス』（以上弊社）、『特装車とトラック架装』、『トラクター&トレーラーの構造』（以上グランプリ出版）、『カラー図解でわかるクルマのメカニズム』（ソフトバンク クリエイティブ）などがある。

編集企画 ： 2×4ライダーズ&ドライバーズ・クラブ
編集制作 ： オフィス・ゴゥ、大森隆
編集担当 ： 原 智宏（ナツメ出版企画）

ナツメ社Webサイト
https://www.natsume.co.jp
書籍の最新情報（正誤情報を含む）はナツメ社Webサイトをご覧ください。

本書に関するお問い合わせは、書名・発行日・該当ページを明記の上、下記のいずれかの方法にてお送りください。電話でのお問い合わせはお受けしておりません。
・ナツメ社webサイトの問い合わせフォーム　https://www.natsume.co.jp/contact
・FAX（03-3291-1305）・郵送（下記、ナツメ出版企画株式会社宛て）
なお、回答までに日にちをいただく場合があります。正誤のお問い合わせ以外の書籍内容に関する解説・個別の相談は行っておりません。あらかじめご了承ください。

改訂新版 最新オールカラー クルマのメカニズム

2014年1月1日初版発行
2025年3月1日第2版第1刷発行

著　者	青山元男
発行者	田村正隆
発行所	株式会社ナツメ社 東京都千代田区神田神保町1-52ナツメ社ビル1F（〒101-0051） 電話　03（3291）1257（代表）　FAX　03（3291）5761 振替　00130-1-58661
制　作	ナツメ出版企画株式会社 東京都千代田区神田神保町1-52ナツメ社ビル3F（〒101-0051） 電話　03（3295）3921（代表）
印刷所	TOPPANクロレ株式会社

©Aoyama Motoh, 2014,2025

ISBN978-4-8163-7672-6　Printed in Japan
＜定価はカバーに表示しています＞
＜落丁・乱丁はお取り替えします＞

本書の一部または全部を著作権法で定められている範囲を超え、ナツメ出版企画株式会社に無断で複写、複製、転載、データファイル化することを禁じます